计 算 机 科 学 丛 书

# 现代网络技术

## SDN、NFV、QoE、物联网和云计算

[美] 威廉·斯托林斯（William Stallings） 等著

胡超 邢长友 陈鸣 译

# Foundations of Modern Networking

## SDN, NFV, QoE, IoT, and Cloud

机械工业出版社
CHINA MACHINE PRESS

**图书在版编目（CIP）数据**

现代网络技术：SDN、NFV、QoE、物联网和云计算 /（美）威廉·斯托林斯（William Stallings）等著；胡超，邢长友，陈鸣译．—北京：机械工业出版社，2018.1（2024.4 重印）
（计算机科学丛书）
书名原文：Foundations of Modern Networking: SDN, NFV, QoE, IoT, and Cloud

ISBN 978-7-111-58664-7

I. 现…　II. ① 威…　② 胡…　③ 邢…　④ 陈…　III. 计算机网络 - 研究　IV. TP393

中国版本图书馆 CIP 数据核字（2017）第 304059 号

**北京市版权局著作权合同登记　图字：01-2016-2187 号。**



本书是一本讨论现代网络技术的著作，包括六部分。第一部分（第 1 ～ 2 章）提供了现代网络的概述和本书其余部分的背景；第二部分（第 3 ～ 6 章）专注于 SDN 概念、技术和应用的全面且透彻的呈现；第三部分（第 7 ～ 9 章）专注于网络功能虚拟化的概念、技术和应用的宽泛且透彻的呈现，以及对网络虚拟化的讨论；第四部分（第 10 ～ 12 章）介绍与 SDN 和 NFV 同等重要的服务质量（QoS）及体验质量（QoE）的演化；第五部分（第 13 ～ 15 章）探讨云计算和物联网这两种占重要地位的现代网络体系结构；第六部分（第 16~17 章）对安全性进行分析并讨论职业相关的问题。

本书适合作为高校计算机网络课程的教材和参考书，也可供相关技术人员阅读参考。

出版发行：机械工业出版社（北京市西城区百万庄大街 22 号　邮政编码：100037）

| | |
|---|---|
| 责任编辑：关　敏 | 责任校对：殷　虹 |
| 印　　刷：北京捷迅佳彩印刷有限公司 | 版　　次：2024 年 4 月第 1 版第 7 次印刷 |
| 开　　本：185mm×260mm　1/16 | 印　　张：24 |
| 书　　号：ISBN 978-7-111-58664-7 | 定　　价：99.00 元 |

客服电话：（010）88361066　68326294

# 译者序



William Stallings 博士是一位受世人尊重的计算机领域专家和作者，他的著作对我国计算机教育界产生了广泛影响。他在向全世界的学生、教师和学者推广计算机安全、计算机网络和计算机体系结构领域的全方位技术的最新发展方面，做出了独特的贡献。他著述颇丰，包括 70 本书和几十篇 ACM 及 IEEE 期刊论文，十多次获得来自权威机构颁发的年度最优计算机科学教科书奖。他的多本中文译著在国内广为流行，推动了我国计算机科学与技术领域的发展。

每当国际计算机界孕育着技术突破或有大量技术概念需要澄清时，Stallings 博士都会适时地推出他的相关著作和论文，深入浅出地阐明这些新技术的基本概念、工作原理、它们之间的联系以及最新发展。现在，历史又一次重演了。尽管因特网已经成为人类生活、生产等领域不可或缺的基础设施，不断增长的应用需求和人类创新愿望仍不断推动着各种网络新技术扩展着计算机网络的疆域，各种网络新技术应运而生。例如：

- 为了解决 IP 网络体系结构僵化的难题，出现了**软件定义网络**（SDN），它是一种将控制平面与数据平面分离，从而能够灵活控制网络流量的网络虚拟化技术。
- 通过将网络功能软件化，**网络功能虚拟化**（NFV）使网络功能摆脱了专用硬件的束缚，能够给通信运营商带来诸多好处。
- **质量体验**（QoE）是指用户感受到的完成整个过程的难易程度，是用户对设备、网络和系统以及应用的质量和性能的主观感受。
- **物联网**（IoT）则指将各种信息传感设备与互联网结合起来而形成的网络，它使得所有物品都与网络连接在一起，方便识别与管理。
- **云计算**（Cloud Computing）是指将硬件、软件、网络等系列资源统一起来，实现数据的计算、存储、处理和共享的一种计算机虚拟化技术。
- 在网络边缘的计算层进行处理有时也称为**雾计算**（Fog Computing），雾计算和雾服务是 IoT 的一种典型特征。

一方面，这些网络新技术极大地丰富了网络领域的知识，为人类提供了更多创新手段。另一方面，这些新技术使得原本就很复杂的网络领域更为错综复杂，从而使新手难以把握网络技术的全局。本书的目标就是对这些网络新技术的概念、原理和技术进行全面梳理及细致讲解，阐述这些技术之间的相关性、应用及发展。无论你已经是某种网络新技术方面的技术专家，还是某种网络新技术的初学者，阅读本书，你都能够更加深入地理解这些网络新技术的内涵，为你的工程设计和理论创新增加新的知识与动力。

感谢中国人民解放军陆军工程大学指挥控制工程学院和南京航空航天大学计算机科学与技术学院有关领导和同事对本书翻译给予的支持。感谢机械工业出版社为我国读者引进这本优秀的网络著作，感谢编辑们辛勤和出色的工作。也感谢译者的家人对译者的支持。本书第一部分、文前和文后部分由南京航空航天大学特聘教授陈鸣博士翻译，第二、第三和第四部分由中国人民解放军陆军工程大学讲师胡超博士翻译，第五、第六部分由中国人民解放军陆军工程大学副教授邢长友博士翻译。

限于时间与水平，本书翻译可能存在不妥之处，请识者指正。

陈鸣<br>2017 年 10 月于南京

这里有本书，检察官。我将它送给你，你无法怀疑该书包括了全部事实。

——福尔摩斯经典故事《狮鬃毛》，Arthur Conan Doyle 爵士

## 背景

众多因素汇聚起来，催生了计算机和通信网络方面的最新革命。

- **需求**：将注意力聚焦在设计、评价、管理和维护复杂的网络基础设施上，企业的这种需求汹涌而来。这些趋势包括以下几个方面。
  - **大数据**：大型和小型企业越来越依赖于对海量数据的处理和分析。为了在可接受的时间周期内处理大量的数据，大数据可能需要分布式文件系统、分布式数据库、云计算平台、互联网存储和其他可扩展的存储技术。
  - **云计算**：在许多机构中存在一种日益显著的趋势，即将可观比例甚至所有信息技术（IT）活动迁移到称为企业云计算的互联网连接的基础设施上。在 IT 数据处理方面的这种剧烈变化伴随着网络需求的剧烈变化。
  - **物联网**（IoT）：IoT 涉及大量使用标准通信体系结构为终端用户提供服务的对象。数十亿这样的设备将与产业、商业和政府网络连接，提供物理世界和计算、数字内容、分析、应用及服务之间的交互。IoT 为用户、生产商和服务提供商在各种各样的领域提供了前所未有的机会。受益于 IoT 数据收集、分析和自动化能力的领域包括卫生健康、卫生保健、家庭监控和自动化、节能和智能电网、农业、运输业、环境监测、仓储和产品管理、安全、监视、教育以及许多其他方面。
  - **移动设备**：移动设备现在已经成为每个企业 IT 基础设施不可或缺的组成部分，包括雇主供给和自带设备（BYOD）。众多的移动设备对网络规划和管理产生了独特的新需求。
- **能力**：两种相互影响的趋势已经对智能、有效的网络设计和管理产生了新而紧迫的需求。
  - **千兆比特数据速率网络**：以太网产品已经达到了 100Gbps 并计划进一步提升速率。差不多 7Gbps 速率的 Wi-Fi 产品已可供使用。4G 和 5G 网络为蜂窝网络引入了千兆比特速率。
  - **高速、高能力服务器**：为了满足企业不断增长的多媒体和数据处理需求，大量的刀片服务器和其他高性能服务器得以发展，并对有效地设计和管理网络提出了需求。
- **复杂性**：网络设计者和管理者在复杂、动态环境中工作，在这种环境中各种不同的需求，特别是大多数服务质量（QoS）和体验质量（QoE）需要灵活的、可管理的网络硬件和服务。
- **安全性**：随着对网络资源的依赖日益增加，对于网络提供各种安全性服务的要求日益加强。

随着对这些因素做出响应的新型网络技术的发展，系统工程师、系统分析师、IT 管理员、网络设计师和产品营销人员有必要牢固地掌握现代网络技术。这些专业人员需要理解前面所列因素的含义以及网络设计人员如何做出响应。主宰现实的是：（1）迅速研发和部署的两种互补技术，即软件定义网络（SDN）和网络功能虚拟化（NFV）；（2）需要满足 QoS 和 QoE 需求。

本书为读者提供了对 SDN 和 NFV 的透彻解释，以及它们的实际部署和在当今企业中的使用。此外，本书清楚地解释了 QoS/QoE 以及所有的相关问题，例如云网络和 IoT。这是一本技术书籍，目的是提供给某些有技术背景的读者，但是除了系统工程师、网络维护人员以及网络和协议设计者外，本书对于 IT 管理者和产品销售人员来说也是自成一体的重要资源。

## 本书的组织

本书由以下六部分组成。

- **现代网络**。提供了现代网络的概述和本书其余部分的背景。第 1 章概述了网络生态系统的构成元素，包括网络技术、网络体系结构、服务和应用。第 2 章对当前网络环境的演化需求进行了审视，并提供了对现代网络关键技术的预览。
- **软件定义网络**。专注于 SDN 概念、技术和应用的全面且透彻的呈现。第 3 章通过展示什么是 SDN 方法以及需要它的原因而开始讨论，并提供了 SDN 体系结构的概述。该章还关注了发布 SDN 规范数和标准的组织。第 4 章详细观察了 SDN 数据平面，包括关键组件、它们如何交互和管理。该章的许多内容专注于 OpenFlow，这是一种非常重要的数据平面技术，也是与控制平面的接口。该章解释了需要 OpenFlow 的原因，进而提供了详细的技术解释。第 5 章专注于 SDN 控制平面，其中包括对 OpenDaylight 的讨论，而 OpenDaylight 是控制平面的重要的开源实现。第 6 章涉及 SDN 应用平面，除了考察通用的 SDN 应用平面体系结构外，还讨论了 6 个能被 SDN 支持的主要应用领域，并且提供了一些 SDN 应用的例子。
- **虚拟化**。专注于网络功能虚拟化的概念、技术和应用的宽泛且透彻的呈现以及网络虚拟化的讨论。第 7 章引入虚拟机的概念，然后关注虚拟机技术的使用以开发基于 NFV 的网络环境。第 8 章提供了 NFV 功能的详细讨论。第 9 章关注虚拟网络的传统概念，然后审视对网络虚拟化更为现代的方法，最后引入软件定义基础设施的概念。
- **用户需求的定义与支撑技术**。与 SDN 和 NFV 的出现同样重要的是服务质量和体验质量的演化，它样決定了客户需求以及网络设计如何响应这些需求。第 10 章提供了 QoS 概念和标准的概述。近来 QoS 已经扩展为 QoE 的概念，QoE 与交互式视频和多媒体网络流量尤其相关。第 11 章提供了 QoE 的概述并讨论了一些实现 QoE 机制的实用技术。第 12 章进一步展望了 QoS 和 QoE 对网络设计的影响。
- **现代网络体系结构：云和雾**。云计算和物联网（IoT 有时被称为雾计算）是两种占支配地位的现代网络体系结构。前面各部分讨论的技术和应用都提供了云计算和 IoT 的基本原理。第 13 章对云计算进行了概述。该章从基本概念的定义开始，进而包括了云服务、部署模型和体系结构，然后讨论云计算和 SDN 以及 NFV 之间的关系。第 14 章介绍 IoT 并对 IoT 使能设备的关键组件进行详细介绍。第 15 章介绍几种 IoT 体系结构模型，然后描述了 3 种 IoT 实现的实例。
- **相关主题**。讨论两个附加主题，这些主题尽管重要但并不方便放入其他部分中。第

16 章提供了随着现代网络的演化而出现的安全性问题的分析。在不同的段落中分别涉及 SDN、NFV、云和 IoT 的安全性。第 17 章讨论职业相关的问题，包括各种网络相关工作的转换角色、新的技能要求以及读者如何能够继续接受教育以在现代网络环境下为自己的职业生涯做好准备。

## 支持网站

我在 WilliamStallings.com/Network 维护着一个配套网站，其中包括每章的相关链接列表以及本书的勘误表。

我也在 ComputerScienceStudent.com 维护着计算机科学学生资源站点，该站点的目的是为计算机科学专业的学生和业内人士提供文档、信息和链接。链接和文档组织为以下几类。

- **数学**（Math）：包括基本的数学知识回顾、排队分析入门、数制入门以及关于许多数学站点的链接。
- **如何做**（How-to）：针对解答课后作业、撰写技术报告和准备技术报告的建议及指导。
- **研究资源**（Research resources）：关于重要的论文、技术报告和参考文献的链接。
- **其他有用资源**（Other useful）：其他有用的多种文档和链接。
- **计算机科学职业**（Computer science careers）：对有望以计算机科学为职业的人有用的链接和文档。
- **写作帮助**（Writing help）：帮助成为更清楚、更有效的写作者。
- **不同类型的主题和幽默**（Miscellaneous topics and humor）：学习和工作之余，轻松一刻。

# 致　谢

Foundations of Modern Networking: SDN, NFV, QoE, IoT, and Cloud

本书得益于许多人的评论，这些人奉献了他们的时间和专业知识。特别感谢 Wendell Odom（Certskills 有限责任公司）和 Tim Szigeti（思科系统公司），他俩为细致地审查整本书稿奉献了大量的时间。

同样对为本书一章或多章提供详细技术审查的许多人表示感谢：Christian Adell（Corporació Catalana de Mitjans Audiovisuals），Eduard Dulharu（AT&T Germany），Cemal Duman（Ericsson），David L. Foote（NFV Forum（ATIS）），Harold Fritts，Scott Hogg（Global Technology Resources），Justin Kang（Accenture），Sergey Katsev（Fortinet），Raymond Kelly（Telecoms Now Ltd），Faisal Khan（Mobily Saudi Arabia），Epameinondas Kontothanasis（Unifys），Sashi Kumar（Intel），Hongwei Li（Hewlett-Packard），Cynthia Lopes（Maya Technologies），Simone Mangiante（EMC），Roberto Fuentes Martinez（Tecnocom），Mali Naghavi（Ericsson），Fatih Eyup Nar（Ericsson USA），Jimmy Ng（Huawei Technologies），Mark Noble（Salix Technology Services），Luke Reid（Sytel Reply UK），David Schuckman（State Farm Insurance），Vivek Srivastava（Zscaler），Istvan Teglas（Cisco Systems），and Paul Zanna（Northbound Networks）。

最后，我要感谢培生公司负责本书出版的许多人，其中包括培生公司的职员，特别是高级策划编辑 Chris Cleveland，主管编辑 Brett Bartow 和他的助手 Vanessa Evans，以及项目编辑 Mandie Frank。同样感谢培生公司的市场和销售职员，没有他们的努力，这本书将不会呈现在你的面前。

对于所有这些帮助，我的所有赞美之词都不为过。然而，我骄傲地说，我自己挑选了每章开篇的引语（并没有借助于他人的帮助）。

William Stallings 博士在理解计算机安全、计算机网络和计算机体系结构领域的全方位技术发展方面做出了独特的贡献。他写作了 18 本教科书，算上各种修订的版本，在这些主题的多个方面共写了 70 本书。他的作品出现在各种 ACM 和 IEEE 出版物上，包括《Proceedings of the IEEE》和《ACM Computing Reviews》。他曾 13 次荣获教科书和学术作者协会（Text and Academic Authors Association）颁发的年度最优计算机科学教科书奖。

在 30 多年间，他成为该领域的技术贡献者、技术管理者和几个高科技公司的总经理。他在各种计算机和操作系统上设计并实现了基于 TCP/IP 和基于 OSI 的协议栈，既包括微机也包括大型计算机。当前，他是一名独立的咨询顾问，他的客户包括计算机、网络制造商、客户、软件开发公司和技术最先进的政府研究机构。

他在 ComputerScienceStudent.com/ 创建并维护着计算机科学学生资源网站。该网站为计算机科学的学生（和教授）提供有关各种主题的普遍感兴趣的文档和链接。他是《Cryptologia》杂志的编委，该杂志是致力于密码学研究的学术性期刊。

Stallings 博士拥有麻省理工学院计算机科学博士学位和诺特丹（Notre Dame）大学电子工程硕士学位。

# 贡献作者简介

**Florence Agboma** 当前是位于伦敦的英国天空广播公司的技术分析师。她的工作包括对诸如线上 OTT、VoD 和广播等不同的视频平台的流式视频进行质量改进。她是视频质量专家组（VQEG）的成员。Agboma 博士拥有英国 Essex 大学的博士学位，她的研究专注于移动内容传递系统的体验质量。

Agboma 博士在期刊、书籍和国际会议论文集中发表了多篇文章。她的兴趣包括视频质量评价、心理物理学方法、收费电视分析、体验质量管理以及诸如高动态范围和极高密度的新兴广播电视技术。

**Sofiene Jelassi** 于 2003 年 6 月和 2005 年 12 月分别获得了突尼斯莫纳斯提尔大学的科学学士和科学硕士学位。他于 2010 年 2 月获得了法国皮埃尔和玛丽居里（Pierre and Marie Curie）大学计算机科学博士学位。他的博士论文题为《移动自组织网络上分组化语音会话的自适应质量控制》。2010 年 6 月到 2013 年 12 月，他在法国国家信息与自动化研究所（Inria）的 DIONYSOS 研究组担任研发工程师。2014 年 1 月到 12 月，他在巴西里约热内卢的 GTA/UFRJ 从事博士后研究工作。2015 年 1 月，他成为突尼斯莫纳斯提尔大学的副教授。他的研究包括：有线和无线软件定义网络（SDN），服务器和网络虚拟化，网络监视，面向内容的移动网络和服务管理，移动虚拟网络运营商（MVNO），定制的语音和视频系统，用户体验（QoE）的质量测量和建模，实验室和在场可用性测试，众包，用户概况，内容感知，服务游戏化，以及社会驱动的紧急情况服务。Jelassi 博士已经在国际期刊和会议上发表了 20 多篇论文。

## 第三部分 虚拟化

# 第四部分 用户需求的定义与支撑技术

## 第五部分 现代网络体系结构：云和雾



## 第六部分 相关主题

# 第一部分

Foundations of Modern Networking: SDN, NFV, QoE, IoT, and Cloud

# 现代网络

在英国海军的官方历史中，该行动的整个过程被描述得十分详尽，那些对它的技术方面感兴趣的人使用了极好的图表来对其进行研究。整个过程非常复杂，没有经验的读者往往只见树不见林。我尝试着给出明白易懂的广泛解释。

——《世界危机》，温斯顿·丘吉尔

第 1 章　现代网络的组成

第 2 章　需求和技术

第一部分提供了现代网络的概述和本书其余部分的背景。第 1 章是构建网络生态系统的元素的综述，包括网络技术、网络体系结构、服务和应用。第 2 章对当前网络环境的演化需求进行了审视，并提供了对现代网络关键技术的预览。

# 现代网络的组成

有证据表明计算机网络对社会将有重大影响。可能的领域是经济、资源、小型计算机、人与人交互和计算机研究。

——《自动化能做什么？》

计算机科学和工程研究，自然科学基金，1980

**本章目标**

**学完本章后，你应当能够：**

- 解释现代网络生态系统的重要元素及其关系，包括端系统、网络提供商、应用程序提供商和应用服务提供商。
- 讨论接入网、分发网和核心网的典型网络层次结构的动机。
- 给出以太网的概述，包括讨论它的应用领域和通常的数据速率。
- 给出 Wi-Fi 的概述，包括讨论它的应用领域和通常的数据速率。
- 理解 5 代蜂窝网之间的差异。
- 给出云计算概念的概述。
- 描述物联网。
- 解释网络收敛和统一通信的概念。



由单一厂商如 IBM 公司向一个企业的信息技术（IT）部门提供所有的产品和服务，包括计算机硬件、系统软件、应用软件以及通信和网络设备与服务，那样的时代已经一去不返了。今天，用户和企业面对的是复杂、异构和多样的环境，这种环境要求复杂、先进的解决方案。

本书关注以下两个方面：

- 支持复杂的现代网络的设计、研发、部署和运行的网络技术，特别是包括软件定义网络（SDN）、网络功能虚拟化（NFV）、服务质量（QoS）和体验质量（QoE）。
- 支配现代网络的网络体系结构，而现代网络是指云网络和物联网（IoT），IoT 也称为雾网络。

在深入探讨这些技术之前，我们需要概述当前的网络环境以及它引发的挑战。

本章简要地浏览了现代网络的重要构件。我们从典型的网络生态系统的顶层描述开始。然后 1.2 节更为详细地考察网络元素的组织方式。1.3 节～ 1.5 节讨论支持现代网络生态系统的关键高速网络技术。本章的剩余部分介绍了重要的体系结构和应用程序，它们是生态系统的组成部分。

## 1.1 网络生态系统

图 1-1 以非常通用的词汇描述了现代网络生态系统。整个生态系统向端用户提供服务。这里的术语**端用户**（end user）或简称*用户*是一个非常通用的词汇，包括在企业、公共场合或

家中工作的用户。用户平台可以是固定的（例如PC和工作站）、可携带的（例如笔记本）或移动的（例如平板电脑或智能手机）。

**端用户**　计算平台上的应用程序、数据和服务的最终消费者。

5

用户通过各种各样的网络接入设施与基于网络的服务和内容连接。这些设施包括数字用户线（DSL）和电缆调制解调器、Wi-Fi和微波接入的世界范围互操作能力（WiMAX）无线调制解调器以及蜂窝调制解调器。这些网络接入设施使得用户能够直接与因特网或各种各样的网络提供商连接，包括Wi-Fi网络、蜂窝网以及诸如建筑物企业网这样的专用和共享的网络设施。

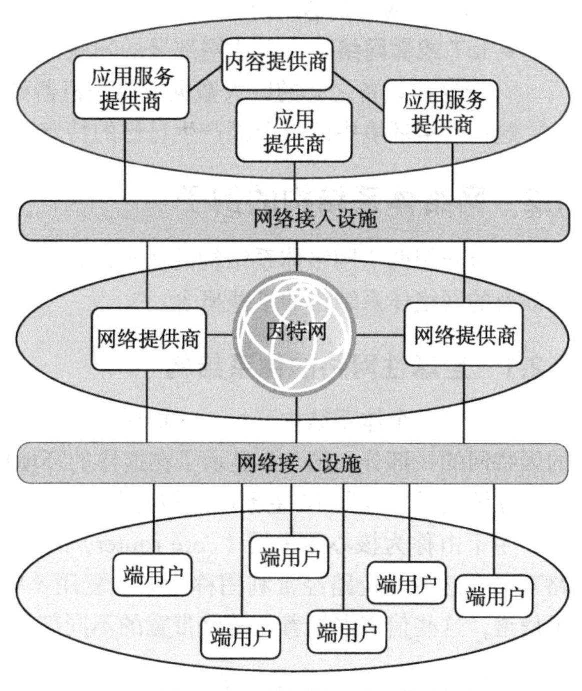


图1-1　现代网络生态系统

**网络提供商**　经过通常是大地理区域传递通信服务的组织。它提供、维护并管理网络设施和公共或专用的网络。

当然，用户最终要使用网络设施接入应用和内容。图1-1指示了与用户相关的三大类东西。**应用提供商**（application provider）提供了运行在用户平台之上的应用程序或app，这些用户平台通常是移动平台。近年来，对于固定的和移动的平台出现了应用商店的概念。

**应用提供商**　生产、销售在用户平台上运行的用户应用程序的实体。

6

另一类完全不同的提供商是**应用服务提供商**（application service provider）。应用服务提供商起着服务器或在提供商平台上执行应用软件的主机的作用，而应用提供商将软件下载到用户平台。这些软件的传统例子包括Web服务器、电子邮件服务器和数据库服务器。目前最突出的例子是云计算提供商。我们将在本章随后和在第13章中讨论后一种类别。

显示在图1-1中的最后一个组件是**内容提供商**（content provider）。内容提供商提供数据（例如电子邮件、音乐、视频）供用户设备消费。这些数据可能提供了用于商业的知识产权。在某些场合，企业可以是应用提供商或内容提供商。内容提供商的例子是音乐唱片公司和电影制片厂。

**应用服务提供商**　在它自己的设施中支撑软件应用程序的组织机构。它提供了网络易于接入的应用程序，例如电子邮件、网站托管、银行业务和基于云的服务。

**内容提供商**　生成包括教育或娱乐内容的信息，并经过因特网或企业网分发的组织或个人。内容提供商可以提供或不提供用于访问这些材料的软件。

图 1-1 希望对网络生态系统提供一种一般性的描述。这里值得指出的是，现代网络的两个主要组件在该图中没有明显地描述出来。

- **数据中心网络**：大型企业数据中心和云提供商数据中心都是由大量的互联服务器组成的。通常，多达 80% 的数据流量位于数据中心网络之中，仅有 20% 的数据流量依赖外部网络到达用户。
- **IoT 或雾网络**：由企业网部署的物联网可以由数百、数千甚至数百万设备组成。往返于这些设备之间的巨大数据流量是机器到机器，而不是用户到机器。

这些网络环境中的每个都产生自己的特定要求，本书将逐步讨论这些要求。

## 1.2　网络体系结构的例子

本节介绍两个网络体系结构的例子，以及一些常用的网络术语。这些例子给出了在本书中涉及的网络体系结构的某些概念。

### 1.2.1　全球性网络的体系结构

我们以一个体系结构开始，它能够表示一个国家或全球范围的企业网，或某些与之相关的因特网的一部分。图 1-2 显示了在这样的环境中使用的某些典型的通信和网络组件。

7

在该图的中部是 IP 主干网或核心网，它能够代表因特网的一部分或一个企业 IP 网。通常，主干由称为**核心路由器**（core router）的高性能路由器组成，这些路由器由高容量光链路互联。这些光链路经常利用称为波分复用（WDM）的技术，这使得每条链路具有多条逻辑信道，这些信道占据着光链路带宽的不同部分。

**路由器**　从一个网络向另一个网络转发数据分组的网络设备。转发决定以网络层信息和路由表为基础，而路由表通常由出站协议构建。路由器要求分组遵从可路由协议的格式，互联网协议（IP）是全球标准。

**核心路由器**　位于网络中间而非外围的路由器。构成因特网主干的路由器都是核心路由器。

在 IP 主干的外围是一些提供与外部网络和用户连接的路由器。这些路由器有时被称为**边缘路由器**（edge router）或**汇聚路由器**（aggregation router）。汇聚路由器也用于企业网中，以将一些路由器和交换机连接到外部资源，如 IP 主干或高速 WAN。作为对于核心和汇聚路由器能力需求的示例，IEEE 以太网带宽评估组 [XI11] 在一个报告中分析了中国对因特网主干提供商和大型企业网规划的需求。该分析得出的结论是，汇聚路由器的需求到 2020 年每条光链路将达到 200Gbps ～ 400Gbps 的范围，到 2020 年每台核心路由器的每条光链路将达到 400Gbps ～ 1Tbps 的范围。

**边缘路由器**　位于网络外围的路由器。也称为接入路由器或汇聚路由器。

图 1-2 的上半部分描述了可能是大型企业网的一部分。该图显示了经过专用高速 WAN 连接的网络的两个部分，使用了具有光链路互联的交换机。使用 IP 的 MPLS 是一种用于这种 WAN 的常用交换协议；广域以太网是另一种可选技术。企业资产经过具有防火墙能力的路由器连接到 IP 主干或因特网，并被保护起来，实现防火墙并非是不常见的安排。

该图的左下部分描述了可能用于小规模或中等规模商务的网络布局，它依赖于一个以太LAN。通过使用缆线或 DSL 连接或一条专用的高速链路，将路由器与因特网相连。

图 1-2 的下部显示了一个住宅用户通过某种用户连接与因特网服务提供商（ISP）连接的情况。这种连接的常见例子是 DSL 和电缆电视设施，DSL 通过电话线提供一条高速链路并且要求一个特定的 DSL 调制解调器。电缆电视设施要求一个电缆调制解调器或某种类型的无线连接。每种情况都有各自不同的问题，诸如信号编码、差错控制和用户网络的内部结构等。

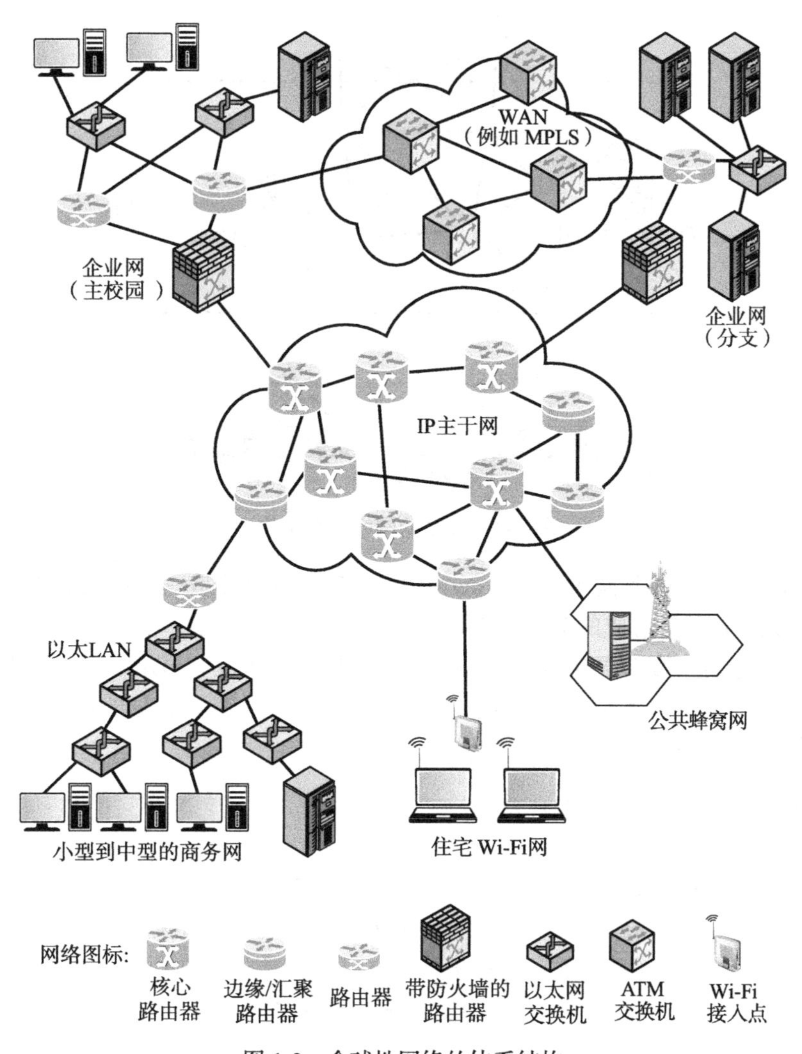


图 1-2　全球性网络的体系结构

**多协议标签交换（MPLS）** 这是由 IETF 研发的一种协议，在广域 IP 网络或其他 WAN 中用于引导分组。MPLS 为每个分组增加一个 32 位的标签，以改善网络效率，使路由器指引分组沿着符合要求的服务质量的预定路由前行。

最后，诸如智能手机平板电脑等移动设备能够通过公共蜂窝网与因特网相连，蜂窝网通常是高速连接，使用光缆与因特网相连。

8

## 1.2.2　典型的网络层次结构

本节关注在许多企业网中常见的网络体系结构及某些变型。如图 1-3 所示，企业通常将9其网络设施设计为三个层次：接入、分发和核心。

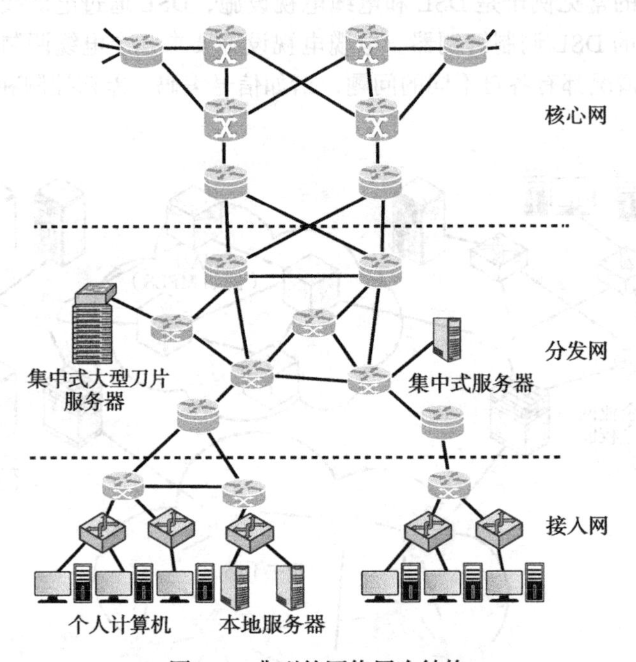


图 1-3　典型的网络层次结构

最靠近端用户的是**接入网**（access network）。接入网通常是一个由局域网（LAN）交换机（通常是以太交换机）组成的 LAN 或园区范围的网络，在较大型的 LAN 中，IP 路由器为交换机之间提供连接。**第 3 层交换机**（layer 3 switch）（图中没有显示）也常常用于 LAN 中。接入网支持端用户设备，例如桌面计算机、便携机和移动设备。接入网也支持主要或专门为本地接入网络的用户提供服务的本地服务器。

**接入网**　直接与端用户或客户连接的网络。

**第 3 层（L3）交换机**　用于网络路由选择的一种高性能设备。第 3 层交换机非常类似于路由器。第 3 层交换机和路由器之间的主要差异是用硬件代替某些路由器软件逻辑，以提供更好的性能。第 3 层交换机通常比传统的路由器价格低。设计的第 3 层交换机用于局域网内，它通常没有传统路由器所具有的 WAN 端口和 WAN 功能。

一台或多台接入路由器将本地资产连接到层次结构的较高层次，即连接到分发网上。该连接可以经过因特网或某些其他公共或专用通信设施。因此，如上一小节所述，这些接入路由器的功能是作为将流量转发进入和外出接入网的边缘路由器。对于一个大型本地设施，可以有另外的接入路由器来提供内部路由，而不是起边缘路由器（在图 1-2 中没有显示）的作用。

**分发网**（distribution network）将接入网彼此相连并将它们与核心网相连。在分发网中的边缘路由器连到接入网中的边缘路由器以提供连通性。两台路由器被配置为相互认可，通常将交换路由选择和连通性信息，以及某些流量相关的信息。路由器间的这种合作称为**对等**（peering）。分发网也用于汇聚发往核心路由器的流量，这保护了核心网免受高密度的对等操作。也就是说，分发网的使用限制了与核心网中边缘路由器创建对等关系的路由器的数量，节省了内存、处理和传输能力。分发网也能够与服务器直接相连，而这些数据库服务器和网络管理服务器为多个接入网所使用。 10

**分发网**　将接入网连接到核心网的网络。

**对等**　在两台路由器之间接受彼此的数据分组并转发它们的协议。对等关系通常涉及路由选择信息的交换。

同样，如同接入网一样，某些分发路由器可能只是用于内部，并不提供边缘路由器功能。

**核心网**（core network）也称为**主干网**（backbone network），连接地理上分散的分发网，并提供到非企业网一部分的其他网络的接入。通常，核心网将使用性能很高的路由器、高容量传输链路和多重连接的路由器以增加冗余和容量。核心网也能够连接高性能、高容量服务器，诸如大型数据库服务器和专用云设施。某些核心路由器可能只是内部的，提供冗余和附加的容量，而不用作边缘路由器。

**核心/主干网**　提供网络服务的中心网络，以连接分发网和接入网。也被称为主干网。

网络的体系结构层次是好的模块化设计的范例。使用这种设计，网络设备（路由器、交换机和网络管理服务器）的功能能够根据它们在等级结构的特定位置和在给定等级结构层次的要求进行优化。

## 1.3　以太网

继续前面两节的自上而下的方法，下面三节分别关注**以太网**、Wi-Fi和4G/5G蜂窝网的关键网络传输技术。这些技术的每一种已经演化为支持非常高速的数据率。这些数据率支持企业和客户需要的许多多媒体应用，与此同时，对网络交换设备和网络管理设施提出很多要求。对这些技术的全面讨论超出了本书的范围。这里，我们仅提供一个概览。

本节以讨论以太网应用开始，然后学习它们的标准和性能。

**以太网**　一种有线局域网的商业名称。它涉及使用共享物理媒体、媒体访问控制协议以及以分组来传输数据。以太网产品的标准是由IEEE 802.3委员会定义的。

### 1.3.1　以太网应用

以太网是占主导地位的有线网络技术，被用于家庭、办公室、数据中心、企业和WAN中。随着以太网已经演化到支持数据率高达100Gbps，距离从几米到几十千米，它已经成为大小组织机构中支持个人计算机、工作站、服务器和大容量数据存储设备必不可少的网络。 11

**家庭中的以太网**

以太网用于家庭中已有很长时间了，生成的计算机局域网经过宽带调制解调器/路由器接入因特网。随着计算机、平板电脑、智能手机、调制解调器/路由器和其他设备上高速、低成本Wi-Fi的可用性日益增强，家庭对以太网的依赖程度已经降低。无论如何，几乎所有家庭网络设置都包括了某种形式的以太网使用。

以太网技术近来的两种扩展已经加强和扩展了以太网在家庭中的使用：电力线载波（Powerline Carrier，PLC）和以太网供电（Power over Ethernet，PoE）。电力线调制解调器利用现有的电力线并且使用电线作为通信信道在电源信号之上传输以太网分组。这使得家庭中所有的以太网使能的设备都能包括进以太网中。PoE 以一种补充的方式起作用，通过以太网数据电缆分发能源。PoE 使用现有的以太网电缆向网络上的设备供电，因此简化了诸如计算机和电视等设备的布线。

拥有所有这些以太网选项的以太网将在家庭网络中保持强势地位，与 Wi-Fi 的优势互为补充。

**办公室中的以太网**

以太网在办公环境中用于有线局域网一直是首屈一指的网络技术。早在还有某些如 IBM 的令牌环 LAN 和光纤分布式数据接口（FDDI）等竞争技术时，以太网硬件就凭借其简单、高性能和广泛可用性最终使得以太网成为赢家。今天，与家庭网络一样，有线以太网技术与无线 Wi-Fi 技术如影相随。在典型的办公环境中大量流量经 Wi-Fi 传输，特别是支持移动设备。以太网能够高速支持许多设备，不容易被干扰，不容易被窃听故而能提供安全性，这些优点使得它保持着流行性。因此，以太网和 Wi-Fi 的结合是最常见的体系结构。

图 1-4 提供了一个企业 LAN 体系结构的简化例子。该 LAN 经过防火墙与因特网 /WAN 连接。路由器和交换机的层次安排提供了与服务器、固定的用户设备和无线设备的互联。无线设备通常仅与分层体系结构的边缘或底层连接；该园区基础设施的其他部分都是以太网。在企业网中也有用于电话操作的 IP 电话服务器，该服务器提供呼叫控制功能（语音交换），能够与公共交换电话网（PTSN）互联互通。

12

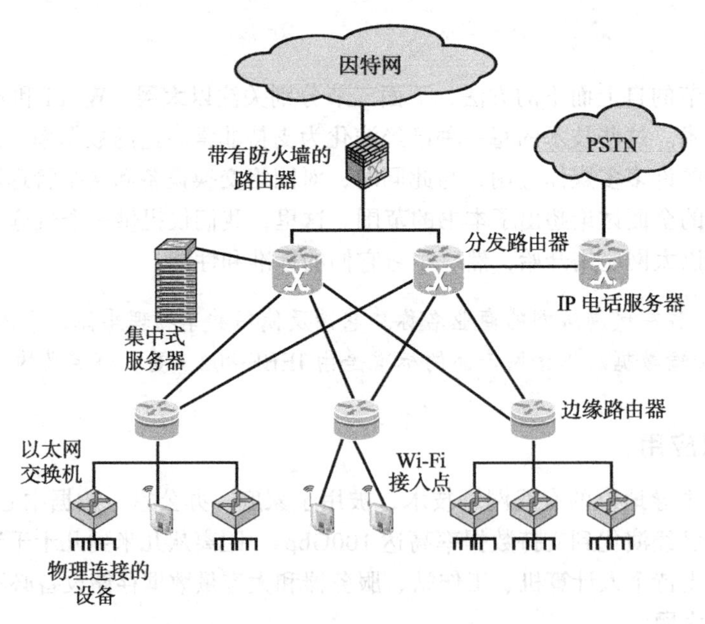


图 1-4　一个基本的企业 LAN 体系结构

**企业中的以太网**

以太网巨大的优势是能够使用相同的以太网协议和相关的服务质量（QoS）以及安全标

准扩展网络，既能在距离也能在数据率上扩展网络。企业能够很容易地将一个以太网扩展到相同园区的几个建筑物之间甚至几个距离分开的地方，速率从 10Mbps 到 100Gbps 不等，并使用不同的电缆类型和以太网硬件。因为所有硬件和通信软件都符合相同的标准，容易混合使用不同的速率和不同厂商的设备。单个房间中的极高速互联的数据服务器和分布在建筑物中的服务器、工作站，以及链接到远达 100km 的其他建筑物中的以太网都使用相同的协议。

**数据中心中的以太网**

和在其他领域一样，以太网完成了在数据中心的“一统天下”，数据中心需要非常高的数据率，以处理网络服务器和存储单元之间的大量数据。历史上，数据中心应用了各种各样的技术来支持高容量、短距离的需求，包括 InfiniBand 和光纤信道。但是现在以太网能够扩展到高达 100Gbps，几乎肯定会很快发展到 400Gbps，一种统一协议方法遍及企业的情况是很有竞争力的。

13

这种新型以太网方法的两种特性值得注意。对于位于相同位置的服务器和存储单元，高速以太网光纤链路和交换机提供了所需的网络基础设施。以太网另一个重要的版本称为背板（backplane）以太网。背板以太网运行在铜质跳线之上，该电缆能够在很短的距离上提供高达 100Gbps 的速率。这种技术对于**刀片服务器**（blade server）十分理想，在这种服务器上多个服务器模块都位于同一块背板之上。

**刀片服务器**　一种在单一背板上容纳多个服务器模块（刀片）的服务器体系结构。它广泛用于数据中心，以节省空间和改善系统管理。不管是单独存在还是机架安装的，背板提供电源供给，并且每个刀片拥有自己的 CPU、内存和硬盘。

**用于广域网的以太网**

直到最近，以太网才并非是广域网的一种重要因素。但是更多的电信和网络提供商逐渐从其他方案转移到以太网上来了，以支持广域接入（也称为第一英里[⊖]或最后一英里）。以太网正在取代形形色色的其他广域网选项，例如专用 T1 线路、同步数字等级（SDH）线路和异步传递方式（ATM）。当以这种方式使用时，应用了词汇*承载以太网*（carrier Ethernet），也可使用词汇*城域以太网*（metro Ethernet）或*城域网以太网*（metropolitan-area network Ethernet）。以太网具有无缝地与它提供的广域接入融为一体的优点。而更为重要的优点在于相对于传统的广域接入方式，承载以太网提供了对所使用的数据率容量更大的灵活性。

承载以太网是一种增长最快的以太网技术，其目标是成为支配性手段，企业用此访问广域网和因特网设施。

## 1.3.2　标准

在 IEEE 802 LAN 标准委员会中，802.3 组负责发布关于 LAN 的标准，商业上称为以太网。与 802.3 委员会的工作形成互补，称为以太网联盟的产业组织支持和发起从孵化新型以太网技术到互操作测试、演示、教育等的活动。

**IEEE 802**　电气和电子工程师协会（IEEE）负责研发无线 LAN 标准的委员会。

⊖ 1 英里 =1 609.344 米。——编辑注

### 1.3.3 以太网数据速率

当前，以太网系统可用的速率高达 100 Gbps。这里有一个简要的编年表。

- 1983 年：10Mbps
- 1995 年：100Mbps
- 1998 年：1Gbps
- 2003 年：10 Gbps
- 2010 年：40Gbps 和 100Gbps

14

在本书写作时，2.5、5、25、50 和 400Gbps 的标准将很快问世（参见图 1-5）。

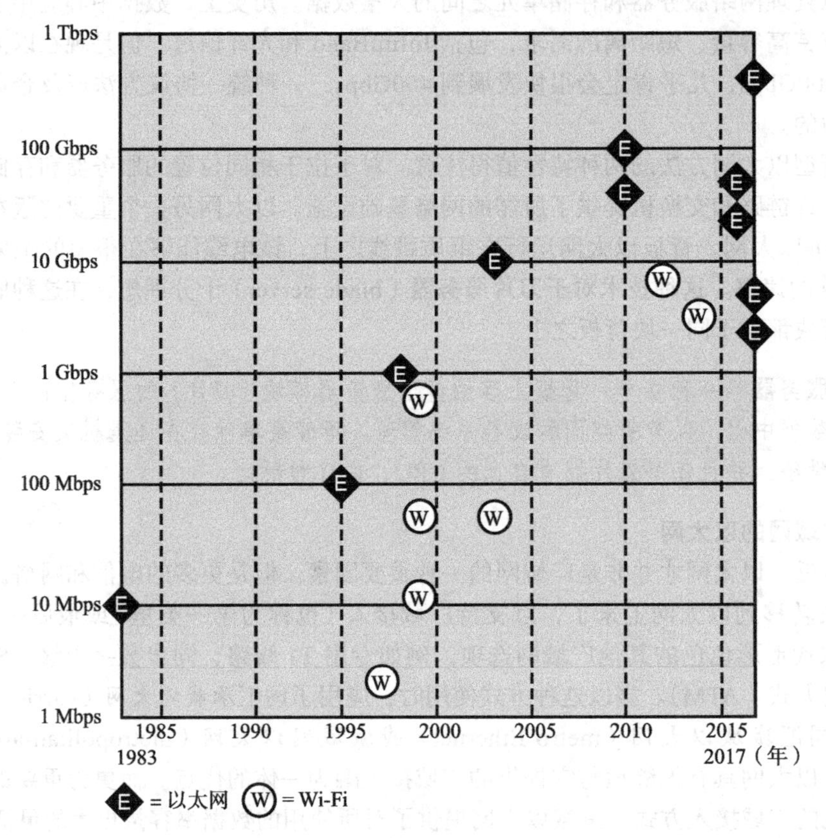


图 1-5　以太网和 Wi-Fi 大事年表

#### 1Gbps 以太网

若干年以来，初始的 10Mbps 以太网标准对于大多数办公室环境而言是够用了。到了 20 世纪 90 年代早期，为在典型 LAN 上支持正在增长的流量负载，显然需要更高的数据速率。关键的驱动因素包括下列几个方面。

15

- **集中式服务器群**：在许多多媒体应用中，对客户系统而言存在着能够从多台集中式服务器获取巨量数据的需求，这些集中式服务器称为服务器群。随着服务器性能的增加，网络逐渐成为瓶颈。
- **强势工作组**：这些组通常是由少量协作用户组成，这些用户需要跨网络交换大量数据文件。应用的例子如软件研发和计算机辅助设计。
- **高速本地主干**：随着处理需求的增长，企业研发了具有高速主干网络来互联多个

LAN 的体系结构。

为了满足这些需求，IEEE 802.3 委员会研发了用于 100Mbps 速率的以太网规范，几年后又研发了 1Gbps 系列标准。在每种情况下，新规范定义的传输媒体和传输编码方案都以基本以太网框架为基础，这使得过渡方案比发布全新规范更为容易。

**10Gbps 以太网**

甚至在 1Gbps 以太网规范墨迹未干之时，局域流量的持续增长已经使得该规范无法满足近期的需求了。相应地，IEEE 802.3 委员会很快就发布了 10Gbps 以太网标准。对 10Gbps 以太网的主要驱动需求是内联网（本地互相连接的网络）流量以及因特网流量的增长。造成因特网和内联网流量爆炸性增长的一些因素包括：

- 网络连接数量的增长
- 每个端工作站连接速率的增长（例如，10Mbps 用户升级为 100Mbps，模拟 56kbps 用户升级为 DSL 和电缆调制解调器）
- 部署诸如高质量视频等带宽密集型应用的增长
- 网站托管和应用托管流量的增长

开始，网络管理员使用 10Gbps 以太网提供大容量交换机之间的高速、本地主干互联。随着带宽增长的需求，10Gbps 以太网开始在整个网络中部署，以包括服务器群、主干和园区范围的连接。这种技术使得 ISP 和网络服务提供商（NSP）在位于同一位置的承载商等级的交换机和路由器之间以极低成本产生非常高速的链路。这种技术也允许在园区网或存在点（PoP）之间通过连接地理上分散的 LAN 来构造城域网和广域网。 16

**100Gbps 以太网**

IEEE 802.3 委员会很快就意识到有比 10Gbps 更快的数据速率需求，以支持因特网交换、高性能计算和按需视频交付。由于认识到汇聚网络的需求和端工作站的需求正在以不同速率增长的要求，授权请求调整用于两个不同数据率的新标准的需求（40Gbps 和 100Gbps）。

针对 100Gbps 以太网的市场驱动如下。

- **数据中心 / 因特网媒体提供商**：为了支持因特网多媒体内容和 Web 应用的增长，内容提供商扩展了数据中心，将 10Gbps 以太网推向了它的极限。很可能成为高容量 100Gbps 以太网的早期采用者。
- **地铁视频 / 服务提供商**：按需视频驱动了新一代 10Gbps 以太网城域网 / 核心网建设。很可能在中期成为高容量采用者。
- **企业 LAN**：语音 / 视频 / 数据汇聚和统一通信的持续发展提升了网络交换需求。然而，大多数企业仍然依赖 1Gbps 或 1Gbps 与 10Gbps 混合的以太网，采用 100Gbps 以太网的很可能较少。
- **因特网交换 /ISP 核心路由选择**：随着巨量的流量通过这些结点，这些设施很可能成为 100Gbps 以太网的早期采用者。

图 1-6 显示了一个 100Gbps 以太网应用的例子。在具有大量成排刀片服务器的大型数据中心中，其趋势是在每台服务器上部署 10Gbps 端口，以处理由这些服务器提供的巨量多媒体流量。通常，一台刀片服务器机架将包括多台服务器并且一台或多台 10Gbps 以太网交换机以互联所有服务器，并且为该设施的其他部分提供连接。这些交换机通常安装在机架中，并称为机架顶部（ToR，top-of-rack）交换机。词汇 ToR 已经成为服务器接入交换机的同义

词，即使它不位于“机架顶部”也是如此。对于诸如云提供商这样非常大的数据中心，用附加的10Gbps交换机互联多个刀片服务器机架越来越不适当了。为了处理增长的流量负载，需要运行速率大于10Gbps的交换机，以支持服务器机架的互联，并且通过网络接口控制器（NIC）提供足够的能力来连接站外。

17

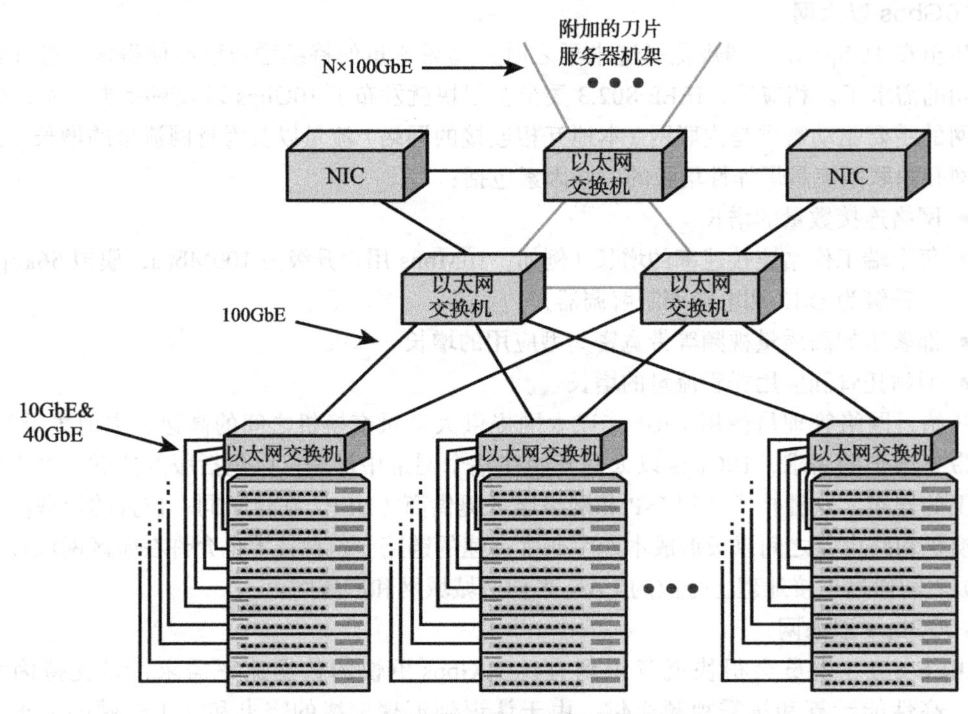


图1-6 大量刀片服务器云场所的配置

**25/50Gbps以太网**

实现100Gbps的一种可能方案是将其作为4个25Gbps物理通道。因此，研制分别使用1个或2个通道的25Gbps和50Gbps以太网的标准将相对容易。对于100Gbps技术，具有这样两种较低速可选方案将为用户提供更多的灵活性，以容易扩展为较高数据速率的解决方案来满足当前和近期的需求。

这种考虑导致由一些主流云网络提供商组成的25Gbps以太网联盟的出现，这些提供商包括谷歌和微软公司。该联盟的目标是支持工业标准、互操作以太网规范，该规范能够提升性能并大幅降低NIC与ToR交换机之间每Gbps的互联成本。由该联盟采用的规范描述了一种单通道25Gbps以太网和双通道50Gbps以太网链路协议，使得在机架端点和交换机之间每物理通道的屏蔽双线铜质馈线上，与10Gbps和40Gbps以太网链路相比提升了2.5倍。IEEE 802.3委员会正在致力于研发所需要的25Gbps和可能包括50Gbps的标准。

18

现在评价这些各种各样的选项（25、40、50、100Gbps）在市场上的表现如何还为时尚早。在中期，100Gbps交换机很可能主宰大型场所，而这些较慢且较便宜的可用替代方案将为企业满足不断增长的需求提供多种扩展的途径。

**400Gbps以太网**

需求的增长绝不会使我们止步。IEEE 802.3当前正在探讨产生400Gbps标准的技术，尽管目前尚无时间表。回顾走过的里程碑，最终将产生1Tbps标准已成广泛共识。

**2.5/5Gbps 以太网**

因为以太网的多用途和无所不在的实证，以及与此同时更高数据速率不断被标准化，研发两种较低速率（2.5Gbps 和 5Gbps）的标准已经取得共识。这些相对低的速率被称为多速率吉比特 BASE-T（MGBASE-T）。当前 MGBASE-T 联盟正在 IEEE 之外监管这些标准的研发。IEEE 802.3 委员会最终很可能会基于这些努力发布这些标准。

这些新的数据速率主要希望支持 IEEE 802.11ac 无线流量进入有线网络。IEEE 802.11ac 是一种 3.2Gbps Wi-Fi 标准，该标准在需要超过 1Gbps 吞吐量的场合（例如在办公室环境中支持移动用户）获得认可。这种新无线标准延伸到支持 1Gbps 以太网链路，但还没有要求下一个更高的标准（即 10Gbps）。假定 2.5Gbps 和 5Gbps 能够在支持 1Gbps 的相同电缆上工作，这将为支持 802.11ac 无线电的接入点具有高带宽能力提供更多所需上行速率的改进。

## 1.4 Wi-Fi

正如以太网已经成为有线 LAN 处于支配地位的技术，由 IEEE 802.11 委员会标准化的 Wi-Fi 已经成为无线 LAN 处于支配地位的技术。本节概述讨论了 Wi-Fi 应用，然后审视了标准和性能。

**Wi-Fi** 是指由 IEEE 802.11 委员会标准化的无线 LAN 技术。术语 **Wi-Fi** 标示该产品已被 Wi-Fi 联盟认证、符合 802.11 标准并且已经通过互操作测试。

### 1.4.1 Wi-Fi 应用

Wi-Fi 是一种处于支配地位的无线因特网接入技术，用于家庭、办公室和公共场合。家庭中的 Wi-Fi 现在连接计算机、平板电脑、智能手机和电子设备（如视频照相机、电视和恒温器）的主机。企业中的 Wi-Fi 已经成为强化生产力和网络有效性的基本手段。另外，公共 Wi-Fi 热点已经急剧增长，以在必备的公共场所提供免费的因特网接入。 19

**家庭 Wi-Fi**

家庭 Wi-Fi 最重要的应用是代替以太网电缆来连接彼此的桌面和便携计算机以及连接因特网。一种典型的布局方式是与路由器 / 调制解调器连接的桌面计算机提供一个到达因特网的接口，其他桌面和便携计算机或经以太网，或经 Wi-Fi 与该中心路由器相连，这样所有的家庭计算机都能够相互通信或与因特网通信。Wi-Fi 大大地简化了转接需求。不仅没有物理电缆转接的必要，而且便携机能够从一个房间移动到其他房间甚至移动到户外。

今天，家庭 Wi-Fi 的重要性得到了极大提升。Wi-Fi 现在是互联家庭计算机网络的默认方案。因为 Wi-Fi 和蜂窝能力现在是智能手机和平板电脑的标准，家庭 Wi-Fi 提供了一种连接因特网的高性价比的方式。如果可能，智能手机或平板电脑将自动使用 Wi-Fi 连接，仅当 Wi-Fi 连接不可用时才会切换到更昂贵的蜂窝连接。Wi-Fi 对于实现因特网最新的演化（物联网）非常重要。

**公共 Wi-Fi**

经过 Wi-Fi 接入因特网在近年得到了飞速发展，因为越来越多的设施提供 Wi-Fi 热点，在咖啡店、餐馆、火车站、飞机场、图书馆、旅馆、医院、百货公司、旅行房车停车场和许多其他地方，这些热点使 Wi-Fi 设备能够连接。有许多热点可供使用，而它们彼此相距较远的情况较为少见。现在有许多平板电脑和智能手机的应用程序变得更加便利。

即使是非常遥远的地方也将能够通过发展卫星 Wi-Fi 支持热点。研制这种产品的第一家公司是卫星通信公司铱。卫星调制解调器最初提供一条相对低速的连接，但它的数据率将不可避免地提升。

**企业 Wi-Fi**

在企业中，能最清楚地观察到 Wi-Fi 的经济效益。对企业网的 Wi-Fi 连接已经由不同规模的许多组织机构所提供，包括公共和专用部门。但在近些年，Wi-Fi 的使用得到了飞速扩展，已经达到了这样的程度：大约企业网所有流量的一半是经 Wi-Fi 而不是经传统以太网传输的。两种趋势驱动着向以 Wi-Fi 为中心的企业变迁。首先，随着越来越多的雇员愿意使用便携机、平板电脑和智能手机而不是桌面计算机与企业网连接，需求得到增加。其次，吉比特以太网特别是 IEEE 802.11ac 标准的到来，使得企业网支持与许多移动设备同时高速连接。

20

现在的企业 Wi-Fi 部署通常提供了无所不在的覆盖，包括主要的办公室和远程设施及其室内和室外空间，而 Wi-Fi 曾经只是设计提供一种附属网络，用来覆盖会议和公共场所。企业接受并且开始鼓励这种称为“带你自己的设备（BYOD）”的需求。在便携机、平板电脑和智能手机上 Wi-Fi 能力的几乎无所不在的可用性，加上家庭和公共 Wi-Fi 网络的广泛可用性，使得组织机构受益匪浅。雇员从他们所在的任何地方（如家中、本地咖啡店或在旅行时），能够使用相同的设备和同样的应用继续他们的工作或检查自己的电子邮件。从企业的角度，这意味着更高的生产力和效率以及较低的成本。

### 1.4.2 标准

Wi-Fi 成功的关键在于互操作性。Wi-Fi 使能的设备必须能够与 Wi-Fi 接入点通信，例如家庭路由器、企业接入点和公共热点，而无论设备或接入点的生产商是谁。有两个组织确保了这种互操作性。第一，IEEE 802.11 无线 LAN 委员会研制了 Wi-Fi 的协议和信号标准。第二，Wi-Fi 联盟生成了测试套件，以验证符合各种 IEEE 802.11 标准的商业产品的互操作性。术语 Wi-Fi（wireless fidelity，无线保真）用于由联盟认证的产品。

### 1.4.3 Wi-Fi 数据速率

就像商务和家庭用户要求扩展以太网标准以加速到吉比特每秒（Gbps）范围一样，对 Wi-Fi 也存在同样的需求。随着天线技术、无线传输技术和无线协议设计的演化，IEEE 802.11 委员会已经能够引入具有更高速率的新版 Wi-Fi 标准。一旦发布某标准，产业界会迅速研发产品。这里有一个简要编年表，从初始的标准开始（该标准简称为 IEEE 802.11），并且显示了每个版本对应的数据速率（见图 1-5）。

- 802.11（1997 年）：2Mbps

21

- 802.11a（1999 年）：54Mbps
- 802.11b（1999 年）：11Mbps
- 802.11n（1999 年）：600Mbps
- 802.11g（2003 年）：54Mbps
- 802.11ad（2012 年）：6.76Gbps
- 802.11ac（2014 年）：3.2Gbps

IEEE 802.11ac 运行在 5GHz 频段，就像较老和较慢的标准 802.11a 与 802.11n 一样。此

标准设计用于提供从 802.11n 进行的平滑演化。它利用在天线设计和信号处理方面的先进技术，以取得高得多的数据速率和较低的电池消耗，使用与较旧版本 Wi-Fi 相同的频段。

IEEE 802.11ad 是一个工作在 60GHz 频段的 802.11 版本。该频段能提供比 5GHz 频段宽得多的信道带宽，使得具有相对简单的信号编码和天线特征的高数据速率成为可能。较少的设备工作在 60GHz 频段，这意味着该 Wi-Fi 通信会比使用其他频段有较少的干扰。

由于继承了 60GHz 频段的传输限制，802.11ad 很可能仅在一个房间中有用。因为它能支持高数据速率，并能够容易地传输未压缩的高分辨率视频，适合于在家庭娱乐系统中代替有线的应用或从蜂窝手机到电视转移高分辨率流。

吉比特 Wi-Fi 对于办公室和住宅环境都具有吸引力，并且商业产品正开始不断涌现。在办公环境中，对不断提高的数据速率的需求导致以太网提供了 10Gbps、40Gbps 和最近的 100Gbps。为支持刀片服务器、严重依赖的视频和多媒体、多重宽带站点间连接，需要这些了不起的能力。与此同时，为了满足移动性和灵活性的需求，无线 LAN 的使用在办公环境有了急剧增长。在办公 LAN 的固定部分可使用吉比特范围的数据速率，为使移动用户有效地使用办公室资源，需要使用吉比特 Wi-Fi。IEEE 802.11ac 很可能是首选的用于这种环境的吉比特 Wi-Fi 选项。

在消费者和住宅市场上，IEEE 802.11ad 很可能作为一种低功率、短距离无线 LAN 能力流行，它对其他设备几乎不产生干扰。IEEE 802.11ad 在专业媒体产品环境中也是一种有吸引力的选项，其中有巨量的数据需要短距离移动。

22

## 1.5　4G/5G 蜂窝网

蜂窝技术是移动无线通信的基础，在不方便由有线网络提供服务的场所支持用户。蜂窝技术是用于移动电话、个人通信系统、无线因特网和无线 Web 应用及更多应用的支撑技术。本节讨论蜂窝技术如何经过四代的演进，正准备向第五代进发。

### 1.5.1　第一代

现在被称为 1G 的初始蜂窝网络提供模拟流量信道，被设计为公共交换电话网络的扩展。用户使用砖块大小的蜂窝电话打出和接收电话，方式如同陆上线路的用户那样。部署最为广泛的 1G 系统是由美国 AT&T 公司研发的先进的移动电话服务（AMPS）。话音传输完全是模拟的，经 10kbps 模拟信道发送控制信号。

### 1.5.2　第二代

第一代蜂窝网络迅速变得很流行，预示着可用容量无法应对。因此研发了第二代（2G）系统以提供较高质量的信号、支持数字服务的更高数据速率，以及更大的容量。1G 和 2G 网络的主要差异包括下列几点。

- **数字流量信道**：两代系统之间最显著的差异是，1G 系统几乎是纯模拟的，而 2G 系统是数字的。特别是，设计的 1G 系统支持语音信道，数字流量仅通过使用调制解调器来支持，调制解调器将数字数据转换为模拟形式。2G 系统提供数字流量信道。这些系统毫无困难地支持数字数据，语音流量在传输前先要以数字形式编码。
- **加密**：因为所有的用户流量和控制流量在 2G 系统中要数字化，加密所有流量以防窃听是相对简单的事情。所有 2G 系统都提供这种能力，而 1G 系统以明文方式发送用户流量，无法提供安全性。

- **差错检测和纠错**：2G 系统的数字流量也使其适合于使用差错检测和纠错技术，因此能有非常清晰的语音接收效果。
- **信道接入**：在 1G 系统中，每个蜂窝支持多个信道，但在任何给定时间一个信道仅分配给一个用户。2G 系统给每个蜂窝也提供多个信道，但每个信道动态地由若干用户共享。

23

### 1.5.3　第三代

第三代无线通信的目标是提供相当高速的无线通信，以除了支持语音外还支持多媒体、数据和视频。3G 系统具有下列设计特色。

- **带宽**：对所有 3G 系统的一个重要设计目标是，将信道使用限制为 5MHz。这个目标有几个原因。一方面，与窄带宽相比，5MHz 或更多的带宽改善了接收方解决多径的能力，5MHz 是一个能够分配给 3G 的合理上界。最后，5MHz 对于支持 144kbps 和 384kbps 的数据速率足够了，这些数据率是用于 3G 服务的主要目标。
- **数据速率**：目标数据速率是 144kbps 和 384kbps。某些 3G 系统也提供对办公用途的高达 2Mbps 的支持。
- **多速率**：术语*多速率*是指为一个给定用户供给多个固定数据速率的逻辑信道，其中不同的数据速率提供给不同的逻辑信道。此外，在每个逻辑信道上的流量能够独立地通过无线和固定网络切换到不同的目的地。多速率的优点是该系统能够灵活地支持来自某个给定用户的多个并行的应用，并且能够通过为每个服务提供所要求的能力来有效地使用可用的能力。

### 1.5.4　第四代

智能手机和蜂窝网络的演进引领着新一代能力和标准的发展，这些能力和标准的集合称为 4G。4G 系统为包括便携机、智能手机和平板电脑在内的各种移动设备提供了极宽带宽的因特网接入。4G 网络支持移动 Web 接入和高带宽应用，例如高分辨率移动 TV、移动视频会议和游戏服务。

这些需求导致了第四代移动无线技术的发展，该移动无线技术设计用来最大化带宽和吞吐量，同时也最大化频谱的效率。4G 系统具有下列特点。

24

- 基于全 IP 的分组交换网络。
- 对高度移动性的移动接入支持高达约 100Mbps 的峰值数据速率，对如本地移动接入那样的低移动性支持高达 1Gbps 数据速率。
- 动态共享和使用网络资源，以支持每蜂窝更多的并行用户。
- 支持跨异构网络的平稳切换。
- 支持用于下一代多媒体应用的高 QoS。

与较早的几代相比，4G 系统不支持传统的电路交换电话服务，仅提供 IP 电话服务。

### 1.5.5　第五代

5G 系统距我们还有几年的时间（也许到 2020 年），但 5G 技术很可能是一个活跃的研究领域。到 2020 年，由平板电脑和智能手机产生的巨量数据流量将加倍增加（也许更大），物联网（Internet of Things）也将产生巨量流量。

使用 4G 的网络效率收益也许将逐渐减少。未来将会不断地改善，但传输效率看起来不可能有大幅度增加。相反，5G 的关注点将是在网络中构建更多的智能，通过动态使用优先权、适应性的网络重配置和其他网络管理技术来满足服务质量需求。

## 1.6　云计算

本节提供云计算的简要概述，在本书的后面我们还将进行更为详尽的讨论（参见第 13 章）。

尽管云计算的一般概念可以追溯到 20 世纪 50 年代，但云计算服务开始应用则是在 21 世纪初，特别是以大型企业为服务对象。从那以后，云计算扩展到小型和中型商业，并且最近扩展到消费者。苹果的 iCloud 于 2012 年推出，经过一周的推介就有了两千万个用户。发布于 2008 年的 Evernote（一种笔记管理软件）提供了基于云的记笔记和存档服务，在不到 6 年的时间内用户数接近 1 亿。2014 年下半年，谷歌宣布 Google Drive 有了近 2.5 亿活跃用户。下面我们学习云的重要构件，包括云计算、云网络和云存储。 25

### 1.6.1　云计算的概念

许多组织机构日益倾向于将大部分甚至所有 IT 操作转移到与因特网连接的基础设施上，这些基础设施称为企业**云计算**（colud computing）。与此同时，独立的 PC 用户和移动设备越来越多地依赖云计算服务来备份数据，以及使用个人云计算同步设备和相互共享。

> **云计算**　这是一个定义宽松的术语，是指经过因特网提供接入处理能力、存储、软件或其他计算服务的任何系统，通常使用 Web 浏览器接入。这些服务一般是向某个拥有和管理它们的外部公司租用的。

美国国家标准和技术局（NIST）定义了如下的云计算基本特征。

- **广泛的网络接入**：借助网络和通过标准机制接入可供使用的能力，这种能力促进了由异构的瘦或胖客户程序平台（例如移动电话、便携机和个人数字助理）以及其他传统的或基于云的软件服务的使用。
- **快速的弹性**：云计算使你能够根据特定服务需求扩展和减少资源。例如，你可能在特定的任务期间需要大量的服务器资源，一旦该任务完成则能够释放这些资源。
- **可测量的服务**：云系统自动地控制和优化资源使用，通过适合服务类型的某种层次的抽象改变计量能力，这些服务如存储、处理、带宽和主动用户账户等。能够监视、控制和报告资源使用，对提供商和使用服务的消费者提供透明性。
- **按需自助服务**：消费者能够自动地根据需求单方面地留出计算能力，例如服务器时间和网络存储，而不要求人与每个服务提供商交互。因为服务是按需的，这些资源不是 IT 基础设施的永久部分。
- **资源池**：使用多租户模式服务于多个消费者，提供商的计算资源被池化，不同的物理和虚拟资源动态分配并根据消费者的需求重新分配。有某种程度的位置无关性，即消费者通常不控制或没有提供商资源的准确知识，但可能在较高层次的抽象上指定位置（例如国家、州或数据中心）。资源的例子包括存储、处理、内存、网络带宽和虚拟机。甚至专用云在同一组织的不同部分之间也趋向于池化资源。图 1-7 图示了典 26

型的云服务环境。某企业在企业 LAN 或 LAN 的集合中维护工作站，该 LAN 集合由路由器通过网络或因特网与云服务提供商进行连接。云服务提供商维护巨量的服务器集合，这些服务器使用各种网络管理、冗余和安全工具进行管理。在该图中，该云基础设施显示为刀片服务器的集合，它们有共同的体系结构。

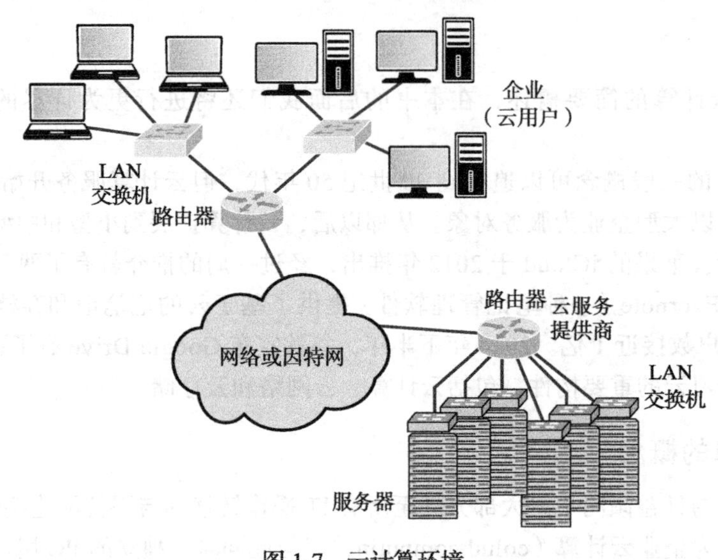


图 1-7　云计算环境

## 1.6.2　云计算的好处

云计算提供规模经济、专业的网络管理和专业的安全管理。这些特性能够对公司、政府机构和个人 PC 及移动用户产生吸引力。个人或公司仅需要对他们所需的存储能力和服务付费。无论是个人用户还是公司用户，都无须为建立数据库系统、获取所需的硬件、维护和备份数据等工作而伤脑筋，所有这些工作都是云服务的一部分。

理论上讲，对于存储数据并与他人共享而言，使用云计算的另一个巨大的优点是，云提供商关心安全性。遗憾的是消费者并非总是安全的，云提供商中还存在着一些安全缺陷。在 2013 年年初，Evernote 公司在发现一次入侵后，告知用户重置他们的口令，此事成为报纸的头条。本书将在第 16 章讨论云安全。

27

## 1.6.3　云网络

云网络是指那些必须就地启用云计算的网络和网络管理功能。许多云计算解决方案依赖因特网，但那仅是网络基础设施的一部分。

云计算的一个例子是在提供商和客户之间提供高性能 / 高可靠的网络。在这种场合，在企业网和云之间的某些或所有流量会绕过因特网，使用由云服务提供商拥有或租用的专用私有网络设施。更一般地，云网络是指要求接入云的网络能力的集合，包括利用经过因特网的专门服务，将企业数据中心连接到云，在关键点使用防火墙和其他网络安全设备以实施安全接入策略。

## 1.6.4　云存储

我们能够认为云存储是云计算的一个子集。本质上讲，云存储包括数据库存储和托管于远程云服务器上的数据库应用。云存储使得小的商业和个人用户可以利用数据存储，这些数据存储随着需求缩扩，利用各种各样的数据库应用，而不必购买、维护和管理存储资产。

## 1.7 物联网

**物联网**（Internet of Things, IoT）是计算和通信领域长期且持续革命中的最新发展。它的规模、普遍性和对日常生活、商业及政府的影响，使得以往的任何技术进展都相形见绌。本节提供了 IoT 的简要概述，本书后面（第 14 章）将会更为详细地讨论 IoT。

**物联网**　连通性的扩展，特别是经过因特网的各种各样的传感器、执行器和其他嵌入式系统的扩展。在几乎所有场合，无须人类用户，它们进行全自动的交互。

### 1.7.1 物联网中的物

物联网是一个术语，指的是智能设备（包括从装置到微型传感器等多种设备）的扩展互联。占主导性的方法是将近距离的移动收发器嵌入到小器具和日常生活物品中，使得人与物品以及物品之间能够进行新形式的通信。因特网现在支持数十亿个工业的和个人的物体进行互联，互联通常要通过云系统。这些物体传递传感信息，根据它们的环境而行动，并且在某些情况下修改自己，形成对更大系统如工厂或城市的总体管理。

28

IoT 主要由内部嵌入式设备所驱动。这些设备是低带宽、低重复数据俘获和低带宽数据使用装置，这些装置彼此通信并经过用户接口提供数据。嵌入式装置如高分辨率视频安全照相机、IP 视频（VoIP）电话和其他一些东西等，它们要求高带宽流能力。无数的产品则仅要求间歇地传递数据分组。

### 1.7.2 演化

对于所支持的端系统而言，因特网已经大致经历了四代的部署，最终到达了 IoT。

1）**信息技术**（IT）：企业的 IT 人员购买了 PC、服务器、路由器、防火墙等作为 IT 设备，主要用于有线连接。

2）**操作技术**（OT）：由非 IT 公司所构建的具有嵌入式 IT 的机器 / 装置，如医疗设备、SCADA（监视控制和数据获取）、过程控制和售货亭，这些均由企业 OT 人员购买作为装置并且主要使用有线连接。

3）**个人技术**：由用户（雇员）购买作为 IT 设备的智能手机、平板电脑和电子书阅读器等，只使用无线连接并且经常使用多种形式的无线连接。

4）**传感器 / 执行器技术**：由用户、IT 和 OT 人员购买的单一用途的设备，只使用无线连接，通常只用单一形式无线连接，并作为较大系统的一部分。

上述第四代通常被认为是 IoT，其显著特征是有几十亿个嵌入式设备在使用。

### 1.7.3 物联网的层次

商业和技术文献通常都聚焦于物联网的两种要素，即被连接起来的“物体”和互联它们的因特网。最好将 IoT 视为一个巨系统，它由 5 个层次组成。

- **传感器和执行器**：这些都是物体。传感器观察它们的环境，报告变量的量化测量结果，这些变量包括温度、湿度、某些可观察东西的存在或缺失，等等。执行器在环

29

境中操作，如改变恒温器设置或操作阀门。

- **连接性**：设备可能经过无线或有线链接到一个网络中，将收集到的数据发送给适当的数据中心（传感器）或从一个控制站点（执行器）接收操作命令。
- **容量**：支持这些设备的网络必须能够处理潜在的大量数据流。
- **存储**：需要有大型存储设施来存储和维护所有收集到的数据备份。这通常是一种云能力。
- **数据分析**：对于大量的设备而言，产生了"大数据"，需要一种处理该数据流的数据分析能力。

对 IoT 概念的有效使用来说，所有这些层次都是必不可少的。

## 1.8 网络汇聚

**网络汇聚**（network convergence）是指以前截然不同的通信技术、信息技术和市场的融合。我们能从企业通信 3 层模型的角度来认识这种汇聚。

**网络汇聚** 在一个单一的网络中电话、视频和数据通信服务的供给。

- **应用汇聚**：商业的端用户看到的是应用汇聚。汇聚集成了通信应用与商业应用，通信应用如语音呼叫（电话）、语音邮件、电子邮件和即时讯息，商业应用如工作组协同、客户关系管理和后台业务功能。借助于汇聚，应用可以提供丰富的特性，该特性以无缝、有组织和增值的方式综合语音、数据和图像。一个例子是多媒体讯息，它使得用户可以使用单一界面访问各种来源的报文，例如来自办公语音邮件、电子邮件、SMS 文本和移动语音邮件等。
- **企业服务**：在这个层次，管理者根据所用的服务处理信息网络，以确保用户能够利用他们使用的应用。例如，网络管理者需要确保适当的隐私机制和鉴别服务在适当位置，以支持基于汇聚的应用。对于移动工作人员，他们也能够跟踪用户位置以支持远程打印服务和网络存储设施。企业网络管理服务也可能包括为各种用户、群组和应用以及 QoS 条件建立协作环境。

30

- **基础设施**：网络和通信基础设施是由通信链路、LAN、WAN 和对企业可用的因特网连接组成。企业网基础设施也越来越多地包括到达数据中心的专用 / 公用的云连接，数据中心包括大容量的数据存储和 Web 服务。在这个层次，汇聚的一个重要方面是通过网络携带语音、图像和视频的能力，而该网络设计之初是用来携带数据流量的。针对面向语音流量设计的网络，出现了基础设施汇聚。例如，视频、图像、文本和数据通常通过蜂窝电话网络传递到智能手机。

图 1-8 显示了企业通信的三层模型的主要属性。简单来说，汇聚涉及将一个机构的语音、视频和图像流量迁移到单一的网络基础设施上。这通常涉及将完全分开的语音和数据网络综合成单一的网络基础设施，并且将该基础设施扩展成能够支持移动用户。这种汇聚的基础是使用网际协议（IP）基于分组的传输。使用 IP 分组来递送各种各样的通信流量，有时被称为一切经由 IP，使底层基础设施能够向商业用户递送类型繁多的有用应用。

汇聚带来了许多好处，包括网络管理简化、效率提升和应用层更为灵活。例如，一个汇聚的网络基础设施提供了可预测的平台，在该平台上可构建新型增值应用，该应用结合了视频、数据和语音。这使得研发者创造创新性的混搭和其他增值商务应用与服务更为容易。下面总结了 IP 网络汇聚的三个主要好处。

- **节省费用**：汇聚网络能够让网络管理、维护和运行成本可观地减少（两位数百分比）；将传统网络汇聚到单一 IP 网络能够更好地使用现有的资源，实现集中式能力规划、资产管理和策略管理。
- **有效性**：汇聚环境具有向用户提供高度灵活性的潜力，无论用户位于何处。IP 汇聚允许公司有更多的移动员工。移动工作者能够使用虚拟专用网络（VPN）远程访问在公司网络上的业务应用程序和通信服务。通过将业务流量与其他因特网流量分离，VPN 可帮助维护企业网的安全性。
- **转换**：因为它们是可修改的和能够互操作的，当它们通过技术进展变得可用时，汇聚 IP 网络能够易于适应新功能和特色，而不必安装新的基础设施。汇聚也使得可在企业范围采用全局标准和最佳实践，因此提供更好的数据、增强的实时决策以及关键业务过程和操作的改进执行。最终结果是强化敏捷和创新，这些是业务创新的关键要素。

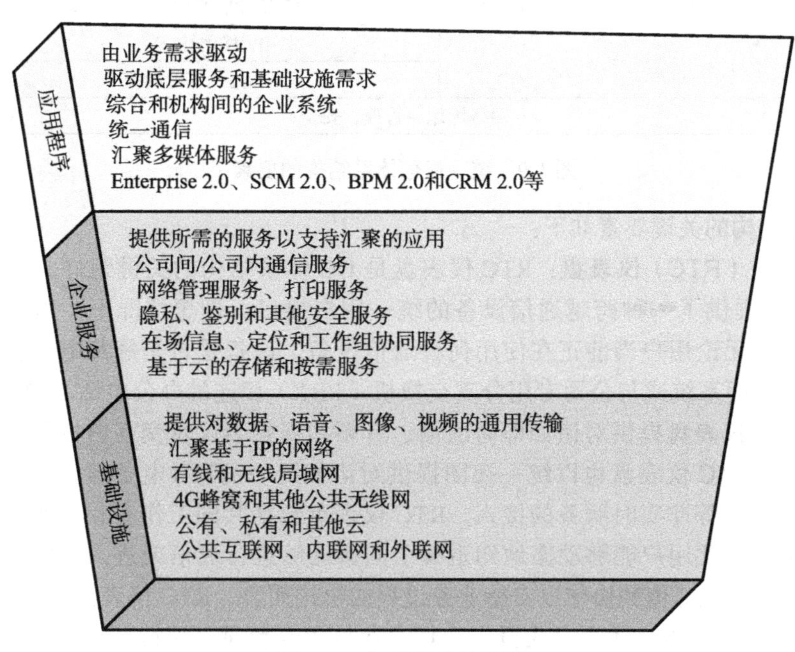


图 1-8 业务驱动的汇聚

这些引人入胜的商业利益激发着公司投资汇聚网络基础设施。然而，企业敏锐地知晓汇聚的不利因素：具有单一网络意味着单点故障。给定它们对 ICT（信息和通信技术）的依赖，今天的汇聚企业网基础设施通常包括冗余的组件和备份系统以增加网络恢复力，减少网络断供的严重性。

31 ~ 32

## 1.9 统一通信

与网络汇聚相关的概念是**统一通信**（unified communications，UC）。而企业网汇聚关注的是传统上完全分开的语音、视频和数据通信网络合并成一个共同的基础设施。UC 关注的是实时通信服务的集成以优化业务过程。正如汇聚的企业网那样，IP 是构建 UC 系统的基石。UC 的关键要素包括如下。

1）UC 系统通常提供统一的用户接口，以及跨越多个设备与媒体的一致的用户体验。

2）UC 将实时通信服务与非实时服务和业务过程应用程序相融合。

**统一通信**　企业实时通信服务与非实时通信服务的集成，实时通信服务如即时通信、在场信息（presence）、话音（包括 IP 电话）、Web 和视频会议及语音识别等，非实时通信服务如统一消息（话音邮件、电子邮件、SMS 和传真的综合）等。

图 1-9 显示了一个 UC 体系结构的典型组件和它们是如何彼此相关的。

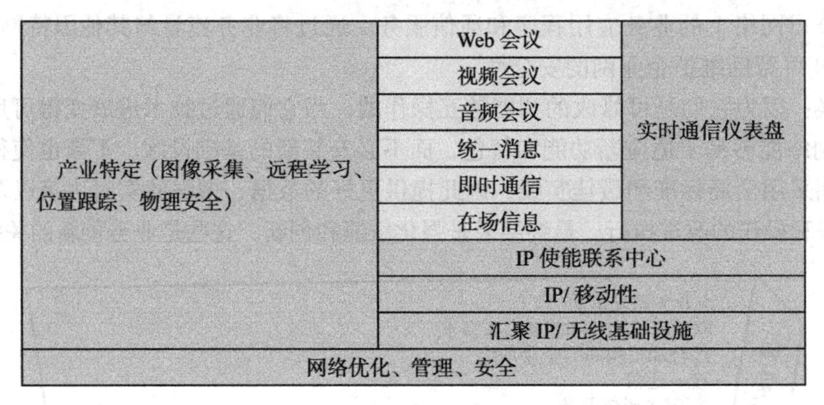


图 1-9　统一通信体系结构的要素

这个体系结构的关键要素如下：

- **实时通信（RTC）仪表盘**：RTC 仪表盘是 UC 体系结构的关键组件。正是该要素为 UC 用户提供了一种跨越通信设备的统一用户接口。理想情况下，用户具有一致的接口，而无论用户当前正在使用何种通信设备，设备是否是蜂窝电话、无线平板计算机、桌面系统或与公司专用分支交换机（PBX）相连的办公电话。如在图 1-9 中所见，RTC 仪表盘提供对诸如即时通信、音频和视频会议及交互白板等实时通信服务的接入；RTC 仪表盘也以统一视图提供对诸如统一消息（电子邮件、话音邮件、传真和 SMS）等非实时服务的接入。RTC 仪表盘包括共同工作者和合作伙伴是否在线的信息，因此用户能够动态地知道哪个同事能够进行通信或进入协作通信会话。对于要求高层次通信和协作以支持业务过程的机构而言，RTC 仪表盘已经成为必需品。

33

- **Web 会议**：是指直播会议或报告，其中参与者或者通过因特网，或者通过企业内联网，使用移动设备或 Web 接入会议或报告。Web 会议经常包括通过 Web 连接的交互白板（interactive white board，IWB）的数据共享。
- **音频会议**：也称为电话会议，是指参与者为音频传输和接收而连接在一起的直播会议。参与者可以使用固定电话、移动电话或"软电话"（指装备有麦克风和话筒的计算机）。
- **统一消息**：统一消息（messaging）系统为多个来源的消息提供共同的存储仓库。它允许用户检索来自计算机、电话或移动设备的保存的电子邮件、语音邮件和传真消息。计算机用户能够选择并播放出现在它们的统一消息收件箱中的语音邮件记录。电话用户能够检索语音邮件并能够听到电子邮件消息的文字到语音的转换。任何类型的消息都能够保存、应答、存档、检索和转发。通过将从办公室电话和手机收到的语音邮件消息保存到相同的邮箱，统一消息系统缓解了商务用户必须监视多个语音收件箱的负担。借助于 UC，用户能够在任何时间使用任何设备从统一消息收件箱检索电子邮件或语音邮件。

- **即时通信**（IM）：在两个或多个参与者之间的基于文本的实时消息系统。因为 IM 基于文本并且实时双向交换，它类似于在线聊天。IM 与聊天的不同之处在于，IM 客户使用联系人（或好友）列表来方便已知用户之间的连接，而在线聊天能够允许匿名用户之间进行基于文本的交流。
- **视频会议**（VTC）：视频会议允许位于两个或多个位置的用户通过双向视频和音频传输同时交互。UC 系统使得用户能够通过桌面计算机、智能手机和移动设备参与视频会议。
- **在场信息**：这是一种能力，以实时确定某人正位于何处，该人喜欢以何种方式联系，甚至他当前正在做些什么。在场信息在同事尝试建立个人之间的联系之前，显示个人的有效状态。它曾经仅仅被认为是即时通信的一种支撑技术（例如，“可聊天”或“忙”），但是现在已经被扩展为包括以下信息：同事当前是否在办公室或在打移动电话，是否在计算机上注册，是否在参与某个视频交谈或在会议中，或者是否外出午餐或度假而不在办公室，等等。同事的地理位置因为一些业务原因（包括对用户紧急事件进行快速响应的能力），正越来越多地变成在场信息中的要素。业务已经包括在场信息，因为它促进了更为便利和高效的通信。它有助于消除“电话留言”或写并发送电子邮件给某个人这种效率低下问题，在这种低效方式下，该人通过电话或采取迅速见面的方式来回答问题。 [34]
- **IP 使能联系中心**：是指使用基于 IP 的统一通信增强客户联系中心的功能和性能。统一通信基础设施利用在场信息技术，使得客户和内部企业雇员能够快速联系到所需要的专家或支持人员。此外，这种技术支持移动性，因此呼叫中心人员不必位于特定的办公室或停留在特定的地方。最后，UC 基础设施使得呼叫中心雇员能够迅速访问其他雇员以及包括数据、视频、图像和音频在内的信息资产。
- **IP/ 移动性**：是指使用 IP 网络基础设施把信息传递给通常移动的企业人员并从他们那里收集信息。在一个典型的企业中，超过 30% 的雇员在完成他们的工作任务时使用某种按周形式的远程访问技术。
- **汇聚 IP/ 无线基础设施**：一种统一的基于网络和通信的 IP 分组传送，以支持语音、数据和视频传输并且能够扩展为包括局域和广域无线通信。UC 使能的移动设备能够在通信会话期间在 Wi-Fi 和蜂窝系统之间切换。例如，一个 UC 用户能够用连接到家中 Wi-Fi 网络的智能手机接收同事的电话，开车去工作时经蜂窝网络连接继续那个交谈，并且最后在办公室终止那个此时已连接到公司 Wi-Fi 网络的电话。这将无缝地和透明地产生两次切换（家庭 Wi-Fi 到蜂窝以及蜂窝到办公室 Wi-Fi），而不丢弃呼叫。 [35]

UC 的重要性不仅在于它集成了通信信道，而且在于它提供了一条集成通信功能和商务应用的途径。通常使用 UC 的组织机构会发现以下三种主要的好处。

- **个人生产率增加**：在场信息有助于雇员找到彼此并且选择最为有效的方式实时通信。对于定位同事或检查多个与工作相关的语音邮箱，呼叫多个号码会节省时间。来自 VIP 联系人的呼叫能被同时转到所有 UC 用户的电话设备（办公室电话、软电话、智能手机、家庭电话），以确保对用户、合作伙伴和同事的较快响应。借助于移动在场信息能力，地理位置最近的雇员能被派遣来处理问题。
- **工作组性能增加**：UC 系统支持团队成员之间的实时协作，这促进了工作组性能的改善。一个例子是使用在场信息来加速识别可供使用的个人，该人具有某工作组需要的适当技能去处理某个问题。强化的会议能力也有助于增加工作组性能，该会议能力具有桌面VTC和交互白板以及自动化的业务规则以路由或逐步扩大通信。

- **企业级过程改进**：IP汇聚使得UC能够与企业范围和部门级应用、业务处理以及工作流综合起来。具有客户、供应商和商业伙伴的UC使能的强化通信，针对客户关系管理（CRM）、供应链管理（SCM）和其他企业范围的应用重新定义了最佳实践，并且改变了业务网络的成员之间的关系。通信使能的业务过程（CEBP）正在加速几个产业（包括金融服务、卫生保健和零售业）中的竞争。

36

## 1.10　重要术语

学完本章后，你应当能够定义下列术语。

| | |
|---|---|
| 第三代 | 第四代 |
| 第五代 | 接入网 |
| 汇聚路由器 | 应用程序提供商 |
| 应用服务提供商 | 主干网 |
| 刀片服务器 | 云计算 |
| 云网络 | 云存储 |
| 内容提供商 | 核心网 |
| 核心路由器 | 分发网 |
| 边缘路由器 | 端用户 |
| IEEE 802.3 | IEEE 802.11 |
| 物联网 | 以太网 |
| 网络汇聚 | 网络提供商 |
| 对等 | 以太网供电（PoE） |
| 电力线载波 | 机架顶部交换机 |
| 统一通信 | Wi-Fi |

## 1.11　参考文献

**XI11:** Xi, H. "Bandwidth Needs in Core and Aggregation Nodes in the Optical Transport Network." IEEE 802.3 Industry Connections Ethernet Bandwidth Assessment Meeting, November 8, 2011. http://www.ieee802.org/3/ad_hoc/bwa/public/nov11/index_1108.html

37

# 需求和技术

网络使得许多直接和重要的经济领域成为可能，但它将存在诸如缺乏控制、对变化需求可能缺乏响应等问题，不过其中的许多问题已经在很大程度上得到了解决。

——什么能被自动化？

《计算机科学和工程研究》，自然科学基金，1980

**本章目标**

**学完本章后，你应当能够：**

- 给出有关因特网和互联网上分组流量的主要分类的概述，这些流量包括弹性流量、非弹性流量和实时流量。
- 探讨大数据、云计算和移动流量对当前网络所施加的流量需求。
- 解释服务质量的概念。
- 解释体验质量的概念。
- 理解路由选择的基本要素。
- 理解拥塞的影响和用于拥塞控制的技术类型。
- 比较并对照软件定义网络和网络功能虚拟化。

第 1 章提供了构成网络生态系统的各种元素的概览，包括网络技术、网络体系结构、服务和应用程序。本章以简明的方式提供了在本书中涉及的关键主题的动机、技术背景和概述。

38

## 2.1 网络和因特网流量的类型

因特网和企业网上的流量能够划分为两种宽泛的类型：弹性的和非弹性的。对它们不同的需求考虑阐明了强化网络体系结构的必要性。

### 2.1.1 弹性流量

弹性流量是这样一种流量，它能够在很宽的范围内调整以改变跨越**互联网**（internet）的时延和吞吐量，并且仍然满足应用程序的需求。这是基于 TCP/IP 的互联网支持的传统类型的流量，并且是互联网在设计之初所针对的流量类型。生成这种流量的应用程序通常使用传输控制协议（Transmission Control Protocol, TCP）或用户数据报协议（User Datagram Protocol, UDP）作为传输协议。在使用 UDP 时，应用程序所占用的网络容量最高可达到其生成数据的速率上限。而使用 TCP 时，应用程序所使用的网络容量最高可达端到端接收者接收数据的速率上限。利用 TCP，每条连接的流量通过减小向网络注入数据的速率来进行拥塞调整。

**因特网（Internet）** 一个基于 TCP/IP 构成的全球性互联网络，它将众多公有和私有网络以及用户互联起来。

**互联网（internet）** 由一些小型网络组成的大型网络，也称为互联网络。

弹性应用程序包括在 TCP 或 UDP 上运行的常用应用程序，例如，文件传输（文件传输协议 / 安全 FTP[FTP/SFTP]），电子邮件（简单邮件传送协议 [SMTP]），远程注册（Telnet、安全 Shell[SSH]），网络管理（简单网络管理协议 [SNMP]）和 Web 服务访问（超文本传输协议 /HTTP 安全 [HTTP/HTTPS]）。然而，这些应用程序的需求存在着差异，包括如下几个方面。

- 电子邮件通常对时延变化不敏感。
- 当通过用户命令而不是作为自动的背景任务进行文件传输时，用户期望时延与文件的大小成正比，因此对于吞吐量的变化敏感。
- 网络管理类应用通常不会过度关注时延。然而，如果在某互联网中的故障是拥塞的原因，则用最短时延来读取 SNMP 报文的需求将随着拥塞程度的加剧而增加。
- 交互式应用程序（如远程登录和 Web 访问）对时延敏感。

认识到应用程序并非对单个分组的时延都感兴趣是很重要的。对跨越因特网的真实时延的观察提示我们，时延并没有出现大幅变动。由于 TCP 的拥塞控制机制，当产生拥塞时，39在来自各条 TCP 连接的到达速率下降之前，时延仅会适度增加。与之相对的是，用户感受到的服务质量（QoS）与传输当前应用单元经历的总时间相关，对于交互式 Telnet 应用来说，该传输单元可以是单个按键输入或者单行输入。而对于 Web 访问来说，该传输单元是一个网页，这个网页可以小到只有几千字节，也可以大到包含了很多图片。对于科学型应用来说，该传输单元则可能是几兆字节的数据。

对于非常小的传输单元，总共经历的时间主要由跨越因特网所需的时延决定，但是对于较大的传输单元，总共经历的时间则取决于 TCP 滑动窗口的性能，所以它主要依赖于 TCP 连接所能达到的吞吐量。因此，当传输较大的数据时，传输时间与文件的大小以及源端速率由于拥塞而下降的程度呈线性关系。

需要明确的是，即使将焦点集中在弹性流量上，一些服务区分和流量控制还是能带来较大的好处。如果没有这些服务，路由器将公平地处理到达的 IP 分组，而不考虑应用的类型以及某个分组是较大传输单元的一部分还是很小的一个传输单元。在这种情况下，当拥塞发生时，不大可能会以这种方式分配资源以公平地满足所有应用的需求。当又有非弹性流出现时，这个结果将会变得更糟。

### 2.1.2　非弹性流量

在跨越互联网时，非弹性流量很难适应时延和吞吐量的变化，非弹性流量的例子包括音频、视频等多媒体传输，交互式仿真应用（例如航空公司飞行员仿真）等大容量的交互式流量。这些非弹性流量的需求包括以下方面。

- **吞吐量**：对最低吞吐量有要求。与大多数弹性流量可以在服务性能下降时继续传输数据所不同的是，许多非弹性应用都要求必须达到给定的最低吞吐量。
- **时延**：也称为延迟。一个时延敏感型应用的例子是股票交易，那些接收数据总是慢一拍的人在操盘时也总是慢一拍，这会使他们处于劣势。

- **时延抖动**：时延变化的幅度称为**时延抖动**（delay jitter），或简称抖动，它是影响实时类应用的重要因素。由于互联网络会对分组产生不断变化的时延，因此相邻分组的到达时间间隔通常不会稳定在一个固定值上。为了对这种时延差异进行弥补，到达的分组会被缓存起来，并经过足够的延迟时间来消除抖动带来的影响，随后再以稳定的速率交付给软件，这些软件期望得到的就是这种稳定的实时流。可允许的时延抖动越大，在传输数据时的实际时延越大，接收端缓存也必须越大。电视电话等实时交互类应用对时延抖动会有一个合理的上限要求。
- **丢包**：实时类应用的丢包也会不断变化，如果存在丢包情况，那么这些应用必须能够承受丢包带来的后果。

40

**时延抖动** 两个点之间与分组传输相关的时延变化，通常以单个会话中分组的最大时延差来衡量。

表2-1显示了不同类别流量的丢包、时延和时延抖动特性，RFC 4594（区分服务类型配置准则，2006年8月发布）对这些特性进行了详细介绍。表2-2给出了不同的面向媒体应用的QoS需求示例[SZIG14]。

**表2-1 服务类型特征**

| 应用类型 | 服务类型 | 流量特征 | 对丢包的容忍程度 | 对时延的容忍程度 | 对时延抖动的容忍程度 |
|---|---|---|---|---|---|
| 控制类 | 网络控制 | 可变长分组，大部分为非弹性短报文，但是流量可能会出现突发（BGP） | 低 | 低 | 能容忍 |
| | OA&M | 可变长分组，弹性和非弹性流 | 低 | 中等 | 能容忍 |
| 面向媒体类 | 电话 | 固定长度短分组，固定的输出速率，非弹性和低速率流 | 非常低 | 非常低 | 非常低 |
| | 实时交互式 | RTP/UDP流，非弹性，大部分速率可变 | 低 | 非常低 | 低 |
| | 多媒体会议 | 可变长分组，固定的传输间隔，速率可调节，对丢包进行响应 | 低中等 | 非常低 | 低 |
| | 广播视频 | 固定及可变的速率，非弹性，非突发性流 | 非常低 | 中等 | 低 |
| | 多媒体流 | 可变长分组，弹性，速率可变 | 低中等 | 中等 | 能容忍 |
| 数据 | 低延迟数据 | 速率可变，突发短寿命弹性流 | 低 | 低中等 | 能容忍 |
| | 高吞吐量数据 | 速率可变，突发长寿命弹性流 | 低 | 中高 | 能容忍 |
| | 低优先级数据 | 非实时，弹性 | 高 | 高 | 能容忍 |
| 尽力而为 | 标准 | 上述特征都有 | 未具体指定 | | |

41

BGP=边界网关协议
OA&M=运维、执行和管理
RTP=实时传输协议
UDP=用户数据报协议

**表2-2 应用类型的QoS需求**

| | |
|---|---|
| 话音 | 单向时延≤150ms<br>单向峰值间时延抖动≤30ms<br>单跳峰值间时延抖动≤10ms<br>丢包率≤1% |

（续）

| | |
|---|---|
| 广播视频 | 丢包率≤ 0.1% |
| 实时交互类视频 | 单向时延≤ 200ms<br>单向峰值间时延抖动≤ 50ms<br>单跳峰值间时延抖动≤ 10ms<br>丢包率≤ 0.1% |
| 多媒体会议 | 单向时延≤ 200ms<br>丢包率≤ 1% |
| 多媒体流 | 单向时延≤ 400ms<br>丢包率≤ 1% |

这些需求在排队时延和丢包不断变化的环境中难以得到满足，因此，非弹性流量对互联网体系结构提出了两个新的需求。首先，需要采用某些方法来为有更多需求的应用提供优先处理，应用需要能描述自身的需求，这要么通过提前定义一些服务请求函数，要么在运行过程中进行定义，然后结合 IP 分组首部中的字段实现，其中前一种方法能更灵活地描述需求，使网络能预知需求，并在所需资源不可用时拒绝某些请求，这种方法预示着需要使用某种资源预留协议。

42

在互联网体系结构中，为了支持非弹性流量，一个额外的需求是必须仍然能支持弹性流量。非弹性应用在出现拥塞时通常不会回退或降低需求，这与 TCP 应用正好相反，因此，出现拥塞时，非弹性流量会持续产生较高的负载，而弹性流量则会被挤出互联网。资源预留协议可以通过拒绝某些服务请求，以避免只剩下很少的资源用于处理当前的弹性流量，从而解决上述问题。

### 2.1.3 实时流量特性

正如前文所述，一个典型非弹性流量的例子是**实时流量**（real-time traffic）。文件传输、电子邮件、Web 等客户机 / 服务器应用都是传统的弹性流量应用，这些应用关注的性能指标通常是吞吐量和时延，此外也会关心传输的可靠性，因此采用了很多机制来保证数据不会在传输过程中出现丢失、出错或者失序。相比之下，**实时**（real-time）应用主要关注与时间相关的问题以及丢包。在大多数情况下，数据以固定的速率传输，并且与发送速率相等，在其他情况下，每个数据块都与特定的时间期限相关联，在期限到达后，数据将变得无用。

**实时流量** 必须满足实时需求（例如低时延抖动、低延迟）的数据流。

**实时** 按照需求尽可能快地传输。实时系统必须尽快响应信令、事件或请求，从而满足某些需求。

图 2-1 显示了一个典型的实时环境，其中服务器正在产生速率为 64kbps 的音频数据，经过数字化处理的音频以大小为 160 字节的分组形式传输，这样每个分组的发送间隔时间为 20ms，这些分组经过网络之后到达个人电脑上，随后电脑实时播放接收到的音频数据。然而，由于网络会使得分组的端到端时延发生变化，相邻分组到达目的端的时间间隔不会一直固定在 20ms。为了解决这一问题，到达的分组会暂时缓存起来，在推迟一小段时间后以固定速率交付给音频播放软件，这里的缓存可以位于目的主机或外部网络设备上。

时延缓存所能提供的补偿是有限的，例如，如果任意分组的最小端到端时延是 1ms，最大为 6ms，那么时延抖动就为 5ms。只要时延缓存能保存的分组超过 5ms，那么缓存将能涵盖所有的到达分组。但是如果缓存只能延迟 4ms 的播放时间，那么那些相对时延超过 4ms（绝对时延超过 5ms）的分组将不得不丢弃，以避免重放时出现失序。

43

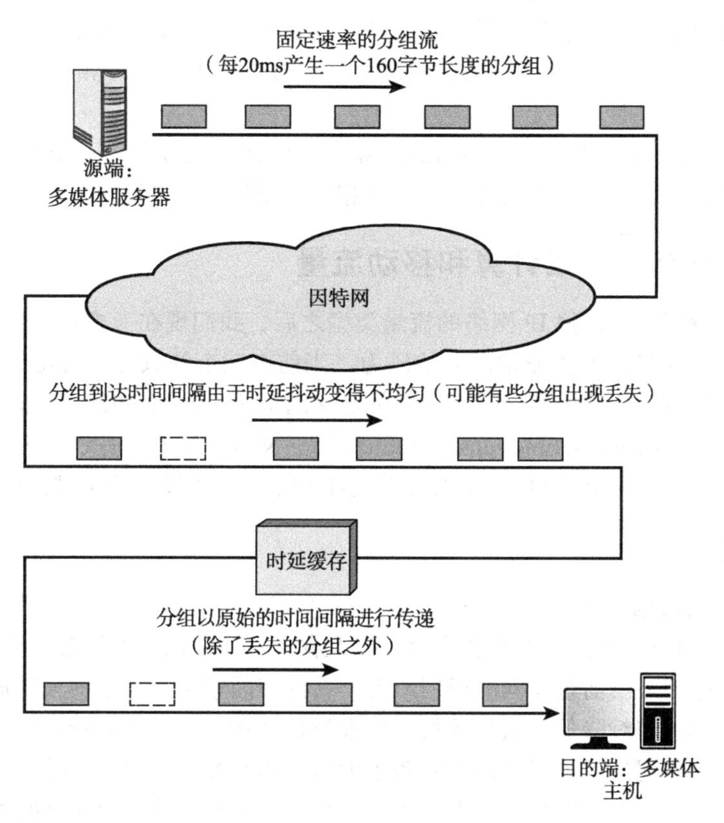


图 2-1 实时类流量

目前，实时流量类别意味着分组大小是相等的，而且这些分组以固定速率产生出来。但是该类流量并不总是这种特征，图 2-2 说明了一些可能的一般特征，具体说明如下。

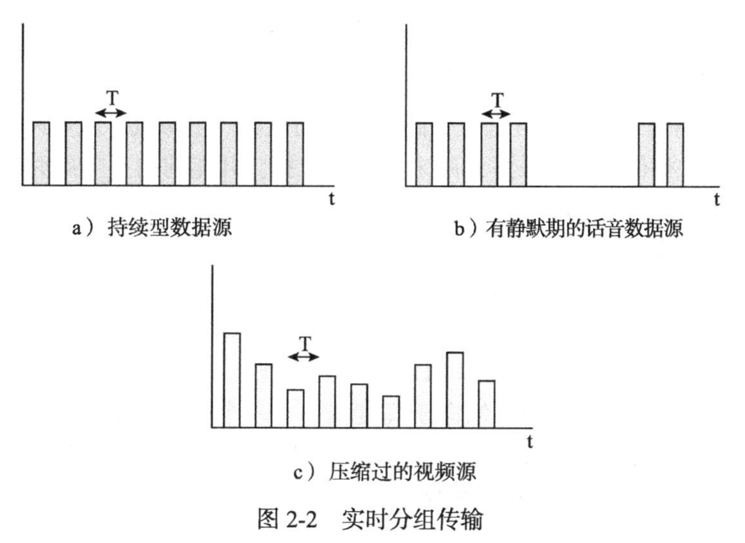


图 2-2 实时分组传输

- **持续型数据源**：以固定间隔产生固定大小的分组。它将应用的特征描述为连续产生数据，几乎不会出现冗余，而且这些应用太重要以致不能进行有损压缩，具体的例子包括空中交通管制雷达和实时仿真。
- **开 / 关型数据源**：数据源在两个周期间进行变化，第一个周期会以固定间隔产生固定大小的分组，另一个周期则完全不产生任何数据。电话或音频会议等数据源符合这类特征。
- **可变的分组长度**：数据源以相同的间隔产生可变长的分组，一个例子是包含数字视频的各个帧采用了不同的压缩比，并以相同的质量级别进行输出。

44

## 2.2　需求：大数据、云计算和移动流量

在介绍完因特网以及其他 IP 网络的流量类型之后，我们现在考虑一些特定的应用领域，它们会给网络资源和管理产生非常巨大的压力。当前有三个领域尤为突出，分别是大数据、云计算和移动。所有这些领域都建议采用软件定义网络（software-defined networking, SDN）和网络功能虚拟化（network functions virtualization, NFV）等更为有效的工具来对网络进行运维和管理，同时采用全面的 QoS 和 QoE 系统在 IP 网络上实现高效的服务传输。

### 2.2.1　大数据

简单来说，**大数据**（big data）是指能够让某个机构创建、控制和管理非常大的数据集（单位为 TB、PB、EB 等）的所有相关事物，以及存储这些数据集的设备。分布式数据中心、数据仓库以及云存储是当前企业网的通用形态，有许多因素导致了这种大数据和企业网的合并，包括存储成本的持续降低、数据挖掘和商业智能（BI）工具的不断成熟、政府的监管和法庭判例，这些判例促使各个组织机构储备了大量结构化和非结构化的数据，包括文档、电子邮件、话音邮件、文本邮件和社交媒体数据。其他被采集、传输和存储的数据源包括 Web 日志、因特网文档、因特网搜索指数、详细通话记录、科学研究的数据和结果、军事侦察、医疗记录、视频档案和电子商务交易。

45

**大数据**　大规模的数据集，而且标准的数据分析和管理工具对其不再适用。从更广泛的意义上来说，大数据是指从网络涌入处理器和存储设备的大量、多样、高速率的结构化和非结构化数据，这些数据经过转换后存储到企业的商用设备中。

数据集一直在持续增长，而且远程传感器、移动设备、摄像机、麦克风、无线射频识别（RFID）读卡器以及类似技术也采集到越来越多的数据。几年前的一项研究 [IBM11] 估计每天产生的数据大概达到了 2.5EB（也即 $2.5 \times 10^{18}$ 字节），而且世界上所有数据的 90% 都是在近两年产生的，这些数字在现在应该会更高。

**大数据基础设施需要考虑的因素**

传统商用数据存储和管理技术包括关系型数据库管理系统（RDBMS）、网络附加存储（NAS）、存储区网络（SAN）、数据仓库（DW）和商业智能（BI）分析法。

传统数据仓库和 BI 分析系统都倾向于高度集中在一个企业的基础设施中，它们通常包含带有 RDBMS、高性能存储和**分析**（analytics）软件的中央数据存储库，例如在线分析处理（OLAP）工具，用于数据挖掘和可视化。

**分析**　对海量数据进行分析，通常用于进行决策。

大数据应用已经日益成为增强企业竞争力的源泉，特别是那些期望构建数据产品和服务，并从这些海量数据中获取收益的公司。数据的开发利用在未来几年对企业将会日益重要，因为越来越多的公司已经从大数据应用中获利。

**大数据网络示例**

为了更直观地感受典型大数据系统的网络需求，考虑如图 2-3（与图 1-1 相对应）所示的一个生态系统。

企业内部的关键要素包括以下几个方面。

- **数据仓库**：数据仓库保存了从多个数据源获取的综合数据，这些数据主要用于上报和数据分析。
- **数据管理服务器**：大规模服务器池提供多种与大数据相关的功能服务，这些服务器运行着数据集成和分析工具等数据分析应用，其他的应用还会对从企业运营产生的数据进行集成和结构化处理，这些企业数据包括金融数据、销售点（POS）数据和电子商务行为。
- **工作站 / 数据处理系统**：涉及大数据应用的使用和大数据仓库输入的产生的其他系统。 46
- **网络管理服务器**：负责网络管理、控制和监视的一个或多个服务器。

未在图 2-3 中显示的还有其他一些重要的网络设备，包括防火墙、入侵检测 / 防御系统（IDS/IPS）、局域网交换机和路由器。

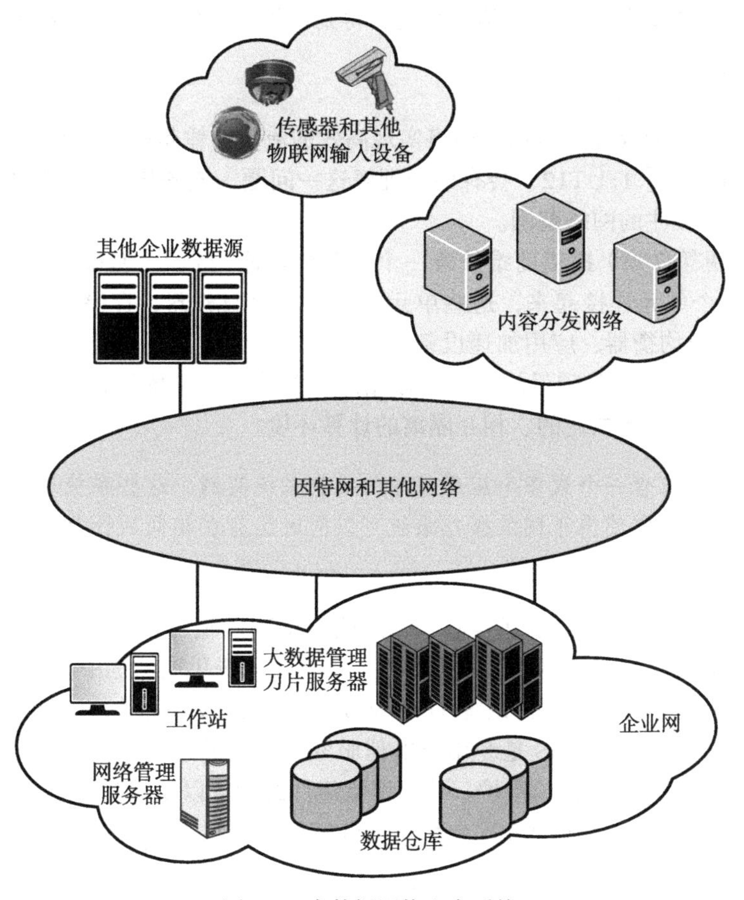


图 2-3　大数据网络生态系统

企业网可能包括多个分布在不同地域、国家的站点，此外，根据大数据系统的本质，企业还可以从其他企业的服务器、散布的物联网传感器及其他设备处接收数据，还可以从内容分发网络接收多媒体数据。

47

大数据的网络环境非常复杂，大数据对企业网基础设施的影响是由所谓的3V决定的：

- Volume，大容量（不断增长的数据量）
- Velocity，高速度（不断增加的数据存储和读取速度）
- Variability，多样性（不断增长的数据类型和数据源）

《网络世界2014白皮书》[NETW14]指出大数据所关注的领域包括以下几个方面。

- **网络容量**：运行大数据分析程序自身就需要很大的网络容量，而且这个问题在大数据和日常应用流量在企业网中结合后会进一步扩大。
- **时延**：大数据的实时或准实时特征要求网络能够提供持续较低的时延，从而达到最优性能。
- **存储容量**：无穷无尽的大数据需要海量高可扩展存储器，甚至这些存储资源必须能足够灵活，以处理各种不同的数据格式和流量负载。
- **处理能力**：大数据会对计算、内存和存储系统增加非常大的压力，如果不能有效解决这些问题，将会严重影响运行效率。
- **安全的数据访问**：大数据项目会从一些数据源获取敏感信息，例如客户交易信息、GPS位置、视频流等，这些信息都需要得到保护以避免未授权的访问。

### 2.2.2 云计算

和大数据一样，云计算也对通过网络实现高效的流量传输带来了挑战。参考图2-4所示的ITU-T云网络模型［ITUT12］会有助于理解这一问题，该图描述了云网络、服务提供商以及云服务用户所关注的网络范围。

48

云服务（参见第7章）提供商维护着一个或多个本地/区域云基础设施，云内部网络将基础设施中的各个单元连接起来，这些单元包括数据库服务器、存储阵列以及其他服务器（例如防火墙、负载均衡器、应用加速设备和IDS/IPS），云内部网络还可以包括由IP路由器连接的众多局域网。在该基础设施内部，数据库服务器构成了**虚拟机**（virtual machine）集群，并为不同用户提供虚拟化的、相互隔离的计算环境。

> **虚拟机** 一个包含一个或多个应用程序的操作系统实例，这些系统运行在计算机内部相互隔离的区域中。它使得不同的操作系统可以同时运行在相同的计算机上，并防止应用程序之间相互干扰。

云间网络将各个云基础设施互连起来，这些云基础设施可以属于相同或不同的云提供商。最后，用户利用核心传输网络来访问和使用部署在云提供商数据中心内的云服务。

图2-4还描述了两类运维支持系统（operations support system, OSS）。

- **网络OSS**：传统的OSS是专用于电信服务提供商的系统。网络OSS所支持的功能包括服务管理和网络详单维护、特定网络组件的配置以及故障管理。
- **云OSS**：云基础设施OSS是专用于云计算服务提供商的系统。云OSS支持云资源的维护、监视和配置。

上述三个网络部分（云内部网、云间网、核心网）以及OSS部分一起构成了云服务结构和传输的基础。ITU-T 云计算研究组的技术报告 [ITUT12] 列举了下列云对网络功能所需的要求。

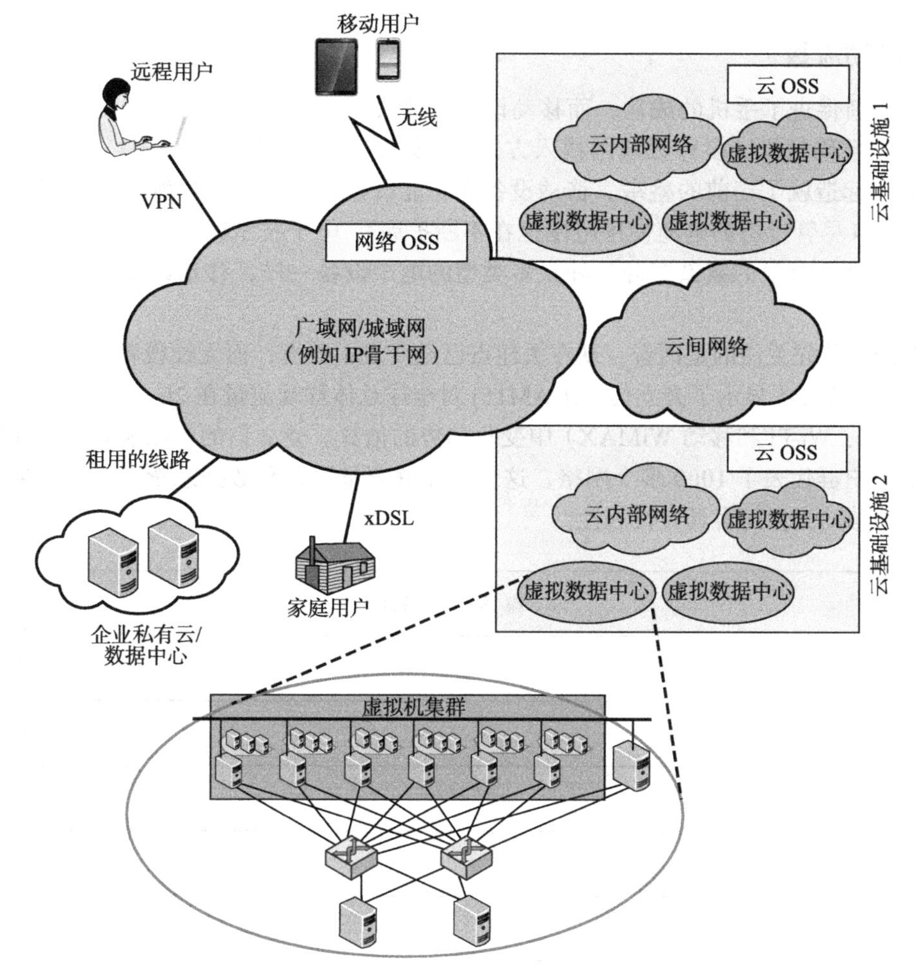


图 2-4 云网络模型

- **可扩展性**：网络必须易于扩展，从而满足云能从当前几百或几千台服务器构成的云基础设施迁移到几万甚至几十万台服务器构成的网络的需求。这种大小的规模给寻址、路由、拥塞控制等领域都带来了巨大挑战。
- **性能**：大数据设备和云提供商网络中的流量都是不可预测和易变的 [KAND12]。相同机架上邻近的服务器会产生持续的峰值流量，而单个源服务器和多个目的服务器又会出现间歇的大流量。云内部网络需要为服务器提供可靠的高速直通（也即逻辑上的点到点）信道，该信道不会有拥塞链路，同时还要在数据中心内部为任意两个服务器之间提供相等的带宽。ITU-T 报告总结称，当前用于数据中心的三层拓扑（接入层、汇聚层和核心层）不能很好地满足这些需求，一种更为灵活和动态的数据流控制方法加上网络设备的虚拟化，可以为实现所期望的服务质量提供更好的基础。
- **敏捷性和灵活性**：云数据中心需要能够对云资源利用的高度动态特征进行响应和管理，它包括具有适应虚拟机迁移的能力，并能对数据中心里数据流的路由实施细粒度的控制（参见第 13 章）。

第 13 章将对这一问题进行探讨，而现在只是点到为止。还需要明确的是，SDN 和 NFV 的结合能很好地满足前面所列出来的需求。

## 2.2.3　移动流量

技术创新促进了手机的成功，而移动设备的普及，以及多兆比特因特网接入、移动应用、高像素数码相机、多种无线网接入方式（例如 Wi-Fi、蓝牙、3G、4G）以及一些便携式传感器一起造就了当前的盛举。移动设备在功能日益强大的同时仍然便于携带，电池寿命也在增加（尽管设备的电池使用范围也在不断扩展），电子技术改进了信号接收效果并能够更有效地利用有限的频谱资源。和众多类型的电子设备一样，移动设备的成本也在不断降低。

无线通信首先关注的是话音，现在关注点已经变成了数据，而无线设备也不再仅仅用于话音通信了。图 2-5 显示了爱立信 [AKAM15] 对全球总体移动流量在 2G、3G、4G 网络（不包括 DVB-H、Wi-Fi 和移动 WiMAX）中变化趋势的估算。爱立信的产品遍布了 180 多个国家，它的客户群代表了 1000 多个网络，这使它能够测量话音和数据总量，这个结果对于计算全球总体移动流量而言具有代表性。

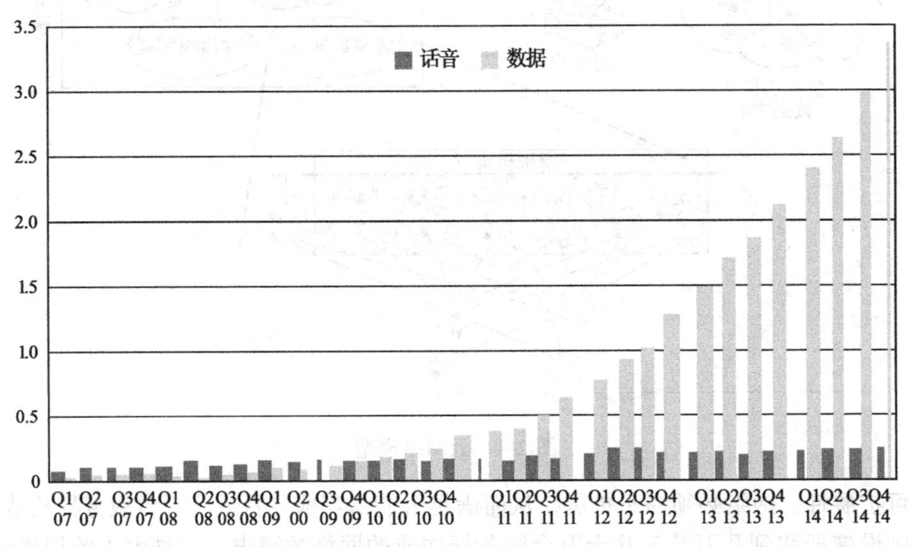


51

图 2-5　全球每季度移动话音和数据总量（EB/ 季度）[AKAM15]

移动市场的很大一部分是无线因特网。无线用户和固网用户在使用因特网时不太一样，他们采用了很多不同的方法，但是效果不比固网差。相对于笔记本电脑和 PC 机来说，无线智能手机的显示屏和输入功能都较为有限，但是移动应用提供了对所需信息的快速访问，而不用通过 Web 网站。而且由于无线设备都可以感知位置，因此这些信息可以根据用户的地理位置信息进行调整，这就从用户搜索信息变为了信息寻找用户。平板电脑则在 PC 能提供大屏幕和更好的输入功能以及智能手机的便携性之间达成了很好的折中。

图 2-6 显示了一个移动企业 IP 流量投影图 [CISC14]，其中企业是指商业公司和政府部门。思科公司的流量分析采用了分析员推测、内部估计和预测以及直接的数据采集相结合的方法。和蜂窝网络中的移动数据流量一样，移动企业 IP 流量也呈现出很强的增长势头。

图 2-6 将移动流量划分为以下三类。

- **移动数据流量**：所有经过无线接入点的企业流量。
- **托管的 IP 流量**：所有在 IP 网传输但是仍处于公司广域网内的企业流量。
- **因特网流量**：所有经过公用因特网的企业流量。

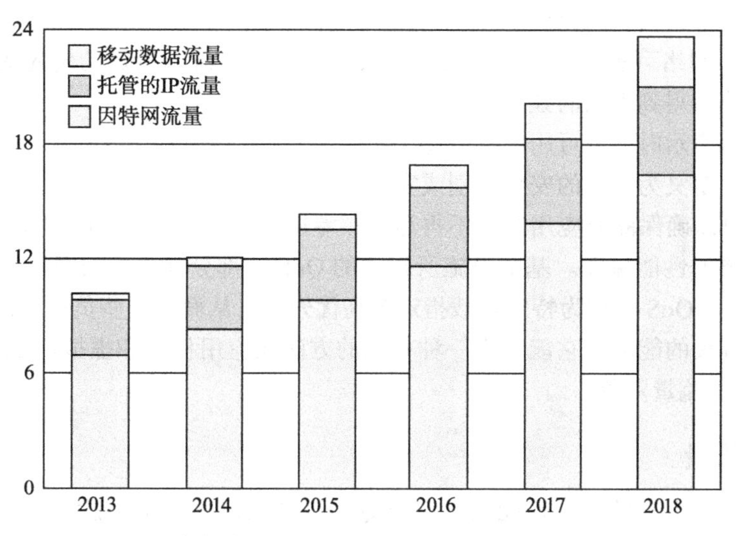


图 2-6　每年度企业 IP 流量的预测（EB/ 月）[CISC14]

尽管移动流量是三类企业网流量中最少的，但是它的增长速度却远高于其他两类流量。根据思科公司的推测，这几类企业网流量在 2013 ～ 2018 年之间的年均增长率将分别如下：52

| 移动数据流量 | 托管的 IP 流量 | 因特网流量 | 总流量 |
|---|---|---|---|
| 55% | 10% | 18% | 18% |

企业网需要足够灵活从而承担快速增长的移动数据负载，这类负载的特点是会动态改变物理接入点，而且流量类型也由大量弹性和非弹性流量组成。你将会认识到，SDN 和 NFV 将能较好地处理这一类具有高动态性的负载。

## 2.3　需求：QoS 和 QoE

本章前面的部分主要关注企业网和因特网所承载的流量类型，并对三个会严重影响网络服务效率的需求领域进行了介绍。本节将会简要介绍两个概念，它们对定量评价企业所期望能达到的网络性能提供了有效的方法，它们分别是：服务质量（quality of service, QoS）和体验质量（quality of experience, QoE）。QoS 和 QoE 使得网络管理员能确定网络是否满足用户的需要，还可以对网络进行诊断，判断是否需要对网络管理和网络流量控制方式进行调整。本书第四部分将会对 QoS 和 QoE 进行更为详细的介绍。

### 2.3.1　服务质量

可以将 QoS 定义为某个网络服务可测量的端到端性能特性，该特性可以通过用户和服务提供商之间的服务等级约定来进行事先的保证，从而满足特定的用户应用需求。常见的特性包括以下几个方面。

- **吞吐量**：某个特定逻辑连接或流的最小或平均吞吐量，单位为字节 / 秒或比特 / 秒。

- **时延**：平均或最小时延，也称为延迟。
- **时延抖动**：通常为最大可允许的时延抖动。
- **误码率**：根据传输中出错的比特率，通常为最大误码率。

53

- **丢包率**：分组丢失的比例。
- **优先级**：网络可提供特定数量的优先级别，为不同流所指定的优先级别会使不同的流在网络中得到不同的处理方式。
- **可用性**：表示时间上可用的百分比。
- **安全性**：定义为不同的安全级别或安全类型。

QoS 机制可以确保商业应用即使不再运行在专用硬件上（例如应用程序迁移到云中）也能继续得到必要的性能保证。基础设施所提供的 QoS 一部分是由它自身的总体性能和效率所决定的。但是，QoS 也指为特定负载指定较高优先级，从而为这些负载分配所需的资源以满足期望服务等级的能力。它能提供一种有效的方法在应用程序和虚拟机之间分配处理器、内存、I/O 和网络流量资源。

### 2.3.2 体验质量

QoE 是由用户上报的主观性能测量。与 QoS 能够实现精确测量所不同的是，QoE 主要依靠个人观点，QoE 在我们处理多媒体应用和多媒体内容传输时特别重要。QoS 提供了可测量、定量的指标来指导网络的设计和运维，并使得客户和提供商可以在网络传输特定应用和数据流上达成定量的性能约定。

然而，单纯依靠 QoS 指标并不够，因为它没有考虑用户对网络性能和服务质量的感受。虽然媒体传输系统的最大带宽可以是一个固定值，但是多媒体内容却不一定固定在某个水平上，例如“高”，这是因为多媒体内容有许多种编码方法，这会导致不同的感受质量，而最终网络和服务的体验结果都是由订阅用户对性能的主观感知所决定的。QoE 对传统的 QoS 进行了扩展，它从端用户的角度提供了服务的相关信息。

有很多因素和特征可以包含到 QoE 需求当中，它们可以大致分为以下几类。

- **感知上的**：该类别包括在感官方面的用户体验质量。对于视频来说，可以是清晰度、亮度、对比度、闪变、失真等。对音频来说，则可以是清晰度和音色。
- **心理上的**：该类别包括用户对体验的感受，例如使用的难易度和兴奋度、有用性、感觉质量、满意度，以及烦恼和厌倦度。

54

- **交互方面的**：该类别包括与用户和应用或设备交互相关的体验，例如响应性、交互的自然性、通信效率和易访问性。

对于实际应用来说，这些特性需要能转换从而进行定量测量。

QoE 的管理已经成为未来应用、服务和产品成功部署的重要方面，而提供 QoE 保证的最大困难在于如何设计一个有效的方法将 QoE 特性转换为可定量化的特性，将 QoE 测度转换为 QoS 测度。QoS 目前可以很容易地在网络层和应用层、端系统和网络端进行测量、监视和控制，而 QoE 很多时候还难以进行管理。

## 2.4 路由选择

本节和下一节将会简要介绍两种机制以及它们如何传输和交付分组，这两种机制是网络运维的基础，它们分别是路由选择和拥塞控制。更为详细的内容不在本书的范围之内，我们这里的目标是解释路由选择和拥塞控制的基本概念，因为它们是支撑网络流量和提供 QoS 及 QoE 必要的基础工具。

## 2.4.1 特点

网络的主要功能是接收从源端发送过来的分组，并将它们传输到目的端。为了完成这一任务，需要在网络中确定一条路径或路由。通常可能有多条路由同时存在，因此，网络必须实现路由功能。

路由选择通常根据一些性能标准来决定，最简单的方法就是选择跳数最少的路由（也即经过的结点数最少）。这是一种很容易测量得到的性能标准，而且消耗的网络资源也最少。这种跳数最少的路由选择标准可以一般化为最少耗费路由，其中耗费是与每条链路相关联的，这样任意两个端点之间的路由就是所能找到的累积耗费最少的路径。

图 2-7 描绘了一个网络，其中两个结点之间带箭头的实线表明结点之间的链路以及相应方向上的链路耗费，现在我们所关心的就是这样的一个网络，其中每个结点都是一个路由器，相邻路由器之间的连接线是通信链路。从结点 1 到结点 6 的最短（最少跳数）路径是 1-3-6（耗费为 5+5=10），而最少耗费路径则是 1-4-5-6（耗费为 1+1+2=4）。

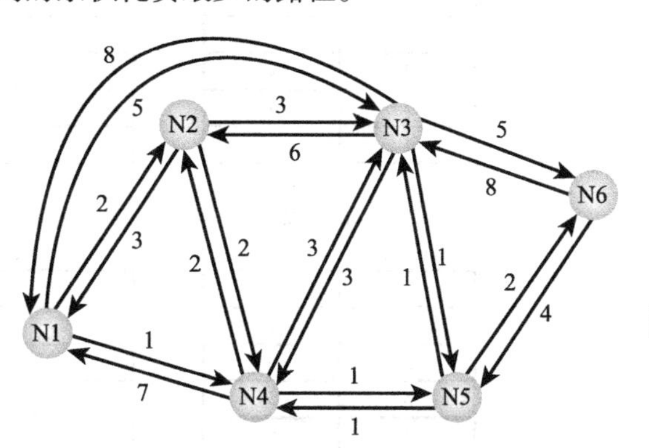


图 2-7 网络结构案例

55

链路耗费的指派可用于支持一种或多种设计目标，例如，耗费可以与速率成反比或者当前链路的时延（也就是说链路的速率越高，则链路的耗费越低）。在第一种情况下，最低耗费路由应当能提供最高的吞吐量，而在第二种情况下，最低耗费路由可以实现时延的最小化。路由决策还可以采用其他标准来实现，例如，路由策略可以指派某种流量类型必须限定选择特定的路由，以保障网络的安全。

## 2.4.2 分组转发

路由器的主要功能是接收到达的分组并对其进行转发。为了实现这一目的，路由器需要维护一个转发表。图 2-8 描述了一个简化的例子，它说明了网络如何来完成这一工作，其中的链路耗费为图 2-7 中所指定的值。路由器的转发表显示了到每个目的地址的下一跳结点标识，每个路由器需要负责找到合适的路由。另一种方式则是由网络控制中心来负责为所有的路由器设计路由，维护中心转发表，并为每个路由器提供与其相关的转发表信息。

值得注意的是，我们不需要为每个结点对存储完整的路由，相反，只需要为它们提供路由上的第一跳结点标识就可以了。

在图 2-8 这个例子当中，转发决策仅仅依靠目的端标识来确定，其实还可以使用额外的信息来进行转发决策，例如源地址、分组流标识或者分组的安全级别。

56

- **失效**：当一个结点或一条链路失效时，它不能再作为路由的一部分。
- **拥塞**：当某个网络区域出现严重拥塞，分组的路由最好绕过该拥塞区域。
- **拓扑变化**：新链路或结点的加入会对路由产生影响。

中央转发表

源结点

| 目的结点 | 1 | 2 | 3 | 4 | 5 | 6 |
|---|---|---|---|---|---|---|
| 1 | — | 1 | 5 | 2 | 4 | 5 |
| 2 | 2 | — | 5 | 2 | 4 | 5 |
| 3 | 4 | 3 | — | 5 | 3 | 5 |
| 4 | 4 | 4 | 5 | — | 4 | 5 |
| 5 | 4 | 4 | 5 | 5 | — | 5 |
| 6 | 4 | 4 | 5 | 5 | 6 | — |

结点1的转发表

| 目的结点 | 下一跳结点 |
|---|---|
| 2 | 2 |
| 3 | 4 |
| 4 | 4 |
| 5 | 4 |
| 6 | 4 |

结点2的转发表

| 目的结点 | 下一跳结点 |
|---|---|
| 1 | 1 |
| 3 | 3 |
| 4 | 4 |
| 5 | 4 |
| 6 | 4 |

结点3的转发表

| 目的结点 | 下一跳结点 |
|---|---|
| 1 | 5 |
| 2 | 5 |
| 4 | 5 |
| 5 | 5 |
| 6 | 5 |

结点4的转发表

| 目的结点 | 下一跳结点 |
|---|---|
| 1 | 2 |
| 2 | 2 |
| 3 | 5 |
| 5 | 5 |
| 6 | 5 |

结点5的转发表

| 目的结点 | 下一跳结点 |
|---|---|
| 1 | 4 |
| 2 | 4 |
| 3 | 3 |
| 4 | 4 |
| 6 | 6 |

结点6的转发表

| 目的结点 | 下一跳结点 |
|---|---|
| [illegible] | 5 |
| 2 | 5 |
| 3 | 5 |
| 4 | 5 |
| 5 | 5 |

图 2-8　分组转发表（根据图 2-7 而得）

为了实现自适应路由，结点之间或者结点和中央控制器之间需要不断交互网络的状态信息。

## 2.4.3　路由选择协议

网络中的路由器负责接收和转发分组，每个路由器在进行路由决策时都是根据网络的拓扑和流量/时延情况等信息来完成的。相应地，路由器之间也要进行动态协作，特别是路由器必须能避开网络失效区域和绕开拥塞区域。为了实现这种动态路由决策，路由器会使用路由协议来交互路由信息。这些信息与网络的状态相关，例如通过哪些路由可以到达哪些网段，以及不同路由的时延特性。

57

根据**自治系统**（autonomous system, AS）的概念，可以将路由协议划分为两大类，这里先对 AS 进行定义，然后再介绍这两类路由协议。一个 AS 具有以下特征：

1）一个 AS 是一组由单个机构管理的路由器和网络。

2）一个 AS 由一组路由器组成，这些路由器之间会通过通用的路由协议交互信息。

3）除非出现链路中断，AS（从图论的角度来说）是默认连通的，也就是说，任何两点之间都存在一条可达路径。

**自治系统**　一组由相同的人、团体或机构管理和控制的网络。自治系统通常只采用一种路由协议，即使可以使用多种协议。因特网的核心由许多自治系统所组成。

共享路由协议这里称为**内部路由器协议**（interior router protocol, IRP），会在 AS 内部的路由器之间传递路由信息。这类在 AS 内部使用的协议不需要在自治系统的外部实现，这种灵活性使得 IRP 可以根据特定应用和需求进行调整。

**内部路由器协议**　将路由信息分发给同一 AS 内路由器的协议，路由信息协议（Routing Information Protocol, RIP）和开放最短路优先（Open Shortest Path First, OSPF）是两种典型的 IRP 协议。IRP 过去也称为内部网关协议。

然而，某些网络可能由多个 AS 所构成，例如，在某个站点的所有局域网（如办公楼或校园）可以通过路由器相连而组成一个 AS，这个 AS 又可能通过广域网与其他自治系统相连。图 2-9 展示了这种情况。

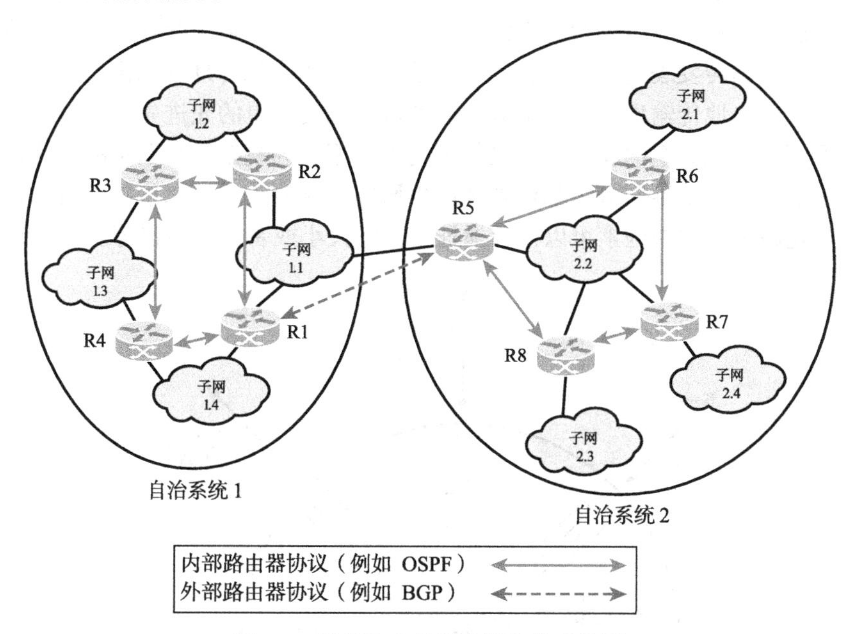


图 2-9　外部和内部路由器协议的使用

58

在这种情况下，位于不同自治系统的路由器所使用的路由算法和路由表信息可以是不同的。但是，某个 AS 内的路由器至少需要获取最低限度的信息，从而了解外部网络是否可达，这里将位于不同自治系统的路由器传递路由信息的协议称为**外部路由器协议** (exterior router protocol, ERP)。

**外部路由器协议**　将路由信息分发给连接了不同自治系统的路由器的协议，BGP 是一个典型的 ERP。ERP 过去也称为外部网关协议。

**说明**　在文献资料中，内部网关协议（interior gateway protocol, IGP）和外部网关协议（exterior gateway protocol, EGP）常用于表示 IRP 和 ERP，但是由于 IGP 和 EGP 有时也指具体的协议，这里在说明一般概念时会避免使用这两个术语。

你应该会预料到 ERP 所传递的信息要少于 IRP。如果某个分组从一个 AS 内的主机传输到另一个 AS 的主机，第一个 AS 的路由器只需要知道目标 AS，并在本 AS 内部找到一条进入目标 AS 的路由即可，而一旦分组进入目标 AS，目标 AS 内的路由器就会协作将其送达目的主机，这些过程 ERP 并不关心，而且也不知道在 AS 内路由的具体细节。

### 2.4.4　路由器的组成

图 2-10 从路由功能的角度描绘了路由器的主要构成。

任何给定路由器都有若干 I/O 端口，这些端口至少有一个与其他路由器相连，此外还可能与零个或多个端系统相连。在每个端口上，都会有分组到达或离开，你可以认为每个端口有两个缓存或队列：一个用于接收到达的分组，另一个用于保存等待离开的分组。在实际中，每个端口都与两个固定长度的缓存相关联，或者有一个内存池供所有缓存进行存储。后一种情况下，你可以认为与每个端口相关联的两个缓存是可变长的，限制条件是所有缓存的大小之和不能超过该常量。

在任何情况下，每当分组到达，它们会存放在相应端口的输入缓存中，路由器会检查每个到达的分组，根据转发表进行路由决策，然后将分组移动到合理的输出缓存中，分组在出口排队时会尽可能快地传输出去。每个输出队列可以采用简单的先进先出（FIFO）方式，而在更通常情况下会考虑分组的相对优先级等情况并采用更为复杂的排队策略。路由策略可能还会对转发表的构建以及不同分组如何处理产生影响，这些策略可以根据除目的地址以外的其他因素来确定路由，这些因素可以是源地址、分组大小或者上层协议等。 59

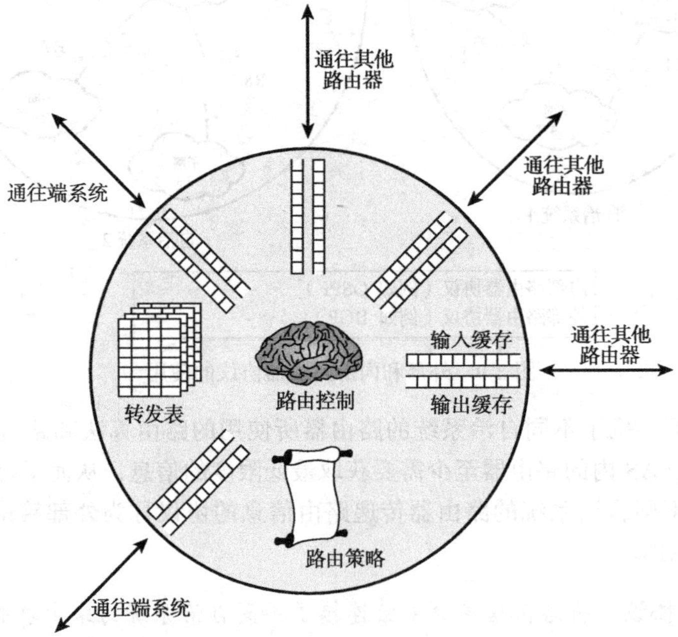

图 2-10　路由器的组成

图 2-10 中最后的一个组成部分是路由控制功能，该功能包括路由协议的运行、路由表的自适应维护以及拥塞控制策略监视。

## 2.5　拥塞控制

如果流量对网络的需求超过了网络自身的能力，或者网络无法高效地对流量进行管理，就会出现拥塞。本节简要介绍拥塞的影响以及实施拥塞控制的方法。

## 2.5.1　拥塞的影响

如果分组的到达速率太快并超过了路由器能处理它们的能力（也即进行路由决策），或者超过分组从输出缓存离开的速度，会导致某些分组在到达时，路由器没有任何内存资源可用。当到达该饱和点时，就需要采取两种特定策略中的一种来应对。第一种策略是如果分组到达时没有可用的缓存空间，这些分组将会被丢弃。另一种策略是拥塞的结点通过它的邻居结点进行某些控制，从而使流量能够保持可管可控状态。但如图2-11所示，每个结点的邻居都同时管理着多个队列，如果结点6对从结点5发送过来的分组流进行限制，这将会导致结点5通往结点6的输出缓存被填满，因此，网络中的一个点出现拥塞会很快扩散到其所在的区域甚至整个网络。虽然流控制确实是一种很有效的方法，但需要将其运用到整个网络上来对流量进行管理。

60

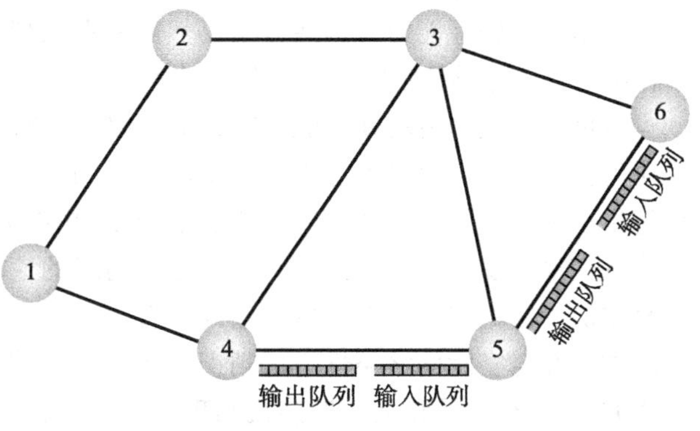


图2-11　网络中队列的相互作用

**理想的性能**

图2-12描绘了理想状态下的网络利用率。

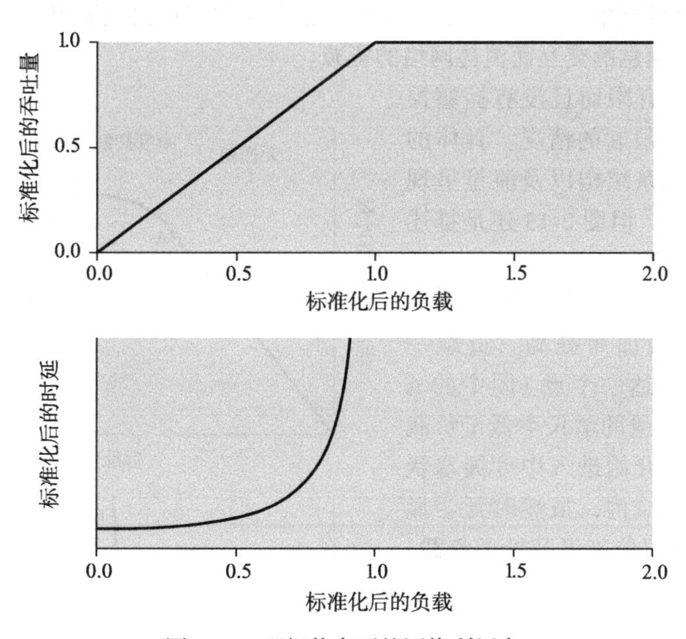


图2-12　理想状态下的网络利用率

图2-12中的上图描绘了在稳态下网络的总吞吐量（传输到目的端系统的分组数目）随负载（源端系统所传输的分组数目）的变化情况，这两个变量都进行了标准化处理。在理想状态下，网络吞吐量会逐渐增加，并且与负载相等，直至负载等于网络的传输能力。随后，吞吐量会一直保持为1.0，即使负载变得更大。但是，需要注意的是在理想状态下分组的平均端到端时延会如何变化。在负载很低时，时延是一个很小的常量，因为它由源到目的的传播

时延以及每个结点的处理时延构成。随着网络负载的增加，每个结点又会出现排队时延，整个时延就等于排队时延加上前述固定大小的时延，而这时时延增加的原因是每个结点上负载的变化。当有多个源端向网络发送数据时，即使每个源都以固定的时间间隔产生分组，每个网络结点的输入速率仍然会出现波动。当结点出现分组突发时，它将花费一定的时间来处理这些不断积压的分组，而由于结点一直在处理这些分组，它就会较快地、持续地发送分组，这就给下游结点也造成了分组突发。一旦结点的缓存出现了排队，即使分组到达结点的速率没有超过结点的处理能力，这些分组仍然需要在队列中等待，从而产生额外的时延。这就是一个标准的排队论结论：如果分组的到达速率不是常量，那么时延将会随着负载的增加而增大。

61

当负载超过网络的处理能力时，时延将会无限增长，这里通过一个简单而直观的例子来说明为什么时延会变得无穷大。假定网络中的每个结点的缓存大小都是无穷的，而且输入负载超出了网络的处理能力，在理想条件下，网络吞吐量会持续保持为 1.0，因此，分组离开网络的速率也为 1.0，但是由于分组进入网络的速率要大于 1.0，网络内结点的排队长度会一直增加。在稳定状态下，由于输入一直大于输出，排队长度会无限增长，因此时延也会无限增加。在对实际网络条件下的情况进行分析之前，深入理解图 2-12 的意义是非常重要的，图 2-12 是所有流量和拥塞控制机制理想但无法达到的目标，没有任何机制能超过图 2-12 所描述的性能。

**实际的性能**

图 2-12 所描述的理想状况将缓存大小设定为无穷大，而且网络中没有与拥塞控制相关的开销，但在实际情况中，缓存大小是有限的，这会导致缓存出现溢出，而试图对拥塞进行控制也会由于控制信息的交互而消耗网络的资源。

下面考虑缓存有限而且没有拥塞控制或者端系统流量限制的情况。具体的结果会因网络的体系结构以及流量呈现的统计特征而不同，但图 2-13 还是描述了一般情况下的结果。

在轻度负载下，吞吐量和网络利用率会随着负载的增加而提高。负载一直增加，这时会到达一个点（图中的 A 点），这时网络吞吐量的增长率低于负载增加的速率，网络开始进入中度拥塞状态。在中度拥塞区域内，虽然时延会显著增加，但是网络仍能来得及处理负载。这时吞吐量偏离理想状态时的结果归因于多方面的因素，首先是负载不太可能均匀地扩散到网络各处。因此，一些结点可能出现了中度拥塞，而其他结点则出现了重度拥塞而不得不开始丢弃某些分组。此外，随着负载的增加，网络会试图将某些分组的路由转移到一些拥塞程度更轻的区域进行负载均衡，而为了

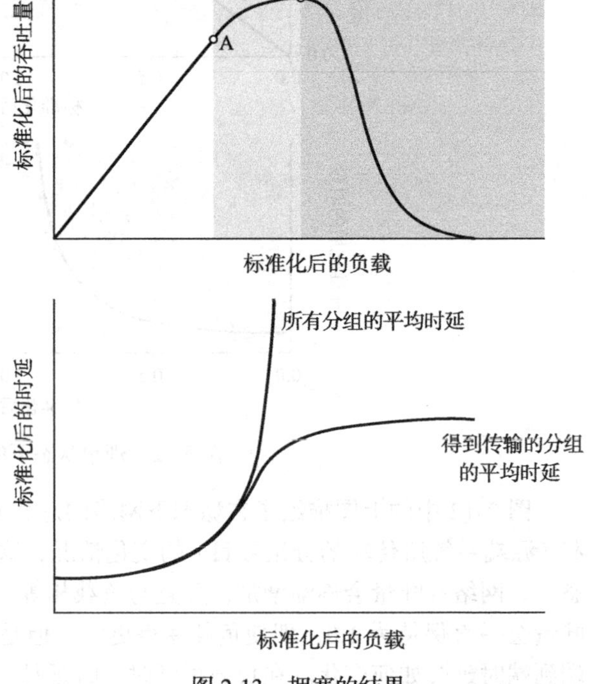


图 2-13 拥塞的结果

实现这种路由功能，需要在结点之间交换一些路由信息，从而相互通告出现拥塞的区域，这些开销会减少网络可用的资源。

随着网络负载的继续增加，不同结点的排队长度也会不断增加，最终会到达另一个点（图中的 B 点），这时吞吐量会随着负载的增加而开始降低，因为每个结点的缓存大小是有限的。当缓存填满后，结点必须丢弃某些分组，因此，源端不得不重传这些被丢弃的分组。这就新增加了分组，并使网络拥塞情况进一步恶化：越来越多的分组被重传，网络的负载变得更高，同时更多缓存会出现溢出。当系统尽力去处理累积的分组时，用户仍会一直向网络中发送旧的和新的分组，即使成功送达目的地的分组也可能会由于花费了太长时间未得到高层（例如运输层）确认而再次被重传：发送方会认为分组未能通过网络而进行重传。在这种情况下，网络的有效利用率将会降为零。

## 2.5.2 拥塞控制技术

图 2-14 对一些重要的拥塞控制机制进行了描述，本节将会对其一一介绍。

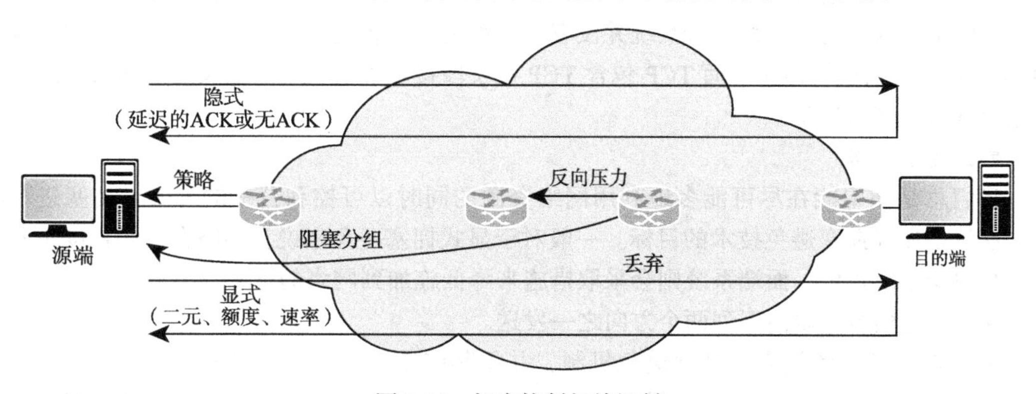


图 2-14 拥塞控制相关机制

**反向压力**

利用链路或逻辑连接（如虚电路）可以实施反向压力。参考图 2-11，如果结点 6 开始拥塞（缓存被充满），结点 6 将会降低或者中止对结点 5（也可以是结点 3 或者结点 5 和结点 3）所发送过来分组的处理。如果这一限制持续下去，结点 5 也将不得不对其输入端链路的流量进行减速或中止处理。这一流量限制过程会一直反向（与流量的传输方向相反）传播到源端，它们将会限制新分组进入网络。

62
~
64

特定链路上的流量反向压力由数据链路层协议的流控制机制自动激活，反向压力也可以有选择性地应用到逻辑链路上，从而使得从一个结点到下一个结点的链路上只有某些连接的流会受到限制或中止传输，通常这些连接都是流量最大的连接。在这种情况下，这条流所受到的限制会沿着连接反向传播到源端，该机制用于帧中继和异步传输模式（Asynchronous Transfer Mode, ATM）网络中。但是，这些网络已经逐步被以太网和多协议标签交换（Multiprotocol Label Switching, MPLS）网所取代。

**阻塞分组**

阻塞分组是一个控制分组，它由出现了拥塞的结点产生，并发送给源结点来限制流量。路由器或目的端系统可以将该报文发送给源端系统，要求它降低向目的端发送流量的速率。一旦接收到阻塞分组，源主机应当立即减少发送给目的主机的流速，直至不再接收到阻塞分组为止。阻塞分组只能由那些因为缓存溢出而不得不丢包的路由器或主机使用，这种情况下，路由器或主机会向它所丢弃每个分组的源端发出一个阻塞分组。此外，系统也可以在缓存接近它们存储能力的时候提前发送阻塞分组。在这种情况下，阻塞分组接收端所发送的分组仍可能会得到有效传输。因此，接收到阻塞分组并不意味着相应的分组得到了传输或者被丢弃。

**隐式拥塞信号**

当网络发生拥塞时，可能会出现两种情况：

1）从源到目的的分组传输时延会增加，并远高于固定的传播时延。

65

2）分组被丢弃。

如果源端检测到时延增加或者分组丢失，这就是网络出现拥塞的间接证明，而如果所有源端都能检测到拥塞，并根据拥塞情况相应地降低发送速率，网络拥塞就能得到缓解。因此，端系统可以根据这些隐式的拥塞信号来进行拥塞控制，而且不需要对于网络结点进行任何操作。

隐式信号在无连接或数据报网络（如 IP 网络）中是一种有效的拥塞控制技术，在这种情况下，网络中的流受到管控时端系统并没有与网络建立逻辑连接。但是，端系统之间可以利用 TCP 建立一条逻辑连接，而 TCP 包含 TCP 报文段接收确认机制，以及对源和目的之间的数据流进行控制的机制。

**显式拥塞信号**

我们总是期望能在尽可能多地利用网络资源的同时以可控和公平的方式对拥塞进行响应，这就是显式拥塞避免技术的目标。一般对于显式拥塞避免来说，网络在拥塞程度不断提高时会向端系统告警，而端系统则会采取措施来降低施加到网络的负载。

显式拥塞信号可以向下列两个方向之一发送。

- **后向**：通知源端启动拥塞避免机制，并将其应用在与告警分组相反方向的流上，它表明用户发送分组时的逻辑链路遇到了拥塞。后向信息可以通过发送给源端的分组首部的告警比特或者专门的控制分组来传递。
- **前向**：通知用户启动拥塞避免机制，并将其应用在与告警分组相同方向的流上，它表明告警分组所在的逻辑链路遇到了拥塞。这里的前向信息同样可以通过分组首部的告警比特或者专门的控制分组来传递。在有些机制中，当端系统接收到前向信号时，它会响应一个信号，这个信号会沿着逻辑链路发送给源端，而在其他机制下则期望端系统在更高层次（如 TCP）对源端系统实施流量控制。

显式拥塞信号大致可以划分为以下三类。

- **二元信号**：拥塞结点对分组的某个比特进行设置，并对其进行转发。当源端接收到某个逻辑链路上的拥塞信号时，它会降低这条链路的流量发送速率。

66

- **基于信用的信号**：这一类机制通过一个逻辑连接为源端提供一个显式的信用值，该信用值表明源端可以发送多少字节或者分组。当该信用值用完时，源端必须等到新的信用值才能继续发送数据。基于信用的机制在端到端流量控制中很常用，目的端会使用信用值来防止源端发送过快而造成目的端缓存溢出。对于拥塞控制，也考虑基于信用值的机制，目前这些机制已经在帧中继和 ATM 网络中得到定义。
- **基于速率的信号**：这类机制会向源端指明一个显式的速率限制，源端可以以不高于该限制的速率来发送数据。为了进行拥塞控制，传输路径上的任何结点都可以通过给源端发送控制报文来降低该速率限制的值。

## 2.6　SDN 和 NFV

随着大数据、云计算和移动流量等大需求数据源的出现，网络中产生了海量种类繁多的流量，这也使得满足严格的 QoS 和 QoE 需求变得非常困难。网络应当适应性强、可扩展性高，而为了实现网络的适应性和可扩展性，有两种技术在各种网络服务和应用中得到了快速部署，它们分别是软件定义网络（software-defined networking, SDN）和网络功能虚拟化（network functions virtualization, NFV）。由于本书后面将花费大量篇幅对这两种技术进行介绍，因此这里只是做一个简要的说明。

### 2.6.1　软件定义网络

SDN 正在逐步替代传统的网络模型，它让网络可以提供更强的灵活性和可定制性，从而满足新型网络以及 IT 流行趋势（例如云、移动、社交网络和视频）的需求（参见本书第二部分）。

**软件定义网络**　一种大规模网络设计、构建和运维的方法，它利用了中央服务器中的软件对路由器和交换机的转发决策进行编程。SDN 与传统网络不同，传统网络需要对每台设备都进行独立的配置，而且所依赖的协议无法进行修改。

**SDN 功能**

涉及路由器转发分组的两部分要素分别是控制功能和数据功能，其中控制功能负责决定数据流的路由以及各条流的相对优先级，数据功能负责根据控制功能的决策来转发数据。在 SDN 出现之前，这两种功能都以集成的方式在每台网络设备（路由器、网桥、交换机等）中实现。传统网络中的控制通过路由和网络控制协议来实施，并在每个网络结点中实现，这种方法相对来说不太灵活，而且所有网络结点都要采用相同的协议。而在 SDN 中，中央控制器完成所有复杂的功能，包括路由、命名、策略声明和安全性检查（如图 2-15 所示）。 67

上述要素构成了 SDN **控制平面**，该平面可以有一个或多个 SDN 控制器，而 SDN 控制器则对 SDN 数据平面的数据流进行定义，网络中的每条流也都由控制器来进行配置，控制器会根据网络策略来判定是否允许此次通信。如果控制器允许某条流访问端系统，那么它会为这条流计算出一条路由，并将对应的流表项添加到路由所涉及的所有交换机上。由于所有复杂的工作都交给了控制器，因此交换机只需要对流表进行简单的管理，而流表中的表项只能由控制器来修改。这些交换机构成了 SDN 的**数据平面**，控制器与交换机之间的通信采用标准协议来完成。

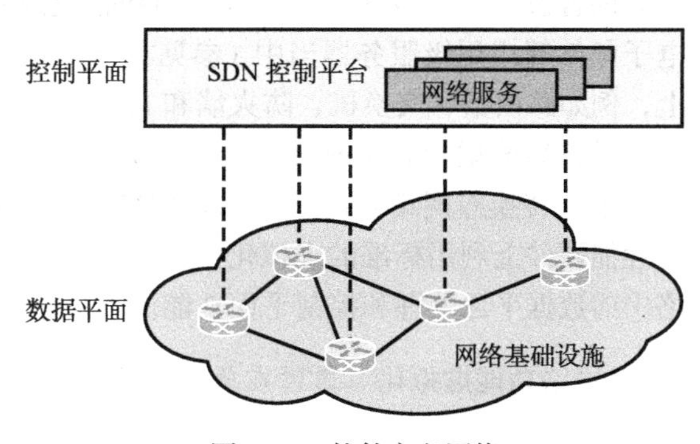

图 2-15　软件定义网络

**主要动因**

驱动 SDN 的一个因素是服务器虚拟化的日益普及。服务器虚拟化在本质上隐蔽了服务器资源，这些资源包括物理服务器、处理器和操作系统的数量及标识。这就使得可以把一台主机划分为多台独立的服务器，而且每个服务器都保留相应的硬件资源。它还能实现服务器从一台主机到另一台主机的快速迁移，从而实现负载均衡或者服务器故障时的动态切换。服务器虚拟化已经成为处理大数据应用、实现云计算基础设施的核心要素，但是它给传统网络体系结构带来了很多问题，第一个问题是配置虚拟局域网（VLAN）。网络管理员需要确保虚拟机（VM）所使用的VLAN被指派到与运行VM的服务器相同的交换机端口上。但是为了保证VM是可迁移的，每次虚拟服务器迁移后需要对VLAN进行重配置。在通常情况下，为了发挥服务器虚拟化的灵活性，网络管理员需要能动态增加、取消和改变网络资源和结构，这在传统网络交换机上非常难以实现，因为这些交换机的控制逻辑和交换逻辑集成在一起。

68

服务器虚拟化的另一个影响是流量模式与传统的客户机/服务器模式大为不同。通常来说，虚拟服务器之间也会传输相当多的流量，这些流量用于维护数据库镜像的一致性和实施准入控制等安全机制。这些服务器到服务器的流量在位置和强度上会随时间不断变化，这就需要有一种灵活的方法来对网络资源进行管理。

另外，使用智能手机、平板电脑和笔记本电脑等移动设备访问企业资源情况的不断增多，这也要求对网络资源分配进行快速响应。这些设备会给网络带来大量快速变化和不可预测的流量负载，而且它们的网络接入点也会不断变化。网络管理员必须能响应这些移动设备快速变化的资源、QoS和安全性需求。

现有的网络基础设施可以响应不断变化的流量管理需求，并为各条流提供不同的QoS和安全等级服务。但是在企业网很大或者涉及多个厂商的网络设备时，这些处理需要耗费大量的时间，网络管理员必须分别配置每台设备，并在每个会话、每种应用的基础上对性能和安全性参数进行调整。在大型企业网中，每次增加一个新的VM，网络管理员将花费几个小时甚至几天时间来完成一些必要的重配置。

## 2.6.2　网络功能虚拟化

前文对SDN的介绍提到SDN发展的一大动因是需要保证网络的灵活性以应对服务器虚拟化的普及，而到目前为止，因特网和企业网中的VM技术已经运用到数据库、云、Web、电子邮件等应用级服务器当中（参见本书第三部分）。而相同的技术也可以应用到网络设备上，例如路由器、交换机、防火墙和IDS/IPS服务器（如图2-16所示）。

69

**网络功能虚拟化**（network functions virtualization, NFV）将路由、防火墙、入侵检测、网络地址转换等网络功能从专用硬件平台分离出来，并在软件上实现了这些功能。NFV在高性能硬件上利用标准的虚拟化技术对网络功能进行虚拟化，可以适用于任意有线和无线网络中的数据平面处理和控制平面功能。

> **网络功能虚拟化**　通过在软件中实现网络功能从而对其进行虚拟化，这些网络功能运行在虚拟机上。

NFV与SDN有许多共同的特征，它们的目标都是：

- 将功能迁移到软件中实现。
- 使用商用硬件平台来替代专用平台。
- 使用标准化或开放的应用程序编程接口（API）。
- 支持更高效的网络功能演化、部署和位置调整。

NFV和SDN是独立而又互补的机制。SDN将网络流量控制的数据平面和控制平面分离开来，使得数据流的控制和路由变得更加灵活和高效。而NFV则利用虚拟化技术将网络功能从特定硬件平台分离出来，从而使这些功能更加高效和灵活地实现。虚拟化技术可以应用到路由器的数据转发功能和其他网络功能上，包括 SDN 控制器的功能等，这样两种技术可以单独使用，也可以结合起来取得更大的收益。

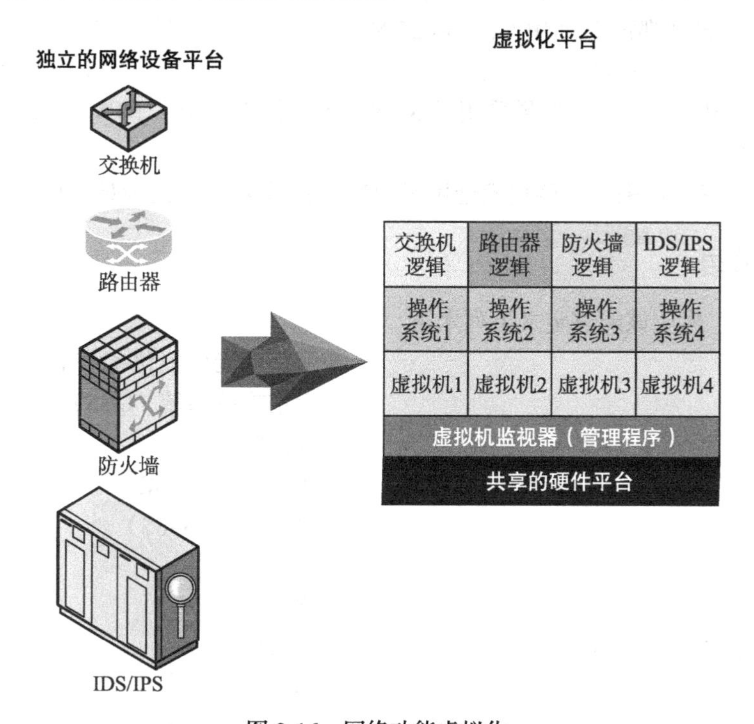


图 2-16　网络功能虚拟化

## 2.7　现代网络要素

本章将以介绍本书所涉及的现代网络要素如何组成一个整体来结束（如图 2-17 所示），后面的讨论会根据图的内容自底向上来进行。

网络服务提供商最终所关心的还是网络设备（如路由器）和这些设备所实现功能（如分组转发）的控制和管理。如果采用 NFV 技术，这些网络功能都以软件的形式实现，并运行在虚拟机中。而如果这些网络功能在专用设备上完成，并且采用 SDN 技术，那么中央控制器将完成控制功能，它会与网络设备进行交互。

70
~
71

然而，SDN 和 NFV 技术并不是互斥的，如果网络同时采用了 SDN 和 NFV，那么它们之间要保持下述关系：

- 网络的数据平面功能在虚拟机上实现。
- 控制平面的功能可以在专用的 SDN 平台或者 SDN 虚拟机上实现。

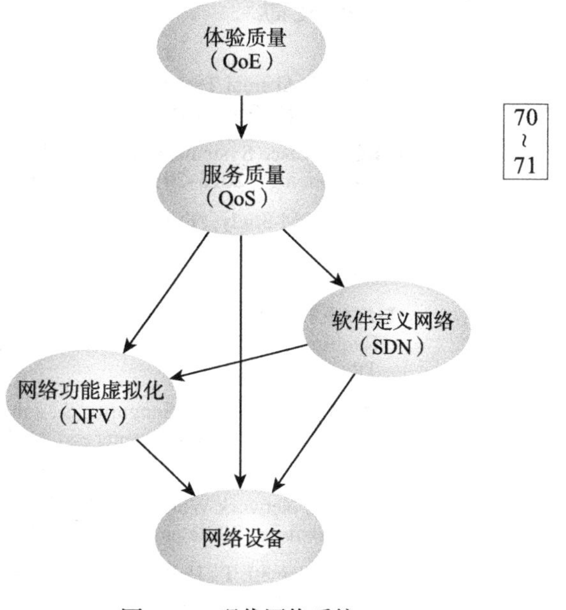


图 2-17　现代网络系统

无论采用上述哪种控制平面实现方法，SDN 控制器都要与运行在虚拟机上的数据平面进行交互。

QoS 测度通常用于为不同网络用户指定相应的服务和设定网络的流量管理策略。目前，实现 QoS 的常见案例都没有采用 NFV 和 SDN，这种情况下，路由和流量控制策略必须通过各种自动化或人工方式直接在网络设备上配置实现。如果采用了 NFV 而没有使用 SDN，QoS 的设置由虚拟机来完成。如果采用了 SDN，无论是否采用了 NFV，SDN 控制器都将负责实施 QoS 参数。

如果将 QoE 考虑进来，这些技术会用于调整 QoS 参数，从而满足用户的 QoE 需求。

## 2.8 重要术语

学完本章后，你应该能够定义下列术语。

分析
自治系统
大数据
云计算
拥塞
时延抖动
弹性流量
外部路由器协议（ERP）
非弹性流量
内部路由器协议（IRP）
互联网
因特网
网络功能虚拟化（NFV）
运维支持系统（OSS）
分组转发
体验质量（QoE）
服务质量（QoS）
实时流量
路由器
路由选择
路由协议
软件定义网络（SDN）
虚拟机（VM）

72

## 2.9 参考文献

**AKAM15**: Akamai Technologies. *Akamai's State of the Internet*. Akamai Report, Q4|2014. 2015.

**CISC14**: Cisco Systems. *Cisco Visual Networking Index: Forecast and Methodology*, 2013–2018. White Paper, 2014.

**IBM11**: IBM Study, "Every Day We Create 2.5 Quintillion Bytes of Data." Storage Newsletter, October 21, 2011. http://www.storagenewsletter.com/rubriques/market-reportsresearch/ibm-cmo-study/

**ITUT12**: ITU-T. Focus Group on Cloud Computing Technical Report Part 3: Requirements and Framework Architecture of Cloud Infrastructure. FG Cloud TR, February 2012.

**KAND12**: Kandula, A., Sengupta, S., and Patel, P. "The Nature of Data Center Traffic: Measurements and Analysis." ACM SIGCOMM Internet Measurement Conference, November 2009.

**NETW14**: Network World. *Survival Tips for Big Data's Impact on Network Performance*. White paper. April 2014.

**SZIG14**: Szigeti, T., Hattingh, C., Barton, R., and Briley, K. *End-to-End QoS Network Design: Quality of Service for Rich-Media & Cloud Networks*. Englewood Cliffs, NJ: Pearson. 2014.

73

# 第二部分

Foundations of Modern Networking: SDN, NFV, QoE, IoT, and Cloud

# 软件定义网络

有个人梦想建立一个铁路系统，将所有重要的火车站都连通起来，他的名字叫 Charles Pearson。虽然 Pearson 是个家具店老板的儿子，但是他却成了伦敦市的检察官。以前他有个计划是建立一个用煤气灯照明的地下通道，让马车也能从中通过，但是这个计划最终被放弃，因为这个地下通道可能成为小偷的聚集之所。在他的铁路系统建立的 20 多年前，Pearson 还设想过铁路线沿着照明和通风条件良好的“宽敞拱道”来修建。

这个计划最后成了地铁的雏形。

——《所罗门国王的地毯》，Barbara Vine (Ruth Rendell)



现代网络的核心是软件定义网络（software-defined networking, SDN)，第二部分将广泛而全面地介绍 SDN 相关概念、技术和应用。第 3 章会探讨 SDN 方法是什么以及它出现的迫切需求，并对 SDN 体系结构进行总体概述，这一章还会对制定和研究 SDN 标准及规范的组织机构进行介绍。第 4 章将详细介绍 SDN 的数据平面，包括关键组件、组件之间的交互方式、组件的管理方法等。这一章的大部分内容会集中在 OpenFlow 上，它是一个非常重要的数据平面技术，为控制平面提供了接口。这一章会解释为什么需要 OpenFlow，随后还会进行更为详细的技术说明。第 5 章着重介绍 SDN 控制平面，包括对 OpenDaylight 的探讨，这是一个很重要的开源控制平面。第 6 章涵盖 SDN 应用平面的内容，这一章除了研究通用的 SDN 应用平面体系结构之外，还会介绍 SDN 所支持的 6 个主要应用领域，以及一些 SDN 应用案例。

# SDN：背景与动机

未来网络的需求正在考虑之中，该网络将会是全部由数字化数据构成的分布式网络，可以为广大有着不同需求的用户提供通用用户服务。使用标准格式的消息模块将使交换机制相对简单，该机制可以采用自适应的存储转发路由策略来处理所有形式的数字化数据，其中包括实时话音数据。这种网络还能快速响应网络状态的变化。

——“分布式通信：分布式通信网络概述”，《兰德报告 RM-3420-PR》，
Paul Baran，1964 年 8 月

**本章目标**

**学完本章后，你应当能够：**

- 说明传统网络有哪些地方不符合现代网络的需求。
- 列举并解释 SDN 体系架构的主要需求。
- 说明 SDN 的总体架构，解释北向和南向 API 接口的意思。
- 总结不同组织机构在 SDN 和 NFV 标准化过程中所做的工作。

76

本章将从解释 SDN 相关背景与动机来开始 SDN 内容的介绍。

## 3.1 不断演化的网络需求

一些网络变化趋势正在推动网络提供商和网络用户对传统的网络体系结构进行重新评估，这些变化趋势可以划分为需求、供给和流量模式这三类。

### 3.1.1 需求在不断增长

我们在第 2 章中介绍了当前网络的一些变化趋势是企业网、因特网和其他互联网络的负载在不断增加，这其中特别值得注意的方面包括以下几个。

- **云计算**：当前企业正在快速地向公有和私有云服务上迁移。
- **大数据**：海量数据集需要在上千台服务器上并行处理，这些服务器之间的互连程度要求较高，因此，数据中心的网络容量需求呈现持续较快的增长。
- **移动数据**：公司员工通过智能手机、平板电脑、笔记本等个人移动设备访问企业网资源的数量也在不断增加，这些设备支持复杂的应用，而这些应用会产生大量的图片和视频流量，会给企业网带来新的负担。
- **物联网（Internet of Things, IoT）**：除了监控视频探头以外，物联网中的绝大多数“物”都会产生一些流量，这些设备会给某些企业网带来很大的负担。

### 3.1.2 供给在不断增长

网络的需求在不断增加，网络技术也在不断进步来消化吸收这些负载。就传输技术来

说，第 1 章中提到的现在主流的有线和无线网络技术，即以太网和 Wi-Fi，都已经达到了每秒千兆（Gbps）的带宽。类似地，4G 和 5G 蜂窝网络提供了更高的容量来支持远程用户的移动设备通过蜂窝网络而非 Wi-Fi 访问企业网。

网络传输技术的提高与以太网交换机、路由器、防火墙、入侵检测系统 / 入侵防御系统（IDS/IPS）、网络监视和管理系统等网络设备性能的提高相呼应。年复一年，这些设备的内存容量变得更大、访问速度也更快，使得缓存容量、缓存访问速度、处理器速度都更高。 77

### 3.1.3　流量模式更为复杂

如果仅仅是供给与需求之间的关系，现在的网络也还能够应付当前的数据流量，但是由于流量模式变得更为复杂，传统企业网的体系结构已经越来越不适应当前的需求变化。

截至目前，典型的企业网体系结构由本地或校区级以太网交换机形成的树结构，以及连接到更大的局域网和互联网、广域网设备的路由器组成，这种体系结构非常适用于客户机 / 服务器计算模型，这种计算模型一度在企业网环境中占据了主流。在客户机 / 服务器模型下，交互和流量往往都发生在某个客户机和某个服务器之间，这时，客户机和服务器地理位置相对固定，客户机与服务器之间的流量大小也相对容易预测，可以根据这些信息来对网络进行部署。

一些发展和变化导致企业数据中心、本地和区域性企业网、承载网内的流量模式动态性和复杂性都异常高，这些变化主要包括：

- 客户机 / 服务器类应用通常会访问若干数据库和服务器，而这些数据库和服务器之间需要相互通信，这就产生了大量服务器与服务器之间的“横向”流量和服务器与客户机之间的“纵向”流量。
- 话音、数据和视频等大量多媒体数据流量在网络中汇集，使得流量模式变得更加难以预测。
- 统一通信（unified communications, UC）需要频繁使用应用程序，会引发对多个服务器的访问。
- 包括自带设备在内的移动设备的频繁使用使得用户在任意时间任意地点用任意设备访问公司的数据和应用。第 2 章的图 2-6 指出，移动流量所占企业网流量的比例越来越高。
- 公有云的广泛使用使得很多企业以前的本地流量都转移到广域网中，这就给企业的路由器增加了很大的负载，而且这些负载常常很难预测。
- 当前常用的应用程序和数据库服务器虚拟化使得需要高带宽网络接入的主机数量显著增加，还导致了服务器资源的物理位置经常变化。 78

### 3.1.4　传统的网络体系结构已经不再适用

即使采用了更高容量的传输机制和性能更好的网络设备，传统网络体系结构在面对不断增加的复杂性、动态性以及负载数量时还是变得越来越不适用。此外，由于应用程序日益多样化，对网络的服务质量和体验质量的需求也在不断扩展，必须以更加成熟和灵巧的方法来处理流量负载。

传统的网络互联方法以 **TCP/IP 协议体系结构**为基础，这种方法有三个值得注意的特征：

- 两级端系统寻址
- 基于目的地址的路由选择
- 分布式、自治的控制

**TCP/IP 协议体系结构**　该协议体系结构围绕 TCP 和 IP 协议构建，包括五个层次：物理层、数据链路层、网络 / 因特网（通常为 IP）层、运输层（通常为 TCP 或 UDP）和应用层。

下面依次介绍这些特征。

传统的体系结构极大地依赖于网络接口标识，在 TCP/IP 模型的物理层，接入到网络的设备通过以太网 MAC 地址等硬件标识符来进行标识，而因特网和私有互联网等互联网络层是网络中的网络。每个接入设备都有一个物理层标识符，可以在它直接连接的网络内识别，此外还有一个逻辑网络标识符，即 IP 地址，它提供了全局的可见性。

TCP/IP 设计模型使用 IP 寻址机制和分布式控制来支持自治网络的联网，该体系结构提供了较高的弹性和可扩展性来容纳新网络的加入。使用 IP 和分布式路由协议，路由信息可以在互联网络各处传递和使用，而使用 TCP 等运输层协议，可以通过分布式算法来响应网络拥塞。

传统上，路由是根据每个分组的目的地址来选择的。在**数据报**（datagram）机制中，源和目的之间连续的分组可以沿着不同的路由穿越互联网，因为路由器为每个**分组**（packet）独立寻找时延最短的路径。当前，为了满足用户的 QoS 需求，数据经常以分组**流**（flow）的形式进行处理，一条特定流中的分组定义了相应的 QoS 特征，这些特征会影响整条流的路由。

**数据报**　每个分组在分组交换时都单独进行处理，一个数据报承载着足够的路由信息来从源端到目的端，而不需要在端结点之间建立一条逻辑连接。

**分组**　穿越网络的数据传输单元，一个分组由一组比特构成，包括数据和协议控制信息，该术语通常用于网络层的协议数据单元。

**分组交换**　一种消息传输和穿越通信网络的方法，在这种方法中所有过长的消息都会被划分为多个较短的分组，每个分组在从源到目的时会经过一些中间结点，在每个结点上，整个分组会被完整接收和存储下来，然后再被转发给下一个结点。

**流**　源和目的之间的一系列分组，这些分组被认为是相关的，而且会以相同的方式得到处理。

但是，分布式、自治的方法只能在网络相对较为稳定，同时端系统位置相对固定的时候发挥作用。根据这些特征，开放网络基金会（Open Networking Foundation, ONF）指出了传统网络体系结构存在四个方面的局限 [ONF12]。

79

- **静态的、复杂的体系结构**：为了满足区分 QoS 等级、较高且波动性强的流量数量和安全性方面的需求，网络技术变得越来越复杂和难以管理，这就导致了许多相互独立协议的出现，而每种协议只能满足部分网络需求。一个复杂性方面的例子就是设备的添加和移除，网络管理员必须使用设备级的管理工具来对交换机、路由器、防火墙、Web 认证入口等配置参数进行修改和更新，这些更新包括对大量设备上的访问控制列表（ACL）、虚拟局域网设置和 QoS 设置进行修改，此外还有其他相关协议的调整。另一个例子是对 QoS 参数进行调整，以适应用户需求和流量模式的变化，这时需要进行大量的手工操作来对每台厂商设备针对单个应用甚至单个会话进行配置。

- **不一致策略**：为了实现全网级的安全性策略，网络管理员不得不对上千台设备及机制进行配置修改，在大型网络中，当新的虚拟机被激活，常常需要花费数小时甚至数天时间来对整个网络的 ACL 进行重新配置。
- **扩展性不足**：对网络容量和多样性方面的需求一直在快速增加，但是由于网络的复杂性和静态性特征，增加更多涉及多个厂商的交换机和传输带宽是非常困难的。一种在用的策略是根据预测的流量模式进行超额定购，但是随着虚拟化使用的不断增加和多媒体应用的日益多样化，流量模式变得越来越难以预测。
- **厂商依赖性**：在当前流量对网络需求的情况下，企业和运营商需要部署新的设施和服务来快速应对业务需求和用户需求的变化，但是网络功能缺少开放接口使得企业受限于相对较慢的厂商设备产品周期。

## 3.2 SDN 方法

本节主要介绍 SDN 的总体概念以及它是如何设计以满足不断演化的网络需求的。

### 3.2.1 需求

根据 3.1 节的叙述，我们现在详细介绍现代网络方法中的主要需求，开放数据中心联盟（Open Data Center Alliance, ODCA）在 [ODCA14] 中列出了有用的、简明的需求清单，具体如下。

80

- **适配性**：网络必须能根据应用需求、业务策略和网络条件进行动态调整和变化。
- **自动化**：策略的变化必须能自动地扩散，以减少手工操作和失误。
- **可维护性**：新特性和功能（软件升级、补丁）的引入应当能无缝实现，从而使操作中断最少化。
- **模型管理**：网络管理软件应当允许在模型层级进行网络管理，而不是通过对单个网络单元进行重配置来实现设计上的变化。
- **移动性**：控制功能必须能顺应移动性要求，包括移动用户设备和虚拟服务器。
- **集成安全性**：网络应用应当将安全性以核心服务的形式无缝集成进来，而不是作为附加功能。
- **按需缩放**：具体的实现应当具备扩展或缩小网络和服务规模的能力，从而支持按需请求。

### 3.2.2 SDN 体系结构

与 SDN 引发的演化相类似的是计算模式从封闭的、垂直集成的、专用的系统进化成开放的计算模式（如图 3-1 所示）。在早期的计算模式中，IBM 和 DEC 等厂商提供了完全集成好的产品，这些产品有专用的处理器硬件、特有的汇编语言、特有的操作系统和绝大部分应用软件。在这种环境中，很多客户，特别是大型客户，会被捆绑在一个厂商上，他们所用的应用程序也基本都由该厂商提供，如果换到另一个厂商的硬件平台上会导致应用出现很大的动荡。

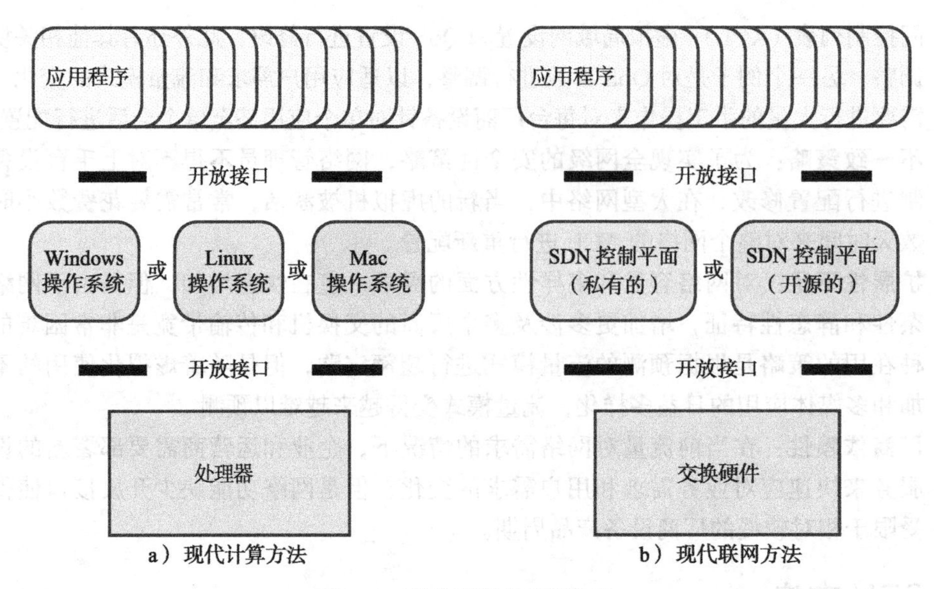


图 3-1　现代计算和联网方法

现在，计算环境已经变得非常开放和灵活，绝大部分单机系统的计算硬件由 x86 及与 x86 兼容的处理器组成，而嵌入式系统的硬件则由 ARM 处理器组成，这就使得用 C、C++、Java 等语言开发的操作系统非常容易移植，即使是诸如 IBM 的 zEnterprise 大型机等私有硬件体系结构，也可以提供标准化的编译器和编程环境，还能轻松地运行 Linux 等开源操作系统。因此，为 Linux 或其他开源操作系统开发的应用程序可以方便地从一个厂商的平台迁移到另一个平台，甚至 Windows 和 Mac OS 等操作系统还提供了编程环境使得这种应用程序移植变得更为简单。此外，它还推动了虚拟机的发展，虚拟机可以从一个服务器迁移到其他服务器上，即使这些服务器的硬件平台和操作系统不一样。

现在的网络环境面临着与开放计算模式之前的时代相同的局限，这里的问题不是开发能在多个平台上运行的应用程序，而是应用程序和网络基础设施之间缺少融合。在前面提到过，传统网络体系结构不再适应于当前网络流量容量和多样性不断增加的需求。

SDN 背后的核心概念是让开发者和网络管理员可以对网络设备有相同的控制方式，这里的网络设备遍布于 x86 服务器上。在第 2 章的 2.6 节中讲过，SDN 将交换功能划分为数据平面和控制平面，每个平面运行在不同的设备上（如图 3-2 所示），其中数据平面只负责转发分组，而控制平面可以“智能”地设计路由、设置优先级和路由策略参数来满足 QoS 和 QoE 需求，以应对正在变化的流量模式。定义开放接口使得交换硬件可以采用统一的接口，不需要考虑内部的实现细节。类似地，定义的开放接口还使得网络应用可以与 SDN 控制器进行通信。

81～82

图 3-3 详细说明了图 2-15 中描述的结构，图 2-15 则展示了更多 SDN 技术细节。数据平面由物理交换机和虚拟交换机组成，在这两种情况下，交换机都负责转发分组。缓存、优先级参数以及其他与转发相关的数据结构的内部实现都取决于厂商，但是每个交换机都必须完成与 SDN 控制器统一和开放的分组转发模型或者抽象，该模型被定义为控制平面和数据平面之间开放的**应用程序编程接口**（application programming interface, API），也称为南向（south bound）接口。最有名的南向接口的例子是 OpenFlow，我们将在第 4 章中介绍。在第 4 章还会提到，OpenFlow 规范定义了控制平面和数据平面之间的协议，以及控制平面调用

OpenFlow 协议的 API。

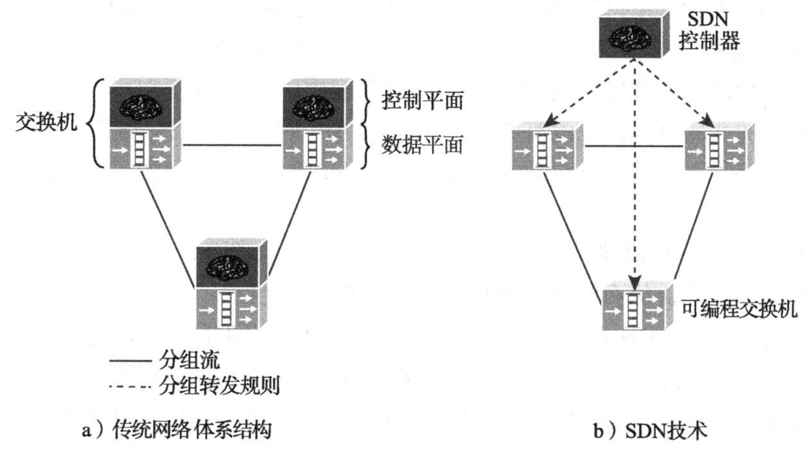


图 3-2 控制平面和数据平面（参见图 2-15）

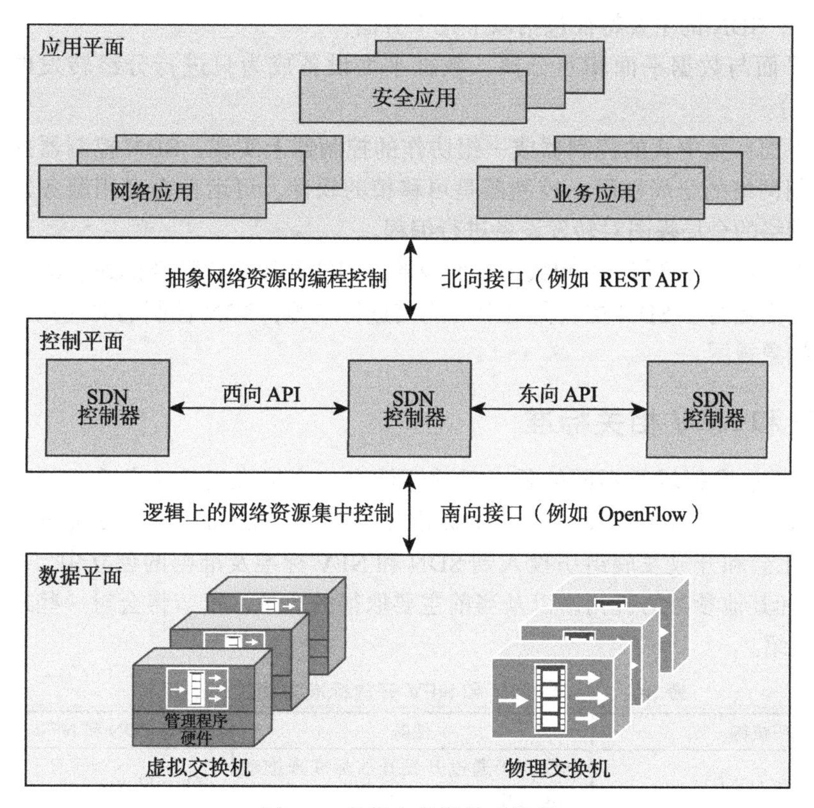


图 3-3 软件定义的体系结构

**应用程序编程接口**（API） 一种用于应用程序与操作系统、数据库管理系统等控制程序或通信协议进行通信的语言和消息格式。API 通过程序中的写入函数调用来实现，并提供了与子程序的连接。一个开放或标准的 API 可以保证应用程序代码的可移植性以及被调用服务的厂商独立性。

SDN 控制器（参见第 5 章）可以直接在服务器或虚拟服务器上实现，OpenFlow 或其他开放 API 用于对数据平面的交换机进行控制，此外，控制器还会用到从数据流经过的网络设备处获取的容量和需求信息。SDN 控制器还开放了北向 API，这就使得开发者和网络管理员可以部署大量现有的和定制的网络应用，这些应用中的很多在 SDN 出现之前都不可用。现在还没有标准的北向 API，也没有在开放的北向 API 问题上达成一致意见，很多厂商采用基于表述性状态转移（Representational State Transfer, REST）的 API 来提供 SDN 控制器的可编程接口。

83 ~ 84

位于相同处境的还有横向（东向 / 西向）API 接口，这类接口的目的是让控制器组或联盟之间可以通信和协作，从而同步状态以达到更高的实用性。

应用平面有许多与 SDN 控制器相交互的应用。SDN 应用是可以利用网络抽象视图进行决策的程序，这些应用会通过北向 API 接口将它们的网络需求和所期望的网络行为传递给 SDN 控制器，具体的应用案例包括节能网络、安全监视、访问控制和网络管理。

### 3.2.3 软件定义网络的特征

总而言之，SDN 的主要特征包括以下几个方面：

- 控制平面与数据平面相互分离，数据平面设备成为只进行分组转发的设备（参见图 3-2）。
- 控制平面在集中式的控制器或一组协作的控制器上实现，SDN 控制器拥有网络或它所控制网络的全局视图。控制器是可移植的软件，可运行在商用服务器上，也可以根据网络的全局视图对转发设备进行编程。
- 控制平面设备（控制器）和数据平面设备之间的开放接口已经得到了定义。
- 网络可由运行在 SDN 控制器之上的应用进行编程，SDN 控制器向应用提供了网络资源的抽象视图。

## 3.3 SDN 和 NFV 相关标准

与 Wi-Fi 等技术领域所不同的是，目前还没有一个标准机构来负责 SDN 和 NFV 开放**标准**（standard）的设计，相反，有许多标准制定机构（standards-developing organization, SDO）、产业工会和开放发展组织投入到 SDN 和 NFV 标准及准则的创立中。表 3-1 列举了主要的 SDO 和其他参与的机构，以及当前主要取得的成果，本节将会对一些最主要的机构和成果进行介绍。

85

表 3-1 从事 SDN 和 NFV 开放标准方面工作的机构

| 组织机构 | 任务 | 与 SDN 和 NFV 相关的成果 |
| --- | --- | --- |
| 开放网络基金会（ONF） | 致力于通过开发开放标准来推动 SDN 实用化的产业协会 | OpenFlow |
| 因特网工程任务组（IETF） | 因特网技术标准机构，制定了 RFC 和因特网标准 | 与路由系统的接口（I2RS）<br>服务功能链 |
| 欧洲电信标准研究院（ETSI） | 由欧盟资助的标准机构，制定信息与通信技术方面的全球标准 | NFV 体系结构 |
| OpenDaylight | 由 Linux 基金会赞助的合作项目 | OpenDaylight |
| 国际电信联盟——电信标准部门（ITU-T） | 联合国机构，负责制定电信标准化方案 | SDN 功能需求和体系结构 |

（续）

| 组织机构 | 任务 | 与 SDN 和 NFV 相关的成果 |
| --- | --- | --- |
| 因特网研究任务组（IRTF）软件定义网络研究组（SDNRG） | IRTF 内部的研究组，制定与 SDN 相关的 RFC | SDN 体系结构 |
| 宽带论坛（BBF） | 制定宽带分组网络规范的产业协会 | 电信宽带网中 SDN 的需求与框架 |
| 城域以太网论坛（MEF） | 推动城域和广域以太网应用的产业协会 | 在 SDN 和 NFV 之上定义服务编排 API |
| IEEE 802 | 负责制定局域网标准的 IEEE 委员会 | 接入网中 SDN 功能的标准化 |
| 光互联网论坛（OIF） | 推动光网络产品协作式网络方案和服务制定与部署的产业协会 | SDN 体系结构中传输网络的需求 |
| 开放数据中心联盟（ODCA） | 领导 IT 组织制定云计算协作式方案和服务的协会 | SDN 用例模型 |
| 电信产业方案联盟（ATIS） | 制定统一通信产业标准的组织机构 | SDN/NFV 可编程基础设施的机遇和挑战 |
| NFV 开放平台（OPNFV） | 专注加快 NFV 发展的开源项目 | NFV 基础设施 |

**标准** 提供了要求、规范、准则或特性的文档，可用于保证材料、产品、过程和服务与它们的目的是相匹配的。标准是在所有参与到标准制定机构一致同意的基础上完成的，另外还要得到权威机构的批准通过。

**开放标准** 在对所有感兴趣团体开放决策过程的基础上设计的标准。实现开放标准可以不需要缴纳版权费用，它的目的是推动多个厂商之间的产品能协同工作。

### 3.3.1 标准制定机构

因特网协会、ITU-T 和 ETSI 都在 SDN 和 NFV 标准化方面做出了重要贡献。

**因特网协会**

许多**标准制定机构**专注于 SDN 的不同方面，其中最为活跃的两个组织是因特网协会（ISOC）的下设部门：IETF 和 IRTF。ISOC 是因特网设计、工程和管理的协调委员会，它的领域包括因特网自身的运维和端系统所使用协议的标准化，ISOC 下设的不同机构负责标准制定与发布的具体工作。

**标准制定机构（SDO）** 国家、地区或国际性的官方标准机构，负责制定标准和协调特定国际、地区或全球的标准化事务。一些 SDO 通过支持技术委员会等机构而推动了标准的制定，还有一些 SDO 直接参与标准的制定工作。

IETF 工作组在下列领域对 SDN 相关规范进行制定。

- **与路由系统的接口**：开发与路由器和路由协议相交互的功能，从而执行路由策略。
- **服务功能链**：为控制器设计体系结构和功能，引导流量以特定方式穿越网络，使得每个虚拟服务平台只能看到它需要处理的流量。

86
～
87

IRTF 发布了“软件定义网络：层次和体系结构术语”（RFC 7426，2015 年 1 月），该文档提供了当前 SDN 层次架构相关方法的简要介绍，**请求评述**（Request For Comments, RFC）也对南向 API（如图 3-3 所示）进行了探讨，并介绍了一些特定的 API，例如 I2RS。

**请求评述（RFC）**　成系列的文档，是包括 IETF 和 IRTF 在内的因特网协会发布标准的官方渠道。RFC 文档可以是报告的、最实用的草案或者官方的因特网标准。

IRTF 还资助着软件定义网络研究组（SDNRG），该研究组从不同角度对 SDN 进行研究，从而找到可以定义、部署和使用的方法，并判断未来的研究挑战。

**ITU-T**

国际电信联盟——电信标准化部门（ITU-T）是一个联合国机构，负责发布电信领域标准（也称为建议）。截至目前，他们在 SDN 方面发布的只有 Y.3300 标准（软件定义网络框架，2014 年 6 月），该标准解决了 SDN 的定义、目标、高层功能、需求和高层体系结构等问题，它还为标准制定提供了有价值的框架。

ITU-T 成立了软件定义网络联合协作机构（JCA-SDN），该机构开始对 SDN 相关标准进行制定。

有 4 个 ITU-T 研究组（SG）投入 SDN 相关标准的事务中。

- **SG 13（未来网络，包括云计算、移动和下一代网络）**：ITU-T 在 SDN 方面的主要研究组，制定了 Y.3300 标准，该研究组正在就下一代网络（NGN）中的 SDN 和虚拟化方面开展研究。
- **SG 11（信令需求、协议和测试的规范）**：该研究组正在研究 SDN 信令框架以及如何将 SDN 技术应用到 IPv6 当中。
- **SG 15（传输、接入和家庭）**：该研究组关注光传输网络、接入网络和家庭网络，目前正在遵循开放网络基金会的 SDN 体系结构从事 SDN 传输方面的研究。
- **SG 16（多媒体）**：该研究组负责采用 OpenFlow 协议控制多媒体分组流的评估工作，目前正在研究虚拟内容分发网络。

**欧洲电信标准研究院**

ETSI 是欧盟的欧洲标准机构，但是该非盈利 SDO 的成员遍布全球，它制定的标准也在国际范围内有影响。

ETSI 是制定 NFV 标准的领导者，ETSI 的网络功能虚拟化（NFV）产业规范组（ISG）在 2013 年 1 月就开始工作，并且在 2015 年 1 月首次推出了一系列规范，这 11 个规范包括 NFV 体系结构、基础设施、服务质量指标、管理与编排、弹性需求和安全性指导。88

### 3.3.2　产业协会

开放标准协会在 20 世纪 80 年代晚期出现，它的出现是由于一些跨国公司内部部门认为 SDO 在信息快速发展时期制定标准方面的工作进展太慢。最近，许多协会已经加入 SDN 和 NFV 标准的制定中，我们这里主要介绍其中 3 个最主要的成果（参见第 4 章）。

当前从事 SDN 标准化工作最重要的**协会**（consortium）是开放网络基金会（ONF），ONF 致力于通过开放标准的制定来推动 SDN 的实用化，它最主要的贡献是 OpenFlow 协议和 API。OpenFlow 协议是第一个专为 SDN 设计的标准接口，并且已经在很多网络和网络产品上以软件和硬件的形式进行了部署。该标准通过将逻辑上的集中控制软件赋予网络，使网络具备对网络设备行为进行修改的能力，这些都是通过定义良好的“转发指令集”来完成的。第 4 章将会专门介绍该协议。

**协会** 由于共同兴趣而加入的独立机构团体。在标准制定领域，协会通常由特定技术领域的公司和行业团体组成。

开放数据中心联盟（ODCA）是一个领导全球 IT 组织加快云计算解决方案和服务实用化的协会。通过为 SDN 和 NFV 制定用例模型，ODCA 为 SDN 和 NFV 的云部署定义了相关需求。

电信行业解决方案联盟（ATIS）是一个为产业界提供必要工具的组织，他们设计出标准、准则和操作过程，为现有和将来可能出现的电信产品与服务提高协同工作能力。尽管 ATIS 得到了 ANSI 的授权，但该组织还是被认为是协会而非 SDO。截至当前，ATIS 已经发布了一些利用 SDN 和 NFV 来提高基础设施可编程能力所面临问题与机遇的相关文档。

### 3.3.3 开放发展组织

有许多其他组织并不是由产业界或者 SDO 等官方机构创立，这些组织通常由用户创立和推动，而且有特定的关注点，通常他们的目标是制定开放标准或开源软件，其中有些团体活跃在 SDN 和 NFV 标准化领域。本节将介绍其中三项最主要的工作。 89

#### OpenDaylight

OpenDaylight 是一个由 Linux 基金会资助的开源软件机构（参见 5.3 节），它的成员提供了相关资源来为众多应用开发 SDN 控制器。虽然其核心成员由公司组成，但是单个开发者和用户也可以参与进去，所以 OpenDaylight 实际上远不止是一个协会，ODL 还支持利用南向协议、可编程网络服务、北向 API 和各种应用进行网络编程。

OpenDaylight 由 30 多个项目组成，并同步发布他们的成果，2014 年 2 月发布的第一个版本是 Hydrogen，2014 年 9 月底又成功发布了第二个版本 Helium。

#### NFV 开放平台

NFV 开放平台（OPNFV）是一个专注于加快标准 NFV 实用化的开源项目（参见 7.4 节），OPNFV 将与产业界同行一起建立一个运营商级的、综合的开源参考平台，来促进 NFV 的发展，并保证多个开源项目组成部分之间的一致性、性能和协同功能。由于已经有多个开源 NFV 模块存在，OPNFV 的工作将会集中在协调集成和测试以及填补各个模块开发差异等方面。

#### OpenStack

OpenStack 是一个开源软件项目，它的目标是建立一个开源的云操作系统。它提供了多租户的基础设施即服务（IaaS），通过实现简单和高可扩展性来满足公有云和私有云的需求。它期望将 SDN 技术引入网络部分，从而使得云操作系统更为高效、灵活和可靠。

OpenStack 由多个项目组成，其中一个名为 Neutron 的项目专注于联网工作，它为其他 OpenStack 服务提供了网络即服务（NaaS）功能。几乎所有 SDN 控制器都为 Neutron 提供插件程序，通过这些插件程序，OpenStack 上的服务以及其他 OpenStack 服务可以构建丰富多样的网络拓扑，也可以在云平台配置高级网络策略。 90

## 3.4 重要术语

学完本章后，你应当能够定义下列术语。

应用程序编程接口（API）
协会
数据报
表述性状态转移（REST）
请求评述（RFC）
服务功能链

流
IEEE 802
北向 API
开放标准
分组交换
南向 API
标准
标准制定机构（SDO）
TCP/IP 协议体系结构

## 3.5 参考文献

**ODCA14:** Open Data Center Alliance. *Open Data Center Alliance Master Usage Model: Software-Defined Networking Rev. 2.0.* White Paper. 2014.

91

**ONF12:** Open Networking Foundation. *Software-Defined Networking: The New Norm for Networks.* ONF White Paper, April 13, 2012.

# SDN 数据平面和 OpenFlow

“我告诉你，”塞米激动地说，“每次火车进站，我都觉得它冲破了重重包围，那个人使场面不再混乱。你如此轻蔑地说离开斯隆广场就只能去维多利亚了，但是我认为，在此之间，可以有上千种选择，当我真的到那里的时候，有一种死里逃生的感觉。当我听见列车员喊出‘维多利亚站到了’时，这个词满含深意，它就像传令官喊出胜利的捷报。对我来说，这就是‘维多利亚’，它代表上帝的胜利。”

——《星期四人》，G. K. Chesterton

**本章目标**

**学完本章后，你应当能够：**

- 说明 SDN 数据平面的功能概述。
- 理解 OpenFlow 逻辑网络设备的相关概念。
- 描述和解释 OpenFlow 流表项结构。
- 总结 OpenFlow 流水线工作原理。
- 解释组表的工作原理。
- 理解 OpenFlow 协议的基本要素。

本章的 4.1 节将从详细介绍软件定义网络（SDN）及其数据平面（如图 4-1 所示）开始，接下来专门介绍当前使用最为广泛的 SDN 数据平面实现方案 OpenFlow。OpenFlow 既是数据平面功能的逻辑结构规范，也是 SDN 控制器和网络设备之间的通信协议，4.2 节和 4.3 节将分别介绍 OpenFlow 逻辑网络设备和 OpenFlow 协议。



## 4.1 SDN 数据平面

SDN 数据平面也称为基础设施层，而在 ITU-T 的 Y.3300 标准中则称为资源层，它是网络转发设备根据 SDN 控制平面的决策来执行数据传输和处理所处的平面。SDN 网络中网络设备的重要特征是这些设备只完成简单的转发功能，不需要内嵌软件来执行自治决策。

### 4.1.1 数据平面功能

图 4-2 说明了数据平面网络设备（也称为数据平面网络单元或交换机）所完成的功能，网络设备的主要功能包括：

- **控制支撑功能**：与 SDN 控制层进行交互，从而通过资源 – 控制接口支持可编程特性，交换机与控制器之间的通信以及控制器对交换机的管理都是通过 OpenFlow 协议进行的。
- **数据转发功能**：从其他网络设备和端系统接收到达的数据流，并将它们沿着计算和建立好的数据转发路径转发出去，转发路径主要根据 SDN 应用定义的规则决定。

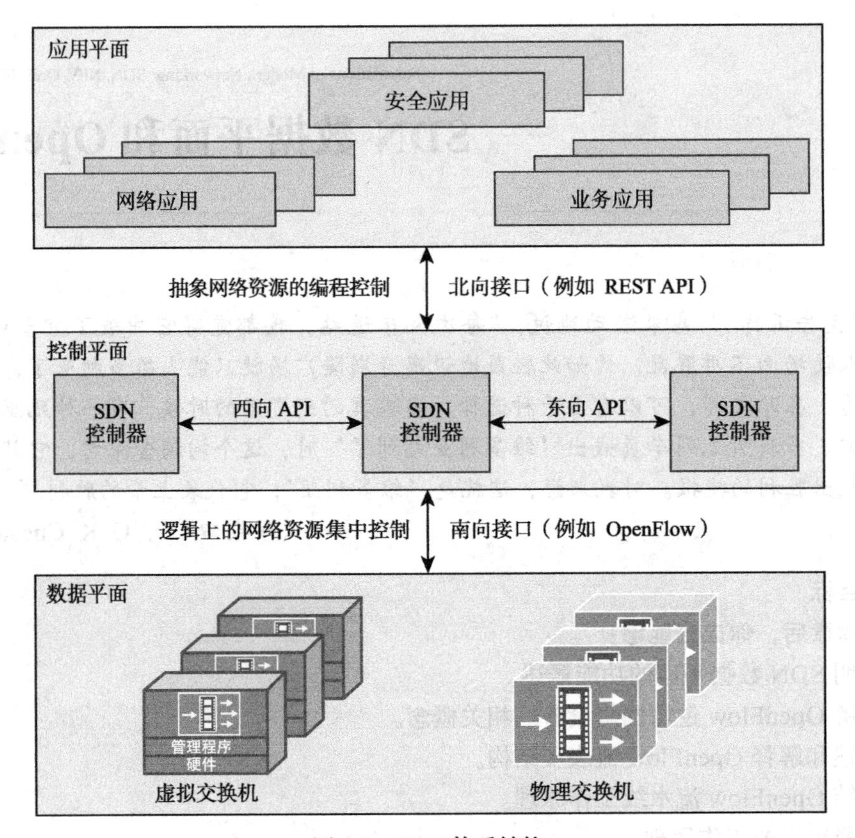


图 4-1　SDN 体系结构

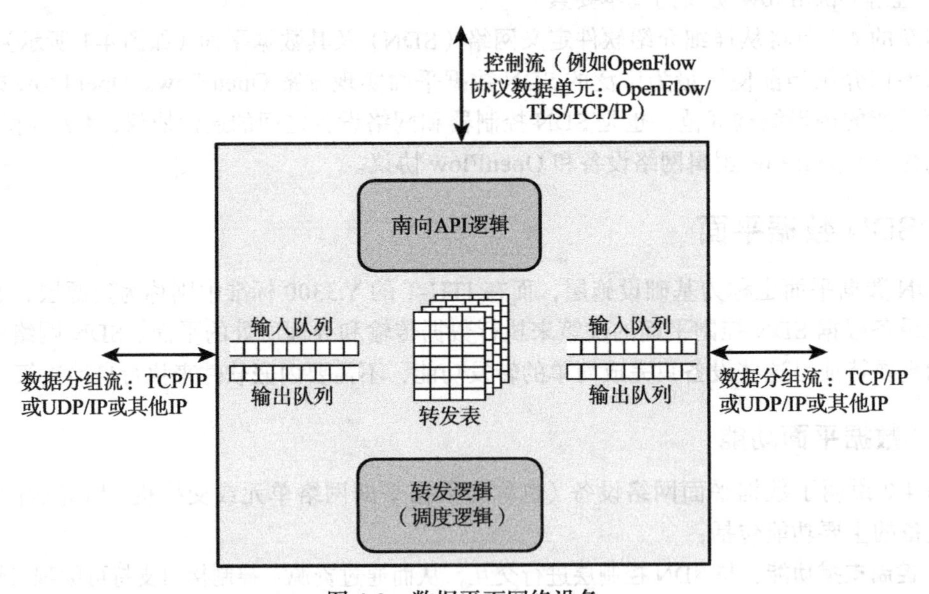


图 4-2　数据平面网络设备

网络设备使用的转发规则体现在转发表中，转发表反映了特定类别分组的下一跳路由。除了简单地转发分组以外，网络设备还可以对分组的首部进行修改，或者丢弃该分组。如图 4-2 所示，到达的分组被放置在输入队列中，等待网络设备的处理，而分组在完成转发之后通常会放置于输出队列，等待传输。

图 4-2 中的网络设备有 3 个输入 / 输出端口：一个提供了与 SDN 控制器之间的控制通信，另外两个分别是分组的输入和输出。图中只是一个简单的例子，网络设备可以有多个端口与多个 SDN 控制器通信，也可以有不止两个输入 / 输出端口来处理分组的到达和离开。

93 ~ 94

### 4.1.2　数据平面协议

图 4-2 给出了网络设备所支持的协议，数据流包括 IP 分组流。转发表必须根据上层协议（例如 TCP、UDP 或其他运输层、应用层协议）来定义表项，网络设备进行转发决策时通过检查 IP 首部，也可能包括分组的其他首部信息来完成。

图中另一个重要的数据流是南向应用程序编程接口（API），包括 OpenFlow 协议数据单元（PDU）或其他类似的南向 API 协议数据流。

## 4.2　OpenFlow 逻辑网络设备

为了将 SDN 概念实用化，需要满足以下两个必要条件：

- 所有由 SDN 控制器管理的交换机、路由器和其他网络设备必须有通用的逻辑架构，该逻辑架构可以在不同厂商的设备以及不同类型的网络设备上用不同的方法实现，只要 SDN 控制器看起来是统一的逻辑交换功能实体即可。
- SDN 控制器和网络设备之间需要标准的安全协议。

这些必要条件都已经由 OpenFlow 完成了。OpenFlow 既是 SDN 控制器和网络设备之间的协议，也是网络交换功能的逻辑结构规范，OpenFlow 在开放网络基金会（ONF）发布的《OpenFlow 交换机规范》中进行了定义。

本节内容包括 OpenFlow 定义的逻辑交换机体系结构，我们的讨论主要以本文撰写时（2015 年 3 月 26 日）OpenFlow 规范的 1.5.1 版本为依据。

图 4-3 表明了 OpenFlow 环境中主要的要素，包括含有 OpenFlow 软件的 SDN 控制器、OpenFlow 交换机和端系统。

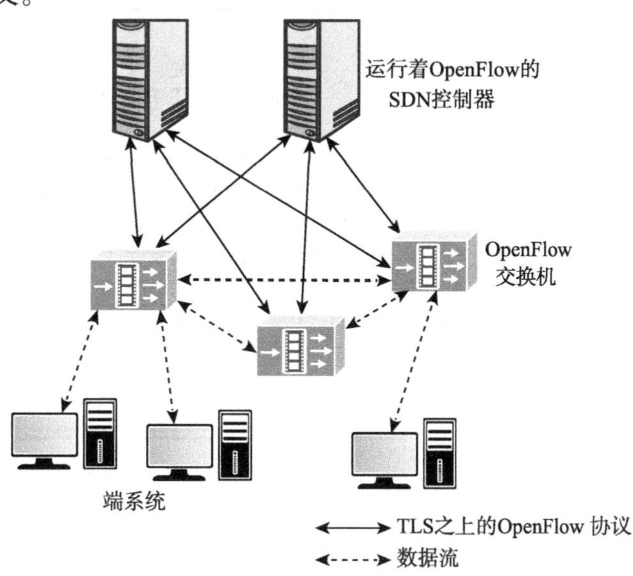

图 4-3　OpenFlow 交换机工作环境

图 4-4 显示了 OpenFlow 交换机的主要构成。SDN 控制器使用运行在运输层安全协议（TLS）之上的 OpenFlow 协议与兼容 OpenFlow 的交换机通信，每个交换机与其他 **OpenFlow 交换机**相连，此外也可能会与产生和接收分组流的端用户设备相连。在交换机端，其接口称为 **OpenFlow 信道**（OpenFlow channel），这些连接是通过 OpenFlow 端口实现的，而 **OpenFlow 端口**（OpenFlow port）则连接着交换机和 SDN 控制器。OpenFlow 定义了 3 种类型的端口。

- **物理端口**：与交换机的硬件接口相对应，例如在以太网交换机上，物理端口与以太网接口一一对应。

- **逻辑端口**：不直接与交换机的硬件接口相对应，逻辑端口是更高层的抽象，可以采用非 OpenFlow 方法在交换机上进行定义（例如链路聚合组、隧道、环回地址）。逻辑端口可以包括分组封装，也可以映射到不同物理端口上，在逻辑端口进行的处理与具体的实现相关，而且对 OpenFlow 处理必须是透明的，这些端口必须像物理端口那样与 OpenFlow 处理进行交互。
- **保留端口**：由 OpenFlow 规范定义，它指定了通用的转发行为，例如发送给控制器和从控制器接收、洪泛，或使用非 OpenFlow 方法转发（例如像“正常”的交换机一样处理）。

95
~
96

**OpenFlow 交换机**　一组可以作为单个实体进行管理的 OpenFlow 资源，包括数据路径和控制信道。OpenFlow 交换机在逻辑上通过它们的 OpenFlow 端口互连。

**OpenFlow 信道**　OpenFlow 交换机和 OpenFlow 控制器之间的接口，用于控制器对交换机进行管理。

**OpenFlow 端口**　分组进入和离开 OpenFlow 流水线的地方。分组可以从一个 OpenFlow 交换机的输出端口转发到另一个 OpenFlow 交换机的输入端口。

在每个交换机内部有许多表，这些表用于对经过交换机的分组流进行管理。

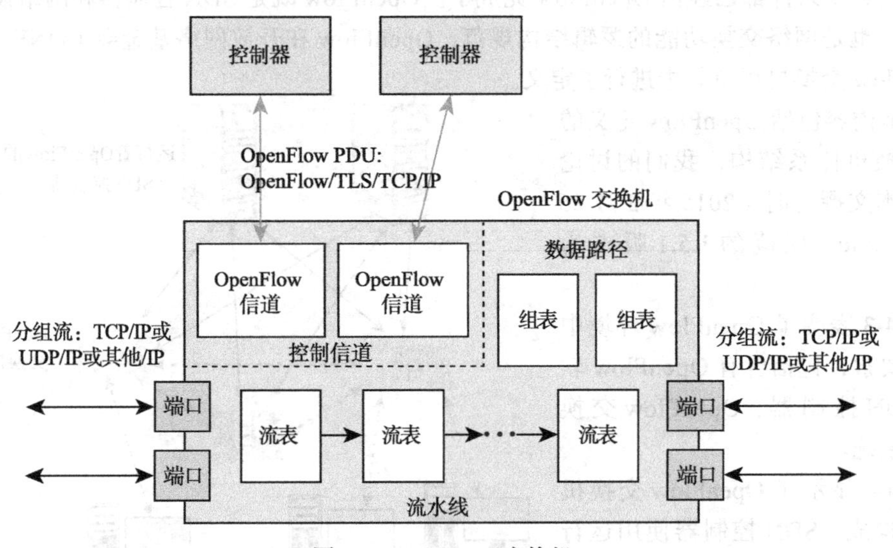


图 4-4　OpenFlow 交换机

OpenFlow 规范定义了逻辑交换机体系结构中 3 种类型的表结构，**流表**（flow table）将到达的分组映射到一条特定的流，并指定这些分组应当执行什么操作，此外还有多个流表以流水线的方式进行工作，这种方式将会在后文详细介绍。流表可以直接将一条流引导到某个**组表**（group table），它会触发各种动作并影响一条或多条流。**计量表**（meter table）会触发各种与性能相关的动作（参见第 10 章），并作用在流上，计量表的内容将会在第 10 章介绍。通过使用 OpenFlow 交换机协议，控制器可以被动（对分组进行响应）或主动地增加、更新和删除流表项。

在开始下文之前，首先介绍流的定义将会有助于加深理解。令人奇怪的是，流这个术语并没有在 OpenFlow 规范中进行定义，也几乎没有在任何 OpenFlow 相关资料上有所定义。在通常的术语中，流是一组穿越网络的分组集，这些分组有相同的首部内容，例如一条流可以由所有有相同源和目的 IP 地址的分组组成，也可以是所有有相同虚拟局域网（VLAN）标识符的分组构成。本节后续内容将会给出对其更为明确的定义。

### 4.2.1　流表结构

逻辑交换机体系结构的基本组成块是**流表**，每个进入交换机的分组都会经过一个或多个流表，而每个流表都包含若干行，也称为*表项*（entry），它由 7 个部分组成（如图 4-5a 所示），每个部分的定义如下文所述。

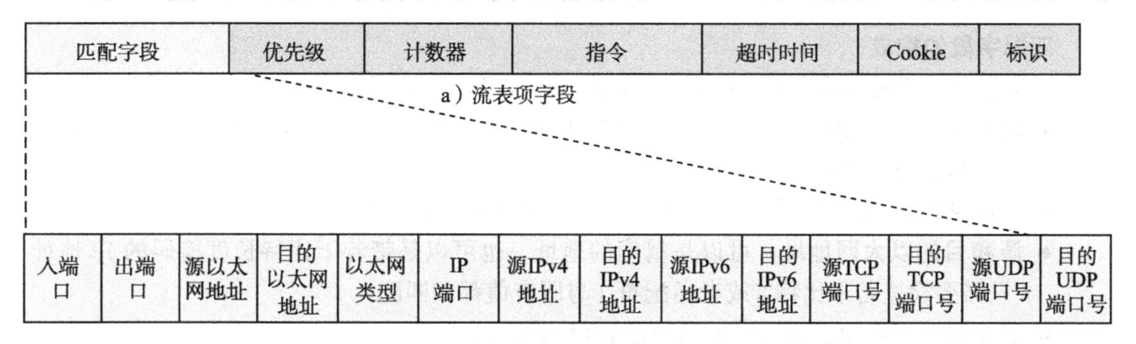


b）流表匹配字段（必要的字段）

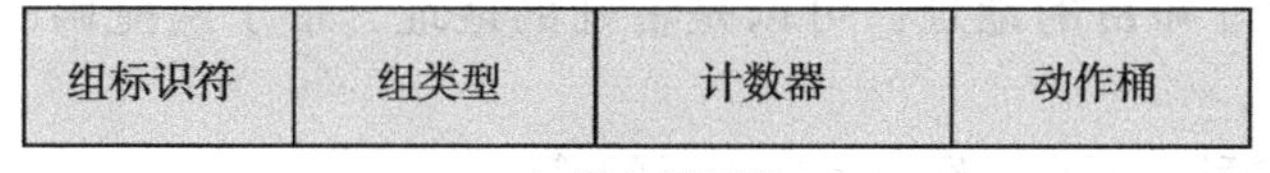


c）组表项字段

图 4-5　OpenFlow 表项格式

- **匹配字段**：用于匹配字段值，以选择分组。
- **优先级**：表项的相对优先级，它的长度为 16 个比特，0 表示最低优先级，理论上总共有 $2^{16}$=64k 个优先级。
- **计数器**：对匹配的分组进行更新和记录，OpenFlow 规范定义了多种计数器，表 4-1 列出的计数器是 OpenFlow 交换机必须支持的计数器。
- **指令**：如果分组匹配成功则需要执行的指令。
- **超时时间**：交换机中一条流到期之前的最大空闲时间。每个流表项都与一个空闲超时时间（idle_timeout）和一个硬超时时间（hard_timeout）相关联，硬超时时间的值非零时会使得相应的流表项在给定时间到达后被移除出流表，无论该流表项匹配了多少分组，而空闲超时时间的值非零时，在给定时间内没有任何分组匹配成功，该流表项就会被移除出流表。
- **Cookie**：控制器挑选的 64 个比特长度的数据值，可用于控制器对流统计、流修改和流删除进行过滤，在对分组进行处理时不会用到它。
- **标识**：标识用于改变流表项的管理方法，例如标识为 OFPFF_SEND_FLOW_REM 时，会触发流移除该流表项的消息（也即交换机必须将流移除的消息发送给控制器）。

97～98

表 4-1　必要的 OpenFlow 计数器

| 计数器 | 用法 | 比特长度 |
| --- | --- | --- |
| 参照计数器（活跃表项） | 每个流表 | 32 |
| 持续时间（秒） | 每个流表项 | 32 |
| 接收分组数 | 每个端口 | 64 |
| 传输分组数 | 每个端口 | 64 |
| 持续时间（秒） | 每个端口 | 32 |
| 传输分组数 | 每个队列 | 64 |
| 持续时间（秒） | 每个队列 | 32 |
| 持续时间（秒） | 每个组 | 32 |
| 持续时间（秒） | 每个计量表 | 32 |

**匹配字段的构成**

一个表项的匹配字段由下列必要的字段构成（如图 4-5 所示）。

- **输入端口**：分组到达的交换机端口标识符，它可以是物理端口或者交换机定义的虚拟端口，它必须在入口表中。
- **输出端口**：动作集的输出端口标识符，它必须在出口表中。
- **源和目的以太网地址**：可以是精确的地址，也可以是带若干比特长度掩码的 IP 地址（只需要检查若干比特）或者通配符（与所有值都相匹配）。
- **以太网类型字段**：表明以太网分组载荷的类型。

99

- **IP**：版本 4 或版本 6。
- **IPv4 或 IPv6 源地址和目的地址**：可以是精确的地址、带子网掩码的地址块或通配符。
- **TCP 源和目的端口号**：精确匹配或者使用通配符。
- **UDP 源和目的端口号**：精确匹配或者使用通配符。

所有遵循 OpenFlow 的交换机都必须支持上述匹配字段，而下列字段则可以有选择性地支持。

- **物理端口**：当在逻辑端口上收到分组时，用于表明相应的底层物理端口。
- **元数据**：在分组处理时，由一个表传递给另一个表的附加信息，它的用法将在后文介绍。
- **VLAN ID 和 VLAN 用户优先级**：IEEE 802.1Q 标准中的虚拟以太网首部字段，SDN 对 VLAN 的支持将在第 8 章中详细介绍。
- **IPv4 或 IPv6 的 DS 和 ECN**：区分服务和显式拥塞通告字段。
- **SCTP 的源和目的端口号**：对流传输控制协议进行精确匹配或使用通配符。
- **ICMP 类型和代码字段**：精确匹配或使用通配符。
- **ARP 的 opcode**：对以太网类型字段进行精确匹配。
- **ARP 报文载荷中的源和目标 IPv4 地址**：可以是精确的地址、带有掩码的网段或者通配符。
- **IPv6 流标签**：精确匹配或使用通配符。
- **ICMPv6 类型和代码字段**：精确匹配或使用通配符。
- **IPv6 邻居发现目标地址**：在 IPv6 邻居发现消息中。

- **IPv6 邻居发现源和目标地址**：IPv6 邻居发现消息中的链路层地址选项。
- **MPLS 标签值、流类别和 BoS**：MPLS 标签栈中最顶层的标签字段。
- **提供商桥接流量 ISID**：服务实例标识符。
- **隧道 ID**：与逻辑端口关联的元数据。 100
- **TCP 标识**：TCP 首部中的标识位，可用于检查 TCP 连接的开始或结束。
- **IPv6 扩展**：扩展首部。

所以，OpenFlow 可用于包含了各种协议和网络服务的网络流量，注意在 MAC/ 链路层只支持以太网，因此 OpenFlow 当前还无法对无线网络的二层流量进行控制。

匹配字段构成中的每个字段要么是一个特定的值，要么是通配符，通配符与相应分组首部字段的任何值都匹配。流表可以包含缺省流表项，该表项与所有匹配字段都是通配的，而且其优先级最低。

现在我们可以对流这一术语给出更为精确的定义。从单个交换机的观点来看，一条流就是与流表中某个特定表项相匹配的分组序列，该定义是面向分组的，它认为构成流的分组首部字段的值发挥了作用，而不是它们穿越网络所经过的路径发挥了作用。而在多个交换机上流表项的结合则将流的定义与一条特定的路径绑定起来。

**指令的构成**

表项的指令构成包括一组指令集，该指令集在分组匹配表项时会被执行，而在介绍指令类型之前，我们首先需要对动作和动作集进行定义。动作描述分组转发、分组修改和组表处理操作，OpenFlow 规范中包含下列动作。

- **输出**：将分组转发到特定的端口。该端口可以是通往另一个交换机的输出端口，也可以是通往控制器的端口，如果是后者，那么分组需要进行封装，再发送给控制器。
- **设置队列**：为分组设置队列 ID。当分组执行输出动作，将分组转发到端口上，该队列 ID 确定应当使用该端口的哪个队列来调度和转发分组。具体的转发行为由队列的配置来决定，它可用于提供基本的 QoS 保证，SDN 对 QoS 的支持将会在第 10 章详细介绍。
- **组**：通过特定组来对分组进行处理。
- **添加标签或删除标签**：为一个 VLAN 或 MPLS 分组添加或删除标签字段。 101
- **设置字段**：不同的设置字段动作根据它们的字段类型来识别，然后修改各自分组首部字段的值。
- **修改 TTL**：不同的修改 TTL 动作会对分组的 IPv4 生存时间（time to live, TTL）、IPv6 跳数限制或者 MPLS 的 TTL 进行修改。
- **丢弃**：没有显式的动作表示丢弃。但是如果分组的动作集没有输出动作，就会被丢弃。

动作集是与分组相关联的动作列表，它是在分组由各个表处理时累积和叠加起来的，在分组离开处理流水线时会被执行。

指令类型可以分为以下四类。

- **引导分组跨越流水线**：Goto-Table 指令将分组引导到流水线上更远处的一个表上去，计量指令则将分组引导到一个特定的计量表中。
- **对分组执行动作**：当分组匹配某个表项时，对分组执行动作。Apply-Actions 指令会在不改变与分组关联的动作集的情况下立即执行特定的动作，该指令可用于对流水线上两个表之间的分组进行修改。

- **更新动作集**：Write-Actions 指令将特定的动作合并到分组当前的动作集中，Clear-Actions 指令则将动作集的所有动作都清除掉。
- **更新元数据**：元数据值可以与分组相关联，用于在表之间承载信息，Write-Metadata 指令对现有元数据值进行更新或创建一个新的值。

### 4.2.2　流表流水线

交换机包含一个或多个流表，当超过一个流表时，它们可以组成流水线，而各个表可以采用从 0 开始的递增数字进行标识。在流水线上使用多个流表而非一个流表可以给 SDN 控制器提供相当大的灵活性。

OpenFlow 规范定义了处理的两个阶段。

- **入口处理**：入口处理肯定会发生，而且是从表 0 开始，使用了输入端口的 ID。当入口处理简化为只在一个表上进行处理时，表 0 是唯一的表，而且没有出口处理。

102

- **出口处理**：出口处理是发生在输出端口确定之后的处理，它与输出端口的具体场景有关。该阶段是可选的，如果有出口处理，可能会涉及一个或多个表。这两个阶段的分离是由第一个出口表的数字标识符来表示的，所有比第一个出口表标识符小的表都必须用作入口表，而大于等于第一个出口表的表不能作为入口表。

流水线处理总是从第一个流表的入口处理开始，这时分组必须首先与表 0 的流表项进行匹配，然后根据第一个流表的匹配结果来使用其他流表。如果入口处理结果是将分组转发到输出端口，OpenFlow 交换机就开始执行该输出端口场景下的出口处理。

当一个分组在某个表进行匹配时，具体的匹配输入包括分组、输入端口 ID、相关的元数据值以及相关的动作集。对于表 0 来说，元数据值和动作集都是空的。在每个表，具体的处理过程如下（如图 4-6 所示）。

1）如果与一个或多个表项相匹配，而不是与缺省项匹配，则匹配结果应当为优先级最高的匹配项。如前文所述，优先级也是表项的构成，它可以通过 OpenFlow 来进行设置，优先级通过用户或应用调用 OpenFlow 来确定，随后可以执行下列步骤：

a. 更新与该表项关联的计数器。

b. 执行与该表项相关联的指令，可以包括更新动作集、更新元数据值和执行动作。

c. 分组随后被转发给流水线后端的流表、组表、计量表或直接交给输出端口。

2）如果只和缺省表项匹配，该表项也可以像其他表项一样有指令。在实际中，缺省表项可以指派下列三种动作中的一个：

a. 将分组发送给控制器，这会使得控制器为该分组及其他后续分组定义一条新的流，或者决定丢弃该分组。

b. 将分组引导到流水线后端的另一个流表中。

c. 丢弃该分组。

103

3）如果与所有表项都不匹配且没有缺省表项，分组会被丢弃。

对于流水线上的最后一个表来说，不能再将分组转发给其他流表。当分组最终转发到某个输出端口，累积的动作集将会被执行，然后分组排队等待输出。图 4-7 说明了总体的入口流水线处理流程。

如果出口处理与特定输出端口相关联，那么分组在完成入口处理后会被引导到输出端口，之后转发到出口流水线的第一个流表处。出口流水线处理流程与入口处理采用相同的方法，只是在最后没有组表处理过程，具体的出口处理流程如图 4-8 所示。

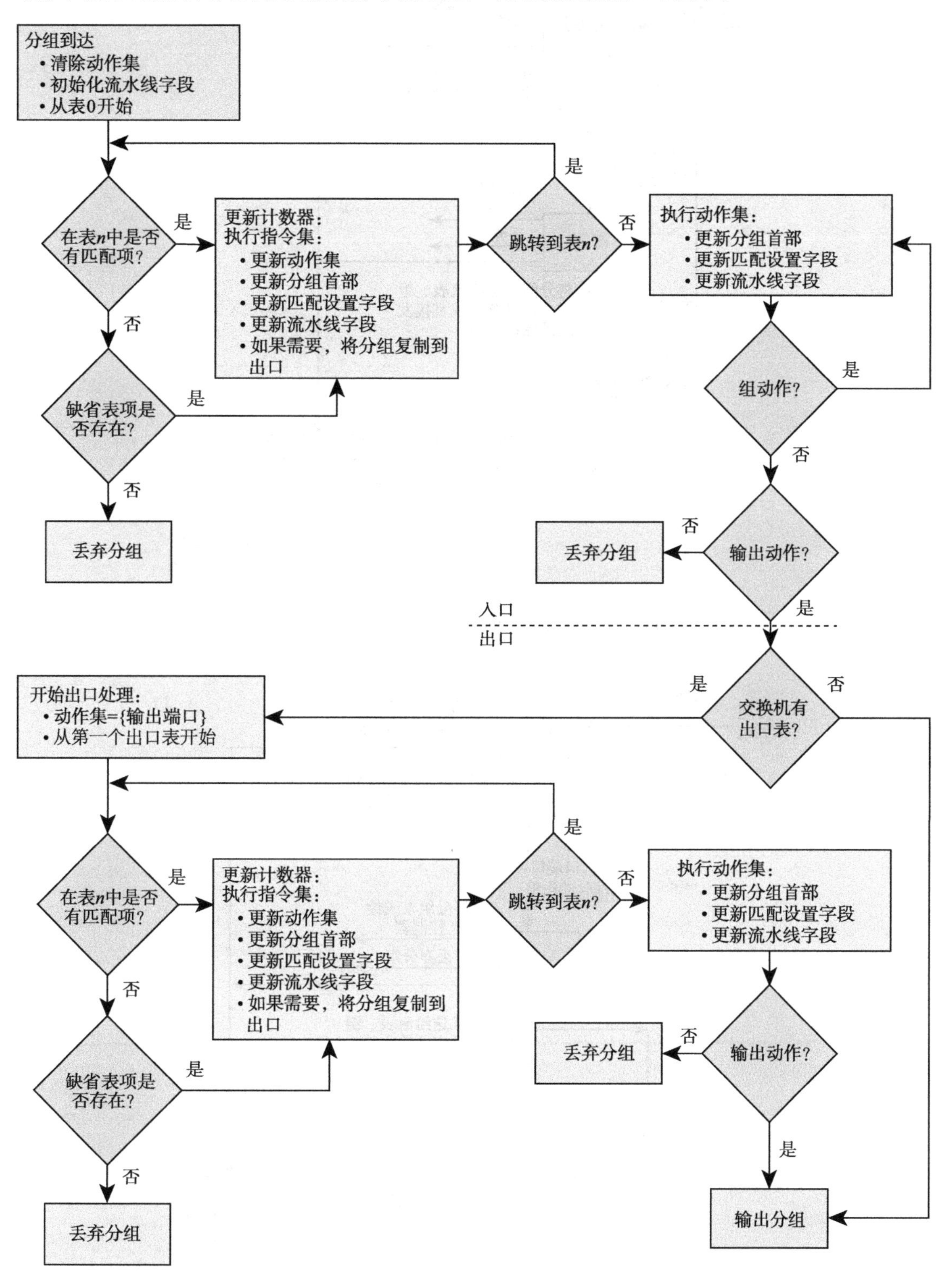


图 4-6　分组流通过 OpenFlow 交换机时的工作流程图

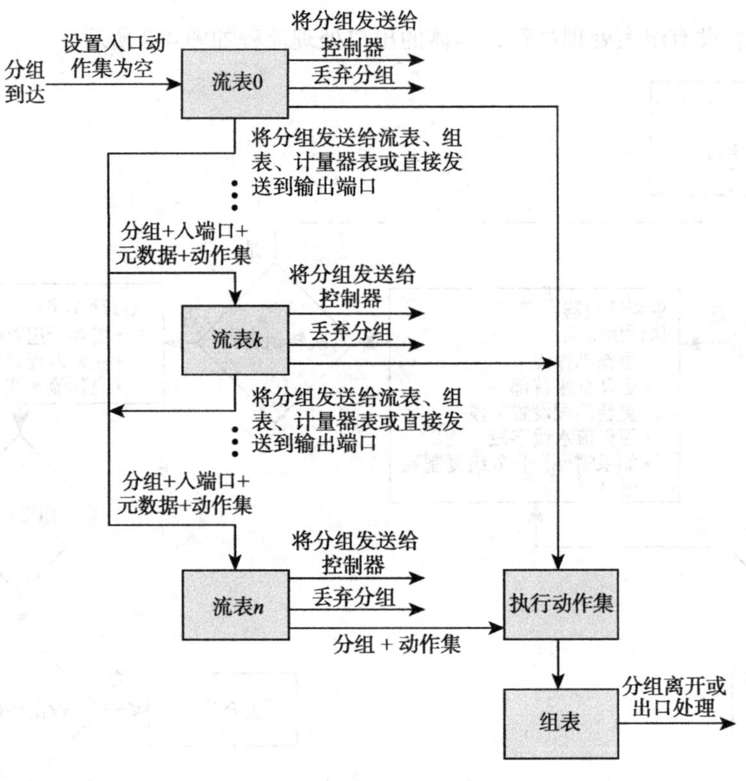


104
~
105

图 4-7 分组流通过 OpenFlow 交换机：入口处理

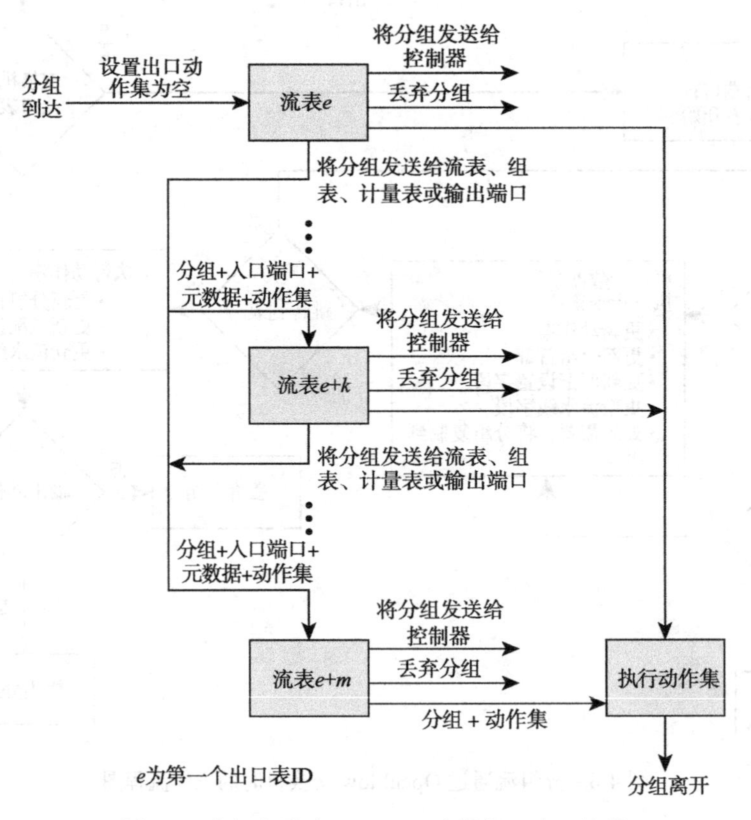


图 4-8 分组流通过 OpenFlow 交换机：出口处理

## 4.2.3　多级流表的使用

使用多级流表可以实现流的嵌套，或者将一条流拆分为多条并行的子流，图 4-9 对这一特点进行了说明。在这个例子中，表 0 中的某个表项定义了一条从特定源 IP 地址到特定目的 IP 地址的分组流，一旦两个端点之间的最低成本路由建立，所有两个端点之间的流量都可以沿着这条路由进行传输，并且该路由的下一跳可以加入到交换机的表 0 中，而在表 1 中，可以根据这一条流的运输层协议（例如 TCP 和 UDP）定义不同的表项。对于这些子流来说，需要保留相同的输出端口从而保证所有的子流都能沿着相同的路由行进，但是 TCP 采用了复杂的拥塞控制机制，而 UDP 没有，这样就可以采用不同的 QoS 参数来对 TCP 和 UDP 子流进行处理。表 1 中的任意表项可以立即将各自的子流路由到输出端口，但其中的部分或全部表项可以激活表 2，从而对子流做进一步划分。图中根据运行在 TCP 之上的协议（例如简单邮件传输协议 SMTP 和文件传输协议 FTP）对 TCP 子流进行划分，图中还标识了表 1 和表 2 中用于其他目的的子流。 106

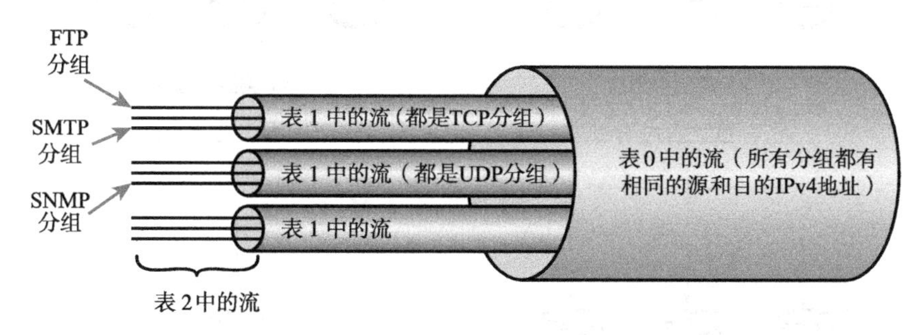


图 4-9　嵌套流的例子

在这个例子中，还可以在表 0 中定义细粒度的子流，多级流表简化了 SDN 控制器和 OpenFlow 交换机的处理，像指定聚合流的下一跳这种动作可以只由控制器定义一次，而后由交换机检查和执行一次即可。任意层级新子流的增加只需要很少的设置，因此，使用流水线化的多级流表增加了网络的运维效率，提供了细粒度的控制，还使得网络可以实时响应应用层、用户层和会话层的变化。

## 4.2.4　组表

在流水线的处理过程中，流表可以将分组流引导到某个组表而非其他流表，组表和组动作使得 OpenFlow 可以用一个单独的实体来表示一组端口集合，从而进行分组转发。不同类型的组表示不同的转发抽象，例如多播和广播。

每个组表都由若干行构成，这些行也称为组表项，每个组表项由四个部分构成（参考图 4-5c）：

- **组标识符**：32 比特长的无符号整型，用于对组进行唯一标识。组在组表中定义为项。
- **组类型**：决定组的语义，将在后文介绍。
- **计数器**：当组处理分组时进行更新。 107
- **动作桶**：一个有序的动作桶列表，其中每个动作桶都包含一组要执行的动作集及其相关参数。

每个组都包含一个或多个动作桶集，而每个桶又包含一组动作集。流表项中动作集是分组在由各个流表进行处理时不断累积起来的动作集，桶中的动作集与其不同，该动作集在分组到达桶的时候会被执行。桶中的动作集会按照顺序执行，而且一般最后一个动作是“输出”动作，它会将分组转发到某个特定的端口上。有时最后一个动作也可以是“组”动作，它会将分组发送到另一个组，这就可以实现更为复杂的组链处理。

组可以指派为图4-10中的任意一种类型，这几种类型分别是：全部（all）、选择（select）、快速恢复（fast failover）、间接（indirect）。

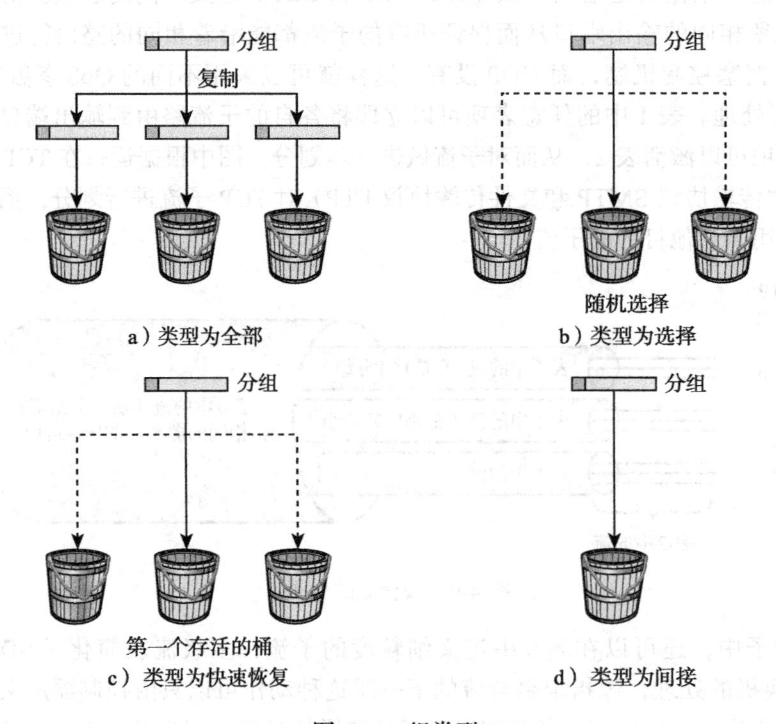


图4-10　组类型

**全部类型**会执行组中的所有动作桶，因此，每个到达的分组都会被复制到所有桶中。通常来说，每个动作桶会指定不同的输出端口，因此每个输入分组会被发送到多个输出端口上，这个组用于多播或广播。

108

**选择类型**会根据交换机的选择算法（例如基于某些用户配置元组的哈希或者简单的round robin循环）计算结果来执行组中的某个动作桶，选择算法可以采用平均负载或者根据SDN控制器指定的桶的权重来划分负载的方式实现。

**快速恢复类型**会指定第一个存活的动作桶，端口的存活性由OpenFlow范畴之外的代码来管理，也可与路由算法或者拥塞控制机制有关。动作桶会按照顺序进行评估，第一个存活的动作桶会被选中，这种类型的组可以让交换机在不需要向控制器发起一次查询就直接修改转发路径。

上述三种类型的动作桶都是作用在单条分组流上，而**间接类型**则允许多条分组流（也即多个流表项）指向一个相同的组标识符，控制器可以利用这种类型在特定条件下提供更为高效的管理。例如，假定100个流表项有相同的IPv4目的地址，但是其他的匹配字段不同，而所有这些流表项都会通过把动作“输出到X”添加到动作列表中，从而将分组转发到端口X，这时可以用动作“组GID”的方式来替换上述动作，其中GID是指间接组表项的ID，该组表项会把分组转发到端口 X。如果 SDN 控制器需要将输出端口从 X 改为 Y，就不需要对所有 100 条流表项进行更新，而仅需要修改对应的组表项即可。

## 4.3 OpenFlow 协议

OpenFlow 协议描述了发生在 OpenFlow 控制器和 OpenFlow 交换机之间的报文交互。通常来说，该协议是在 TLS 之上实现的，它提供了安全的 OpenFlow 信道。

OpenFlow 协议使得控制器可以对流表中的流表项执行增加、修改和删除动作，它支持三类报文（如表 4-2 所示）。

- **控制器到交换机**：这些报文由控制器产生，在某些情况下需要交换机对其进行响应。这类报文使得控制器可以对交换机的逻辑状态进行管理，包括交换机中流和组表项的配置及相关细节。Packet-out 也属于这一类报文，当交换机将一个分组发送给控制器，同时控制器决定不丢弃该分组，而是将分组转发到交换机的某个输出端口时，控制器就会发送 Packet-out 报文。
- **异步**：这类报文不是由控制器引发的。这类报文包括发送给控制器的各种状态报文以及 Packet-in 报文，当交换机中没有某个分组匹配的流表项时，会使用 Packet-in 报文将分组转发给控制器。 109
- **对称**：这类报文既不是控制器也不是交换机主动引发的，它们有一些帮助作用。Hello 报文通常用于控制器和交换机之间第一次建立连接的时候的交互，Echo 请求与响应报文可以让交换机或控制器对控制器到交换机之间连接的时延或带宽进行测量，或者仅用于测试设备是否开启和正在运行，Experimenter 报文用于计划在 OpenFlow 未来的版本中嵌入新的功能。

**表 4-2 OpenFlow 报文**

| 报文 | 描述 |
|---|---|
| **控制器到交换机** | |
| Features | 请求交换机的功能信息，交换机会将自身的功能信息反馈回来 |
| Configuration | 设置和查询配置参数，交换机会对其响应参数设置 |
| Modify-State | 增加、删除和修改流 / 组表项，设置交换机端口属性 |
| Read-State | 从交换机收集信息，例如当前配置、统计信息和功能信息 |
| Packet-out | 将分组引导到交换机的特定端口上 |
| Barrier | 屏障请求 / 响应报文用于控制器保证消息依赖性得到满足或者接收完整的操作通告 |
| Role-Request | 设置或查询 OpenFlow 信道的角色，当交换机连接到多个控制器时会有用 |
| Asynchronous-Configuration | 对异步报文设置过滤器或者查询过滤器信息，在交换机连接到多个控制器时会有用 |
| **异步** | |
| Packet-in | 将分组发送给控制器 |
| Flow-Removed | 将流表中流表项的删除信息通知给控制器 |
| Port-Status | 将端口状态变化通知控制器 |
| Role-Status | 将交换机从主控制器改变为从控制器的角色变换信息通知给控制器 |
| Controller-Status | OpenFlow 信道状态改变时通知控制器，当控制器失去通信能力时会协助进行故障恢复处理 |
| Flow-Monitor | 将流表的变化通知给控制器，它允许控制器实时监视其他控制器对流表中任意子集的改变 |

110

（续）

| 报文 | 描述 |
|---|---|
| | 对称 |
| Hello | 交换机和控制器在连接启动时进行交互 |
| Echo | Echo 请求 / 响应报文可以由交换机或控制器发送，而且对方必须回复 echo 响应报文 |
| Error | 交换机或控制器用于通知对方存在的问题和故障 |
| Experimenter | 用于添加新功能 |

通常，OpenFlow 协议为 SDN 控制器提供了三类信息，以用于管理网络，具体包括以下。

- **基于事件的报文**：当一条链路或一个端口发生状态变化时，交换机会发送报文给控制器。
- **流统计信息**：交换机根据流量情况产生的信息，该信息可以让控制器对流量进行监视，并根据需要重新配置网络，调整网络参数以满足 QoS 需求。
- **封装的分组**：由交换机发送给控制器，因为流表项中有显式的动作来发送该分组或者交换机需要相应的信息来建立一个新的流表项。

OpenFlow 协议使得控制器可以对交换机的逻辑结构进行管理，并且不需要考虑交换机实现 OpenFlow 逻辑架构的细节。

## 4.4　重要术语

学完本章后，你应当能够定义下列术语。

| | | |
|---|---|---|
| 动作桶 | 流表 | OpenFlow 指令 |
| 动作列表 | 组表 | OpenFlow 报文 |
| 动作集 | 入口表 | OpenFlow 端口 |
| 出口表 | 匹配字段 | OpenFlow 交换机 |
| 流 | OpenFlow 动作 | SDN 数据平面 |

111

# SDN控制平面

因此，对管理手段和贸易指导的组织应当具有非常完整的特征，即贸易可以是散布在大洋上或者集中沿着特定的航线；或者在某地方散布而在其他地方集中；并且在任何必要的时候能够从一种政策改变为另一种政策。

——《世界危机》，温斯顿·丘吉尔，1923

**本章目标**

**学完本章后，你应当能够：**

- 列出和解释SDN控制平面的重要功能。
- 论述SDN控制器中的路由选择功能。
- 理解ITU-T Y.3300分层SDN模型。
- 给出OpenDaylight的概述。
- 给出REST的概述。
- 比较集中式和分布式SDN控制器体系结构。
- 解释SDN网络中BGP的角色。

本章继续软件定义网络（SDN）的学习，重点关注控制平面（参考图5-1）。5.1节提供了SDN控制平面体系结构的概述，讨论了典型的SDN控制平面实现的功能和接口能力。接下来，我们概述ITU-T分层SDN模型，该模型提供了对控制平面更多的洞察。随后描述了最为重要的开源SDN控制器成果OpenDaylight。5.4节则描述了REST北向接口，在SDN实现时该接口已经很常见。最后，5.5节讨论了与多个SDN控制器之间的合作和协作相关的问题。

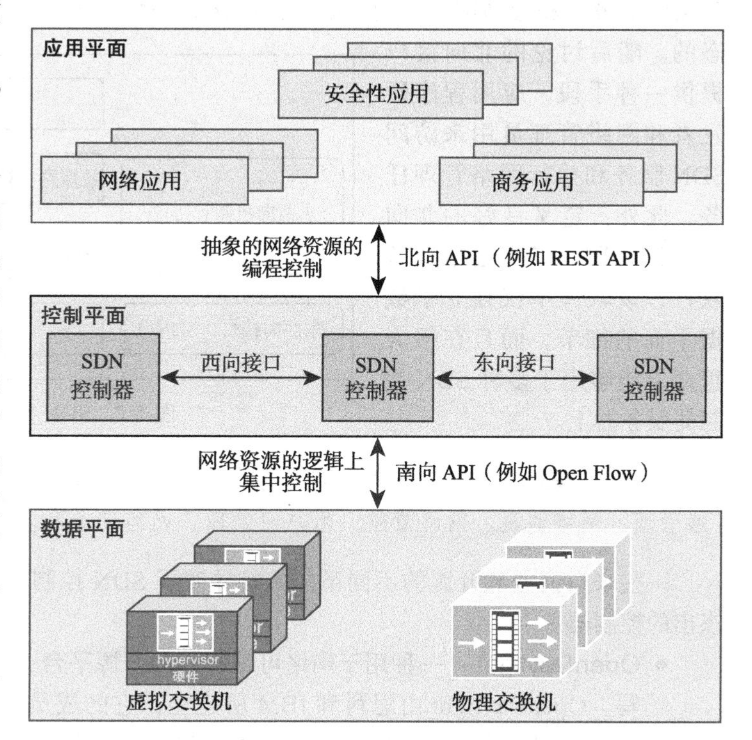


图5-1　SDN体系结构

## 5.1 SDN 控制平面体系结构

SDN 控制层将应用层服务请求映射为特定的命令和正式指令并送达数据平面交换机，并且向应用程序提供数据平面拓扑和活动性的信息。控制层作为服务器或服务器的协同操作集合来实现，称之为 SDN 控制器。本节提供了控制平面功能的概览。在本节的后面，我们将学习在控制平面中实现的特定协议和标准。

### 5.1.1 控制平面功能

112 ~ 113

图 5-2 显示了 SDN 控制器完成的功能。该图显示了任何控制器都应当提供的基本功能，如 Kreutz [KREU15] 论文提出的那样，包括下列功能：

- **最短路径转发**：使用从交换机收集到的路由选择信息，创建优先的路径。
- **通告管理器**：接收、处理和向应用事件转发诸如告警通告、安全性告警和状态改变等。
- **安全性机制**：在应用程序和服务之间提供隔离和强化安全性。
- **拓扑管理器**：建立和维护交换机互联拓扑信息。
- **统计管理器**：在经过交换机的流量上收集数据。
- **设备管理器**：配置交换机参数和属性，并且管理流表。

由 SDN 控制器提供的功能可以被看做**网络操作系统**（network operating system, NOS）。如同传统的 OS 那样，NOS 提供基本的服务、通用的应用编程接口（API）和对研发者的低层元素的抽象。一个 SDN NOS 的功能，例如在前面列表上的那些功能，使得研发者能够定义网络策略和管理网络，而不必关注网络设备特征的细节，这些特征可能是异构的和动态的。随后讨论的北向接口提供一种手段，应用程序研发者和网络管理员用来访问 SDN 服务和执行网络管理任务。此外，定义良好的北向接口使得研发者生成这样的软件，该软件不仅独立于数据平面的细节，而且在很大程度上能够用于多种 SDN 控制器服务器上。

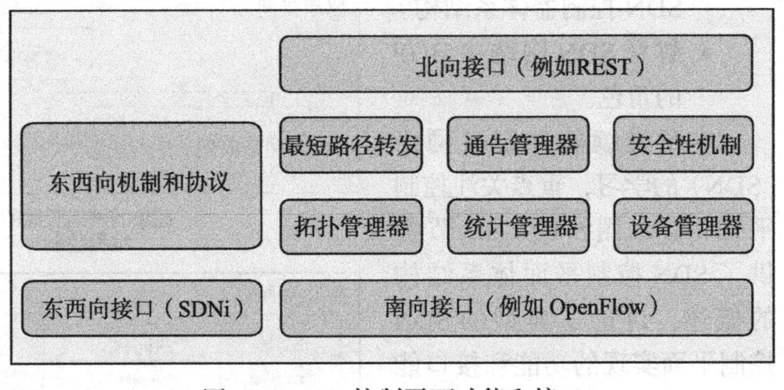


图 5-2　SDN 控制平面功能和接口

114

> **网络操作系统**　面向计算机网络的基于服务器的操作系统。它可能包括目录服务、网络管理、网络监视、网络策略、用户组管理、网络安全和其他网络相关的功能。

一些来自商业和开源的不同举措已经导致了 SDN 控制器的实现。下列列表描述了一些杰出的控制器。

- **OpenDaylight**：一种用于网络可编程性的开源平台，该平台启用 SDN、是用 Java 所写。OpenDaylight 由思科和 IBM 所建立，它的成员主要是网络厂商。OpenDaylight 能够实现作为单一集中式的控制器，但使得控制器能够分布在如下场合，其中一个或多个实例可以运行在网络中的一个或多个集群服务器之上。
- **开放网络操作系统（ONOS）**：一个开源的 SDN 网络操作系统，最初在 2014 年颁布。

它是一个非盈利的成果，由一些如 AT&T 和 NTT 运营商及其他服务提供商提供资金并研发。值得注意的是，ONOS 得到了开放网络基金会（Open Networking Foundation）的支持，使得 ONOS 在 SDN 发展过程很可能成为主要因素。设计 ONOS 用于分布式控制器，提供在多个分布式控制器上对划分和分布网络状态的抽象。

- POX：一种开放源码的 OpenFlow 控制器，该控制器已由一些 SDN 研发者和工程师所实现。POX 具有编写良好的 API 和文档。它也提供一个基于 Web 的图形用户接口（GUI），并且用 Python 语言所写。与用某些其他实现语言如 C++ 相比，用 Python 通常会缩短试验和研发周期。
- Beacon：一种由斯坦福大学研发的开放源码包。用 Java 所写并且高度集成进 Eclipse 集成研发环境（IDE）中。Beacon 是第一个控制器，它使初学编程者从事工作并生成一种 SDN 工作环境成为可能。
- Floodlight: 一种由 Big Switch Networks 公司研发的开放源码包。尽管它其实是基于 Beacon 的，但它使用 Apache Ant 进行构建，而 Apache Ant 是一种流行度非常高的软件构建工具，这使得 Floodlight 的研发更为容易和更为灵活。Floodlight 具有一个活跃的社区，并且具有大量能够被增强以生成一个系统的特色，这样的系统可以更好地满足特定组织的需求。基于 Web 和基于 Java 的 GUI 都是可用的，并且通过 REST API 可见它的大多数功能。
- Ryu：一种由 NTT 实验室研发的基于开放源码组件的 SDN 框架。它是开放源码的并且全部用 Python 语言研发。
- Onix：另一种分布式控制器，由 VMWare、Google 和 NTT 所研发。Onix 是一种商业上可用的 SDN 控制器（参见 5.3 节）。

在这个清单上，最重要的控制器也许是 OpenDaylight，我们随后在 5.3 节中描述。

### 5.1.2 南向接口

南向接口提供了 SDN 控制器与数据平面交换机（参见图 5-3）之间的逻辑连接。某些控制器产品和配置仅支持单一的南向接口协议。一种更为灵活的方法是使用一个南向抽象层，当支持多个南向 API 时，该层对控制平面功能提供了一种公共接口。

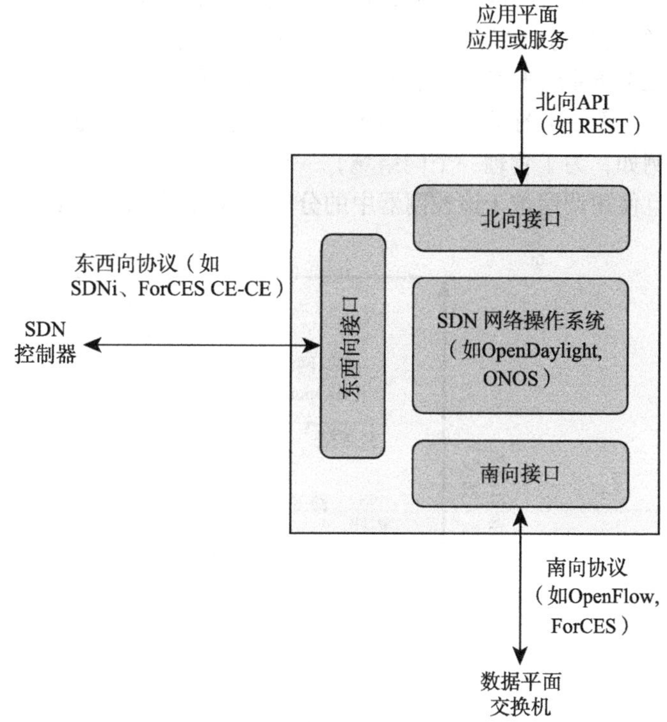


图 5-3 SDN 控制器接口

最为通用的已实现南向 API 是 OpenFlow，在第 4 章中有更为详细的内容。其他南向接口包括下列内容。

- **开放 vSwitch 数据库管理协议**（OVSDB）：Open vSwitch（OVS）是一种开放源码软

115～116

件项目，该项目实现了虚拟交换，与几乎所有流行管理程序（hyper visor）能够进行交互。OVS在控制平面对虚拟和物理端口使用OpenFlow来转发报文。OVSDB是一种用于管理和配置OVS实例的协议。

- **转发和控制元素分离**（ForCES）：IETF的一种工作成果，该成果标准化了IP路由器的控制平面和数据平面之间的接口。
- **协议无关转发**（POF）：被宣传为对OpenFlow的强化，它将数据平面的逻辑简化为非常一般的转发元素，该元素不需要根据在各种协议层次的字段来理解协议数据单元（PDU）格式。相反，通过利用一个分组中的（偏移，长度）块进行匹配。有关分组格式的智能放置在控制平面层次。

### 5.1.3 北向接口

北向接口使得应用程序能够访问控制平面功能和服务，而不必知道底层网络交换机的细节。更为典型地，北向接口可看作是一个软件API而不是一个协议。

与南向接口和东向/西向接口不同，这里定义了若干异构的接口，对于北向接口没有被广泛接受的标准。结果是对于不同的控制器研制了一些独特的API，使研发SDN应用程序的工作复杂化了。为了处理这个问题，开放网络基金会于2013年成立了北向接口工作组（NBI-WG），其目标是定义和标准化一些用途广泛的北向API。在写作本书时，该工作组还没有发布任何标准。

NBI-WG的一个有用的见解是，即使在各个SDN控制器实例中，API也需要位于不同“纬度”。这就是说，某些API可能比其他“更北一些”，访问一个、几个或所有这些不同的API能够用于某个给定的应用程序的需求。

图5-4图示了多个API纬度的概念，该图来源于NBI-WG纲领文件（2013年10月）。例如，为了管理一个网络域，一个应用可能需要直接显露控制器功能的一个或更多API，并且使用调用位于该控制器中的分析或报告服务的API。

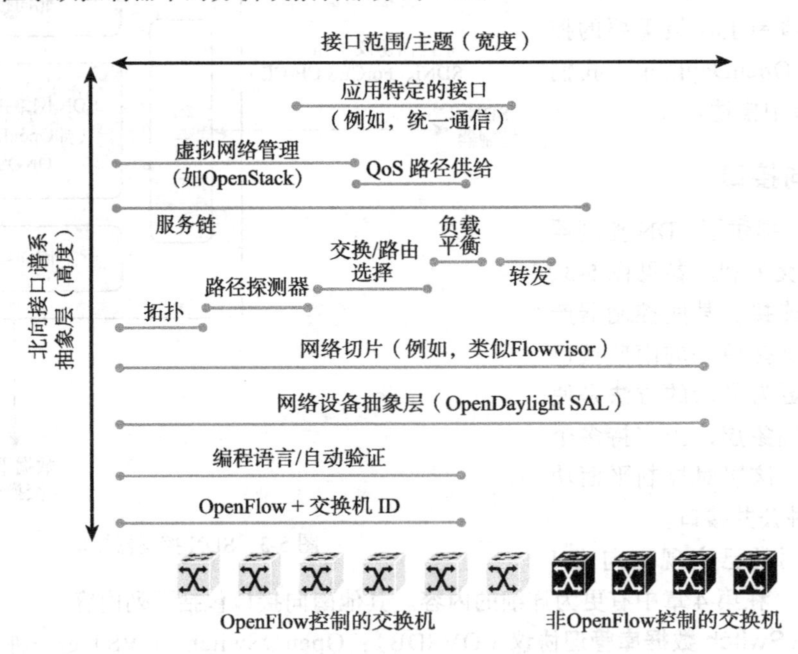


图5-4　北向接口的纬度

图 5-5 显示了具有多层次北向 API 的体系结构的简化的例子，下面给出清单中描述的层次。

- **基础控制器功能 API**：这些 API 显露了控制器的基本功能并且由研发者用于产生网络服务。
- **网络服务 API**：这些 API 对北向显露了网络服务。
- **北向接口应用程序 API**：这些 API 显露了应用程序相关的服务，这些服务建立在网络服务之上。

用于定义北向 API 的共同体系结构的风格是表述性状态转移（REST）。5.4 节将讨论 REST。

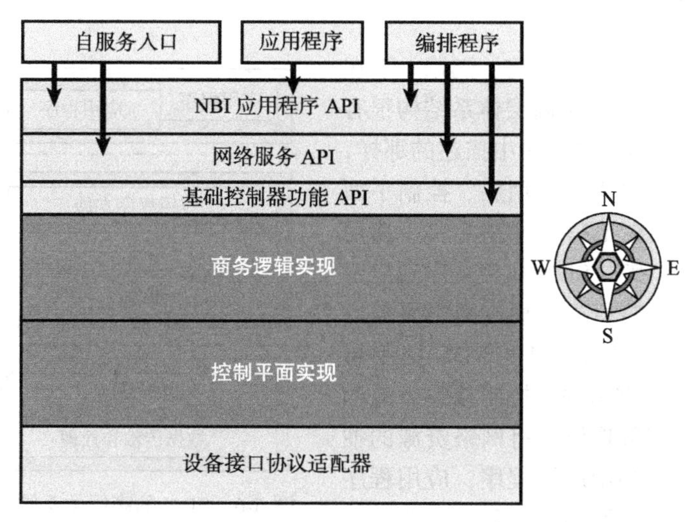


图 5-5 SDN 控制器 API

### 5.1.4 路由选择

如同对于任何网络或互联网，SDN 网络要求有路由选择功能（参见 2.4 节）。用一般的术语来讲，路由选择功能是由收集拓扑信息的协议和网络的流量情况以及设计通过该网络路径的算法组成。回顾第 2 章可知有两类路由选择协议：在自治系统（AS）中运行的内部路由器协议（IRP）和在自治系统之间运行的外部路由器协议（ERP）。

IRP 关注发现一个 AS 之中的路由器拓扑，并且基于不同的测度决定到每个目的地的最佳路径。两个广泛使用的 IRP 是开放最短路径优先（OSPF）协议和加强内部网关路由选择协议（EIGRP）。ERP 不必收集像 IRP 这样多的详细流量信息。相反，对于 ERP 主要关注的是确定网络和 AS 外部端系统的可达性。因此，ERP 通常仅在连接一个 AS 与另一个 AS 的边缘结点中运行。边界网关协议（BGP）通常用作 ERP。

传统上，路由选择功能分布在网络中的路由器之间。每台路由器负责建立网络拓扑的映像。对于内部路由选择，每台路由器对于每个 IP 目的地址，除了必须收集连通性和时延的信息外，还必须计算首选路径。然而，在一个 SDN 控制的网络中，在 SDN 控制器中路由选择功能的集中化是明智的。该控制器能够开发一个网络状态的一致视图用于计算最短路径，并能够实现应用程序知晓的路由选择策略。数据平面交换机免除了与路由选择相联系的处理和存储的负担，从而改善了性能。

117~119 集中式路由选择应用程序完成两个明确的功能：链路发现和拓扑管理器。

对于**链路发现**，路由选择功能需要了解数据平面交换机之间的链路。注意，在网络互联的情况下，路由器之间的链路是网络，而对于如以太网交换机这样的二层交换机，链路则是直接的物理链路。此外，链路发现必须在路由器和主机系统之间以及在这台控制器域中的路由器与在相邻域中的路由器之间执行。发现由进入控制器的网络域的未知流量所触发，该流量或者来自相连的主机或者来自相邻的路由器。

**拓扑管理器**维护着针对网络的拓扑信息并计算本网络的路径。路径计算涉及确定两个数据平面结点之间或数据平面结点和主机之间的最短路径。

## 5.2 ITU-T 模型

在讨论 SDN 控制器设计之前，浏览一下在 ITU-T Y.3300 中定义的 SDN 高层体系结构很有用（参见图 5-6）。如同在图 3-3 中描述的那样，Y.3300 模型是由三个层次或应用层、控制平面和资源平面组成。如在 Y.3300 中所定义，**应用层**是这样一种场所，其中 SDN 应用程序通过定义网络资源的服务知晓行为来规定网络服务或商务应用。应用程序经过 API 与 SDN 控制层交互，该 API 形成了应用程－控制接口。SDN 控制平面利用信息和数据模型将网络资源的抽象视图通过该 API 传递给应用程序，应用程序进而可以利用抽象视图来调度资源。120

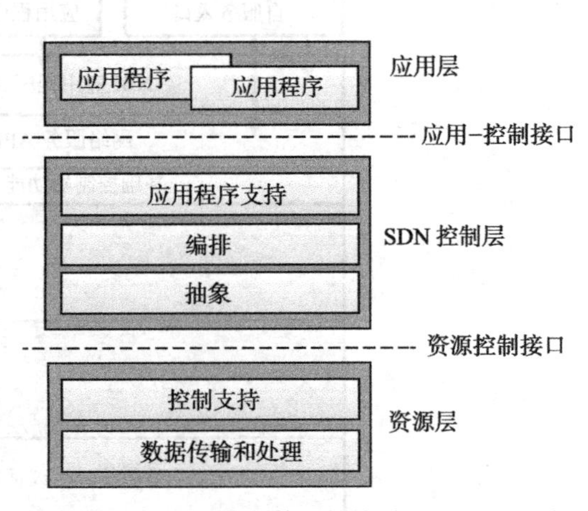

图 5-6　SDN 的高层体系结构（ITU-T Y.3300）

控制层提供了一种动态地控制网络资源的行为的手段，就像由应用层指示的那样。控制层能够被看作拥有下列子层。

- **应用程序支持**：为 SDN 应用程序提供 API，用以访问网络信息和编程应用程序特定的网络行为。
- **编排**：提供网络资源的自动控制和管理以及来自应用层对于网络资源请求的协调。编排包括物理的和虚拟的网络拓扑、网络元素、流量控制和其他网络相关方面。
- **抽象**：与网络资源交互，并且提供网络资源（包括网络能力和特征）的抽象，以支持物理的和虚拟的网络资源的管理与编排。这样的抽象依赖标准信息和数据模型并且独立于下层的传输基础设施。

**资源层**由数据平面转发元素（交换机）的互连集合组成。这些交换机根据由 SDN 控制层做出的决定，执行数据分组的传输并经由资源－控制接口转发到资源层。大多数控制是代表应用程序的。然而，SDN 控制层可能代表其自己，为了性能而执行资源层控制（例如流量工程）。资源层能够视为拥有下列子层。

- **控制支持**：支持经由资源－控制接口的资源层功能的可编程能力。
- **数据传输和处理**：提供数据转发和数据路由选择功能。

SDN 设计原则寻求数据交换机上的复杂性和处理负担最小化。相应地，我们能够期待许多（如果不是大多数）商用 SDN 交换机将装备单一的南向接口（例如 OpenFlow）以简化实现和配置。但是不同的交换机可能支持对于控制器不同的南向接口。因此，SDN 控制器应当支持对数据平面的多种协议和接口，并且能够将所有这些接口抽象为统一的网络模型以用于应用层。

121

## 5.3 OpenDaylight

OpenDaylight 项目是一个由 Linux 基金会主持的开放源码项目，实际上包括每个主要的网络组织、SDN 技术的用户和 SDN 产品的厂商的参与。该项目并非是打造出新标准，其目标是产生一个可扩展、开放源码、虚拟化的网络平台，该平台置于如 OpenFlow 之类的现有标准之上。OpenDaylight 的方法是使产业参与者一起协作研发核心开放源码模块，围绕这个平台能够增加独特的价值。目标是为研发者利用、贡献和建造商业产品与技术提供共同的和开放的 SDN 平台。

对 OpenDaylight 的一些细节内容进行介绍是很有必要的，因为它为读者提供了一个典型 SDN 控制器功能范畴的出色案例。

### 5.3.1 OpenDaylight 的体系结构

图 5-7 提供了 OpenDaylight 体系结构的顶层视图。它由 5 个逻辑层次组成，如后面的清单所示。

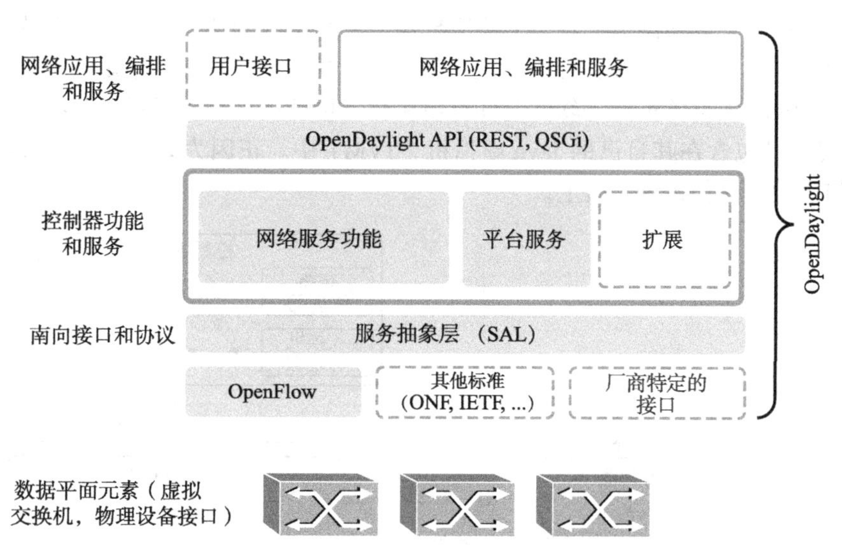


图 5-7 OpenDaylight 体系结构

- **网络应用、编排和服务**：由商业和网络逻辑应用程序组成，其中后者控制和监控着网络行为。这些应用程序使用控制器获取网络智能，运行算法以完成分析，进而使用控制器来编排整个网络的新规则（如果有的话）。

122

- **API**：用于 OpenDaylight 控制器功能的公共接口集合。OpenDaylight 支持用于北向 API 的**开放服务网关提案**（Open Service Gateway Initiative, OSGi）框架和双向 REST。该 OSGi 架构用于将在相同地址空间作为控制器运行的应用程序，而 REST（基于 Web）API 则用于作为控制器的应用程序，这些应用程序不在相同的地址空间或者甚至不必须在相同的机器上。
- **控制器功能和服务**：SDN 控制平面的功能与服务。

- **服务抽象层（SAL）**：提供数据平面资源的统一视图，因此控制平面功能能独立于特定的北向接口和协议实现。
- **南向接口和协议**：支持 OpenFlow、其他标准的南向协议和厂商特定接口。

**开放服务网关提案（OSGi）** 定义用于 Java 的动态组件系统的规范集合。这些规范通过提供一种模块化的体系结构，对于大规模分布式系统以及小型、嵌入式应用程序降低了软件复杂性。

OpenDaylight 体系结构有几个值得注意的方面。首先，OpenDaylight 包括了控制平面和应用平面的功能。因此，OpenDaylight 不仅仅是 SDN 控制器实现。这使得企业和电信网络管理员在他们自己的服务器上保持开放源码软件来构造 SDN 配置。厂商能够使用该软件来生成具有增值的附加应用平面功能和服务的产品。

OpenDaylight 设计的第二个重要方面是，它没有约束到 OpenFlow 或任何其他特定南向接口上。这在构造 SDN 网络配置方面提供了更大的灵活性。在这种设计中的关键元素是 SAL，SAL 使得控制器在南向接口上支持多种协议并且对控制器功能和 SDN 应用程序提供一致性的服务。图 5-8 显示了 SAL 的运行。OSGi 框架为可用的南向协议提供了动态链接插件。这些协议的能力被抽象为特色的集合，这些特色能经 SAL 中的服务管理器被控制平面服务所调用。该服务管理器维护着一个注册机构，用来将服务请求映射到特色请求。基于服务请求，SAL 映射到适当的插件并因此使用最为适合的南向协议来与给定的网络设备交互。

OpenDaylight 项目的重点是软件套件有模块化、可即插即用和灵活性等特色。所有代码以 Java 实现并且包含在其自己的 Java 虚拟机（JVM）中。正因为如此，它能够部署在支持 Java 的任何硬件和操作系统平台上。

123

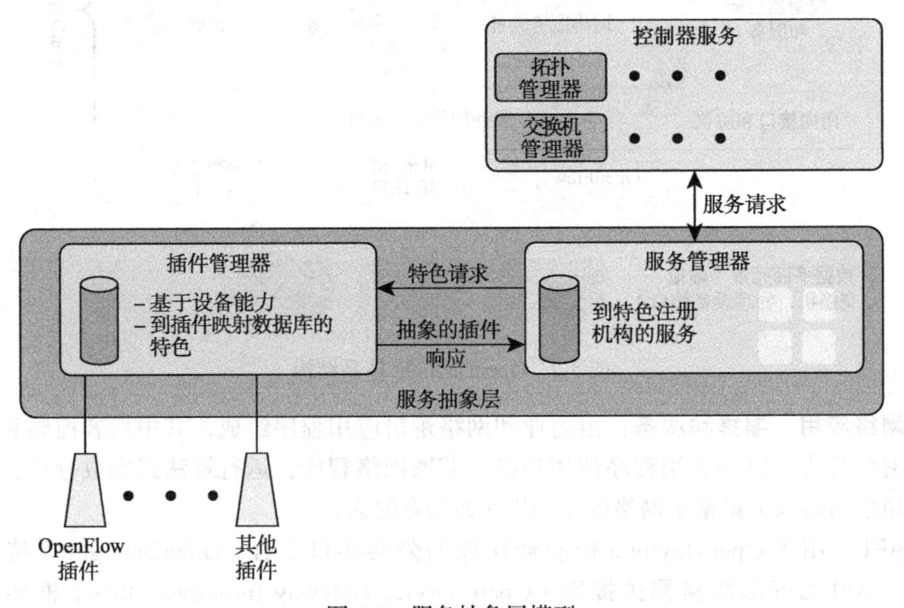


图 5-8　服务抽象层模型

### 5.3.2　OpenDaylight 的氦版本

在本书写作时，OpenDaylight 最近的版本是氦（Helium）版本，图 5-9 显示了该版本。

控制器平台（不包括应用程序，应用程序有可能运行在该控制器之上）是由不断增长的动态可插模块集合组成，每个模块完成一个或多个 SDN 相关的功能和服务。5 个模块被认为是基本的网络服务功能，很可能包括在任何 OpenDaylight 实现中，如下所述。

- **拓扑管理器**：通过订购结点增加和删除以及它们的互联事件，学习网络布局的服务。应用需要网络视图使用这个服务。
- **统计管理器**：收集交换机相关的统计参数，包括流统计、结点连接器和队列占用。
- **交换机管理器**：保持数据平面设备的细节。随着发现一台交换机，它的属性（例如，它是何种交换机 / 路由器、软件版本、能力）由交换机管理器存储在数据库中。
- **转发规则管理器**：安装路径并且跟踪下一跳信息。与交换机管理器和拓扑管理器协同的工作是注册和维护网络流状态。使用它的应用程序不必具有网络设备指定的可视性。
- **主机跟踪器**：跟踪并维护连接主机的信息。 124

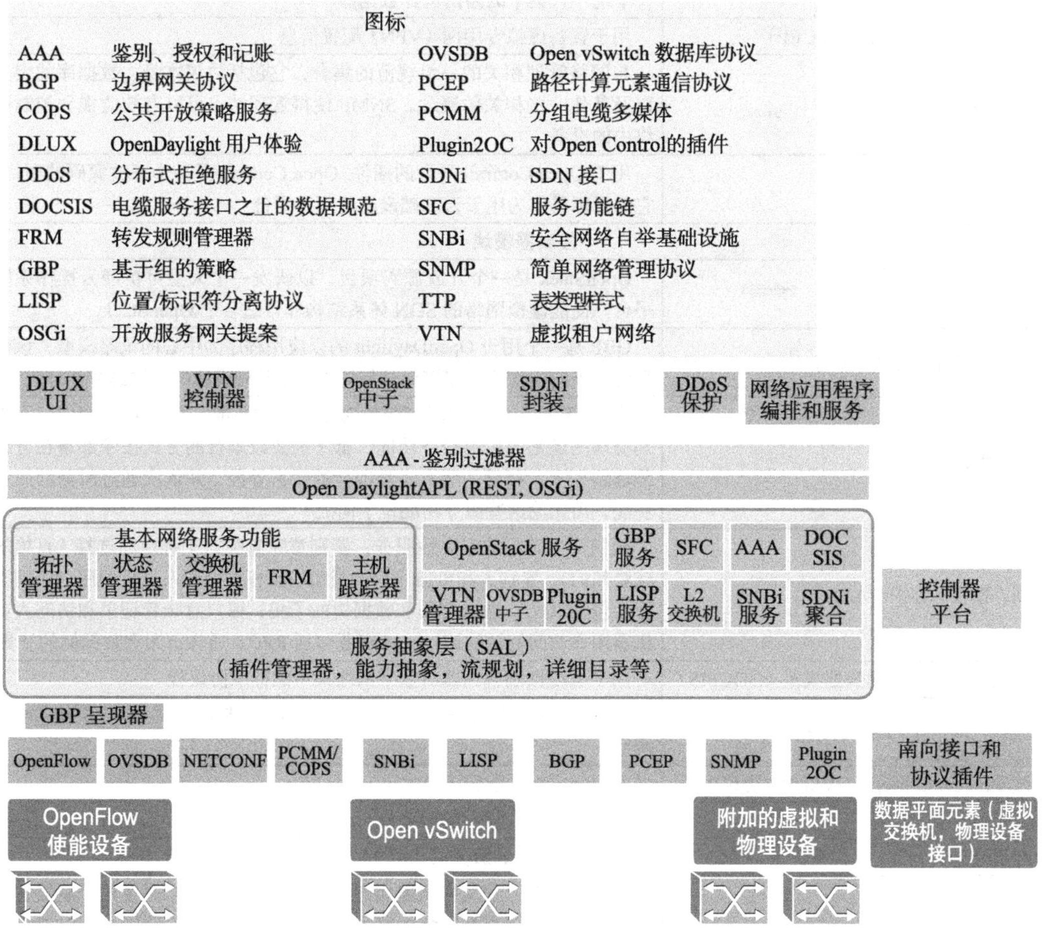
图标
AAA 鉴别、授权和记账
BGP 边界网关协议
COPS 公共开放策略服务
DLUX OpenDaylight 用户体验
DDoS 分布式拒绝服务
DOCSIS 电缆服务接口之上的数据规范
FRM 转发规则管理器
GBP 基于组的策略
LISP 位置/标识符分离协议
OSGi 开放服务网关提案
OVSDB Open vSwitch 数据库协议
PCEP 路径计算元素通信协议
PCMM 分组电缆多媒体
Plugin2OC 对Open Control的插件
SDNi SDN 接口
SFC 服务功能链
SNBi 安全网络自举基础设施
SNMP 简单网络管理协议
TTP 表类型样式
VTN 虚拟租户网络
DLUX UI
VTN 控制器
OpenStack 中子
SDNi 封装
DDoS 保护
网络应用程序编排和服务
AAA - 鉴别过滤器
Open DaylightAPL (REST, OSGi)
基本网络服务功能
拓扑管理器
状态管理器
交换机管理器
FRM
主机跟踪器
OpenStack 服务
GBP 服务
SFC
AAA
DOC SIS
VTN 管理器
OVSDB 中子
Plugin 20C
LISP 服务
L2 交换机
SNBi 服务
SDNi 聚合
控制器平台
服务抽象层（SAL）
（插件管理器，能力抽象，流规划，详细目录等）
GBP 呈现器
OpenFlow
OVSDB
NETCONF
PCMM/COPS
SNBi
LISP
BGP
PCEP
SNMP
Plugin 2OC
南向接口和协议插件
OpenFlow 使能设备
Open vSwitch
附加的虚拟和物理设备
数据平面元素（虚拟交换机，物理设备接口）

图 5-9 OpenDaylight 结构（氦版本）

为了增强这些基本服务研发了其他一些模块，使得实现更为复杂和特色丰富的控制器成为可能，如表 5-1 中所述。

表 5-1　OpenDaylight 模块

| 特色 | 描述 |
|---|---|
| | **南向接口和协议插件** |
| OpenFlow | OpenFlow 协议 |
| Open vSwitch 数据库协议（OVSDB） | 用于虚拟交换机的网络配置协议 |
| NETCONF | 由 IETF 研发的网络管理协议。NETCONF 提供了一种安装、操作和删除网络设备配置的机制 |
| 分组电缆多媒体（PCMM） | PCMM 为电缆调制解调器网络元素提供对控制和管理服务的接口 |
| 安全网络自举基础设施 | 提供一个能被其他应用程序使用的安全信道，以安全地连接到各种设备 |
| 位置 / 标识符分离协议 (LISP) | IETF 提出的一种标准，该标准将当前 IP 地址分成两个分离的名字空间，以分别显示 IP 位置和标识符 |
| BGP | 对跨越多运营商网络的路由选择服务，BGP 链路状态（BGP-LS）协议运行在控制器之上。BGP-LS 从相邻的自治系统学习路由信息并构建一个统一且集中的路由选择数据库 |
| 路径计算单元通信协议（PCEP） | 用于置备虚拟专用网（VPN）配置信息 |
| 简单网络管理协议（SNMP） | 与网络管理相关的一组规范的集合，它包括协议本身、数据库的定义以及其他一些相关的概念。SNMP 使得管理站点可以有效监视和控制网络中的设备 |
| Plugin2OC | 用于 Open Contrail 平台的插件。Open Contrail 是一个开放源码的项目，它的目标是作为用于云基础设施的网络平台 |
| | **控制器模块** |
| OpenStack 服务 | OpenStack 是一个开放源码项目，以研发一个大型可扩展云操作系统平台。使能虚拟网络的 SDN 体系结构非常适合于 OpenStack |
| 基于组的策略（GBP）服务 | GBP 是一个用于 OpenDaylight 的以应用程序为中心的策略模型，该模型将关于应用程序的连接要求与关于网络基础设施的底层细节相分离 |
| 服务功能链（SFC） | 由 IETF 提出的一种用户服务功能组合的标准。在 SFC 模型中，无论是物理的还是虚拟的服务功能，都不需要以串行的方式按序部署在分组传输路径上，相反，所有流量都会被严密管控，并依次通过所需的服务功能，而无论这些服务功能位于何处 |
| 鉴别、授权和账户（AAA） | 提供三个基本的安全性服务：鉴别意味着独立于绑定的选择（直接的或联邦的），鉴别人和机器用户的身份；授权意味着人或机器用户访问资源，包括 RPC、通告订阅和数据树的子集；账户意味着记录和访问人或机器用户访问资源的记录，该资源包括 RPC、通告订阅和数据树的子集 |
| 电缆服务接口之上的数据规范（DOCSIS） | 用于电缆调制解调器对数字网络接口的标准协议栈 |
| 虚拟租户网络（VTN）管理器 | VTN 是一个应用程序，该程序在 SDN 控制器上提供了多租户虚拟网络 |
| 开放 vSwitch 数据库（OVSDB）协议中子 | 对 OVSDB 的中子接口 |
| Plugin2OC | 对 Plugin2OC 插件的服务接口 |
| LISP 服务 | 对 LISP 插件的服务接口 |
| L2Switch | 这是 OSI 第二层交换机路由选择功能。基本的概念是使用控制器智能设计通过以太网交换网络的路径，当路由到目的地的路径未知时避免使用广播 |
| SNBi 服务 | 对 SNBi 插件的服务接口 |
| SDN 接口（SDNi）聚集器 | OpenDaylight-SDN 接口应用程序项目致力于通过将 SDNi（软件定义网络接口）开发为一种应用程序（ODL-SDNi 应用），从而实现 SDN 控制器之间的通信。该服务在工作时类似一个聚集器，负责收集拓扑、统计数据、主机标识与位置等网络信息 |

（续）

| 特色 | 描述 |
|---|---|
| AAA 鉴别过滤器 | 拦截到达或来自控制器的请求或响应以证实标记 |
| | 网络应用程序、编排和服务 |
| DLUX UI | 一种基于 JavaScript 的无状态用户接口，以提供一种一致的和用户友好的接口与 OpenDaylight 项目和基本控制器交互。DLUX 是一种基于 Web 服务的接口，该接口提供容易接入的、受 OpenDaylight 控制器控制的网络模型 |
| VTN 控制器 | 为用户提供 VTN 的 API |
| OpenStack 中子 | 中子是 OpenStack 的一个子系统，允许经 API 网络基于模型的集成（支持核心基础设施作为服务 [IaaS] 的能力） |
| SDNi 封装 | 负责共享和收集到达 / 来自联邦控制器的信息 |
| 分布式拒绝服务（DDoS）保护 | 指示 OpenFlow 控制器编程控制虚拟和物理交换机，让 OpenFlow 计数器收集网络流量的统计量。该应用程序学习基线流量模式并寻找网络层次 DDoS 攻击的异常指示。如果应用程序检测到一个攻击，它指令 OpenFlow 控制器将可疑流发送给特殊的缓解装置以滤除可疑的流量 |

125
~
127

## 5.4 REST

**表述性状态转移**（REpresentational State Transfer，REST）是一种用于定义 API 的体系结构风格。这已经成为构造 SDN 控制器北向接口的一种标准方式。REST API 或具有 REST 风格（遵循 REST 约束）的 API 并非是一种协议、语言或设定的标准。它本质上是 API 必须遵循的 REST 风格的 6 条约束。这些约束的目标是最大化软件交互的可扩展性和独立性 / 协同工作能力，并提供一种构造 API 的简单方法。

### 5.4.1 REST 约束

REST 假定基于 Web 的访问的概念被用于应用程序和服务之间的交互，该服务位于 API 的任一侧。REST 并不定义 API 的细节，却在应用程序与服务之间的交互的性质施加了种种约束。这 6 个 REST 约束如下：

- 客户端 – 服务器
- 无状态
- 高速缓存
- 一致接口
- 分层的系统
- 按需代码

本节随后将更为详细地讨论这些约束。

**客户 – 服务器约束**

这个简单的约束要求应用程序和服务器之间的交互具有客户端 – 服务器请求 / 响应风格。这条原则规定了这个约束将用户接口相关部分与数据存储相关部分相分离。这种分离允许客户端和服务器组件独立演化并支持服务器侧的功能移动到多个平台。

**无状态约束**

该无状态约束要求每个来自客户端到服务器的请求必须包括所有必需的信息，以理解该请求并且不能利用任何存储在服务器上的上下文。类似地，每个来自服务器的响应必须包含所有对该请求希望的信息。一个后果是事务的任何“记忆”都维持在会话状态中，而该会话状态完全保持在客户中。因为服务器不能保留客户状态的任何状态，其结果是 SDN 控制器更为有效。另一个后果是如果客户和服务器侧在不同机器上，因此经过协议来通信，该协议不需要是面向连接的。

128

REST 通常运行在超文本传输协议（HTTP）之上，HTTP 是一种无状态协议。

**高速缓存约束**

高速缓存约束请求在一个对于某请求响应中的数据要隐式或显式地标记为可高速缓存或非高速缓存的。如果一个响应是高速缓存的，则客户高速缓存被赋予以后能够重用该响应数据的权利，等价于请求。这就是说，赋予该客户许可来记忆这个数据，因为该数据在服务器侧不可能改变。因此，随后对相同数据的请求能够在客户本地进行处理，从而减少客户和服务器之间的通信开销，并且减少了服务器的处理负担。

**一致接口**

无论特定的客户端–服务器应用程序 API 是否使用 REST 实现，REST 强调组件之间的一致接口。这使得控制器服务独立进行演化，并且向 SDN 控制器提供商提供使用来自各种各样厂商的软件组件的能力，以实现控制器。为了获得一致接口，REST 定义了以下 4 个接口约束。

- **资源的身份**：各个资源使用一个资源标识符（例如一个 URI）来识别。
- **通过描述操作资源**：资源描述为诸如 JSON、XML 或 HTML 等格式。
- **自描述报文**：每个报文有足够的信息来描述该报文处理的方式。
- **超媒体作为应用程序状态的引擎**：客户不需要如何与服务器进行交互的先验知识，因为 API 不是固定而是动态地由服务器提供。

REST 风格强调客户与服务器之间的交互通过使用有限数量的操作（动词）得到加强。通过为资源（名词）分配它们自己唯一的**统一资源标识符**（URI）提供了灵活性。因为每个动词具有特定的含义（GET, POST, PUT 和 DELETE），REST 避免了二义性。

> **统一资源标识符（URI）**　一种标识抽象或物理资源的紧凑字符序列。URI 规范（RFC 3986）定义了一种语法，用于对任意名称或寻址方案的编码并且提供这些方案列表。URL（统一资源定位符）是 URI 的一种类型，它指派了一种访问协议并且提供了一个特定的因特网地址。

129

对于 SDN 环境而言，这种约束的好处在于不同的应用程序（也许是用不同的语言写成的）能够通过一个 REST API 调用相同的控制器服务。

**分层的系统约束**

该分层的系统约束表明，给定的功能以层次方式来组织，其中每层只直接与直接的上面和下面的层次进行交互。对于协议体系结构、操作系统设计和系统服务设计而言，这是标准的体系结构方法。

**按需代码约束**

REST 允许通过下载和执行 Java 程序或脚本代码来扩展客户功能。这通过减少必须预先实现的特色的数量简化了客户。允许在部署后下载特色改善了系统的延展性。

## 5.4.2　REST API 例子

为了便于理解 REST API 的结构，查看例子是有用的。在本节中，我们讨论 SDN 网络操作系统 Ryu 的北向接口的 REST API。在 Ryu 中设计了特殊的 API 交换机管理者服务功能，以提供对 OpenFlow 交换机的访问。

交换机管理器代表应用程序执行的每个功能是指派一个 URI。例如，考虑这样一个功能，获取一台特定的交换机的组表中所有表项的描述。用于这台交换机的该功能的 URI 如下：

/stats/group/*<dpid>*

其中统计（state）是指获取和更新交换机统计和参数的 API 集合，group（组）是该功能的名字，而 *<dpid>*（数据路径 ID）是该交换机的独特标识符。为了调用交换机 1 的这种功能，应用程序跨越 REST API 向交换机管理器发出下列命令：

GET http://localhost:8080/stats/groupdesc/1

这个命令的 localhost 部分指示该应用程序正在相同服务器上作为 Ryu NOS 运行。如果远地运行应用程序，该 URI 将是一个 URL，它提供经 HTTP 和 Web 服务的远地访问。该交换机管理器用一条报文响应这个命令，该报文的报文体包括 dpid 以及一系列值的块，每个块对应于定义在交换机 dpid 中的每个组。这些值如下所示。

130

- **类型**：全部，选择，快速故障转移或间接（参见 4.2 节）。
- **组标识**：在组表中的一个表项的标识符。
- **桶**：由下列子字段构成的一个结构化的字段：
  - **权重**：桶的相对权重（仅对于选择类型）。
  - **观察端口**：其状态影响该桶是否活跃的端口（仅快速故障转移组需要）。
  - **观察组**：其状态影响该桶是否活跃的组（仅快速故障转移组需要）。
  - **动作**：动作的列表，可能为空。

报文体的桶部分是重复的，每个组表的表项一次。

表 5-2 列出了用于检索交换机统计值和参数的所有 API 功能，这些统计值和参数使用了 GET 报文类型。也有几个使用 POST 报文类型的功能，其中请求报文体包括必须匹配的参数列表。

**表 5-2　使用 GET 检索交换机统计值的 Ryu REST API**

| 请求类型 | 响应报文体属性 |
| --- | --- |
| 获取所有交换机 | 数据路径 ID |
| 获取交换机描述 | 数据路径 ID，制造商描述，硬件描述，软件描述，序列号，数据路径的人类可读的描述 |
| 获取交换机的所有流状态 | 数据路径 ID，该表项的长度，表 ID，活跃流时间（单位为秒），活跃流时间（单位为纳秒），优先级，超时前空闲秒数，标志位，cookie，分组计数，字节计数，匹配字段，动作 |
| 获取交换机的集合流状态 | 数据路径 ID，分组计数，字节计数，流数量 |
| 获取端口状态 | 收到分组计数，传输分组计数，接收字节计数，传输字节计数，丢弃接收分组计数，丢弃传输分组计数，接收差错计数，传输差错计数，帧同步差错计数，接收分组超越范围计数，CRC 差错计数，碰撞计数，端口活跃时间（单位为秒），端口活跃时间（单位为纳秒） |
| 获取端口描述 | 数据路径 ID，端口号，以太网地址，端口名字，配置标志，状态标志，当前特色，通告的特色，支持的特色，对等方通告的特色，当前的比特速率，最大比特率 |

（续）

| 请求类型 | 响应报文体属性 |
| --- | --- |
| 获取队列状态 | 数据路径 ID，端口号，队列 ID，传输字节计数，传输分组计数，分组超越范围计数，活跃队列时间（单位为秒），活跃队列时间（单位为纳秒） |
| 获取组状态 | 数据路径 ID，该表项长度，组 ID，转发到本组的流或组的数量，分组计数，字节计数 |
| 获取组描述 | 数据路径 ID，组 ID，桶（权重，观察端口，观察组，动作） |
| 获取组特色 | 数据路径 ID，类型，能力，组最大数量，支持的动作 |
| 获取计量器状态 | 数据路径 ID，计量器 ID，该表项的长度，流的数量，输入分组计数，输入字节计数，活跃计量器时间（单位为秒），活跃计量器时间（单位为纳秒），计量器段（分组计数，字节计数） |
| 获取计量器配置 | 数据路径 ID，标志，计量器 ID，段（类型，速率，突发块长度） |
| 获取计量器特色 | 数据路径 ID，计量器的最大数量，段类型，能力，每个计量器最大段，最大彩色值 |

这个交换机管理者 API 也提供更新交换机参数的功能。这些都使用了 POST 报文类型。在这种情况下，请求报文体包括参数和它们要被更新的值。表 5-3 列出了更新 API 的功能。

表 5-3　使用 POST 更新由字段过滤的交换机统计值的 Ryu REST API

| 请求类型 | 响应报文体属性 |
| --- | --- |
| 增加流表项 | 数据路径 ID，cookie, cookie 掩码，表 ID，空闲超时，硬超时，优先级，缓存 ID，标志，匹配字段，动作 |
| 修改匹配流表项 | 数据路径 ID，cookie, cookie 掩码，表 ID，空闲超时，硬超时，优先级，缓存 ID，标志，匹配字段，动作 |
| 删除匹配流表项 | 数据路径 ID，cookie, cookie 掩码，表 ID，空闲超时，硬超时，优先级，缓存 ID，标志，匹配字段，动作 |
| 删除所有流表项 | 数据路径 ID |
| 增加组表项 | 数据路径 ID，类型，组 ID，桶（权重，观察端口，观察组，动作） |
| 修改组表项 | 数据路径 ID，类型，组 ID，桶（权重，观察端口，观察组，动作） |
| 删除组表项 | 数据路径 ID，组 ID |
| 增加计量器表项 | 数据路径 ID，标志，计量 ID，段（类型，速率，突发块长度） |
| 修改计量器表项 | 数据路径 ID，标志，计量 ID，段（类型，速率，突发块长度） |
| 删除计量表项 | 数据路径 ID，计量器 ID |

## 5.5　控制器间的合作和协调

除了北向接口和南向接口之外，典型的 SDN 控制器有一个东向 / 西向接口，该接口使得它能够与其他 SDN 控制器和其他网络通信。到现有为止，在开源或标准化的东西向接口协议或接口方面还没有取得重要的进展。本节将回顾与东西向接口相关的设计问题。

### 5.5.1　集中式与分布式控制器

一个关键的体系结构的设计决定是使用单一的集中式控制器还是使用分布式的控制器集合来控制数据平面交换机。集中式控制器是用单台服务器来管理网络中的所有数据平面交换机。

在一个大型企业网中，部署单台控制器来管理所有网络设备将证明难以操作或可能带来麻烦。一个更为可能的场景是，大型企业或运营商网络的操作员将整个网络划分为若干不相重叠的 SDN 域，也称为 SDN 岛（图 5-10），并使用分布式控制器来管理。使用 SDN 域的原因如下。

- **可缩扩性**：SDN 控制器有能力管理的设备数量是有限的。因此，一个相当大的网络可能需要部署多台 SDN 控制器。
- **可靠性**：使用多台控制器避免单点故障的风险。
- **隐私**：运营商在不同的 SDN 域中可以选择实现不同的隐私策略。例如，一个 SDN 域可以专用于某用户集合，他们实现其自己的高度定制的隐私策略，要求在该域中的某些网络信息（例如网络拓扑）不应当暴露给外部实体。
- **增量部署**：某运营商的网络可能由遗留部分和非遗留基础设施组成。将网络划分为多个独自可管理的 SDN 域，允许灵活地增量部署。

131~133

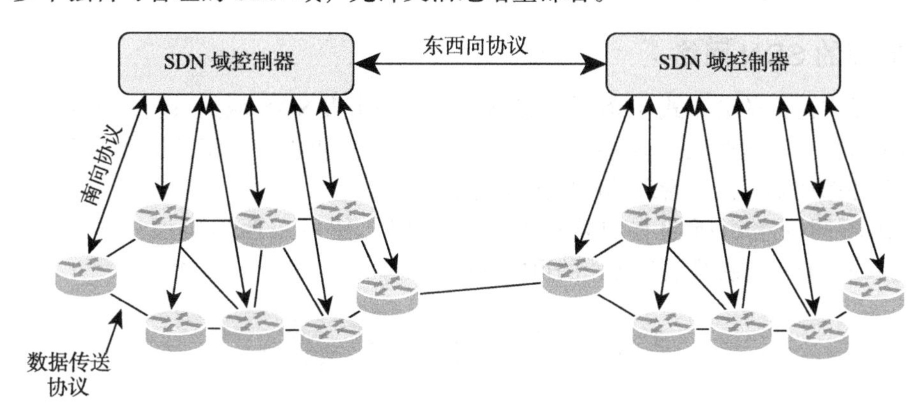


图 5-10 SDN 域结构

分布式控制器可以在小区域中配置，或分布范围很广，也可以是两者的结合。紧密放置的控制器可提供高吞吐量，适合用于数据中心，而分散的控制器适合于覆盖较大区域的网络。

控制器通常水平方向分布。这就是说，每个控制器管理数据平面交换机的一个不相重叠子集。垂直体系结构也是可能的，其中控制任务分发到不同的控制器，这取决于网络视图和位置需求等规则。

在分布式体系结构中，控制器之间通信需要一个协议。原则上，为此目的能够使用一个专用的协议，尽管开放的或标准的协议对于互操作性显然更为合适。

对于分布式体系结构，与东西向接口关联的功能包括维护网络拓扑和参数的部分或重复的数据库，以及监视 / 通告功能。监视 / 通告功能包括检查一个控制器是否是活跃的，并协调交换机在控制器之间的分配等。

## 5.5.2 高可用性的集群

在单一域中，控制器的功能能够在一个**高可用性的集群**上实现。通常，将有两个或更多个共享一个 IP 地址的结点能被外部系统所使用，这些外部系统通过北向接口或南向接口来访问该集群。一个例子是 IBM SDN 虚拟环境产品，它就使用了两个结点。为了数据复制和共享外部 IP 地址，每个结点被认为是集群中其他结点的对等方。当高可用性的集群运行时，主结点负责响应被发送到集群外部 IP 地址的所有流量并且保存配置数据的读 / 写拷贝。与此同时，第二个结点作为备份运行，具有一份配置数据的只读拷贝，它保持了当前主结点的拷贝。从结点监视外部 IP 的状态。如果从结点确定主结点不再响应外部 IP 了，它会触发失效备援，将其模式改变为从结点模式。它假定具有响应外部 IP 和将其配置数据的拷贝改变为读 / 写的责任。如果先前的主结点重新创建连接，自动还原过程触发器以将旧的主结点转

134

换为从状态，使得在故障备援期间的配置改变不会丢失。

**高可用性（HA）的集群**　一种由冗余网络结点组成的多计算机体系结构，当主服务故障时网络结点交付从服务或备份服务。这种集群在它们的计算环境中构建了冗余性，以消除单点故障，并且它们能够包含多重网络连接，冗余的数据存储，双重电源供给和其他备份组件及能力。

ODL Helium 内置了高可用性，Cisco XNC 和 Open Network 控制器都有高可用性特色（在一个集群中有多达 5 个结点）。

### 5.5.3　联邦的 SDN 网络

在上一段中讨论的分布式 SDN 体系结构引用了一个多 SDN 域的系统，这些域是一个企业网络的所有部分。这些域可能是并置排列或在单独的站点上。在每种场合，所有数据平面交换机的管理都在单一网络管理功能的控制之下。

对于由不同的组织所拥有和管理的 SDN 网络，使用东西向协议协作也是可能的。图 5-11 是一个 SDN 控制器之间协作的可能例子。

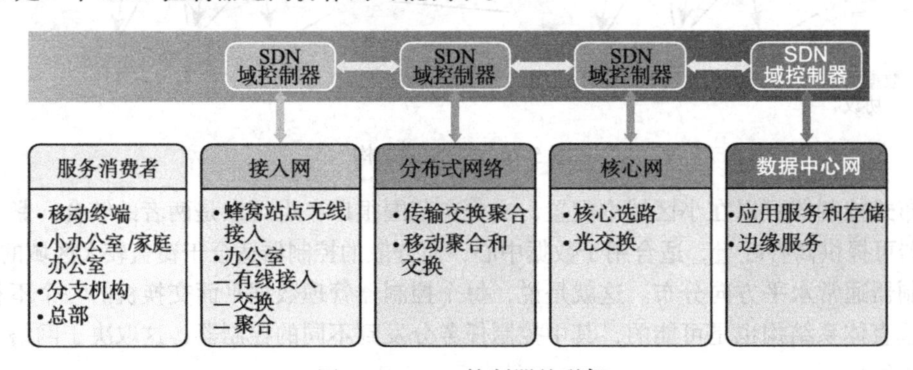


图 5-11　SDN 控制器的联邦

在这个配置中，提供基于云服务的数据中心网络有若干服务消费者。通常，如前面的图 1-3 所示，消费者通过接入网、分布网和核心网的层次结构与服务网络连接。这些中间网络都可能通过数据中心网络运行，或者它们涉及其他组织机构。在后一种情况下，如果所有网络都实现 SDN，它们需要共享共同的规则以共享控制平面的参数，诸如服务质量（QoS）、策略信息和路由信息。

135

### 5.5.4　边界网关协议

在继续讨论之前，概述一下边界网关协议（BGP）是有用的。研制 BGP 用于连接互联网，而互联网使用 TCP/IP 协议栈，尽管这些概念适用于任何互联网。BGP 已经成为因特网首选的**外部路由器协议**（ERP）。

**外部路由器协议（ERP）**　一个专用术语，以描述向连接自治系统的合作路由器分发路由选择信息的协议。

BGP 使得位于不同自治系统的路由器可以相互协作并交换路由信息，这里的路由器在标准规范中也称为网关。该协议利用消息来运转，并通过 TCP 连接进行发送。BGP 的当前版本称为 BGP-4。

BGP 专注于三个功能性过程：

- 邻居获取
- 邻居可达性
- 网络可达性

如果两台路由器与相同的网络或通信链路连接，它们会被认为是邻居。如果它们与相同的网络连接，邻居路由器之间的通信可能要求通过在共享网络之中的其他路由器的一条路径。如果两台路由器在不同的自治系统中，它们可能要交换路由选择信息。为此目的，首先必须要执行**邻居获取**（neighbor acquisition）。术语*邻居*（neighbor）是指共享相同网络的两台路由器。大体上说，当在不同自治系统中的相邻路由器同意有规律地交换路由选择信息时，发生邻居获取。因为路由器之一可能不愿意参与其中，因此需要一个正式的获取过程。例如，某台路由器可能负担过重，并且不希望负责来自 AS 外部的流量。在这样的邻居获取过程中，一台路由器向另一台发送一个请求报文，而另一台可以接受或拒绝该提议。该协议不处理一台路由器如何知道另一台路由器的地址或者甚至存在的问题，也不处理它如何决定它需要与特定路由器交换路由选择信息的问题。这些问题必须在配置阶段或通过网络管理员的介入得到处理。

为了完成邻居获取，一台路由器向另一台路由器发送一个 Open 报文。如果目标路由器接受该请求，它会返回一个 Keepalive 报文作为响应。

一旦创建了邻居关系，**邻居可达性**（neighbor reachability）过程用于维护这种关系。每个搭档需要确定其他搭档仍然存在并且仍然在参与它们的邻居关系。为此目的，这两台路由器周期性地向彼此发送 Keepalive 报文。

136

BGP 指定的最后一个过程是**网络可达性**（network reachability）。每台路由器维持一个数据库，该库包括能够到达的网络和到达每个网络的优先路由信息。如果该数据库发生变化，路由器会发出一个 Update 报文，该报文向它具有邻居关系的所有其他路由器进行广播。因为广播了该 Update 报文，所有 BGP 路由器都能够构建和维护它们的路由选择信息。

### 5.5.5　域间的路由选择和 QoS

对于控制器域以外的路由选择，该控制器域与每个相邻路由器创建一条 BGP 连接。图 5-12 显示了具有两个 SDN 域的一种配置，这两个 SDN 域仅通过一个非 SDN 自治系统进行链接。

在非 SDN 自治系统中，内部路由选择使用 OSPF。在 SDN 域中不需要 OSPF；相反，每个数据平面交换机使用南向接口协议（在这种场合是 OpenFlow）向集中式控制器报告必需的路由选择信息。在每个 SDN 域和 AS 之间，使用 BGP 来交换如下信息。

- **可达性更新**：可达性信息的交换促进了 SDN 域间的路由选择。这允许单流流经多个 SDN 并且每个控制器能够选择网络中最适当的路径。
- **流建立、拆除和更新请求**：控制器协同流建立请求，这些请求包括路径要求、QoS 等信息，跨越多个 SDN 域。
- **能力更新**：控制器交换网络相关能力的信息，如带宽、QoS 等，除了系统和域内可用的软件能力外。

对于图 5-12，值得关注的其他几个地方有。

- 图中将 AS 描述为一个包括多台互联路由器的云，在 SDN 域的场合，包括一台控制器。该云表示一个互联网，因此任何两台路由器之间的连接是互联网中的一个网络。类似地，两个邻接自治系统之间的连接是一个网络，该网络可能是两个邻接自治系统之一的一部分，或者是一个单独的网络。

- 对于一个 SDN 域，BGP 功能实现在 SDN 控制器中而不是在数据平面路由器中。这是因为控制器负责管理拓扑和做出路由选择决定。
- 该图显示了自治系统 1 和自治系统 3 之间的一条 BGP 连接。这可能是不直接通过单一的网络直接连接的网络。然而，如果两个 SDN 域是一个单一 SDN 系统的一部分，或者如果它们结成联邦，它们可能具有交换其他的 SDN 相关信息的愿望。

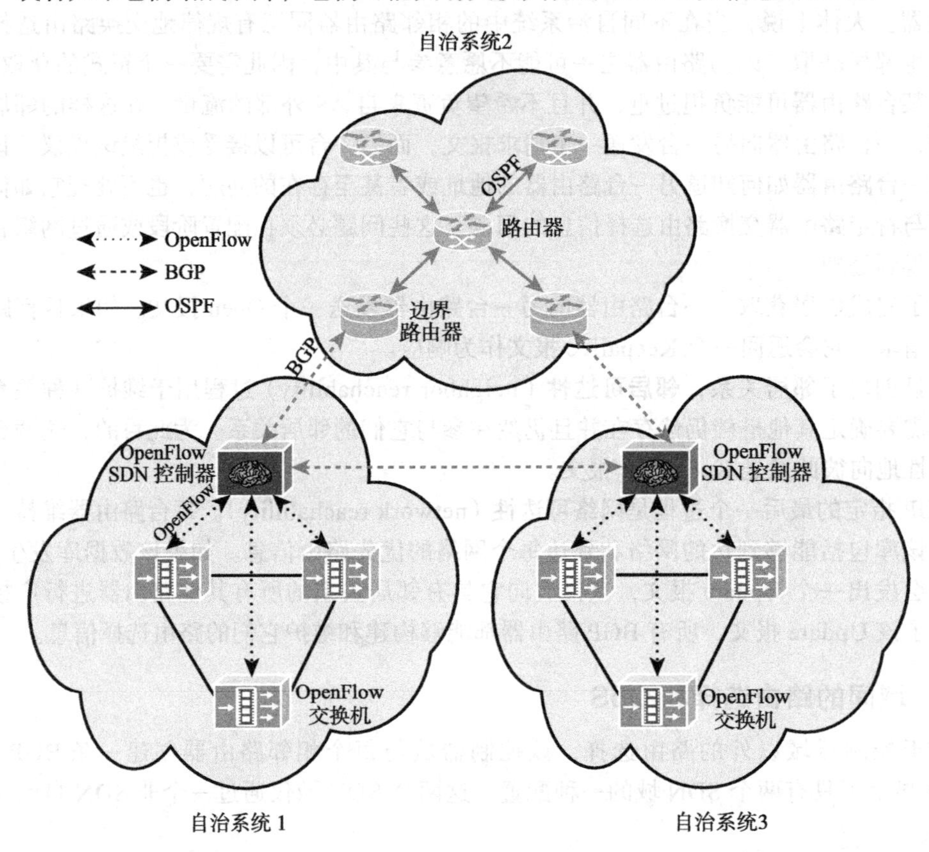


图 5-12　具有 OpenFlow 域和非 OpenFlow 域的异构自治系统

### 5.5.6　为 QoS 管理使用 BGP

一种 AS 间互联流行的方式仅是采用尽力而为互联。这就是说，在自治系统之间转发流量不顾及流量类型的差异并且没有任何转发保证。网络运营商常用的方法是在 AS 入口路由器中将任何 IP 分组流量类型标记重置为 0，0 为尽力而为标记，以消除任何流量差异。某些提供商在入口完成较高层次的分类，以顾及转发要求和匹配它们的 AS 内部的 QoS 转发策略。对于跨越流量而言没有什么可以依靠：标准的类别集合，标准的标记（类型编码）和标准的转发行为。然而，RFC 4594（Diff Serv 服务类的配置指南，2006 年 8 月）提供相对于这些参数的一系列“最优方法”。各网络提供商独立地、以不协同的方式采用 QoS 策略决定。这种一般的陈述不覆盖现存的单独协议，这些协议提供了具有严格 QoS 保证的基于质量的

137 ≀ 138

互联。然而，这种基于服务等级约定（SLA）的约定具有双边或多边性质，并且不能提供一种用于通用的“好于尽力而为”互联的手段。

IETF 当前正在致力于用于 BGP 的 QoS 标记的标准化方法（用于 QoS 标记的 BGP 扩展社区，draft-knoll-idr-qos-attribute-12, July 10, 2015）。与此同时，SDN 提供商已经实现了他们自己使用 BGP 可扩展性质的能力。在每种场合，在不同域的 SDN 控制器之间的互联涉及图 5-13 中图示的步骤并如下描述。

1）SDN 控制器必须配置有 BGP 能力并且具有相邻 BGP 实体位置的信息。

2）控制器中的启动或活化事件触发 BGP。

3）该控制器中的 BGP 实体试图与每个相邻的 BGP 实体创建一条 TCP 连接。

4）一旦创建一条 TCP 连接，该控制器的 BGP 实体与其邻居交换 Open 报文。使用该 Open 报文来交换能力信息。

5）交换完成一条 BGP 连接。

6）使用 Update 报文来交换 NLRI（网络层可达性信息），以指示经过该实体哪些网络是可达的。在选择 SDN 控制器之间最适合的数据路径时使用可达性信息。通过 NLRI 参数获得的信息被用于更新控制器的路由选择信息库（RIB）。这进而使得控制器在数据平面交换机中设置适当的流信息。

7）Update 报文能够被用于交换 QoS 信息，例如可用的能力。

8）当基于 BGP 过程决定有多条路径可用时，进行路由选择。一旦创建该路径，分组能够在两个 SDN 域之间成功穿越。

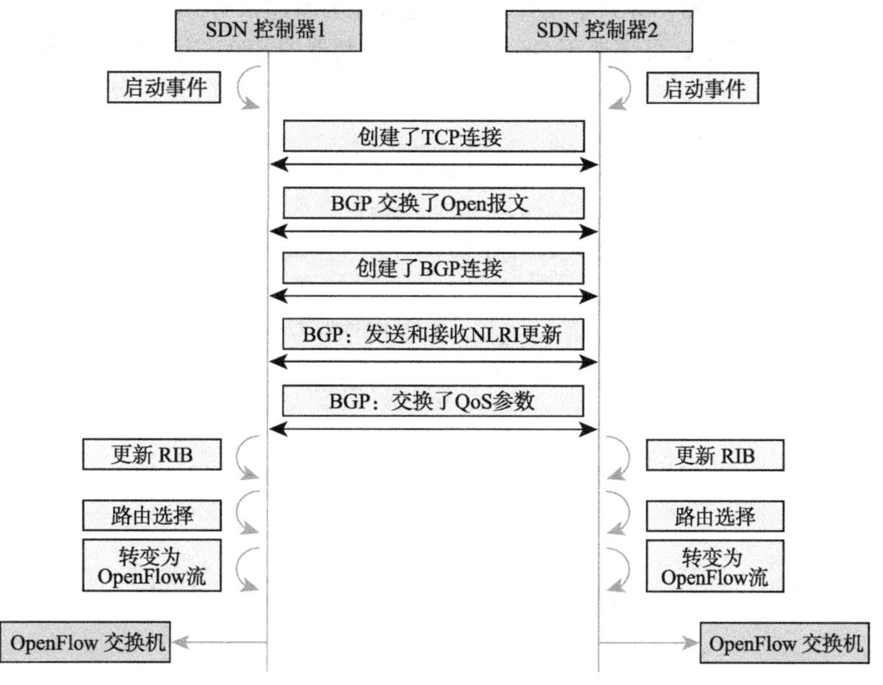


图 5-13　东西向连接创建、路由和流建立

## 5.5.7　IETF SDNi

IETF 已经研发了规范草案，称之为 SDNi（《SDNi：用于跨越多域的软件定义网络的报

文交换协议》，draft-yin-sdn-sdni-00.txt, June 27, 2012），其中定义了跨越多个域协同流建立和交换可达性信息。该 SDNi 规范并没有定义东西向 SDN 协议，而是提供了某些用于研发这样一个协议的基本原则。

如同在该文档中所定义，SDNi 功能包括下列内容：

- 协同由应用程序所发起的流设置，包含诸如跨越多个 SDN 域的路径要求、QoS 和服务等级约定。
- 交换可达性信息来为 SDN 间路由选择带来便利。这将允许一条单一的流穿越多个 SDN，当有多条路径可用时，每个控制器能选择最为适合的路径。
- SDNi 依赖于可用资源的类型和每个域中不同的控制器可用和管理的能力。因此，以描述性和开放的方式实现 SDNi，支持由不同类型的控制器提供的新能力是很重要的。因为 SDN 本质上允许进行创新，在控制器之间交换数据是动态的非常重要；也就是说，应当存在某些元数据交换允许 SDNi 就未知能力交换信息。

139 ~ 140

用于 SDNi 试验性的报文类型包括：

- 可达性更新。
- 流建立 / 拆除 / 更新请求（包括诸如 QoS、数据率、时延等应用程序能力要求）。
- 能力更新（包括网络相关能力，如数据率和 QoS，以及域内可用的系统和软件能力）。

### 5.5.8 OpenDaylight SDNi

包括在 OpenDaylight 体系结构中的是一种 SDNi 能力，该能力用于连接网络中的多个 OpenDaylight 联邦控制器，并共享拓扑信息。这种能力看起来与 IETF 对于 SDNi 功能的规范兼容。如图 5-14 所示，可部署于 OpenDaylight 控制器的 SDNi 应用程序是由三个组件构成的，描述如下。

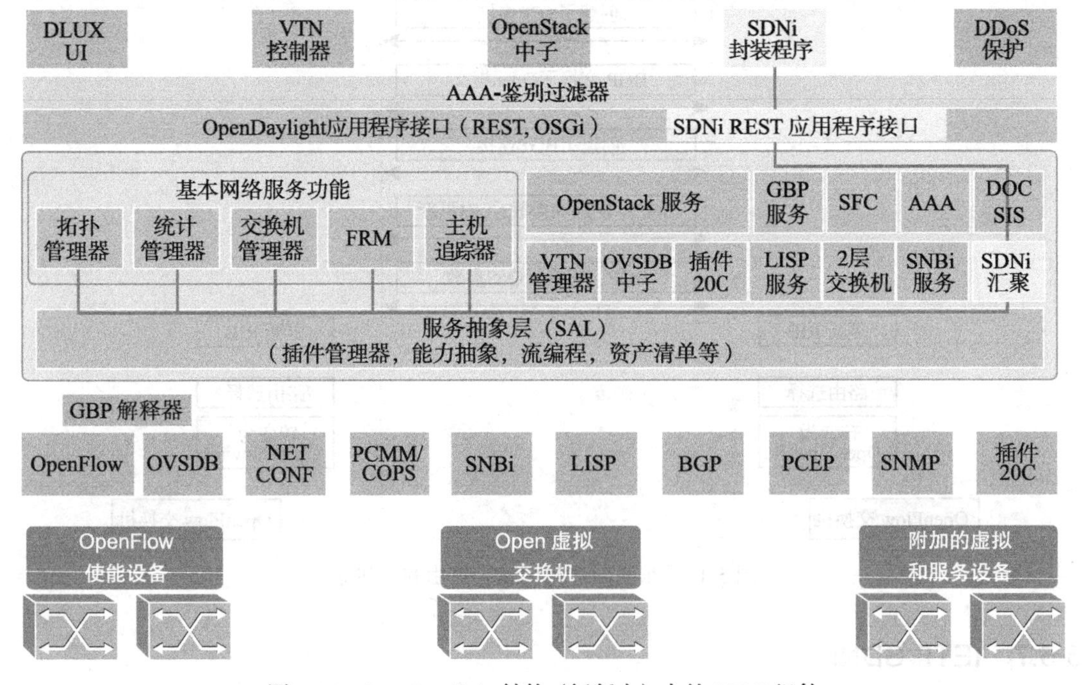


图 5-14 OpenDaylight 结构（氦版本）中的 SDNi 组件

- **SDNi 汇聚器**：北向 SDNi 插件充当汇聚器，收集如拓扑、统计信息和主机标识符等网络信息。该插件能够演变，以满足对要求共享跨越联邦 SDN 控制器的网络数据的需求。
- **SDNi REST API**：SDNi REST API 从北向插件（SDNi 汇聚器）获取到汇聚的信息。
- **SDNi 封装程序**：SDNi BGP 封装程序负责共享和收集来自 / 去往联邦控制器的信息。

141

图 5-15 显示了组件的关系，用以更为详细地观察 SDNi 封装程序。SDNi 汇聚器经过 REST API 代表请求，从基本网络服务功能中收集状态和参数。该封装程序的核心是边界网关协议（BGP）的 OpenDaylight 实现。BGP 是一个 ERP，适合在连接 SDN 域的路由器之间交换路由选择信息。

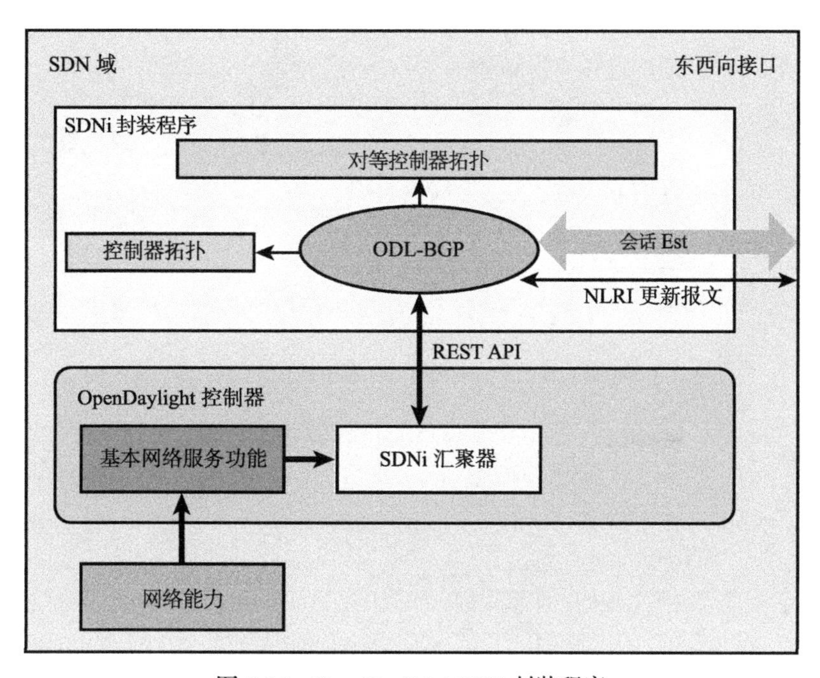


图 5-15 OpenDaylight SDNi 封装程序

142

## 5.6 重要术语

学完本章，你应当能够定义下列术语。

| | |
|---|---|
| 边界网关协议 (BGP) | 邻居获取 |
| OpenDaylight | SDN 控制平面 |
| 集中式控制器 | 邻居可达性 |
| OpenFlow | SDNi |
| 分布式控制器 | 网络操作系统（NOS） |
| 表述性状态转移（REST） | 服务抽象层（SAL） |
| 东西向接口 | 网络可达性 |
| 表述性状态转移风格 | 南向接口 |
| 外部路由器协议（ERP） | 北向接口 |
| 路由选择 | 统一资源标识符（URI） |

内部路由器协议（IRP） 开放服务网关提案（OSGi）
Ryu

## 5.7 参考文献

**GUPT14:** Gupta, D., and Jahan, R. *Inter-SDN Controller Communication: Using Border Gateway Protocol.* Tata Consultancy Services White Paper, 2014. http://www.tcs.com.

**KREU15:** Kreutz, D., et al. "Software-Defined Networking: A Comprehensive Survey." *Proceedings of the IEEE*, January 2015.

143

# SDN 应用平面

现代人正逐渐依赖越来越多的技术通信手段，没有这些技术手段的协助，现代都市无法存在，因为它们是进行贸易和商业活动的唯一方法。货物和服务可以运送到任何有需要的地方，铁路可以准时调度，法律和秩序得到了维护，教育也得以存在。通信技术让社交生活变为可能，交往则意味着城市的组织结构。

——《人际交往》，Colin Cherry

**本章目标**

**学完本章后，你应当能够：**

- 概述 SDN 应用平面体系结构。
- 定义网络服务抽象层。
- 列举和解释 SDN 中 3 种不同形式的抽象。
- 列举和说明 SDN 6 个主要的应用领域。

软件定义网络（SDN）方法对网络的作用在于它为网络应用提供了对网络行为进行监视和管理的技术支持，SDN 控制平面所提供的功能和服务则使得网络应用能够方便地实现快速开发和部署。

虽然 SDN 的数据平面和控制平面已经进行了良好的定义，但是对应用平面的本质及其范畴尚未完全达成一致。在最小范畴定义下，应用平面包含各种网络应用，这些应用专门用于对网络进行管理和控制。但是目前仍然没有公认的这类应用集合，甚至是这类应用的分类方法。此外，应用层还可以包括通用的网络抽象工具和服务，它们也可以看做是控制平面功能的一部分。

144

针对上述局限，本章对 SDN 应用平面进行了总体概述。6.1 节介绍了 SDN 应用平面的体系结构，6.2 节介绍了体系结构中的主要构成——网络服务抽象层，剩下几节介绍了 SDN 所支持的 6 大应用领域，还给出了一些相关的例子，这些例子的目的是让读者感受到能从 SDN 基础设施获益的应用范围。

## 6.1 SDN 应用平面体系结构

应用平面包括应用和服务，它们对网络资源和行为进行定义、监视和控制。这些应用通过应用 – 控制接口与 SDN 的控制平面进行交互，从而使得 SDN 控制层自动地定制网络资源的行为和性能。SDN 应用利用了 SDN 控制平面提供的网络资源抽象视图，该视图是通过应用 – 控制接口的信息和数据模型获取的。

本节对应用平面功能进行概述，具体如图 6-1 所示，图中的各个元素会以自底向上的方式逐一进行分析，在后续几节还会介绍特定应用领域的一些细节。

### 6.1.1　北向接口

第5章介绍过，北向接口使应用可以在不需要了解底层网络交换机细节的情况下访问控制平面的功能和服务。通常来说，北向接口提供了由SDN控制平面上软件所能控制的网络资源的抽象视图。

图6-1表明北向接口可以是本地的，也可以是远端的。对于本地接口来说，SDN应用与控制平面的软件（控制器网络操作系统）运行在相同的服务器上，此外，应用也可以运行在远端的系统上，这时北向接口就成为应用访问位于中央服务器的控制器网络操作系统（NOS）的协议或应用程序编程接口（API）。这两种架构都可以实现实际的部署。

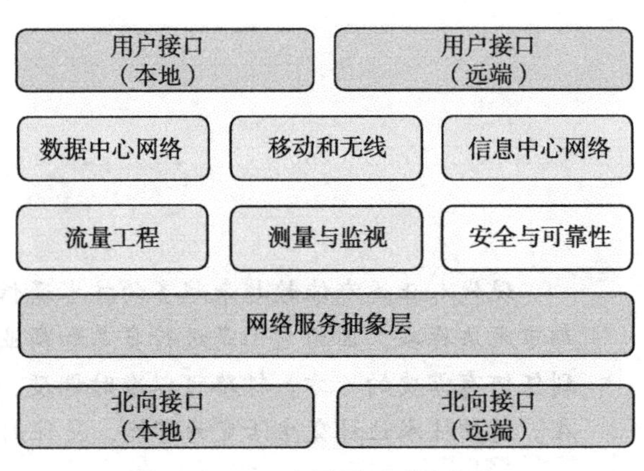

图6-1　SDN应用平面功能和接口

一个北向接口的例子是REST的API，它用于与Ryu的SDN网络操作系统进行交互，具体参见5.4节。

### 6.1.2　网络服务抽象层

RFC 7426对控制平面和应用平面之间的网络服务抽象层进行了定义，并将其描述为提供服务抽象的层次，应用和服务可以有效利用这些服务抽象。该层次还提出了以下几个功能概念：

- 该层可以提供网络资源的抽象视图，从而隐藏底层数据平面设备的具体细节。
- 该层可以提供控制平面功能的整体视图，这样应用可以在多种控制器网络操作系统上运行。
- 该层的功能与管理程序或虚拟机监视器功能非常类似，它将应用从底层操作系统和底层硬件中分离出来。
- 该层可以提供网络虚拟化功能，从而可以允许有不同的底层数据平面基础设施视图。

网络服务抽象层或许可以被认为是北向接口的一部分，因为它在功能上对控制平面和应用平面进行了整合。

145
~
146

许多已经提出的机制可以归入这一层次，对其进行全面介绍超出了本书讨论的范围，6.2节会给出几个具体的例子，以帮助读者更好地理解。

### 6.1.3　网络应用

目前实现了许多SDN网络应用，不同的SDN综述列出了不同的SDN应用清单，甚至其中有些SDN网络应用的分类方式也不相同，图6-1包括6类主要的SDN应用，后面几节将会对每类应用进行概述。

### 6.1.4　用户接口

用户接口使得用户可以对SDN应用的参数进行配置，也可以支持与应用进行交互。用户接口也有两类，与 SDN 应用服务器（包括或不包括控制平面）位于相同设备上的用户可以使用服务器的键盘 / 显示器来操作，但通常情况是用户通过网络或通信设施登录应用服务器来操作。

## 6.2 网络服务抽象层

在此讨论的背景中，**抽象**（abstraction）是指与底层模型相关且对高层可见的细节量，更多的抽象意味着更少的细节，而更少的抽象表示更多的细节。**抽象层**（abstraction layer）是将高层要求转换为底层完成这些要求需要的命令的机制，API 就是这样一种机制，它屏蔽了低层抽象的实现细节，使其不会被高层软件破坏。网络抽象表示网络实体（例如交换机、链路、端口和流）的基本属性或特征，它是一种让网络程序只需要关注想要的功能而不用编程实现具体动作的方法。

### 6.2.1 SDN 中的抽象

Scott Shenker 是开放网络基金会（ONF）董事会成员和 OpenFlow 研究学者，他在文献 [SHEN11] 中指出 SDN 可以由 3 个基本抽象来定义：转发、分发和规范。具体如图 6-2 所示，我们接下来对它们进行介绍。

147

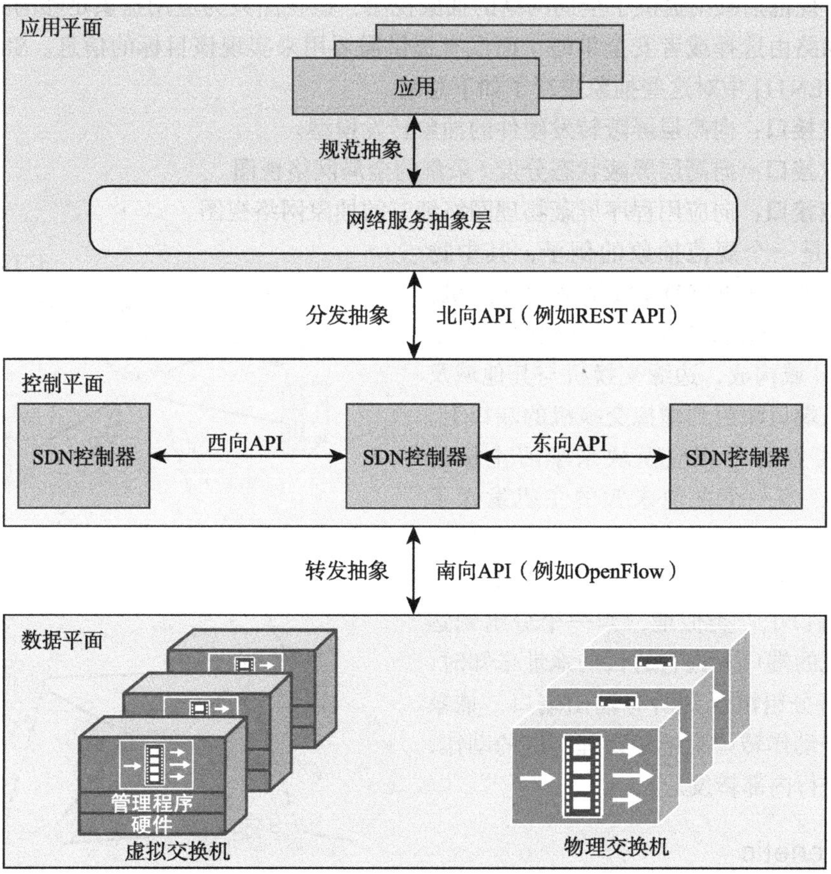

图 6-2 SDN 体系结构和抽象

**转发抽象**

转发抽象（参见 4.1 节和 4.2 节）允许控制程序指定数据平面的转发行为，同时隐藏底层交换机硬件的细节，这种抽象支持数据平面转发功能，它通过从转发硬件抽象出来从而提供灵活性和厂商独立性。

148

OpenFlow 的 API 就是一个转发抽象的例子。

**分发抽象**

分发抽象源自于分布式的控制器背景环境，相互协作的分布式控制器集合通过网络保存网络和路由的状态描述，这种全网分布式状态可能会导致分离的数据集或者数据集副本，控制器实例之间需要交换路由信息或者对数据集进行复制，因此控制器必须相互协作来维护全局网络的一致性视图。

该抽象的目标是隐藏复杂的分布式机制（当前用在许多网络中），并将状态管理从协议设计和实现中分离出来。它可以采用有注释的网络图提供一个简单一致的全局网络视图，这些都是通过 API 实现，并用于进行网络控制。这样一种抽象的具体实现是网络操作系统，例如 OpenDaylight 和 Ryu。

**规范抽象**

分发抽象提供了网络的全局视图，无论网络中有一个中央控制器还是有多个相互协作的控制器，而规范抽象则提供了全局网络的抽象视图，该视图只为应用提供足够的细节来指定目标，例如路由选择或者安全策略，而没有提供需要用来实现该目标的信息。Shenker 教授在文献 [SHEN11] 中对这些抽象进行了如下总结。

- **转发接口**：向高层屏蔽转发硬件的抽象转发模型。
- **分发接口**：向高层屏蔽状态分发 / 采集的全局网络视图。
- **规范接口**：向应用程序屏蔽物理网络细节的抽象网络视图。

图 6-3 是一个规范抽象的例子，其中物理网络是一组互联的 SDN 数据平面交换机，抽象视图是一个虚拟交换机，物理网络可以由一个 SDN 域构成，边缘交换机与其他域及主机相连的端口映射到虚拟交换机的端口上。在应用层可以运行相应模块来学习主机的 MAC 地址，当一个之前未知的主机发送了一个分组，应用模块会将该地址与输入端口关联起来，并将后续发送给该主机的流量引导到相应端口上。类似地，当一个分组到达虚拟交换机的端口上且它的目的地址未知时，该模块会将分组洪泛到所有输出端口，抽象层会将这些动作转译为整个物理网络的动作，并在域内进行内部转发。

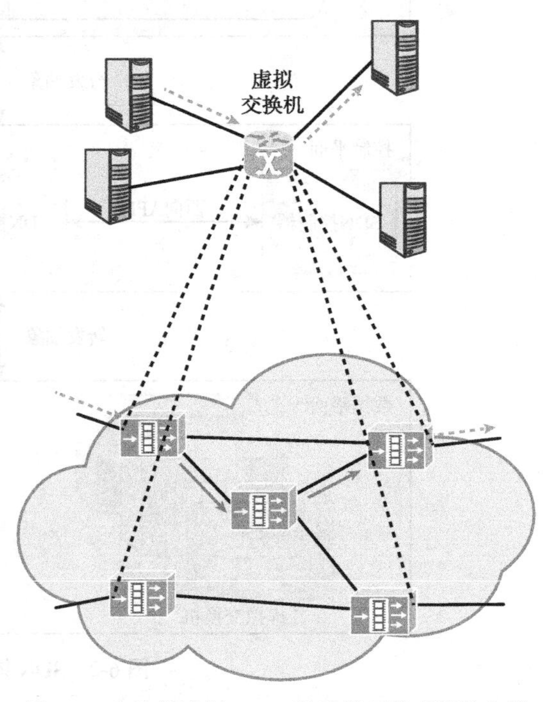


图 6-3　交换机进行 MAC 地址学习的虚拟化实例

## 6.2.2　Frenetic

网络服务抽象层的一个例子是 Frenetic 编程语言。Frenetic 让网络管理员可以对网络进行编程，从而取代传统对各个网络设备进行手工配置的工作，Frenetic 的设计目的是解决使用基于 OpenFlow 的模型与网络层抽象共同协作时遇到的挑战，这些抽象会直接作用到网络单元层。149~150

Frenetic 包含了一个嵌入式的查询语言，它提供了高效的抽象来读取网络状态，该语言与 SQL 非常类似，也包含对分组流进行选择、过滤、分解、合并、聚合等部分内容。该语言的另一个特征是它能够让查询与转发策略结合起来，编译器可以产生查询交换机计数器所需的控制报文。

Frenetic 由两个抽象层次构成，如图 6-4 所示。上层是 Frenetic 的源级 API，它提供了对网络流量进行管控的操作集，查询语言提供了读取网络状态、合并不同的查询、描述高层断言的方法，这些高层断言可用于分类、过滤、转换和合并穿越网络的分组流。下层抽象是由运行在 SDN 控制器上的运行时系统提供的，它将高层策略和查询转译为低层流规则，并生成必要的 OpenFlow 命令，将这些规则安装到交换机上。

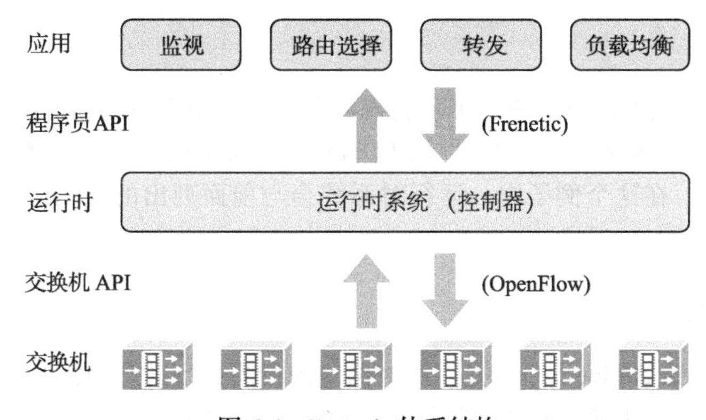


图 6-4 Frenetic 体系结构

为了理解这两个抽象层次的概念，我们考虑一个简单的例子，这个例子是由 Foster 等人 2013 年 2 月发表在《IEEE 通信期刊》上的论文 [FOST13]，它将转发功能和 Web 流量监视功能结合起来。下面是一个 Python 程序，它运行在运行时层，可以对 OpenFlow 交换机进行控制：

```
def switch_join(s):
    pat1 = {inport:1}
    pat2web = {inport:2, srcport:80}
    pat2 = {inport:2}
    install(s, pat1, DEFAULT, [fwd(2)])
    install(s, pat2web, HIGH, [fwd(1)])
    install(s, pat2, DEFAULT, [fwd(1)])
    query_stats(s, pat2web)
def stats_in(s, xid, pat, pkts, bytes):
    print bytes
    sleep(30)
    query_stats(s, pat)
```

151

当一个交换机加入到网络中，程序会在交换机中为三类流量安装三个转发规则：从端口 1 到达的流量、从端口 2 到达的 Web 流量、从端口 2 到达的其他流量，其中第二条规则有高优先级，第三条规则的优先级是缺省的，因此第二条规则会优于第三条规则。调用 query_stats 会生成一个与 pat2web 规则相关的计数器查询请求，当控制器接收到回复，它会调用 stats_in 处理程序，这个函数会将之前轮询得到的统计信息打印出来，轮询的周期为 30 秒，之后会向交换机再次发送匹配该规则的统计信息查询。

采用这种方法编写程序会将转发和 Web 监视结合到一起，这反映了底层 OpenFlow 功能的本质，对任何一个功能进行的修改和添加都会对程序产生很复杂的影响。

采用 Frenetic，这两种功能可以分开来描述，具体如下：

```
def repeater():
    rules=[Rule(inport:1, [fwd(2)])
           Rule(inport:2, [fwd(1)])]
    register(rules)
def web monitor():
    q = (Select(bytes) *
       Where(inport=2 & srcport=80) *
       Every(30))
    q >> Print()
def main():
    repeater()
    monitor()
```

使用上述代码，就可以很方便地修改监视器程序或者用其他监视程序替换，同时不会影响 repeater 的代码。重要的是，安装具体的 OpenFlow 规则以同时实现各个组件的任务就委托给运行时系统了。在这个例子中，运行时系统会与前面列出的 switch_join 函数的手工构建规则相同。

152

## 6.3　流量工程

**流量工程**（traffic engineering）是一种对网络流行为进行动态分析、管控和预测的方法，目标是进行性能优化从而满足服务等级约定（SLA），它涉及根据 QoS 需求建立路由和转发策略等内容。利用 SDN 进行流量工程要比非 SDN 网络简单得多，因为 SDN 提供了异构设备的统一全局视图以及功能强大的工具来对交换机进行配置和管理。

**流量工程**　网络工程概念中解决运营商网络性能评估和性能优化问题方面的内容。流量工程包括技术和科学原理在对网络流量进行测量、表征、建模和控制等方面的应用。

SDN 应用的研究是一个非常热门的领域，Kreutz 于 2015 年 1 月在《IEEE 学报》上发表的 SDN 综述论文 [KREU15] 列举了下列可以作为 SDN 应用来实现的流量工程功能：

- 按需虚拟专用网
- 负载均衡
- 能耗感知路由
- 宽带接入网 QoS
- 调度 / 优化
- 开销最低的流量工程
- 多媒体应用的动态 QoS 路由
- 通过快速故障切换组实现快速恢复
- QoS 策略管理框架
- QoS 保证
- 异构网络的 QoS
- 多分组调度器

- 进行 QoS 保证的队列管理
- 转发表的分割与传播

## PolicyCop

一个典型的流量工程 SDN 应用的例子是文献 [BARI13] 中提出的 PolicyCop，它是一个自动化的 QoS 策略实施框架，有效利用了 SDN 和 OpenFlow 提供的可编程性，从而实现了以下功能：

153

- 动态流量管控
- 灵活的流等级控制
- 动态的流量分类
- 可定制的流聚合等级

PolicyCop 的主要特征是它能对网络进行监视，从而（根据 QoS 服务等级约定）检测出违反策略的行为，然后对网络进行重新配置，并固化被违背的策略。

如图 6-5 可知，PolicyCop 由 11 个软件模块和 2 个数据库组成，安装在应用平面和控制平面中。PolicyCop 利用了 SDN 的控制平面来监视 QoS 策略的兼容情况，并能根据动态的网络流量统计信息自动调整控制平面的规则和数据平面的流表。

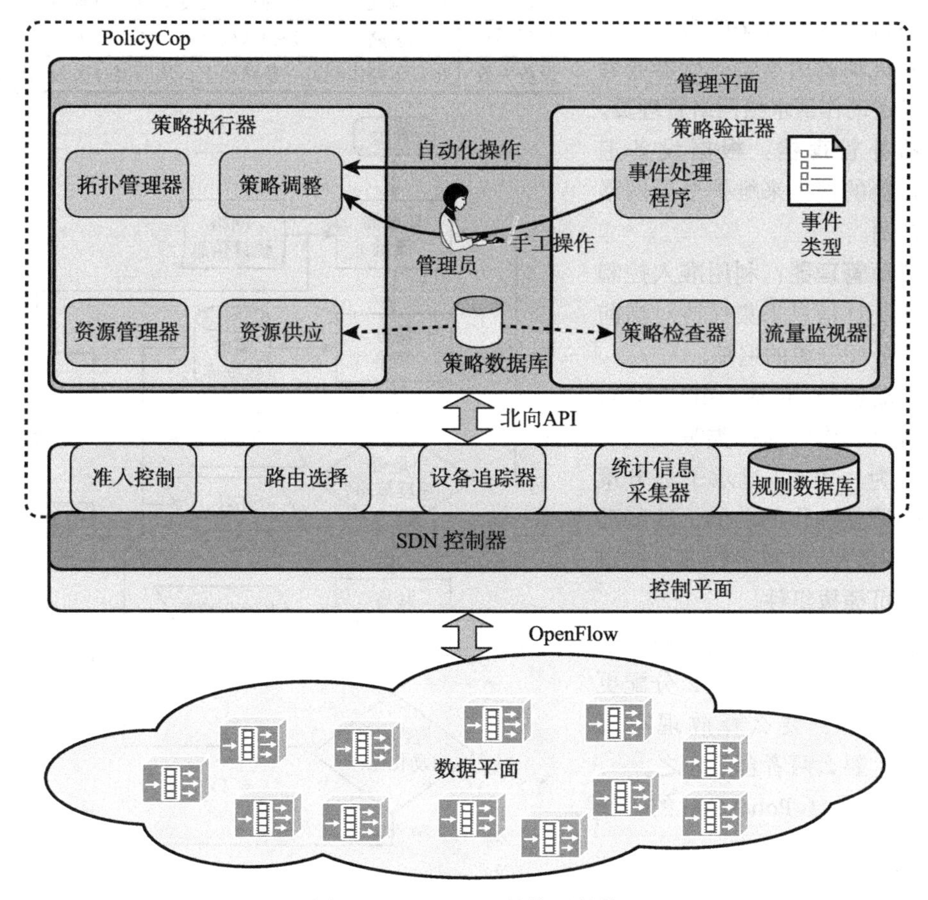


图 6-5　PolicyCop 的体系结构

154

在控制平面，PolicyCop 主要依靠 4 个模块和 1 个存储控制规则的数据库，它们的功能如下。

- **准入控制**：接受或拒绝资源供应模块发送的网络资源预留请求，这些资源包括队列、流表项和带宽等。
- **路由选择**：根据规则数据库中的控制规则来确定路径的可用性。
- **设备追踪器**：追踪网络交换机和端口的开启 / 关闭状态。
- **统计信息采集器**：使用被动和主动相结合的监视技术来测量不同的网络测度。
- **规则数据库**：应用平面将高层网络策略转译为控制规则并将其存放在规则数据库中。

具有 REST 功能的北向接口将这些控制平面模块连接到应用平面模块上，这些模块可以分为两个部分：监视网络以检测违反策略行为的策略验证器和根据网络条件及高层策略调整控制平面规则的策略执行器。这两个模块都依赖于策略数据库，该数据库包含网络管理员输入的 QoS 策略规则，这些模块的功能如下。

- **流量监视器**：从策略数据库收集活跃策略信息，并确定合适的监视间隔、网段以及要监视的测度。
- **策略检查器**：利用策略数据库和流量监视器的输入来检查违反策略的行为。
- **事件处理程序**：根据事件类型检查违反策略的事件，然后自动调用策略执行器或者发送动作请求给网络管理员。
- **拓扑管理器**：根据设备追踪器的输入来维护全局网络视图。
- **资源管理器**：利用准入控制和统计信息采集保持对当前已分配资源的追踪。
- **策略调整**：包括一组动作集，每个动作针对一类策略违反行为。表 6-1 显示了部分策略调整动作的功能，这些动作可以是由网络管理员指定的可插拔组件。
- **资源供应**：这个模块根据违反策略的事件，要么分配更多资源，要么释放现有资源，要么两者合而为之。

表 6-1　一些策略调整动作（PAA）的功能

| SLA 参数 | PAA 功能 |
|---|---|
| 丢包 | 修改队列配置或者重路由到一条更好的路径上 |
| 吞吐量 | 修改速率限速器从而抑制行为异常的流 |
| 时延 | 将流调度到一个新的拥塞程度更低、时延适宜的路径上 |
| 时延抖动 | 将流重路由到一条拥塞程度更低的路径上 |
| 设备失效 | 将流重路由到另一条路径上，从而绕过失效的设备 |

155 ~ 156

图 6-6 显示了 PolicyCop 的工作流程。

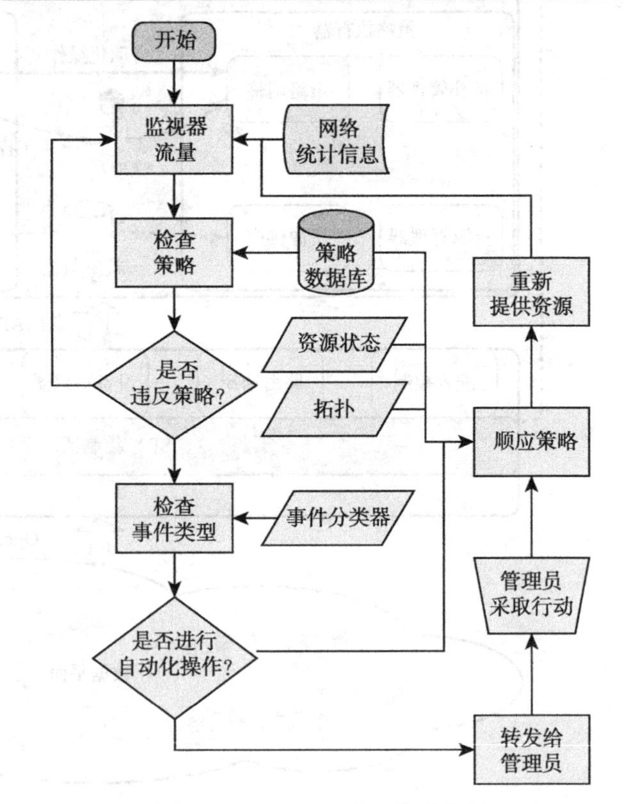


图 6-6　PolicyCop 的工作流程图

## 6.4　测量和监视

测量和监视应用领域可以大致分为两类：为其他网络服务提供新功能的应用和增加

OpenFlow SDN价值的应用。

第一类应用的例子是宽带家庭连接领域，如果连接是基于SDN的网络，那么新功能可以添加到家庭网络流量和需求测量中，从而允许系统对不断变化的情况进行响应。第二类应用通常包括使用不同的抽样和评估技术来降低控制平面在收集数据平面统计信息时的负担。

## 6.5 安全

本领域的应用有以下两个目标。

- **解决与SDN使用相关的安全性问题**：SDN包含三层体系结构（应用、控制、数据）以及新方法来进行分布式控制和封装数据，因此它可能导致新型攻击的出现，这些威胁可以出现在三个层次中的任何一层，也可能会发生在层次之间的通信过程中。因此，需要有相应的SDN应用来保护SDN在使用时的安全。
- **利用SDN功能提高网络安全性**：虽然SDN给网络设计者和管理员带来了新的安全性挑战，但是它还为网络提供了一个平台来实现一致的、集中管理的安全策略和机制。SDN允许开发SDN安全控制器和SDN安全性应用，从而提供和编排安全服务及机制。

本节利用一个SDN安全性应用的例子来说明第2个目标，我们会在第16章中更详细地介绍SDN安全性方面的话题。

### OpenDaylight的DDoS应用

2014年，虚拟和云数据中心的应用分发和应用安全解决方案提供商Radware宣布他们在OpenDaylight项目中的工作Defense4All，它是一个开放的SDN安全应用，集成在OpenDaylight中。Defense4All为运营商和云服务提供商提供了检测和缓解**分布式拒绝服务攻击**（distributed denial of service, DDoS）的本地网络服务。通过使用OpenDaylight的SDN控制器来对支持SDN的网络进行编程，使其成为DoS/DDoS防护服务的一部分，Defense4All使得操作员可以为每个虚拟网段或用户提供DoS/DDoS防护服务。

**分布式拒绝服务攻击** 一种用很多系统对服务器、网络设备或链路发送洪泛数据，从而耗尽它们的可用资源（如带宽、内存、处理能力等）的攻击，这种攻击会使各类设备、链路无法对正常用户进行响应。

157

Defense4All使用了通用技术来防御DDoS攻击，它主要包括以下要素：

- 在平时采集流量统计信息和学习受保护对象的统计行为，所保护对象的正常流量基准就是利用这些采集到的统计信息建立起来的。
- 将DDoS攻击模式作为偏离正常基准的流量异常进行检测。
- 将可疑流量从正常路径转移到攻击缓解系统（attack mitigation system, AMS）进行流量清洗、源筛选阻塞等，经过清洗后返回的流量重新注入网络，并发往分组的初始目的地。

图6-7显示了Defense4All的总体应用背景，其中底层SDN网络包括一些数据平面的交换机，它们支持客户机和服务器设备之间的流量传输，Defense4All作为应用运行，并通过OpenDaylight控制器（ODC）北向API与控制器进行交互。Defense4All为网络管理员提供了用户接口，该接口可以是命令行接口或REST API。最后，Defense4All还有一个API与一

个或多个 AMS 进行通信。

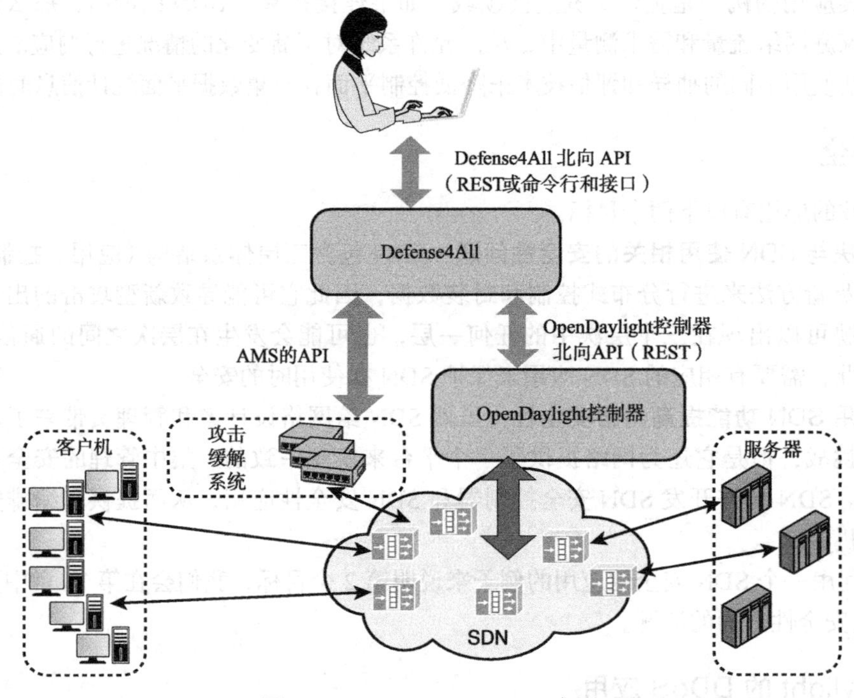


158

图 6-7　OpenDaylight DDoS 应用

管理员可以对 Defense4All 进行配置，从而保护特定的网络和服务器，它们也称为受保护网络（protected network, PN）和受保护对象（protected object, PO），应用会指导控制器在每个 PO 流会经过的网络位置为每个协议安装相应的流量计数器。

Defense4All 随后对所有已配置 PO 的流量进行监视，并对所有相关网络位置的读数、速率、平均值进行总结，如果它检测到流量偏离了特定 PO 协议（例如 TCP、UDP、ICMP 或其他流量）的正常流量行为，Defense4All 会宣告有针对 PO 协议的攻击。具体来说，Defense4All 会不断计算通过 OpenFlow 测量得到的实时流量均值，当实时流量偏离正常水平的 80% 时，将会判定是攻击。

为了消除被发现的攻击，Defense4All 会执行以下过程：

1）会验证 AMS 设备是否活跃，并选择一个存活的连接与之相连。当前，Defense4All 和 Radware 公司的 AMS 一起协同工作，称为 DefensePro。

2）会对 AMS 配置安全策略和攻击流量的正常速率，这就为 AMS 提供了必要的信息来进行攻击缓解，直到流量降为正常速率水平为止。

3）开始监视和记录系统日志，这些日志来自 AMS，只要 Defense4All 继续接收系统日志的攻击通告，Defense4All 就会不断将流量转移给 AMS，即使该 PO 的流计数器没有察觉到任何攻击。

4）将选中的物理 AMS 连接映射到相应的 PO 链路上，这通常涉及使用 OpenFlow 改变虚拟网络中链路的定义。

5）安装优先级更高的流表项，这样攻击流量会被重新引导到 AMS，而经过 AMS 检测的流量会重新注入到正常的流量路由上去。当 Defense4All 确定攻击结束了（没有从流表计数器和 AMS 获得任何攻击指示)，它会回到之前的步骤：停止对流量相关的系统日志进行监视，移除转移流量的流表项，从 AMS 中移除安全配置。随后，Defense4All 就回到了正常监视状态。

159

图 6-8 显示了 Defense4All 的主要软件构成，总体应用结构（或者说框架）包括以下模块。

- **Web（REST）服务器**：与网络管理员的接口。
- **框架主函数**：启动、停止或重置框架的机制。
- **框架 REST 服务**：对从 Web（REST）服务器发送过来的用户请求进行响应。
- **框架管理点**：配合和激活控制与配置命令。
- **Defense4All 应用**：将在后文介绍。
- **通用类和效用**：便捷的类和效用库，对任何框架或 SDN 应用模块都有用。
- **仓库服务**：框架设计中一个重要的要素是将计算状态从计算逻辑中分离出来，所有持久的状态都存储在一组仓库中，它们可以在不需要知道计算逻辑（框架或应用）的情况下被复制、缓存和分发。
- **日志和黑匣子服务**：日志服务利用了日志中的错误、警告、追踪或信息，这些日志主要为 Defense4All 的开发者所用，黑匣子记录了运行时从 Java 应用获得的事件和测度。
- **健康追踪器**：保存 Defense4All 的运行时健康指示，从而对严重的功能或性能衰退进行响应。
- **集群管理器**：负责管理集群模式下与其他 Defense4All 实体的协调合作。

Defense4All 应用模块包括以下元素。

- **DF 应用根**：应用的根模块。
- **DF 的 REST 服务**：对 Defense4All 应用的 REST 请求进行响应。
- **DF 管理点**：该管理点用于驱动控制和配置命令，然后按照正确的顺序调用其他相关模块。
- **ODL 库**：针对不同 ODC 版本的可插拔模块集，由两个子模块组成：相关流量的统计信息收集以及流量路径的转移。

160

- **SDN 状态采集器**：负责为每个位于特定网络位置（物理或逻辑上的位置）的 PN 设置“计数器”，其中计数器是启用 ODC 网络的交换机和路由器中 OpenFlow 流表项的集合。该模块会周期性地从计数器收集统计信息，并将它们提供给基于 SDN 的检测管理器（SDNBasedDetectionMgr）。该模块使用 SDN 统计信息采集库（SDNStatsCollectionRep）来设置计数器并读取这些计数器最新的统计信息。统计信息报告包括读取时间、计数器规范、PN 标签以及流量数据信息列表，其中每个流量数据单元都包含流表项最近的字节数和分组数，这里的流表项配置为计数器位置的 <协议，端口，方向>，协议可以是 {tcp, udp, icmp, 其他 ip}，端口可以是任何 4 层的端口，方向可以是 { 入，出 }。
- **基于 SDN 的检测管理器**：一个基于 SDN 的可插拔检测器的容器，它将从 SDN 统计信息采集器（SDNStatsCollector）接收到的统计信息报告发送给基于 SDN 的检测器，它还提供从攻击决策点（AttackDecisionPoint）得到的所有与攻击结束相关的基于 SDN 的检测器通告（从而可以对检测机制进行重置）。每个检测器会随着时间不断学习每个 PN 的正常流量行为，然后在检测到流量异常时，将其通告给攻击决策点

(AttackDecisionPoint)。

- **攻击决策点**：负责维护从宣告发现新攻击到攻击结束并终止流量转移这一阶段的生命周期。
- **攻击缓解管理器**：一个可插拔缓解驱动器的容器，它维护着由 AMS 执行的各个缓解的生命周期。每个缓解驱动器负责使用它们管理域的 AMS 来驱使攻击缓解。
- **基于 AMS 的检测器**：本模块负责利用 AMS 来监视 / 查询攻击缓解。
- **AMS 仓库（Rep）**：控制与 AMS 的接口。

图 6-8 展示了相当直观的 SDN 应用的复杂性。

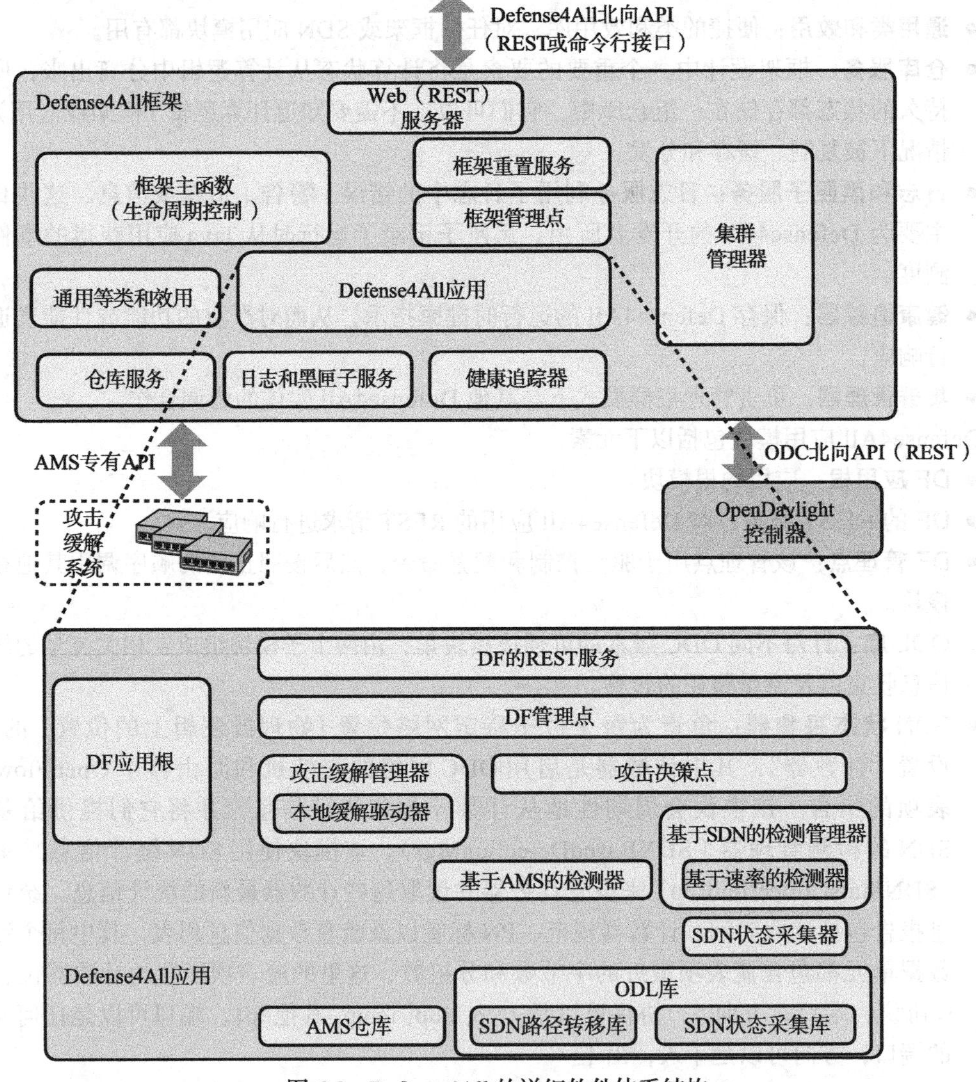


图 6-8　Defense4All 的详细软件体系结构

最后需要注意的是，Radware 开发了商用版本的 Defense4All，名为 DefenseFlow，它采用了更加复杂的算法利用模糊逻辑对攻击进行检测，这使得 DefenseFlow 有更强的能力从异常但是合法的大容量流量中识别出攻击。

## 6.6 数据中心网络

目前我们已经介绍了三种 SDN 应用领域，分别是：流量工程、测量和监视、安全。在这几种应用领域所提供的例子表明 SDN 在许多不同类型网络中有很广泛的用例，剩下的三种应用领域（数据中心网络、移动和无线、信息中心网络）则使用在特定类型的网络中。

161 ~ 162

云计算、大数据、大型企业网甚至小型企业网都极度依赖高效和扩展性强的数据中心。文献 [KREU15] 列举了数据中心的主要需求，包括：较高和灵活的**横向带宽**（cross-section bandwidth）以及低时延、基于应用需求的 QoS、高度的弹性、智能资源利用以降低能耗并改进总体效率，以及灵活的网络资源分配（例如对计算、存储和网络资源的虚拟化及编排）。

**横向带宽** 对于网络来说，将它划分为两个相等大小的部分时，这两个部分之间有最大的双向传输速率，也称为双向带宽。

在传统的网络体系结构下，这些需求由于网络的复杂性和僵化很多都难以得到满足，SDN 则体现出对数据中心网络进行优化改进的希望，它具备快速修改数据中心网络配置的能力，从而灵活响应用户的需求，并保证高效的网络运维。

本节剩下的部分将介绍两个数据中心 SDN 应用的例子。

### 6.6.1 基于 SDN 的大数据

Wang 等人在 HotSDN'12 会议上发表的论文 [WANG12] 提出了一种利用 SDN 对数据中心网络的大数据应用进行优化的方法，这个方法利用 SDN 的功能来提供应用感知网络，并充分结合了结构化大数据应用的特征以及最近在动态可重配置光电路方面的流行趋势。对于许多结构化的大数据应用，它们根据定义良好的计算模式来处理数据，此外还有集中管理结构使得利用应用层信息对网络优化成为可能。在能预知大数据应用计算模式的情况下，将数据在大数据服务器中进行智能部署成为可能，而且更关键的是，利用 SDN 对网络中的流进行重配置还可以对不断变化的应用模式进行快速反应。

相对于电交换机来说，光交换机具有更高的数据传输速率，同时还减少了布线复杂性以及能耗。许多项目都说明了如何收集网络级流量数据以及在端结点（例如机架交换机）之间智能分配光电路从而改进应用性能，但是电路利用率和应用性能还是不足，除非对流量需求和依赖性有真实的应用级视图。将对大数据应用模式的理解与 SDN 的动态功能结合起来，就可以实现高效的数据中心网络配置，从而支持不断增长的大数据需求。

图 6-9 显示了一个简单的光电混合数据中心网络，其中支持 OpenFlow 的机架（top-of-rack,TOR）交换机与两个汇聚交换机相连，这两个汇聚交换机一个是以太网交换机，一个是光电路交换机（OCS），所有交换机都由 SDN 控制器控制，SDN 控制器还能通过配置光交换机对光电路机架交换机之间的物理连接进行管理，此外，还可以利用 OpenFlow 规则管理机架交换机的转发。

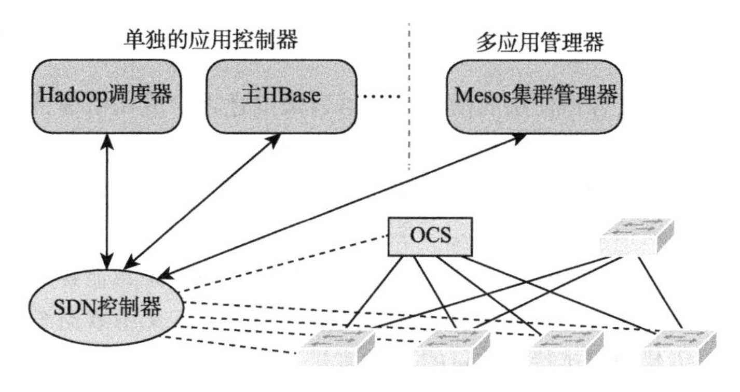


图 6-9 大数据应用的集中网络控制 [ WANG12 ]

SDN 控制器还与 Hadoop 调度器相连，该调度器对任务队列进行管理和调度，关系数据库的主 HBase 控制器则保存大数据应用的数据。此外，SDN 控制器还与 Mesos 集群控制器相连，其中 Mesos 是一个开源软件包，它提供了跨分布式应用的资源调度与分配服务。

SDN 控制器为 Mesos 集群管理器提供了可用的网络拓扑和流量信息，SDN 控制器还会接收从 Mesos 管理器发送过来的流量需求请求。

在图 6-8 中，还可以增加利用大数据应用的流量需求对网络进行动态管理的机制，并利用 SDN 控制器来管理这个任务。

## 6.6.2　基于 SDN 的云网络

云网络即服务（CloudNaaS）是一种云网络系统，它充分利用了 OpenFlow 的 SDN 功能来为云客户提供对云网络功能的高度控制 [BENS11]。CloudNaaS 使得用户可以部署包含各种网络功能的应用，这些网络功能可以是虚拟网络隔离、自定义寻址、服务区分、各种中间盒的灵活布置。CloudNaaS 原语利用高速可编程网络单元在云基础设施内部直接实现，从而使得 CloudNaaS 高效可用。

163
~
164

图 6-10 说明了 CloudNaaS 运行中的主要事件序列，其具体描述如下。

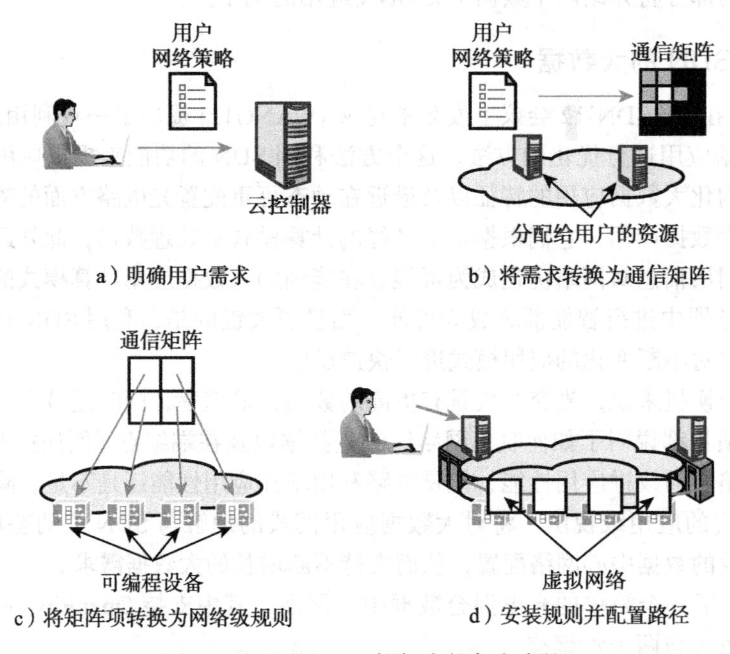


图 6-10　CloudNaaS 框架中的各个步骤

a. 云客户使用简洁的策略语言来描述客户应用所需的网络服务，这些策略描述被发送给由云服务提供商管控的云控制器服务器。

b. 云控制器将网络策略映射到通信矩阵中，该矩阵定义了所期望的通信模式和网络服务。通信矩阵用于确定云服务器中最优的虚拟机（VM）部署位置，从而使云可以高效地满足最多的全局策略要求，这些工作都建立在掌握其他客户需求和当前活跃程度的基础上。

c. 逻辑通信矩阵被转换为网络级指令，并交给数据平面的转发单元，客户的 VM 实例通过创建和安排特定数量的 VM 来进行部署。

165

d. 网络级指令通过 OpenFlow 安装到网络设备中。

客户所看到的抽象网络模型包括 VM 和连接 VM 的虚拟网段，策略语言则对 VM 集进行了关联，从而构成一个应用并定义了各种连接到虚拟网段的功能。主要的结构如下。

- **地址**：指定客户可见的客户 VM 地址。
- **组**：创建了一个或多个 VM 的逻辑组，将功能类似的 VM 进行编组可以实现在不需要改变各个 VM 中的服务的条件下对整个组进行修改。
- **中间盒**：通过指定中间盒的类型和配置文件来对新的虚拟中间盒进行命名和初始化。可用中间盒列表和它们的配置语法由云提供商来提供，具体的例子包括入侵检测和审计兼容系统。
- 网络服务：指定连接到虚拟网段的功能范围，例如二层广播域、链路 QoS、必须经过的中间盒列表。
- 虚拟网段：虚拟网段（Virtualnet）连接着各个 VM 组，并与网络服务相关联。一个虚拟网络可以跨越一个或两个组。当只有一个组时，服务应用在组内所有 VM 对之间的流量上；当有两个组时，服务应用在第一个组的任意 VM 和第二个组的任意 VM 之间。虚拟网络还连接着其他预先定义的组，例如 EXTERNAL，它表示所有位于云之外的端结点。

图 6-11 给出了 CloudNaaS 的总体架构，它的两个主要组件分别为云控制器和网络控制器，其中云控制器提供了**基础设施即服务**（Infrastructure as a Service, IaaS）的基础服务来对 VM 实例进行管理，用户可以传递标准的 IaaS 请求，例如设置 VM 和存储。此外，网络策略集使用户可以为 VM 定义虚拟网络功能，云控制器对云中部署在物理服务器上的软件可编程虚拟交换机进行管理，该交换机可以为租户应用提供网络服务，包括用户定义虚拟网段的管理。云控制器构建了通信矩阵，并将矩阵传递给网络控制器。

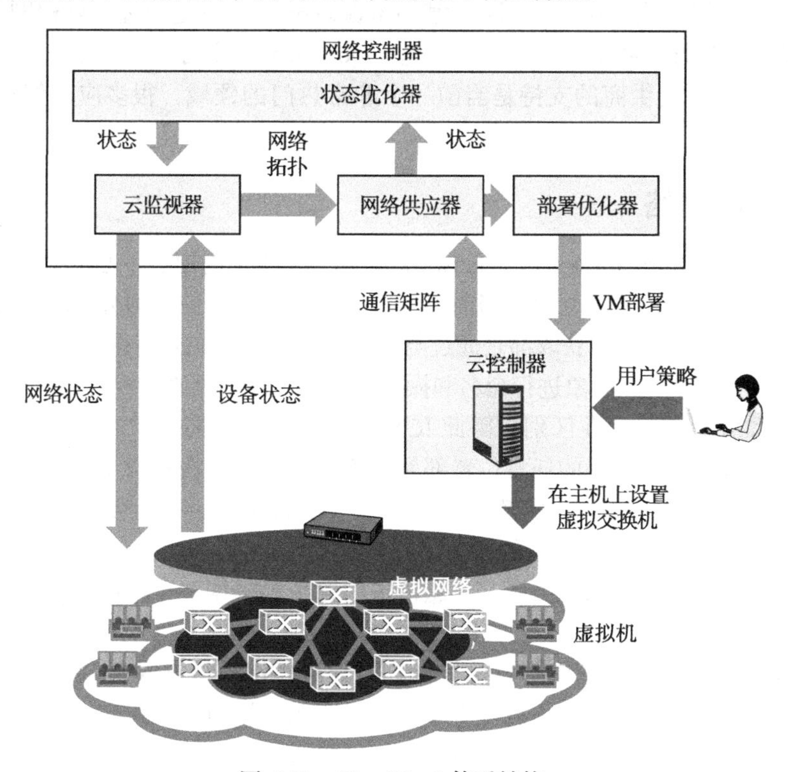


图 6-11 CloudNaaS 体系结构

**基础设施即服务**　一种为用户提供了访问底层云基础设施的云服务。IaaS为用户提供虚拟机、存储、网络和其他必要的计算资源，从而使用户可以部署和运行任意软件，这些软件可以是操作系统和应用程序。

网络控制器利用通信矩阵对数据平面的物理和虚拟交换机进行配置，它会在VM之间生成虚拟网络，并向云控制器提供VM部署指令。网络控制器还会对云数据平面交换机的流量和性能进行监视，并在必要的时候对网络状态进行修改，从而优化资源的使用以满足租户需求。控制器会激活部署优化器以确定在云中部署VM的最佳位置（并将其上报给云控制器以申请该位置），控制器随后使用网络供应器模块为网络中的各个可编程设备生成配置命令集对其进行配置，并对租户的虚拟网段进行相应的实例化处理。

166～167

因此，CloudNaaS为云客户提供的不仅仅是简单的处理和存储资源请求，还可以定义VM的虚拟网络，并对虚拟网络的服务和QoS需求进行管控。

## 6.7　移动和无线

除了有线网络中传统的性能、安全、可靠性需求以外，无线网络还提出了很多新的需求及挑战。移动用户不断对新服务提出了高质量和高效的内容传输要求，并且与地理位置无关。网络提供商必须处理与可用频谱管理、切换机制实现、高效负载均衡实施、QoS和QoE需求响应、安全性保证等方面相关的问题。

SDN可以提供很多必要的工具给无线网络提供商，而且近些年设计出了有很多供无线网络提供商使用的基于SDN的应用，文献[KREU15]列举了下列无线SDN应用领域：通过高效切换实现无缝的移动性、虚拟接入点的按需创建、负载均衡、下行链路调度、动态频谱使用、增强的小区间干扰协调、每用户/基站资源块分配、简化管理、异构网络技术管理、不同网络间的互操作性、共享的无线基础设施、QoS和接入控制策略管理。

SDN对无线网络提供商的支持是当前一个非常热门的领域，很多应用都有可能在未来出现。

## 6.8　信息中心网络

信息中心网络（information-centric networking, ICN）也称为内容中心网络在近些年受到了非常大的关注，推动其发展的原因是当前因特网的主要功能是信息的分发和管控。传统的网络模式以主机为中心，信息的获取都是通过与特定名字的主机交互而得到的，ICN与其不同，它的目标是通过直接对信息对象进行命名和操作从而提供网络原语实现高效的信息检索。

由于位置和身份之间存在区别，因此ICN需要将信息从它的源端分离出来，这种方法的本质是信息源可以在网络中的任意位置部署信息、用户可以找到位于网络任意位置中的信息，因为信息的命名、寻址、匹配都与位置无关。在ICN中，不再使用明确的源–目的主机对进行通信，每块信息都有自己的名字，在发送请求之后，网络负责找到最佳的信息源，该信息源可以提供想要的信息，因此，信息请求的路由是根据一个与位置无关的名字来找到最佳的信息源。

168

在传统网络中部署ICN非常具有挑战性，因为需要用支持ICN的路由设备对现有的设备进行升级或替换，此外，ICN将分发模型从主机到用户转换为从内容到用户，这就需要对信息的需求与供应以及信息的转发这两项工作进行明确的分离。SDN具有为部署ICN提供必要技术的潜力，因为 SDN 提供了转发单元的可编程能力，而且还将控制平面和数据平面进行了分离。

一些项目提出利用 SDN 的功能来实现 ICN，但是在对 SDN 和 ICN 如何结合方面并没有达成一致意见。已经提出的方法包括对 OpenFlow 协议进行加强和修改，使用哈希函数对名字和 IP 地址进行映射，使用 IP 选项首部作为名字字段，或使用 OpenFlow 交换机和 ICN 路由器之间的抽象层，从而将该层和 OpenFlow 交换机、ICN 路由器作为单个可编程的 ICN 路由器。

本节剩下的部分将会简要介绍最后一种方法，文献 [NGUY13, NGUY14] 对其进行了介绍。该方法的设计目的是为 OpenFlow 交换机提供 ICN 功能，同时不需要对 OpenFlow 交换机进行修改，这种方法建立在开源协议规范以及 ICN 的软件参考实现（即 CCNx）之上。在介绍抽象层方法之前，需要简要了解一下 CCNx 的背景。

## 6.8.1 CCNx

CCNx 是由 Palo Alto 研究中心（PARC）研发的开源项目，有一部分实现已经进行了试验性部署。

CCN 中主要通过两种分组类型来通信：**兴趣分组**（interest packet）和**内容分组**（content packet）。用户通过发送兴趣分组来请求所需的内容，任意接收到兴趣分组且拥有该命名数据的 CCN 结点会返回一个内容分组。当兴趣分组中的信息名字与内容对象分组的名字一致时，则内容分组符合兴趣分组。如果一个 CCN 结点接收到一个兴趣分组，但是又没有该兴趣分组所请求内容的副本时，它会将兴趣分组转发给内容的信息源，而 CCN 结点由转发表来确定应当从哪个方向转发该兴趣分组。内容提供者接收到的兴趣分组与它的内容名字相匹配时，会回复一个内容分组，这时任意中间结点可以有选择性地对该内容对象进行缓存，这样它们在下一次接收到相同名字的兴趣分组时就可以直接返回内容对象的副本。 169

CCN 结点的基本运行方式与 IP 结点相似，CCN 结点利用接口来发送和接收分组，这里的**接口**（face）是与应用、其他 CCN 结点或者其他类型信道交互的连接点。一个接口有标明期望的时延和带宽、广播或多播，以及其他特征的属性。CCN 结点有如下三个主要的数据结构。

- **内容存储**：（有选择性地）保留之前转发过的内容分组。
- **转发信息库（FIB）**：用于向可能的数据源转发兴趣分组。
- **待定兴趣表（PIT）**：用于追踪兴趣分组的上游转发结点，这样 CCN 结点在接收到内容分组之后可以将其发送回请求方。

如何让内容源变得为网络所周知以及 CCN 网络路由如何建立超出了本书的讨论范围，但简要地说，内容提供者会通告内容的名字，路由也是通过 CCN 结点之间的协作来建立的。

ICN 主要依靠网络内部的缓存，也就是说在内容提供商和请求者之间的路径上对内容进行缓存，这种**沿路缓存**（on-path caching）达到了很好的总体性能，但是它并不是最优的，因为很多内容被复制到路由器上，这就减少了它们可以缓存内容的空间。为了克服这一缺点，可以使用**离径缓存**（off-path caching），这种方法将内容分派到网络内部定义良好的离径缓存上，使得流量修正到这些缓存的最优路径上，这些缓存遍布在网络各处。离径缓存通过高效利用全网可用缓存提高了全局命中率，还可以减少出口链路的带宽利用。

### 6.8.2　抽象层的使用

将 SDN 交换机（特别是 OpenFlow 交换机）功能集成到 ICN 路由器的核心设计问题是 OpenFlow 交换机基于 IP 分组的字段（特别是目的地 IP 地址）来进行转发，而 ICN 路由器则根据内容名字来转发，因此该方法要将名字哈希到字段内，以让 OpenFlow 交换机可以处理。

图 6-12 显示了这种方法的总体架构，为了将 CCNx 结点软件模块与 OpenFlow 交换机联系起来，需要用到一层抽象层，也称为封装器。该封装器将交换机接口与 CCNx 的接口配对使用，并将 CCN 消息中的内容名字解码和哈希到 OpenFlow 交换机能够处理的字段中170（例如，IP 地址、端口号），这些字段所提供的大的命名空间降低了两个不同内容名字之间出现冲突的概率。OpenFlow 交换机中的转发表根据哈希后字段的内容进行设置并转发分组，这时交换机就不知道这些字段的内容不再是合法的 IP 地址、TCP 端口号等，它们还是和以前一样，根据到达 IP 分组相关字段的值来进行转发。

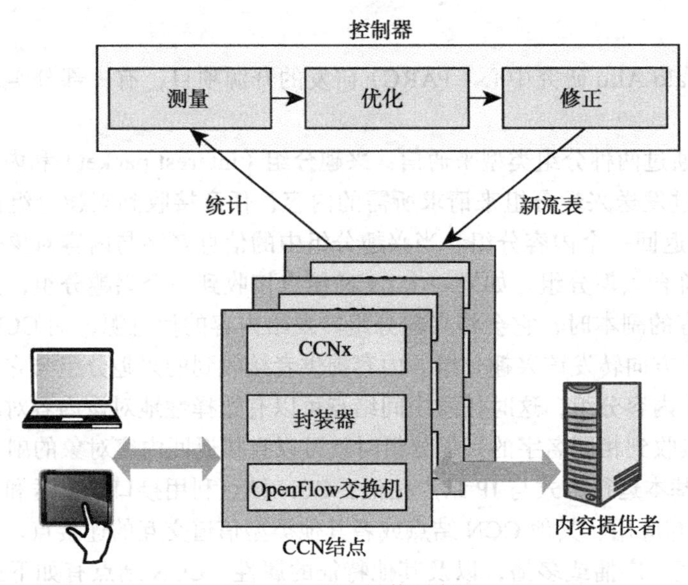


图 6-12　ICN 封装器方法

抽象层解决了如何利用当前的 OpenFlow 交换机来提供 CCN 功能的问题，但为了实现高效运行，还有两个新的挑战需要解决：一是如何在不产生很大开销的前提下精确测量内容的流行度，二是如何建立和优化路由表来进行修正。为了解决这两个问题，现有体系结构需要在 SDN 控制器中增加三个新的模块。

- **测量**：内容流行度可以直接通过 OpenFlow 流统计信息进行推断。该测量模块周期性地查询和处理从入口 OpenFlow 交换机发送过来的统计信息，并返回最流行内容的列表。
- **优化**：使用最流行内容的列表作为优化算法的输入。该模块的目标是使总体时延之和在下列限制条件下能够实现最小化：（1）每个流行的内容都准确地缓存在各个结点上；（2）每个结点上的缓存内容不会超过结点的存储能力；（3）缓存机制不会导致链路拥塞。
- **修正 (Deflection)**：使用优化结果来为每个内容建立内容名字（通过内容名字哈希171计算得到的地址和端口号）和到缓存了内容的结点的输出接口（例如 ip. 目的地址 =hash( 内容名字 )，action= 转发到接口 1）之间的映射。

最后，该映射会通过 OpenFlow 协议安装到交换机的流表上，这样后续的兴趣分组就可以转发到合适的缓存结点。

图 6-13 显示了 CCNx 和 OpenFlow 交换机之间的分组流，其中 OpenFlow 交换机会将所有它从端口接收到的分组转发给封装器，然后封装器将分组转发给 CCNx 模块，OpenFlow 交换机需要帮助封装器来识别分组的交换机源端口。为了完成这一工作，OpenFlow 交换机会将所有接收到分组的 ToS 值设置为入端口号，然后再将它们转发给封装器的端口。

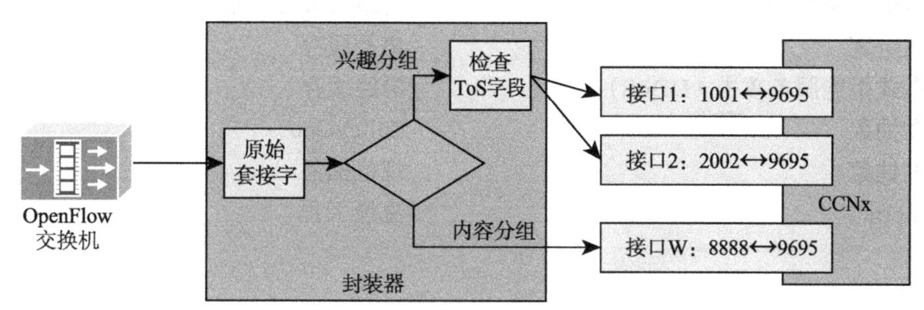


a）从OpenFlow交换机到CCNx的分组流

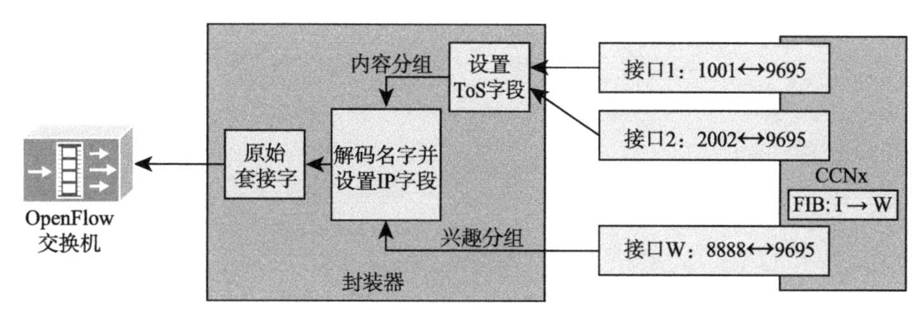


b）从CCNx到OpenFlow交换机的分组流

图 6-13　CCNx 和 OpenFlow 交换机之间的分组流

封装器利用 ToS 字段的值将 CCNx 的接口映射到 OpenFlow 交换机的接口（或者说是端口），其中接口 W 是封装器和 CCNx 模块之间的特殊接口，它负责从封装器接收每个内容分组，并将兴趣分组从 CCNx 发送给封装器。

图 6-13a 显示了封装器对从 OpenFlow 交换机进入的分组如何处理。对于兴趣分组来说，封装器会从 ToS 字段中提取出接口值，然后再将分组转发给相应 CCNx 的接口。如果 CCNx 结点保留了所请求内容的副本，它会构建一个内容分组，并将其返回给入站的接口，否则结点会将该兴趣分组转发给接口 W，并对 PIT 进行相应的更新。一旦封装器从 OpenFlow 交换机接收到内容分组，则直接将分组转发给接口 W。

172

图 6-13b 显示了封装器对从 CCNx 模块接收到的分组的处理过程。对于内容分组来说，它会对 ToS 字段进行相应的设置，并确定输出端口。然后，它会对所有分组进行解码，从而提取出与分组相关的内容名字，该名字是经过哈希得到的，而且分组的源 IP 地址被设置为对应的哈希值。最后，封装器将分组转发给 OpenFlow 交换机。内容分组返回给对应的入站接口，兴趣分组的 ToS 值设置为 0，这样它们就会被转发给下一跳 OpenFlow 交换机。

因此，使用封装器抽象层可以在不需要改变 CCNx 模块或 OpenFlow 交换机的基础上提供基本的 ICN 功能和修正功能。

## 6.9 重要术语

学完本章后，你应当能够定义下列术语。

| | |
|---|---|
| 抽象 | 信息中心网络（ICN） |
| 抽象层 | 基础设施即服务（IaaS） |
| CloudNaaS | 测量与监视 |
| 内容中心网络（CCN） | 网络服务抽象层 |
| 横向带宽 | 离径缓存 |
| 分布式拒绝服务攻击（DDoS） | 沿路缓存 |
| 分发抽象 | PolicyCop |
| 转发抽象 | 规范抽象 |
| Frenetic | 流量工程 |

173

# 虚 拟 化

*虚拟化的基本思想是任何复杂系统中的若干组件都能完成一些特定的子功能，这些子功能构成了系统的总体功能。*

——《人工科学》，Herbert Simon



网络功能虚拟化（network functions virtualization, NFV）技术的兴起和各项工作都比软件定义网络（software-defined network, SDN）起步要晚。但是，NFV 和虚拟网络的更广义的概念在现代网络中扮演着与 SDN 同样重要的角色。本部分内容主要为读者全面展现 NFV 的概念、技术和应用，并对网络虚拟化进行了一些探讨。第 7 章介绍了虚拟机的概念，以及如何利用虚拟机技术来构建基于 NFV 的网络环境。第 8 章详细阐述了 NFV 各要素的功能以及 NFV 与 SDN 之间的关联性。第 9 章介绍了一些传统的虚拟网络概念，以及实现网络虚拟化的新方法，最后介绍了软件定义的基础设施概念。

# 网络功能虚拟化：概念与体系结构

利用操作系统在一套独立的物理硬件设施上模拟出多个机器早就被认为是非常实用的技术，IBM 的 VM/370 操作系统就是一个例子。这种技术可以实现在一台物理主机上同时安装多个不同的操作系统（或相同操作系统的不同版本），而支持动态地址转换的硬件则让这种模拟器能够在许多情况下高效使用，甚至是生产模式中。

——《IBM System/370 的体系结构》，《ACM 通信》，1978 年 1 月

Richard Case 和 Adris Padegs

**本章目标**

**学完本章后，你应当能够：**

- 理解虚拟机的概念。
- 说出一类和二类管理程序之间的不同。
- 列举和说明 NFV 的主要优点。
- 列举和说明 NFV 的主要需求。
- 总结出 NFV 的体系结构。

176

本章以及后续两章将重点介绍**虚拟化**（virtualization）技术在现代网络中的应用。虚拟化涵盖了多种技术来管理计算资源，并在软件和物理硬件之间提供软件解析层（也称为抽象层）。虚拟化技术将物理资源转换为逻辑或虚拟的资源，并使得运行在抽象层之上的用户、应用或管理软件能在不需要掌握底层资源物理细节的条件下管理和使用这些资源。在这几章内容中，我们将着重介绍虚拟机（virtual machine, VM）技术的使用及其在网络功能虚拟化这一新概念中的基础作用，第 9 章则主要介绍虚拟网络和网络虚拟化的概念。

**虚拟化** 利用多种技术在软件和物理硬件之间提供一个抽象层，从而实现计算资源的管理。这些技术能有效地在软件中模拟或仿真出一个硬件平台，例如服务器、存储设备或网络资源。

## 7.1 NFV 的背景与动机

NFV 源自众多网络管理人员和通信公司在高容量多媒体时代就如何改善网络运维这一问题而引发的讨论。这些讨论促成了早期 NFV 白皮书的发布，即《网络功能虚拟化：概述、优势、推动者、挑战以及行动呼吁》[ ISGN12 ]。在这本白皮书中，NFV 的总体目标被定义为利用标准的 IT 虚拟化技术将众多网络设备类型合并成工业标准级的大容量服务器、交换机和存储设备，并在数据中心、网络结点和终端用户处所部署。

白皮书指出这种新方法产生的原因是网络中有大量并且数目仍在不断增长的私有硬件设备，这种现象导致以下负面结果的产生：

- 新的网络服务可能需要其他不同类型的硬件设备，腾出足够的空间和电力来容纳这些设备变得越来越难。
- 新硬件的出现会带来额外的资金开销。
- 一旦新的硬件设备开始应用，网络管理人员就会陷入缺少必备技能来设计、集成和管理日益复杂的硬件设备的窘境。
- 硬件设备很快会结束它的生命周期，这就使得大部分采购 – 设计 – 集成 – 部署周期不断重复，并且无法带来收益和回报。
- 由于技术和服务创新使得以日益增长的网络为中心的 IT 环境需求很快就得到满足，对各种硬件平台的需求让新的网络服务变得无利可图。

177

NFV 方法用一些标准化的平台类型以及虚拟化技术所提供的必要网络功能，消除了对各种硬件平台的依赖。白皮书还传递出无论是在固定网络还是在移动网络中，NFV 都可以适用于任意数据平面的分组处理和控制平面功能。

除了可以用于解决上述问题之外，NFV 还有其他一些优点，在 7.2 节和 7.3 节分别介绍完 VM 技术和 NFV 概念之后，我们将会在 7.4 节具体陈述这些优点。

## 7.2　虚拟机

从传统角度来说，应用程序直接运行在个人电脑（personal computer, PC）或服务器的操作系统（operating system, OS）上，每台 PC 或服务器每次只能运行一个操作系统。因此，应用程序开发者不得不重写应用程序的部分代码以使其能在多种操作系统或平台上运行，这就延长了将新版本或新功能推向市场的时间，提高了出现故障的概率，增加了测试代码质量的相关工作，也增加了应用程序的成本。为了支持多种操作系统，应用程序开发者需要创建、管理、支持多种硬件和操作系统基础设施，这是一项代价很高的资源密集型工作。一种能有效解决这一问题的方法是**硬件虚拟化**（hardware virtualization），虚拟化技术允许在单个 PC 或服务器上同时运行多个操作系统或一个操作系统的多个会话。一台运行了虚拟化软件的主机能够在一个硬件平台上同时承载许多应用程序，即使这些应用程序运行在不同的操作系统上。本质上，主操作系统能够支持许多**虚拟机**（virtual machine, VM），每个虚拟机都具备特定操作系统的特征，在某些虚拟化版本中，还能具备特定硬件平台的特征。

> **硬件虚拟化**　使用软件将计算机的资源分割为多个独立和相互隔离的实体（也称虚拟机）。它允许相同或不同操作系统的副本在一台计算机上运行，并且能防止不同虚拟机的应用程序之间相互干扰。

> **虚拟机**　运行在一台计算机上的操作系统实例，这些操作系统实例能运行各自的应用程序，且相互隔离。

虚拟化不是新发明出来的技术，早在 20 世纪 70 年代，IBM 的大型机就提供了允许程序使用部分系统资源的功能。从那时起，这项功能就以各种形式在平台上得到应用。在 21 世纪早期，虚拟化技术在 x86 服务器上实现商业化应用后，才进入主流的计算领域。由于微软 Windows 推动的“一台服务器上一种应用”战略，许多组织机构都遇到了服务器部署过量的问题。摩尔定律造成了硬件的升级速度超过软件的资源需求，这就使得许多服务器出现了极大的浪费，通常一台服务器可用资源的利用率都不超过 5%。另外，数据中心也充斥了过量的服务器，消耗了大量能源和冷却设施，相关公司因此不得不花费大量精力来管理和维持这些基础设施，虚拟化技术则有助于缓解这种压力。

178

### 7.2.1　虚拟机监视器

实现虚拟化的方案是**虚拟机监视器**（virtual machine monitor, VMM），现在则广泛称为**管理程序**（hypervisor）。这款软件工作在硬件和虚拟机之间，角色类似于资源代理（如图 7-1 所示）。简单地说，管理程序允许多个虚拟机在一个单独的物理主机上安全地共存，并共享主机资源。在一台主机上同时存在的虚拟机数量也称为**固结比**（consolidation ratio），例如一台主机支持 6 个虚拟机，则可以认为它的固结比为 6:1（如图 7-2 所示）。最早的商用领域管理程序固结比在 4:1 ～ 12:1 之间。如果一个公司将它所有的服务器都虚拟化，即使采用最低的固结比，它也能节省数据中心里 75% 的服务器。更为重要的是，这些公司还可以大幅降低每年累计消耗的数百万甚至数千万美元的成本。随着物理服务器数量的减少，能源和冷却设施的需求也同样降低了，而且还能节约很多光缆、交换机和占地面积。将服务器整合已经并且还将继续成为一种对解决高成本和浪费问题行之有效的方法。现在，更多的虚拟服务器已经被部署起来，而且这种部署方式的脚步还在加快。

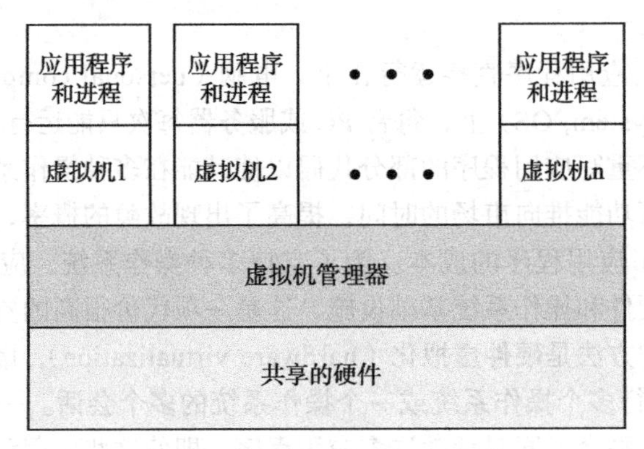


179

图 7-1　虚拟机概念图

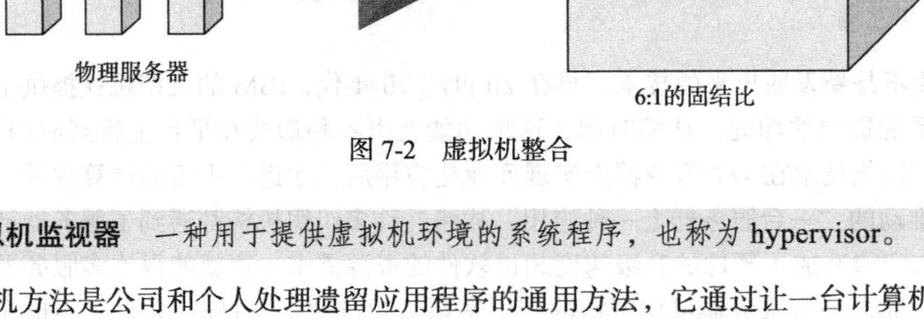

图 7-2　虚拟机整合

**虚拟机监视器**　一种用于提供虚拟机环境的系统程序，也称为 hypervisor。

虚拟机方法是公司和个人处理遗留应用程序的通用方法，它通过让一台计算机所能处理的应用类型最大化来优化硬件的使用。VMware 和微软等公司提供的商用管理程序已经被广泛使用，这些软件的拷贝已经卖出了几百万份。除了在一个主机上运行多个虚拟机的功能外，服务器虚拟化的另一个重要方面是虚拟机还可以看作是网络资源。服务器虚拟化将服务器资源隐藏起来，这些资源包括物理服务器、处理器和操作系统的数量与标识，普通用户无法看到这些资源，这就使得将一台主机划分为多个保留了特定硬件资源的独立服务器成为可能，也让由于负载均衡或因机器故障产生的动态切换时引发的虚拟机快速迁移成为可能。服务器虚拟化已经成为处理大数据应用和实现云计算基础设施的核心要素。

## 7.2.2　体系结构方法

虚拟化就是抽象，就像操作系统通过程序层和接口将硬盘的输入 / 输出命令从用户处抽象出来一样，虚拟化也将物理硬件从它所支持的虚拟机中抽象出来。正如前文所述，虚拟机监视器或管理程序就是提供这种抽象的软件。它就像一个代理或者交警，替虚拟机向物理主机请求并消耗资源。

虚拟机就是一种模拟物理服务器特征的软件构成，它会被分配一些处理器、内存、存储资源和网络连接。虚拟机一旦创建，就能像一台真实的物理服务器一样开机、加载操作系统和应用程序，在操作方式上也与物理服务器一样。但与物理服务器所不同的是，虚拟服务器只能感知分配给它的资源，而无法看到物理主机的其他资源。这种隔离性使得一台主机能同时运行多台虚拟机，这些虚拟机可以运行相同的或不同的操作系统，并实现内存、存储和网络带宽的共享。虚拟机中的操作系统可以访问管理程序分配给它的资源，管理程序能够很方便地将虚拟机到物理设备的输入 / 输出进行转换，并将物理设备的输入 / 输出传递给正确的虚拟机。为了实现这一过程，一些“本地”操作系统在主机硬件上执行的特权指令会触发硬件中断，随后作为虚拟机代理的管理程序会运行这些指令。虽然硬件和软件会随着时间不断得到改进，并减少这些操作产生的开销，但仍然会导致主机性能在虚拟化过程中出现衰退。 180

虚拟机由文件组成。典型的虚拟机只包含一些文件，其中的配置文件用于描述虚拟机的属性，它包含服务器的定义、分配给虚拟机的处理器数目和内存是多少、虚拟机可访问的输入 / 输出设备，以及虚拟服务器所拥有的网卡（network interface cards, NIC）数目等信息。这个文件还描述了虚拟机能访问的存储资源，通常这些存储资源以虚拟磁盘的形式呈现，而这些虚拟磁盘在物理文件系统中也是以附加文件的形式存在。当虚拟机开机或实例化后，附加文件就会被创建，以用于登录、内存分页或其他功能。这种虚拟机以文件形式存在的方式使得一些功能在虚拟环境中比在物理环境中可以更简单和迅捷地实现。从计算机最早期开始，数据备份就是一种重要的功能，而虚拟机已经是文件了，对其进行拷贝则不仅实现了数据的备份，还将整个包括操作系统、应用程序、硬件配置在内的服务器都进行了复制。

为了创建一个物理服务器的副本，需要获取和安装服务器附属的硬件，并加载操作系统、应用程序和数据，然后在交付给用户之前修补为最近的一次修改，这种配置方式可能会花费几周甚至几个月的时间。而虚拟机都是文件，花几分钟的时间复制这些文件就可以完美地实现服务器的拷贝。虽然有几处配置需要修改（服务器名和 IP 地址），但是相对于花上几个月的时间，管理人员能在分钟级或小时级的时间内熟练地架起新的虚拟机。

另一种能够实现虚拟机快速部署的方法是利用模板。模板提供了标准的软硬件设置集合，以用于创建新的虚拟机，利用模板创建虚拟机的工作包括为新虚拟机提供唯一的标识符，获取从模板建立虚拟机所需的软件，以及增加配置中出现的变化。

除了服务器整合以及快速配置之外，虚拟环境成为新型数据中心的基础设施模型还有其他一些原因，其中之一就是它提高了可用性。虚拟机主机集中在一起形成了计算机资源池，每台服务器上都同时部署了多个虚拟机，一旦某台服务器出现故障，这台服务器上的虚拟机就能快速和自动地在集群中的其他主机上重启。相比于利用物理服务器来保证这种服务可用性，虚拟环境能够以更少的成本和更低的复杂性来实现更高的可用性。对于那些需要更高可用性的服务器来说，必须具备故障容忍的能力，而利用在背后同步运行的虚拟机能够保证即使物理服务器出现故障，任何的事务性操作也都不会丢失，而且这种方法也没有引入额外的复杂性。虚拟环境最吸引人的一项特性就是能够在不干扰和影响用户使用虚拟机的前提下，将一台正在运行的虚拟机从一个物理主机迁移到另一台主机上。VMware 环境中的 vMotion（在其他环境中被称为 Live Migration）可以用于许多重要的任务。从可用性角度来说，将虚拟机不宕机地从一台主机迁移到另一台主机可以让管理员在不影响操作的前提下完成物理主机上的工作。这样，日常的维护就可以在某个工作日的上午进行，而不用像以前那样要预定一个周末的时间，新的服务器可以随时加入这个环境中，旧的服务器也能随时移除，而且这些行为都不会影响应用程序的运行。除了手动执行虚拟机迁移之外，还可以根据资源利用率实现自动的虚拟机迁移，如果一台虚拟机消耗的资源超过正常水平，其他虚拟机就会自动地迁移到集群中其他资源充足的主机上，从而保证所有虚拟机的性能水平，并实现更好的总体性能。这些例子只是虚拟环境所带来好处的皮毛而已。

181

前文提到，管理程序位于硬件和虚拟机之间，而根据管理程序和主机之间是否还有其他操作系统，可以将管理程序划分为两类。图 7-3a 所示的一类（Type 1）管理程序直接以软件层的形式加载到物理服务器中，与操作系统较为相似。一旦这种管理程序安装和配置完毕，只要花几分钟时间就可以在这台主机上运行虚拟机。在一个成熟的环境中，虚拟化的主机会聚合成集群以提高可用性和负载均衡能力，而管理程序可以在一台新主机上运行，在这台主机加入到某个集群后，这台主机上的虚拟机就能在服务不中断的情况下迁移到集群中其他的主机上。一类管理程序的例子包括 VMware 的 ESXi、微软的 Hyper-V 以及各种开源的 Xen 变种。这种直接将管理程序加载到裸机的方法对于一般人来说非常难以理解，他们更适应那种将所有工作像传统的应用程序那样加载到 Windows 或 Unix/Linux 操作系统环境中的方法。图 7-3b 展示了二类（Type 2）管理程序的部署方法，一些二类管理程序包括 VMware 工作站和 Oracle 的 VM 虚拟盒。

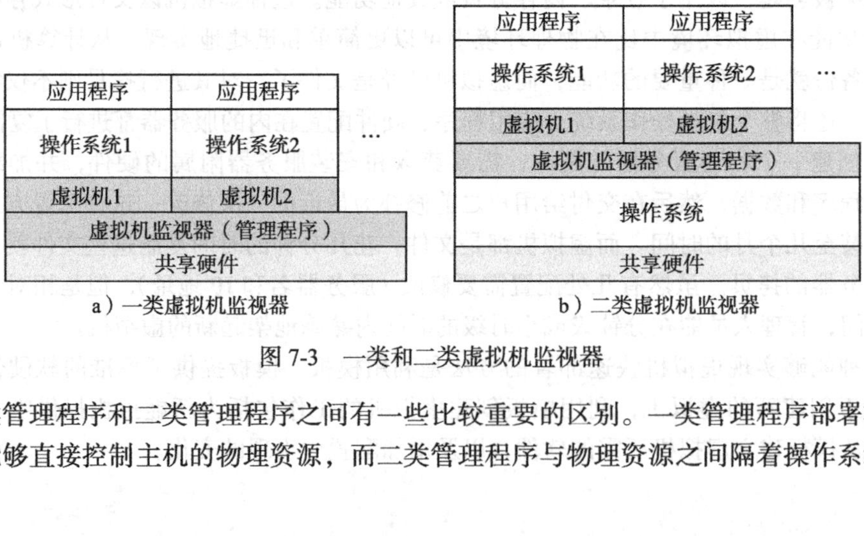

182

应用程序　应用程序
操作系统1　操作系统2　…
虚拟机1　虚拟机2
虚拟机监视器（管理程序）
共享硬件

a）一类虚拟机监视器

应用程序　应用程序
操作系统1　操作系统2　…
虚拟机1　虚拟机2
虚拟机监视器（管理程序）
操作系统
共享硬件

b）二类虚拟机监视器

图 7-3　一类和二类虚拟机监视器

一类管理程序和二类管理程序之间有一些比较重要的区别。一类管理程序部署在物理主机上，能够直接控制主机的物理资源，而二类管理程序与物理资源之间隔着操作系统，因此需要依赖操作系统来与硬件进行交互。一类管理程序的性能通常要优于二类管理程序，因为一类管理程序没有附加其他层。由于一类管理程序不需要与操作系统竞争硬件资源，管理程序能够掌控更多主机资源，而且能够运行更多的虚拟机。一类管理程序也被认为比二类管理程序更安全，一类管理程序上的虚拟机在请求资源时，所有的操作都在外部执行，不会影响其他虚拟机或管理程序，但在二类管理程序中就不一定了，一些恶意的客户可能会影响其他客户。虽然两种管理程序的真实成本对比起来比较复杂，但是一类管理程序不需要额外花钱在操作系统上。二类管理程序可以利用虚拟化的优点让一台服务器不再专用于某种特定的功能，而那些需要多种环境的开发者则可以在个人电脑的工作区中安装二类管理程序，而这种管理程序可以像应用程序那样在 Linux 或 Windows 桌面上运行。某个管理程序上创建和使用的虚拟机可以迁移或拷贝到其他的管理程序环境中，这就减少了服务器的部署时间，增加了部署的准确性，也减少了项目推向市场的时间。

### 7.2.3 容器虚拟化

一种更新颖的虚拟化方法是**容器虚拟化**（container virtualization）。在这种方法中，软件被认为是虚拟化的**容器**（container），它们运行在主机的操作系统内核之上，并为应用程序提供执行环境（如图 7-4 所示）。与基于管理程序的虚拟机不同，容器的目标不是模拟物理服务器，相反，所有容器化的应用程序共享操作系统的内核，这就节省了那些消耗在为每个应用程序运行单独操作系统上的资源，极大地降低了资源开销。

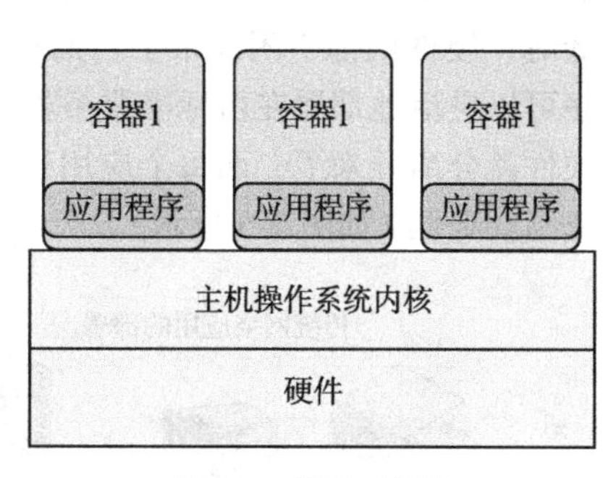


图 7-4 容器虚拟化

**容器** 为软件执行环境所提供的硬件或软件。

**容器虚拟化** 一种将应用程序的底层操作环境进行虚拟化的技术，通常是操作系统的内核，它能划分出相互隔离的容器，应用程序可以在容器中运行。

由于容器都运行在相同的内核上，因此共享了绝大部分操作系统资源。相对于管理程序/客户这种操作系统虚拟机部署方式，容器更小且量级更轻。因此，一个只能支持有限个管理程序和客户操作系统的 OS 可以运行多个容器。

## 7.3 NFV 概念

在第 2 章中，网络功能虚拟化（network functions virtualization, NFV）被定义为运行在虚拟机上且利用软件实现网络功能的虚拟化技术。NFV 与传统设计、部署和管理网络服务的方法有很大不同，它将网络地址转换（Network Address Translation, NAT）、防火墙、入侵检测、域名服务（Domain Name Service, DNS）、高速缓存等网络功能从专用的硬件设施中分离出来，以软件的形式在虚拟机中运行和实现。NFV 建立在标准的虚拟机技术之上，并扩展了它们在网络领域的应用范围。

7.2 节讨论的虚拟机技术让专有应用和数据库服务器能够迁移到**商用现货**（commercial off-the-shelf, COTS）x86 服务器中，这一技术还可以运用到下列网络设备中。

- **网络功能设备**：包括交换机、路由器、网络接入点、用户端设备（customer premises

183 ~ 184

equipment, CPE）和深度分组检测（deep packet inspection）等。

- **与网络相关的计算设备**：包括防火墙、入侵检测系统和网络管理系统等。
- **网络附属存储设备**：连接到网络的文件和数据库服务器。

**商用现货**　可使用、出租、授权或贩卖给普通大众的商业产品，并且在产品的生命周期中不需要进行特殊的修改或维护就能满足经销商的需求。

**深度分组检测**　分析网络流量从而确定发送数据的应用的类型，它能够区分视频、音频、聊天、IP 电话、电子邮件、Web 等数据，并将那些多余的数据过滤掉。它可以检测到分组的应用层信息，只要分组没有被加密，都能分析出来。例如，它不仅能分析出分组所包含的某个 Web 页面的内容，还可以知道这个页面是从哪个网站传输过来的。

在传统网络中，所有的设备都部署在私有 / 封闭的平台上，所有网络单元都是密封的盒子，这些硬件都无法共享。每台设备都要求额外的硬件来增加它的功能，但是当系统负载较低时，硬件就都空闲起来了。而有了 NFV，网络单元就成了独立的应用程序，这些应用程序可以灵活地部署在由标准服务器、存储设备、交换机等构成的统一平台上。这样，软件和硬件就分离开来了，而每个应用程序的处理能力则会随着分配给它的虚拟资源数量而相应地提高或降低（如图 7-5 所示）。

185

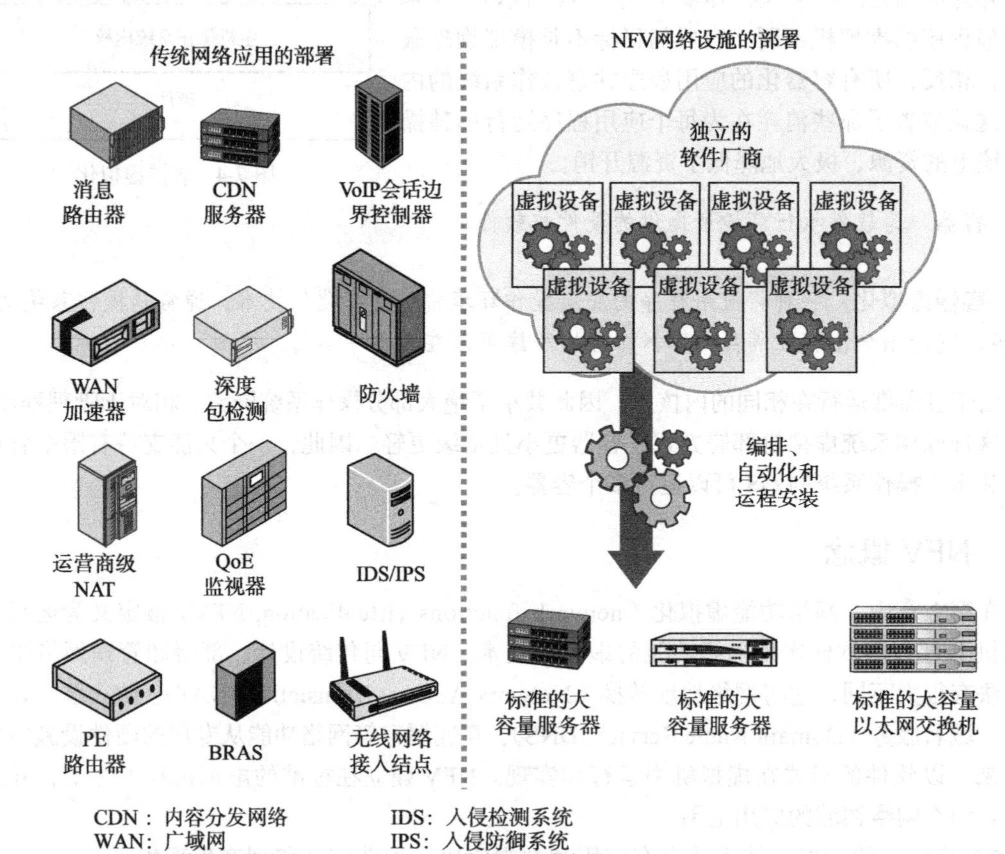


图 7-5　网络功能虚拟化的构想图

基于广泛的共识，欧洲电信标准研究院（European Telecommunications Standard Institute, ETSI）下属的网络功能虚拟化产业标准组（Network Functions Virtualization Industry Standards Group, ISG NFV）领导（实际上也可以算是独立完成）了 NFV 标准的制定。ISG NFV 成立于 2012 年，由 7 个主要的电信网络运营商倡立，该组织的成员已经囊括了网络设备厂商、网络技术公司、其他 IT 公司，以及云计算等服务提供商等。

ISG NFV 于 2013 年 10 月公布了第一批技术规范，并在随后的 2014 年年底及 2015 年年初陆续更新了大部分规范。表 7-1 列出了截至 2015 年年初的所有技术规范，表 7-2 列出了一些 ISG NFV 文档以及 NFV 文献中的术语及其定义。

**表 7-1　ISG　NFV 技术规范**

| 技术标准号 | 技术标准标题 | 技术标准号 | 技术标准标题 |
|---|---|---|---|
| GS NFV 002 | 体系结构框架 | GS NFV-PER 001 | NFV 性能与移植性的最佳实践 |
| GS NFV-INF 001 | 基础设施概述 | GS NFV-PER 002 | 概念验证；框架 |
| GS NFV-INF 003 | 基础设施；计算机域 | GS NFV-REL 001 | 弹性需求 |
| GS NFV-INF 004 | 基础设施；管理程序域 | GS NFV-INF 010 | 服务质量测度 |
| GS NFV-INF 005 | 基础设施；网络域 | GS NFV 003 | NFV 中主要概念的术语 |
| GS NFV-INF 007 | 基础设施；描述接口与抽象的方法 | GS NFV 001 | 用例 |
| GS NFV-MAN 001 | 管理与编排 | GS NFV-SWA 001 | 虚拟网络功能体系结构 |
| GS NFV-SEC 001 | NFV 安全；问题描述 | GS NFV 004 | 虚拟化需求 |
| GS NFV-SEC 003 | NFV 安全；安全与可信导论 | | |

186

**表 7-2　NFV 术语**

| 术语 | 定义 |
|---|---|
| 计算域 | NFVI 内的域，包括服务器和存储设备 |
| 基础设施网络域（IND） | NFVI 内的域，包括所有互连计算 / 存储设备的网络基础设施 |
| 网络功能（NF） | 网络基础设施内的功能模块，包括定义良好的外部接口和功能行为，通常是物理网络结点或其他物理设施 |
| 网络功能虚拟化（NFV） | 利用虚拟硬件抽象将网络功能从硬件中分离出来的原则 |
| 网络功能虚拟化基础设施（NFVI） | 部署了虚拟化网络功能的环境中的所有软硬件。NFVI 可以跨越多个区域（也即多个入网点），而连接这些不同区域的网络设施也属于 NFVI 的一部分 |
| NFVI 结点 | 以独立实体形式部署和管理的物理设备，它提供了支持 VNF 运行环境的 NFVI 功能 |
| NFVI 入网点 | 可以将网络功能作为 VNF 进行部署的网络入网点 |
| 网络转发路径 | 遵循相关策略并构成 NF 链的有序的连接点序列 |
| 网络入网点（N-PoP） | 将网络功能以 PNF 或 VNF 形式实现的场所 |
| 网络服务 | 由相关的功能和行为规范定义的网络功能组合 |
| 物理网络功能（PNF） | 采用紧耦合软硬件系统实现的网络功能，通常是私有的系统 |
| 虚拟机（VM） | 工作模式与物理计算机 / 服务器非常类似的虚拟化计算环境 |
| 虚拟网络 | 一种拓扑组件，用于影响具有某种特定特征的路由。虚拟网络受限于它所许可的网络接口集合。在 NFVI 体系结构中，虚拟网络通过虚拟机实例的虚拟网卡以及实体机的物理网卡来传递信息，这些网卡提供了信息传递所必需的连接 |
| 虚拟化的网络功能（VNF） | 能在 NFVI 中部署的网络功能的实现 |
| VNF 转发图（VNF FG） | 连接 VNF 结点的逻辑链路图，用于描述网络功能之间的数据流 |
| VNF 集 | VNF 集合，这些 VNF 之间没有规定是否连通 |

187

## 7.3.1 NFV 使用案例

本节介绍 NFV 体系结构框架文档中的一个简单案例。图 7-6a 展示了网络服务的一个物理实现，该网络服务的高层由端结点组成，这些端结点通过网络功能块（也称网络功能或 NF）的转发图互连，这些网络功能块可以是防火墙、负载均衡设备、无线网络接入点等。在这个体系结构框架中，网络功能块可以看作是不同的物理结点，而端结点则超出了 NFV 技术规范的范畴，它们包含所有用户的设备。所以，在图中，端结点 A 可以是一个智能手机，而端结点 B 可以是一个 CDN 服务器。

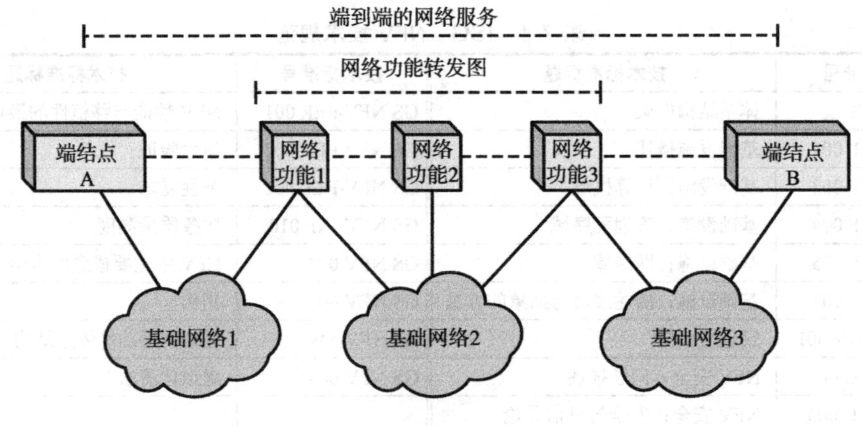


a）端到端网络服务的图形化描述

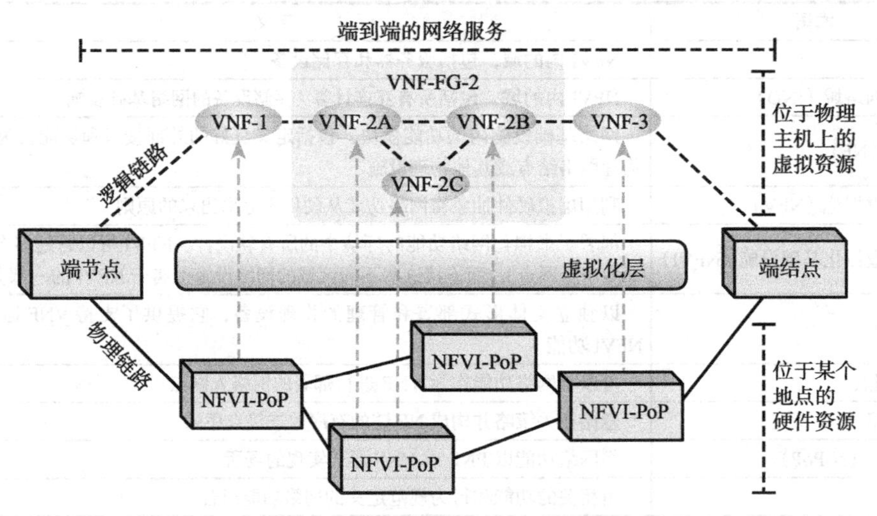


b）采用了VNF和内嵌转发图的端到端网络服务示例

188

图 7-6　一个简单的 NFV 配置实例

图 7-6a 展示了与服务提供商及用户相关的网络功能，网络功能与端结点之间的连接用虚线描述，表示这些连接是逻辑链路。这些逻辑链路实际上是通过基础设施网络（包括有线和无线）中的物理链路连通起来的。

图 7-6b 描述了如何在图 7-6a 的物理配置之上实现虚拟化的网络服务配置。VNF-1 提供了端结点 A 到网络的连接，VNF-2 提供了端结点 B 到网络的连接，图中还描绘了一个嵌

套的 VNF 转发图（即 VNF-FG-2），该 VNF 转发图由其他 VNF 构成（包括 VNF-2A、VNF-2B 和 VNF-2C）。所有这些 VNF 都运行在虚拟机上，这些虚拟机所在的主机也就是 PoP 点。此外，还有几个需要重点说明的地方，首先，即使穿越 VNF-FG-2 的流量全部都直接从 VNF-1 到 VNF-3，VNF-FG-2 中仍然有 3 个 VNF，这是因为在同时执行三个独立且不同的网络功能。例如，某些数据流需要受流量策略或整形功能的约束，这时就要通过 VNF-2C 来实现。因此，某些流会被路由到 VNF-2C，而其他流则不需要执行这些网络功能。

第二个方面是 VNF-FG-2 中有两个虚拟机运行在同一台物理主机上。由于这两台虚拟机执行的是不同的功能，因此需要在虚拟资源级别上对其加以区分，即使它们是由同一台物理主机所支撑。但这种两个虚拟机运行在一台主机上的方式也不是必需的，网络管理功能可以将其中一个虚拟机迁移到其他的物理主机上，以保证虚拟机的性能，而这种迁移从虚拟资源层级来看是透明的。

### 7.3.2　NFV 的基本要素

正如图 7-6 所示，VNF 是用来创建端到端网络服务的构建块，而在架设实际的网络服务时，会涉及三个 NFV 基本要素。

- **服务链**：VNF 是可组合的模块，每个 VNF 都只能提供有限的功能。对于特定应用程序中的某条特定数据流，服务提供商通过多个 VNF 来对流进行管控，从而完成他们所期望的网络功能，这也称为服务链。
- **管理与编排**（management and orchestration, MANO）：主要包括在 VNF 实例的生命周期期间的部署和管理，例如 VNF 实例的创建、VNF 服务链、监视、迁移、关机和计费等，MANO 还对 NFV 的基础设施单元进行管理。
- **分布式架构**：一个 VNF 可以由一个或多个 VNF 组件（VNFC）构成，而每个 VNFC 都是 VNF 的功能子集。每个 VNFC 可以部署在一个或多个实例中，这些实例则部署在独立的、分布式的主机上，从而保证可扩展性和冗余性。

189

### 7.3.3　高层 NFV 框架

图 7-7 显示了 ISG NFV 定义的高层 NFV 框架，这个框架支持将网络功能由软件 VNF 来实现。我们用它来概述 NFV 的体系结构，第 8 章将会更加详细介绍这些内容。

NFV 框架由以下三个操作域组成。

- **虚拟化的网络功能**：由软件实现的 VNF 集合，运行在 NFVI 之上。
- **NFV 基础设施**（NFVI）：NFVI 在网络服务环境中的三类设备之上完成虚拟化功能，这三类设备是计算设备、存储设备和网络设备。
- **NFV 管理与编排**：主要包括软硬件资源的编排与生命周期管理，以支持基础设施的虚拟化，还包括 VNF 生命周期的管理。NFV 管理与编排侧重于 NFV 框架中所有具体的虚拟化管理工作。

ISG NFV 的体系结构框架文档详细指定了 VNF 的部署、操作、管理和编排，并支持两种 VNF 之间的关系类型。

- **VNF 转发图**（VNF FG）：包括 VNF 之间连接关系提前指定的情况，例如访问 Web 服务器层时路径中的 VNF 链（如防火墙、网络地址转换器、负载均衡器）。
- **VNF 集**：包括 VNF 之间连接关系未提前指定的情况，例如 Web 服务器池。

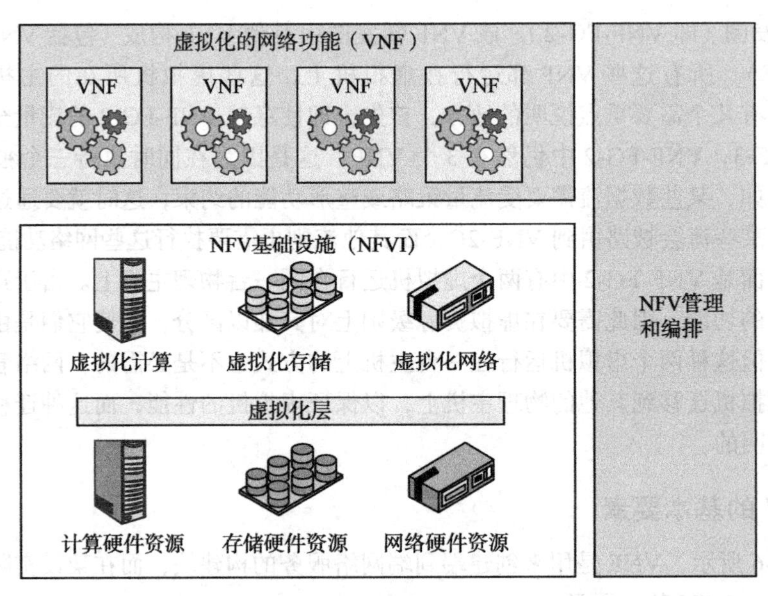


图 7-7 高层 NFV 框架

## 7.4 NFV 的技术优势与必要条件

在介绍完 NFV 的总体概念之后，我们现在对 NFV 取得成功的技术优势及其必要条件进行总结。

### 7.4.1 NFV 的技术优势

如果能够高效地实现 NFV，那么 NFV 能发挥出一些传统网络无法达到的技术优势，以下几个方面最为重要：

- 可以减少**资产开支**（CapEx）。通过使用商用服务器和交换机、裁并各种设备、扩大规模经济、支持按成长付费模型等方法可以消除造成浪费的超额配给，这可能是 NFV 发展的主要驱动力。

**资产开支** 为了追求未来的经济收益而产生的商业性开支。在购置固定资产或延长已有资产的有效期时，都会产生经费开支。

- 从能源消耗以及空间利用的角度来说，可以减少**运维开支**（OpEx）。这类开支的节省主要通过使用商用服务器和交换机、裁并各种设备、扩大规模经济、减少网络管理和控制开支来实现。降低资产开支和运维开支可能是 NFV 发展的最主要驱动力。

**运维开支** 主要涉及由于设备维护与运营等日常业务而产生的业务开支。

- 具有快速创新和推广服务的能力。这项优势减少了部署新的网络服务以支持业务需求改变、占领新兴市场、改善新服务投资回报的时间，这就使得服务提供商能方便地对服务进行测试和改进，从而找出最能满足用户需求的服务。
- 具有良好的互操作特性，因为 NFV 采用的都是标准和开放的接口。
- 可以使用单一的平台为不同的应用程序、用户和租户提供服务，这一特点使得网络管理员能跨服务和用户库来共享资源。

190
~
191

- 具有较强的灵活性，能通过快速地扩大或缩小服务的规模来解决需求变化问题。
- 使基于地理或客户群的服务布设成为可能，可以根据需求快速地扩大或缩小服务规模。
- 生态系统种类多样，并鼓励开放性。它为纯软件从业者、学术界都开放了虚拟设备市场，并且在较低风险的情况下鼓励新服务和收益流的创新。

### 7.4.2 NFV 的必要条件

为了取得上述技术优势，NFV 的设计和实现必须满足一些必要条件，并解决某些技术挑战，具体包括以下几个方面 [ISGN12]。

- **可移植性和互操作性**：可以在不同厂商生产的各种硬件平台上加载和执行 NFV 的能力。当前最大的挑战是定义一些能够将软件实例从底层硬件分离出来的统一接口，就像管理程序及其所管理的虚拟机那样。
- **性能折衷**：由于 NFV 基于商用的标准硬件（这里排除了一些如加速引擎那样的私有硬件），那些可能造成性能下降的因素就要被重视起来。现在的挑战是如何利用合理的管理程序和现代软件技术来尽可能降低性能的衰退，以尽可能使其对时延、吞吐量、处理开销方面的影响最小化。
- **与旧有设备的过渡和共存**：NFV 架构必须支持从当前基于私有的物理网络设施方案迁移到更为开放的虚拟网络设施方案，换句话说，NFV 必须能在由传统物理网络设施和虚拟网络设施构成的混合环境中工作。因此，虚拟设施必须使用现有的北向接口（用于管理和控制），并与实现相同功能的物理设施一起工作。
- **管理与编排**：需要实现一致的管理与编排。利用运行在开放和标准基础设施上的软件网络设备，NFV 创造了能将管理与编排北向接口同定义良好的标准和抽象规范结合起来的机会。
- **自动化**：只有所有的功能都实现了自动化，NFV 才能扩展，过程自动化是成功的首要因素。

192

- **安全性与弹性**：在采用 NFV 后，网络的安全性、弹性和可用性不会受到损害。
- **网络稳定性**：在不同硬件厂商和管理程序之间管理与编排大量虚拟设施时，要保证网络的稳定性不会受到影响。在虚拟功能重新部署、由于软硬件故障进行重配置或网络攻击发生时，这一点特别重要。
- **简单性**：确保在对虚拟化网络平台进行运维时要比现在更简单。网络管理员的一个关注焦点是能简化众多复杂的网络平台，并支持那些已经历经几十年网络技术变迁的系统，同时还要保证连贯性以支持重要的、能产生收益的服务。
- **集成**：网络管理员需要具备集成不同厂商生产的服务器、管理程序和虚拟设施的能力，不会造成太大的集成支出，并避免捆绑情况。生态系统必须能集成服务、日常维护和第三方支持，还要能解决多个参与方带来的集成问题，该生态系统需要相关机制来验证新的 NFV 产品。

## 7.5 NFV 参考体系结构

图 7-7 给出了高层的 NFV 框架，而图 7-8 则显示了更为详细的 ISG NFV 参考体系结构框架，从中可以看出这一体系结构主要包含以下四个模块。

- **NFV 基础设施**：包括创建出能部署 VNF 环境的软硬件资源。NFVI 将物理的计算、存储、网络进行了虚拟化，并将它们放置在资源池中。

- **VNF/EMS**：指由软件实现且运行在虚拟计算、存储和网络资源之上的 VNF 集合，以及管理这些 VNF 的单元管理系统（EMS）集合。
- **NFV 的管理与编排**（NFV-MANO）：对 NFV 环境中的所有资源进行管理与编排的框架，这里的资源包括计算、网络、存储和虚拟机资源。
- **OSS/BSS**：由 VNF 服务提供商实现的运维和业务支持系统。

此外，也可以认为这个体系结构包含三个层次，其中 NFVI 以及虚拟化的基础设施管理器对虚拟资源环境及其底层的物理资源进行分配和管理，VNF 层和单元管理系统以及一个或几个 VNF 管理器提供网络功能的软件实现，最后，OSS/BSS 和 NFV 编排器构成了管理、编排与控制层。

193

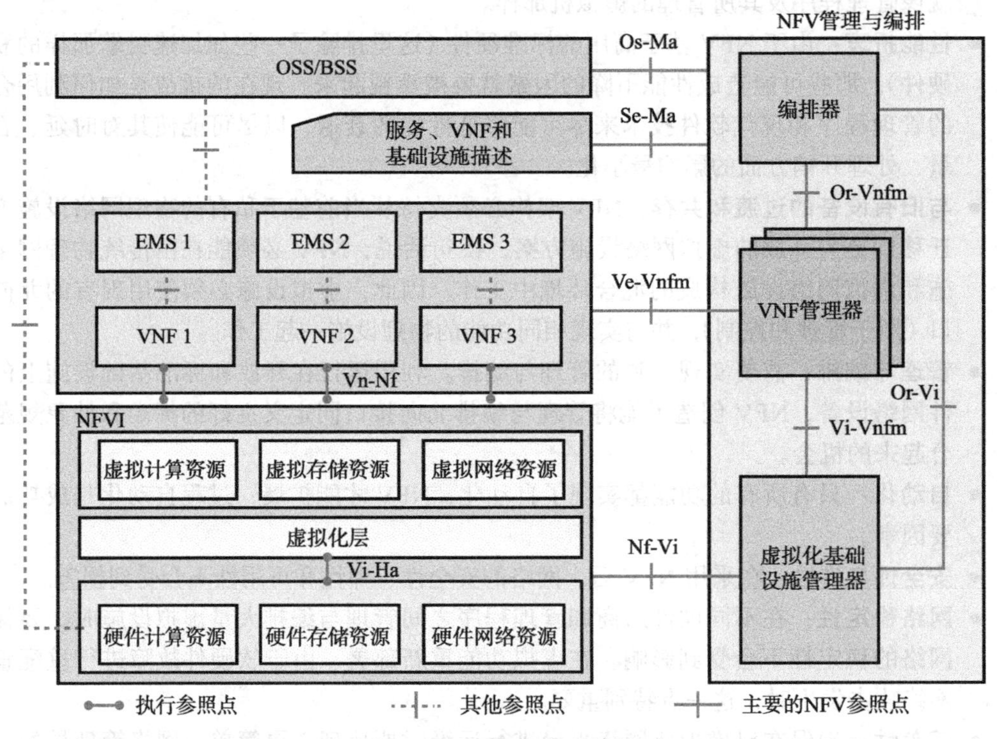


图 7-8　NFV 参考体系结构

## 7.5.1　NFV 管理与编排

NFV 的管理与编排设施包括以下功能模块。

- **NFV 编排器**：主要负责新网络服务（NS）和虚拟网络功能（VNF）包的安装与配置，以及 NS 生命周期管理、全局资源管理、NFVI 资源请求的确认与授权。
- **NFV 管理器**：监视 VNF 实例的生命周期管理。
- **虚拟化基础设施管理器**：对 VNF 及其权限内的计算、存储、网络资源的交互进行管理和控制，还包括这些资源虚拟化的管理。

194

## 7.5.2　参照点

图 7-8 还定义了一些参照点，这些参照点构成了功能块之间的接口。主要的（已得到命

名）参照点和执行参照点用实线表示，它们属于 NFV 的范畴，也是可能的标准化对象。用虚线描绘的参照点在当前的部署中是可用的，但是可能需要进行扩展从而实现网络功能虚拟化。用点线描绘的参照点目前还不是 NFV 关注的焦点。

主要的参照点包括以下部分。

- Vi-Ha：标识了与物理硬件的接口。一个定义良好的接口规范会让管理员很方便地为不同目标对物理资源进行共享和再分配、独立地改进软件和硬件、从不同厂商获取软硬件组件。
- Vn-Nf：主要是用于 VNF 在虚拟化基础设施上运行的 API 接口。应用开发者无论是迁移现有的网络功能还是开发新的 VNF，都需要统一的接口来提供指定性能、可靠性和扩展性需求。
- Nf-Vi：标识了 NFVI 和虚拟化基础设施管理器（VIM）之间的接口。该接口能够方便地推动 NFVI 为 VIM 提供的功能规范。VIM 必须能承担所有的 NFVI 虚拟资源管理工作，包括资源分配、系统利用率监测和故障管理等。
- Or-Vnfm：该参照点用于给 VNF 管理器发送配置信息，并收集 VNF 在网络服务生命周期管理中必要的状态信息。
- Vi_Vnfm：用于 VNF 管理器进行资源分配请求，以及资源配置和状态信息的交互。
- Or-Vi：用于 NFV 编排器进行资源分配请求，以及资源配置和状态信息的交互。
- Os-Ma：用于编排器与 OSS/BSS 系统之间的交互。
- Ve-Vnfm：用于 VNF 生命周期管理的请求，以及配置和状态信息的交互。
- Se-Ma：编排器和数据集之间的接口，其中数据集用于提供 VNF 部署模板、VNF 转发图、服务相关信息、NFV 基础设施信息模型等相关信息。

195

### 7.5.3　具体实现

NFV 的成功需要对接口参照点以及通用功能开源软件进行标准化，而 ISG NFV 多年来一直都在制定 NFV 各种接口和组件的标准。2014 年 9 月，Linux 基金会宣布了 NFV 开放平台（OPNFV）项目，OPNFV 的目标是成为运营商级的综合平台，从而能更快地将新产品和服务商用化，OPNFV 的主要目标包括以下方面：

- 开发可以用于研究和论证核心 NFV 功能的综合及测试开源平台。
- 保护那些主动参与的重要端用户，这些用户的参与可以验证 OPNFV 的发布是否解决了管理员的需求。
- 影响那些将要增添到 OPNFV 参考平台的相关开源项目，并为其提供帮助。
- 基于开放标准和开源软件，为 NFV 建立开放的生态系统。
- 推动 OPNFV 成为首选的开放参考平台，以避免出现不必要的和耗费巨大的重复性工作。

OPNFV 和 ISG NFV 相互间是独立的，但是未来它们很可能会紧密协作以保证 OPNFV 的实现仍然处于 ISG NFV 制定的标准环境中。

OPNFV 最开始的关注范围集中在建立 NFVI、VIM，以及与其他 NFV 单元的 API 接口，这些合起来构成了 VNF 和 MANO 组件所需的基础设施，图 7-9 描绘了 NFVI 和 VIM 所构成的 OPNFV 关注焦点。以这一平台作为基础，厂商可以通过开发 VNF 软件包和与 VNF 管理及编排相关的软件增加附加值。

196

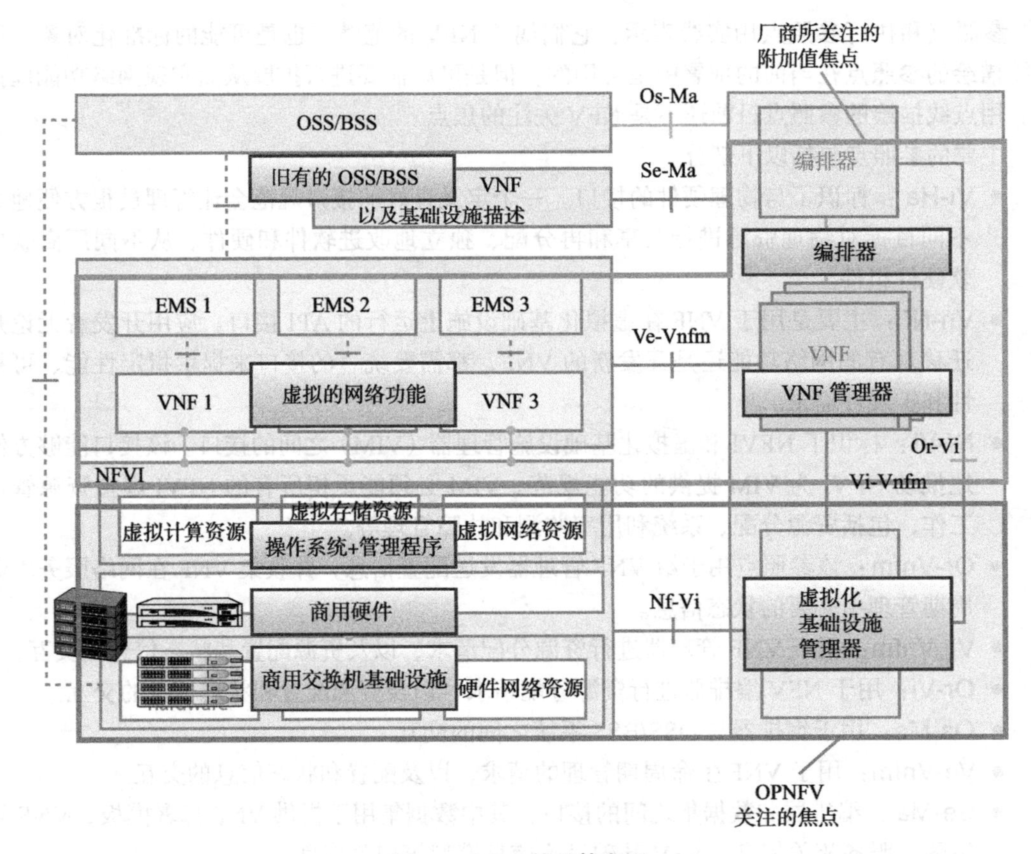


图 7-9　NFV 的具体实现

## 7.6　重要术语

学完本章后，你应当能够定义下列术语。

| | |
|---|---|
| 业务支持系统（BSS） | 开放 NFV 平台（OPNFV） |
| 资产开支（CapEx） | 运维开支（OpEx） |
| 商用现货（COTS） | 入网点（PoP） |
| 固结比 | 缩小规模 |
| 硬件虚拟化 | 扩大规模 |
| 管理程序 | 一类管理程序 |
| 管理程序域 | 二类管理程序 |
| 基于基础设施的虚拟网络 | 虚拟机（VM） |
| 二层虚拟网络 | 虚拟机监视器（VMM） |
| 网络功能虚拟化（NFV） | |

## 7.7　参考文献

**ISGN12:** ISG NFV. Network Functions Virtualization: An Introduction, Benefits, Enablers, Challenges & Call for Action. ISG NFV White Paper, October 2012.

# NFV 功能

我们已经进入一个用廉价、复杂设备实现高可靠性的时代，一定会有些东西随之而来的。

——“我们可能会认为”，Vannevar Bush，《大西洋》，1945 年 7 月

**本章目标**

**学完本章后，你应当能够：**

- 解释 NFV 基础设施中的各个单元及其相互关系。
- 理解与虚拟网络功能相关的关键设计问题。
- 解释 NFV 管理与编排的目的及其运维。
- 列举重要的 NFV 用例。
- 探讨 SDN 和 NFV 之间的关系。

本章对网络功能虚拟化的探讨进行了总结。

198

## 8.1 NFV 基础设施

NFV 体系结构的核心是资源与功能集合，也为称为 NFV 基础设施（NFVI）。NFVI 包括以下三个域，如图 8-1 所示。

- **计算域**：提供商用的大容量服务器和存储设备。
- **管理程序域**：将计算域中的资源居中调配给软件设施中的虚拟机，从而提供对硬件的抽象。
- **基础设施网络域（IND）**：由所有通用大容量交换机构成的互连网络，能配置为提供基础设施网络服务。

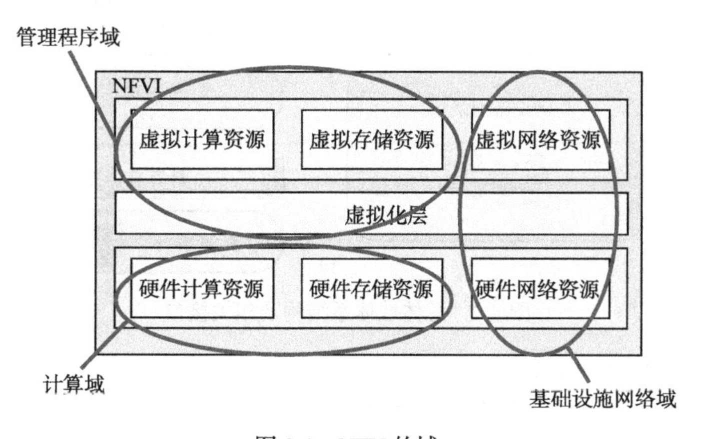


图 8-1　NFV 的域

### 8.1.1　容器接口

在讨论NFVI之前，我们首先需要搞清楚**容器接口**（container interface）这个概念。容器接口概念用在网络功能虚拟化行业标准组（ISG NFV）的文档中，但是，欧洲电信标准研究院（ETSI）的文档也使用了容器这个术语，而且ETSI文档中的容器与容器虚拟化有着不同的意思。NFV基础设施文档指出*容器接口*和*容器*这两个词不应当混淆，在容器虚拟化背景中，也可以认为容器是整个虚拟机。而且这个文档还指出，某些虚拟网络功能是用于管理程序虚拟化的，而其他VNF则是用于容器虚拟化的。在澄清上述概念之后，接下来就对容器接口的概念进行介绍。

199

ETSI的文档对功能模块接口和容器接口进行了区分，它们的定义如下。

- **功能模块接口**：两个软件模块之间的接口，这两个模块分别完成不同的（或者相同的）功能。无论这两个功能模块是否在相同的物理主机上，这个接口使得两个功能模块之间都可以相互通信。
- **容器接口**：一台主机系统中的执行环境，功能模块在该环境中运行。功能模块位于相同的物理主机上，该主机即容器，它提供了容器接口。

容器接口的概念非常重要，因为在讨论NFV体系结构中的虚拟机和VNF以及如何实现功能模块的交互时，很容易会出现忽略所有虚拟化功能必须运行在实际物理主机上的事实。

图8-2描述了容器和功能模块接口与NFVI域结构的关系。

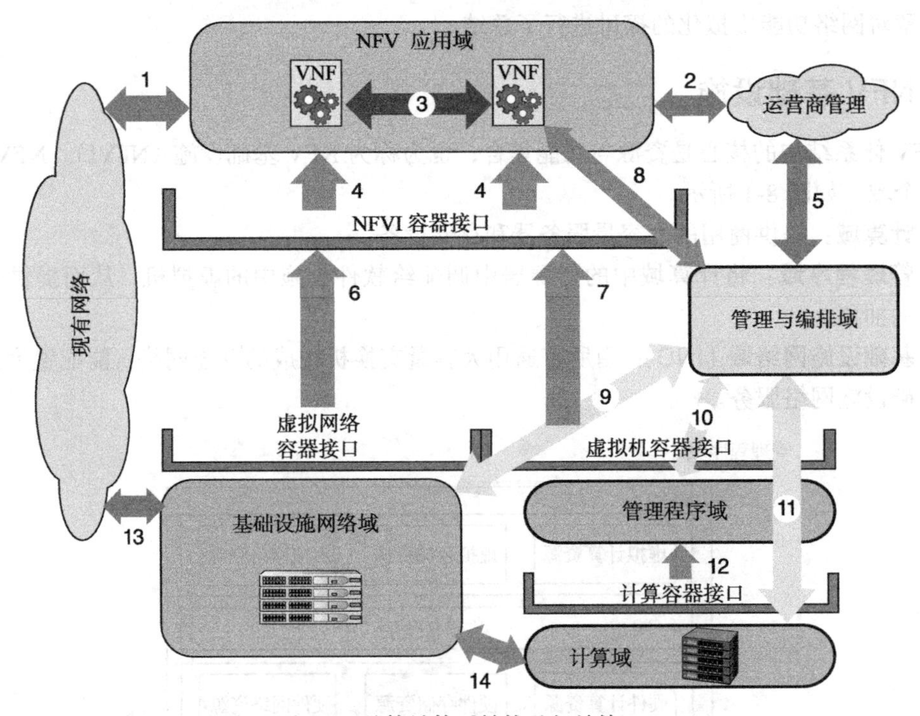


200

图8-2　总体域体系结构及相关接口

ETSI的NFVI体系结构概述文档对图8-2做了以下说明：

- VNF的体系结构与承载VNF的体系结构（即NFVI）是不同的。
- VNF体系结构可以根据NFVI的情况划分为多个域，反之亦然。
- 在现有技术和产业结构下，计算（包括存储）、管理程序、基础设施网络都是大的不同的域，而且在 NFVI 内也是作为不同的域来维护的。

- 管理与编排域正逐步与 NFVI 完全分离以形成自己的域，虽然这两者之间的边界通常只是通过一些重叠部分的单元管理功能进行了松散的定义。
- VNF 域和 NFVI 之间的接口是容器接口而不是功能模块接口。
- 管理与编排功能很可能（以虚拟机形式）位于 NFVI 中，因此，它也很可能位于一个容器接口中。

图 8-2 还描述了如何部署 NFV。从用户角度来看，互连 VNF 的网络是一个虚拟化的网络，物理资源和底层的逻辑细节对用户都是透明的。但是 VNF 和 VNF 之间的逻辑链路都位于 NFVI 容器中，该容器又位于物理主机上的虚拟机和虚拟机容器中，因此，如果我们将 VNF 的体系结构抽象为三个层次（分别为物理资源层、虚拟化层和应用层），那么这三个层次都位于一台物理主机上。当然，这些功能可能分散在多个计算机和交换机上，但是所有应用软件最终会以虚拟化软件的形式运行在同一台物理主机上。这就与 SDN 将数据平面和控制平面分离到不同的物理主机有所区别。SDN 的应用平面可以与控制平面在相同的主机上运行，但是也可以在另一台远程主机上运行。

表 8-1 对图 8-2 中标记的接口进行了描述，表中第 2 列的数字对应着图中箭头的标号。接口 4、6、7 和 12 都是容器接口，该接口两侧的组件都在同一台主机上运行，而接口 3、8、9、10、11 和 14 都是功能模块接口，在绝大部分情况下，这类接口两侧的功能模块都运行在不同的主机上。但是，有时候某些管理与编排软件也可能与其他 NFVI 组件位于相同的主机上。图 8-2 中还有接口 1、2、5 和 13，它们用来与还未在 NFV 中实现的现有网络相连。因为 NFV 文档期望 NFV 将来能用到企业的设施中，所以与非 NFV 网络的交互是不可或缺的。

201

**表 8-1　域体系结构中的域间接口**

| 接口类型 | 序号 | 接口描述 |
| --- | --- | --- |
| NFVI 容器接口 | 4 | 基础设施提供的与主机 VNF 的主要接口，应用可以是分布式的，基础设施提供了虚拟的连接，将应用的分布式组件互连起来 |
| VNF 互连接口 | 3 | VNF 之间的接口。该接口规范不包括也不关心基础设施为功能模块提供连接服务的方法，无论这些模块是主机功能模块，还是分布式的 |
| VNF 管理与编排接口 | 8 | 允许 VNF 请求不同基础设施资源的接口（例如，请求新基础设施的互连服务、分配更多的计算资源或激活 / 取消应用中的其他虚拟机组件） |
| 基础设施容器接口 | 6 | 虚拟网络容器接口：由基础设施提供的与连接服务之间的接口。该容器接口使得基础设施作为互连服务的实例提供给 NFV 应用 |
|  | 7 | 虚拟机容器接口：运行 VNF 虚拟机的主要托管接口 |
|  | 12 | 计算容器接口：运行管理程序的主要托管接口 |
| 基础设施互连接口 | 9 | 和基础设施网络域之间的管理与编排接口 |
|  | 10 | 和管理程序域之间的管理与编排接口 |
|  | 11 | 和计算域之间的管理与编排接口 |
|  | 14 | 计算设备和基础设施网络设备之间的网络互连 |
| 与现有基础设施的互连接口 | 1 | VNF 和现有网络之间的接口，它很可能只是较高的协议层，因为基础设施提供的所有协议对 VNF 都是透明的 |
|  | 2 | 现有管理系统对 VNF 进行的管理 |
|  | 5 | 现有管理系统对 NFV 基础设施进行的管理 |
|  | 13 | 基础设施网络和现有网络之间的接口。它很可能只是较低的协议层，因为 VNF 提供的所有协议对于基础设施都是透明的 |

202

## 8.1.2 NFVI 容器的部署

单台计算或网络主机能同时承载多个虚拟机，每个虚拟机又能承载一个 VNF。托管在某个虚拟机上的 VNF 也称为 VNF 组件（VNFC），而一种网络功能可以由一个 VNFC 虚拟化，也可由多个 VNFC 组合为一个 VNF 来进行虚拟化。图 8-3a 显示了在一个计算结点上的 VNFC 组织结构，其中计算容器接口托管管理程序，而管理程序又托管多个 VM，每个 VM 托管一个 VNFC。

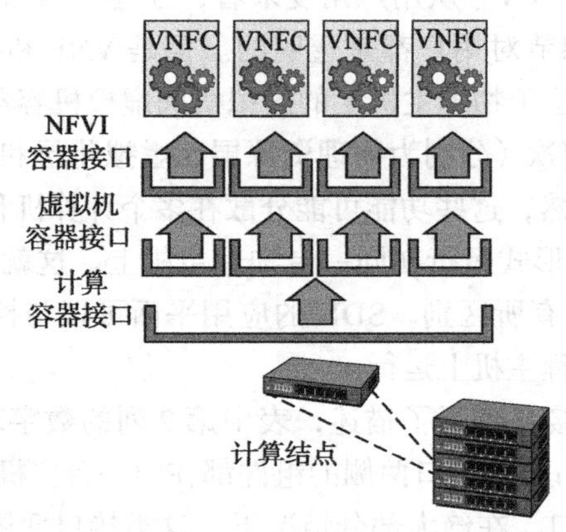


a）一个支持多VNFC的计算平台

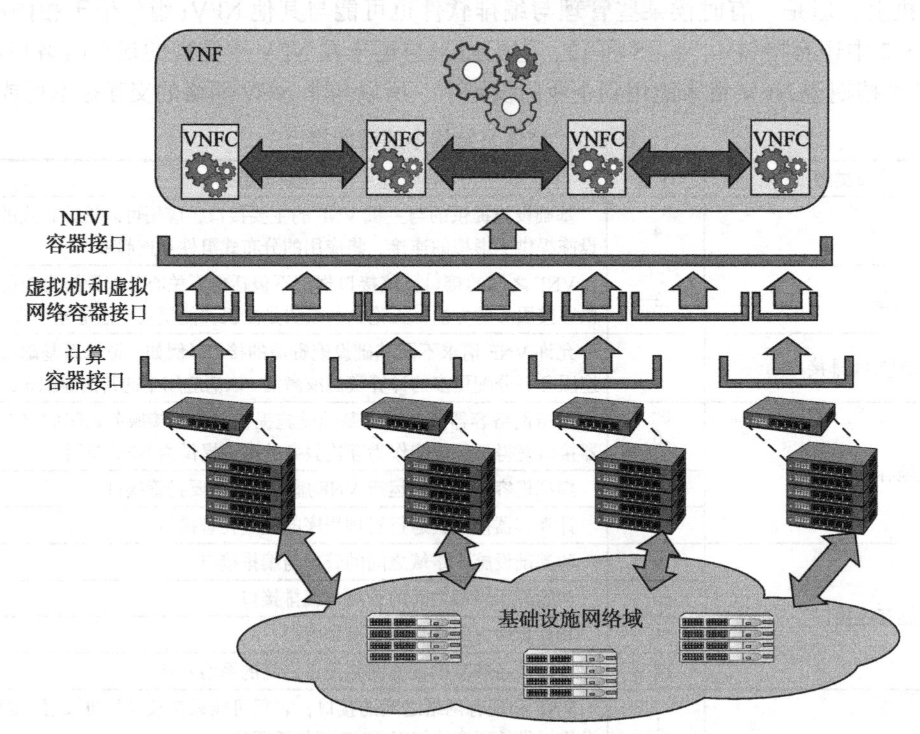


b）一个分布在多个计算平台上的组合式VNF

203

图 8-3　NFVI 容器的部署

当一个 VNF 由多个 VNFC 构成时，所有的 VNFC 不必运行在一台主机上。在图 8-3b 中，VNFC 可以分布在多个计算结点上，这些结点由构成基础设施网络域的网络主机互连起来。

## 8.1.3　NFVI 域的逻辑结构

ISG NFV 的标准文档展示出 NFVI 域的逻辑结构及其互连方式，而该结构中各个单元的具体实现细节则会以开源和私有的方式不断演化。NFVI 域的逻辑结构提供了开发框架，并对主要组件之间的接口进行了标识，图 8-4 显示了该框架及各个接口。

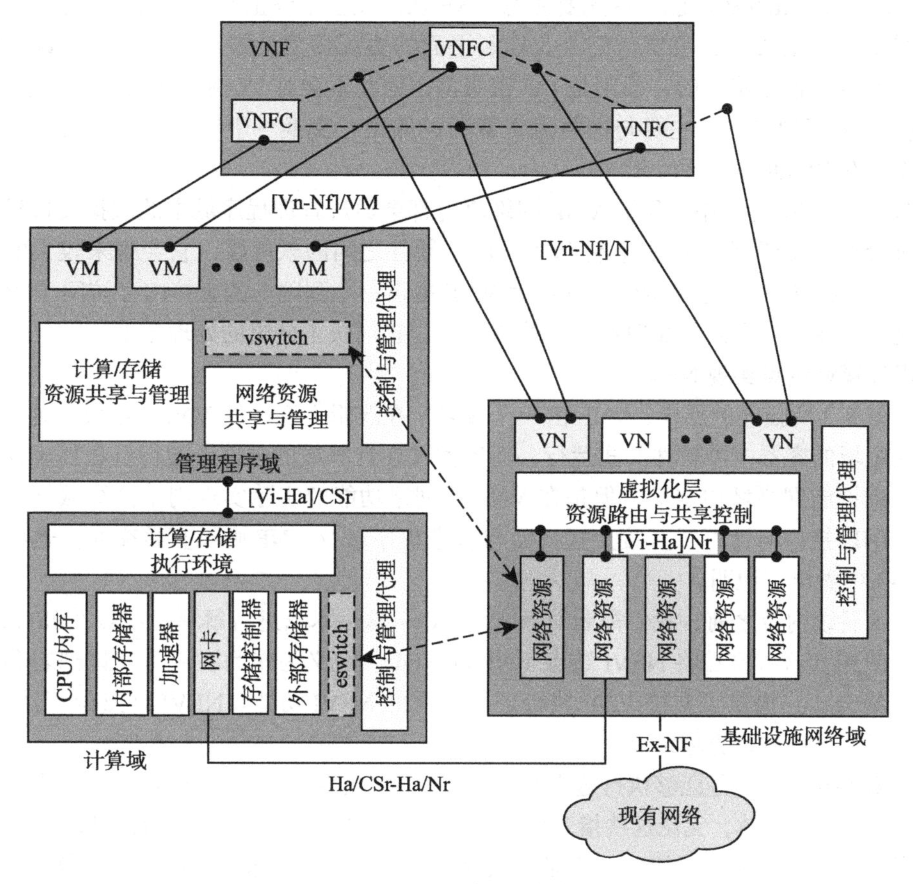


图 8-4　NFVI 域的逻辑结构

204

## 8.1.4　计算域

一个典型的计算域通常包含以下要素。

- **CPU/ 内存**：商用处理器和主内存，用于执行 VNFC 代码。
- **内部存储器**：与处理器位于相同物理结构中的永久性存储器，例如闪存。
- **加速器**：因安全性、联网和分组处理而增加的加速器功能。
- **外部存储器和存储控制器**：辅助存储设备。
- **网卡（NIC）**：提供了与基础设施网络域相连的物理连接，在图中被标记为 Ha/CSr-Ha/Nr，在图 8-2 中对应的是接口 14。
- **控制和管理代理**：用于连接虚拟化基础设施管理器（VIM），具体参见第 7 章的图 7-8。
- **eswitch**：服务器内嵌的交换机，eswitch 的功能在计算域中实现（具体将在下一节介绍），但从功能来说，它构成了基础设施网络域必需的部分。
- **计算 / 存储执行环境**：这是服务器或存储设备供管理程序软件运行的执行环境（其中

的 [VI-Ha]/CSr 对应图 8-2 中的接口 12）。

**网卡** 一种安装在计算机中的适配器电路板，可以提供与网络的物理连接。

**eswitch**

为了理解 eswitch 的功能，首先要注意 VNF 从广义上来说主要进行两类工作。

- **控制平面的工作**：主要与信令及控制平面的协议相关，如 BGP。一般来说，这些工作是处理器密集型的，而不是 I/O 密集型，因此不会对 I/O 系统带来太大的负担。
- **数据平面的工作**：主要与网络流量载荷的路由、交换、中继、处理相关，这些工作会产生较大的 I/O 吞吐量。

在 NFV 等虚拟环境中，所有 VNF 网络流量都会通过管理程序域中的虚拟交换机，该虚拟交换机会调用位于虚拟 VNF 软件和主机联网硬件之间的软件层，它会带来较大的性能衰退。eswitch 的目的是绕过虚拟化软件而为 VNF 提供一个到网卡的直接内存访问（DMA）路径，因此，它在不产生额外处理器开销的前提下，它加快了分组的处理速度。

205

**利用计算域结点实现 NFVI**

正如图 8-3 所描述的那样，VNF 由一个或多个在逻辑上互连的 VNFC 组成，这些 VNFC 在管理程序域的容器中以软件形式运行，而容器又在计算域的硬件上运行。虽然虚拟链路和网络在基础设施网络域中定义，但是在 VNF 层网络功能的实际实现则由计算域结点中的软件组成。IND 接口与计算域直接交互，而与管理程序域及 VNF 则不直接交互。这些内容已经在图 8-3 中做出了说明。

在介绍后续内容之前，我们需要对结点（node）这一术语进行解释。结点在 ISG NFV 文档中经常使用，这些文档将 **NFVI 结点**（NFVI-Node）定义为作为在单个实体部署和管理的物理设备集合，它提供了支持 VNF 执行环境所需的 NFVI 功能。NFVI 结点位于计算域中，并且包括以下类型的计算域结点。

- **计算结点**：它们是能够执行通用计算指令集（该集合中每条指令都有原子性和确定性特点）的功能实体，无论这些指令集在执行时具体的状态如何，执行周期都只有几秒钟到几十纳秒。在实际术语中，它是从内存访问时间的角度来定义的。一个分布式系统无法满足这一执行周期要求，因为对远程内存状态访问的时间就已经超过了这一时长。
- **网关结点**：它们是 NFVI 结点内实现网关功能的可鉴别、可寻址、可管理单元。网关功能为 NFVI 入网点（NFVI-PoP）和传输网络之间提供了互连，它们还将虚拟网络连接到现有的网络组件中。网关可以通过移除和增加分组首部等方式使分组跨越不同的网络。网关可以运行在运输层或应用层来对 IP 分组或数据链路分组进行处理。
- **存储结点**：NFVI 结点内通过计算、存储和网络功能提供存储资源的可鉴别、可寻址、可管理单元。存储在物理上可以以多种方式实现，例如，它能够在计算结点内以组件的形式实现。另一种实现方式是在 NFVI 结点内以独立于计算结点之外的物理结点形式实现。这类存储结点可以是一个能通过远程存储技术（如网络文件系统（NFS）和光纤信道）访问的物理设备。

206

- **网络结点**：它们是 NFVI 结点内通过计算、存储和网络转发功能提供网络资源（如交换和路由）的可鉴别、可寻址、可管理单元。

一个 NFVI 结点内的计算域通常以多个互连的物理设备的方式进行部署。物理的计算域结点可能包括一些多核处理器、内存子系统和网卡等物理资源，这些互连结点的集合构成了

NFVI 结点和 NFVI 入网点（NFVI-PoP）。一个 NFV 服务提供商可能需要维护分布在多个地方的 NFVI 入网点，为各类用户提供服务，每个用户都可以在不同 NFVI 入网点的计算域结点上实现他们的 VNF 软件。

表 8-2 列出了在 ISG NFV 计算域文档中建议的部署场景，这些场景包括如下几部分。

- **集成网络运营商**：一个公司有一批硬件设备，并在这些设备上部署运行 VNF 和管理程序，例如私有云或数据中心。
- **托管多个虚拟网络运营商的网络运营商**：以集成网络运营商场景为基础，在相同设备上托管了其他虚拟网络运营商，例如混合云。
- **托管网络运营商**：一个 IT 服务公司（如惠普、富士通）管理计算硬件、基础设施网络和管理程序，而另一个网络运营商（如 BT 和 Verizon）在此之上运行 VNF。IT 服务公司保证这些 VNF 的物理安全性。
- **托管通信运营商**：与托管网络运营商场景类似，但是这里托管了多个通信服务运营商，例如社区云。
- **托管通信与应用运营商**：与前一个场景类似，但是除了托管网络与通信运营商之外，也提供了数据中心里的服务器，方便用户部署虚拟化应用，例如公有云。
- **用户端的托管网络服务**：与集成网络运营商场景类似，但在这个例子里，NFV 服务提供商的设备位于用户端，例如住宅区或公司内的远程托管网关，以及防火墙、虚拟私有网络网关等远程托管联网设备。 207
- **用户设备端的托管网络服务**：与集成网络运营商场景类似，但在这个例子里，设备位于用户端设备上，该场景可以用于管理企业网，私有云也可以采用这种方式来部署。

**表 8-2　一些实际的部署场景**

| 部署场景 | 建筑物 | 硬件 | 管理程序 | 客户 VNF |
|---|---|---|---|---|
| 集成网络运营商 | N | N | N | N |
| 托管多个虚拟网络运营商的网络运营商 | N | N | N | N, N1, N2 |
| 托管网络运营商 | H | H | H | N |
| 托管通信运营商 | H | H | H | N, N1, N3 |
| 托管通信与应用运营商 | H | H | H | N, N1, N3, P |
| 用户端的托管网络服务 | C | N | N | N |
| 用户设备端的托管网络服务 | C | C | N | N |

说明：不同的字母表示不同的公司或机构，并代表不同的角色（例如，H= 托管提供商，N= 网络运营商，P= 公众，C= 用户）。带数字的网络运营商（N1，N2 等）表示多个独立的托管网络运营商）。

在前文提到的四种云类型的定义请参见美国国家标准与技术研究院（National Institute of Standards and Technology, NIST）的云计算模型（参见第 13 章）。

## 8.1.5　管理程序域

管理程序域是一个将硬件抽象出来，并实现诸如虚拟机开启和关闭、按某种策略执行、改变规模、实时迁移、高可用性等服务的软件环境。管理程序域主要包括以下单元。 208

- **计算 / 存储资源共享与管理**：管理这些计算 / 存储资源，并为虚拟机提供这些虚拟资源的访问。

- **网络资源共享与管理**：管理这些网络资源，并为虚拟机提供这些虚拟资源的访问。
- **虚拟机管理与 API**：为单个 VNFC 实例提供执行环境（[Vn-Nf]/VM，也即图 8-2 中的接口 7）。
- **控制与管理代理**：提供到虚拟化基础设施管理器（VIM）的连接，参见图 7-8。
- **vswitch**：在管理程序域实现的虚拟交换机功能（将在下一段具体描述），但是从功能上来说，它是构成基础设施网络域不可或缺的部分。

vswitch 是由管理程序实现的以太网交换机，它将虚拟机的虚拟网卡和计算结点的网卡进行了互连。如果两个 VNF 位于相同的物理主机上，它们会通过相同的 vswitch 互连，而如果两个 VNF 位于不同的物理主机上，它们之间的连接会通过第一个 vswtich 到达网卡，然后再连到外部交换机上。而这个外部交换机会将数据转发到目的主机的网卡上。最后，目的主机的网卡会将数据转发到它的内部 vswitch 上，并到达目的 VNF。

### 8.1.6 基础设施网络域

基础设施网络域（IND）完成了多项工作，具体包括：

- 为分布式 VNF 的各个 VNFC 提供通信信道。
- 为不同的 VNF 之间提供通信信道。
- 为 VNF 和它们的管理与编排模块之间提供通信信道。
- 为 NFVI 组件和管理与编排模块之间提供通信信道。
- 是 VNFC 远程部署的工具。
- 是与现有运营商网络互连的工具。

图 8-2 描绘了为 IND 所定义的重要参照点。如前文所述，Ha/CSr-Ha/Nr 定义了 IND 和计算域的服务器 / 存储设备之间的接口，它将计算域的网卡连接到基础设施网络域的网络资源上。Ex-Nf（图 8-2 中的接口 13）是与现有 / 非虚拟化网络之间的参照点，而参照点 [Vl-HA]/Nr 是 IND 的硬件网络资源和虚拟化层之间的接口，其中虚拟化层为虚拟网络实体提供了容器接口。参照点 [Vn-Nf]/N（图 8-2 中的接口 7）是虚拟网络容器接口（例如一条链路或一个局域网），它为 VNFC 实例之间传递信息。需要注意的是，一个单独的虚拟网络（VN）可以支持多个 VNFC 实例对之间的通信（例如一个局域网）。

209

管理程序域提供的虚拟化功能和基础设施网络域提供的虚拟化功能有较大的区别。其中管理程序域的虚拟化采用了虚拟机技术为单独的 VNFC 创建执行环境，而 IND 的虚拟化则为 VNFC 之间及其与 NFV 生态系统外部网络结点的互连创建了虚拟网络，这些外部网络结点也称为物理网络功能（physical network function, PNF）。

**虚拟网络**

首先，我们需要了解*虚拟网络*（virtual network）这一术语在 ISG NFV 文档中是怎样使用的。在通常情况下，虚拟网络是更高的软件层对物理网络资源的抽象，虚拟网络技术使得网络运营商能够支持多个虚拟网络，而且这些虚拟网络之间是相互隔离的。虚拟网络的用户不需要了解底层物理网络的细节，也不需要知道共享这些物理网络资源的其他虚拟网络的流量。两种创建虚拟网络的通用方法分别是：（1）基于协议的方法，该方法根据协议首部的字段来定义虚拟网络；（2）基于虚拟机的方法，在该方法中，管理程序创建一组虚拟机并构成一个虚拟网络。NFVI 网络虚拟化结合了这两种方法。

**二层虚拟网络与三层虚拟网络**

根据虚拟网络是在二层（Layer 2, L2）的局域网媒体访问控制（MAC）层还是在三层（Layer 3, L3）的 IP 层进行定义，可以将基于协议的虚拟网络协议划分为两类。对于二层的虚拟网络，虚拟局域网通过 MAC 层首部的字段进行区分，比如 MAC 地址或虚拟局域网号。举个数据中心的例子，所有连接到同一个以太网交换机的服务器和端系统都支持虚拟局域网。现在假设有一台 IP 路由器在数据中心中连接了两个不同的网段，如图 8-5 所示。正常情况下，IP 路由器都会移除到达的以太网帧的 MAC 首部，并增加一个新的 MAC 首部，然后将其转发到下一个网络中。只要在路由器上增加额外的功能来支持二层虚拟网络，比如路由器能对离开的 MAC 帧重新插入虚拟局域网号，就能扩大二层虚拟网络的规模并跨越这个路由器。类似地，如果一个公司有两个通过路由器和专线互连的数据中心，那么路由器通过利用二层虚拟网络的功能就能扩大虚拟网络的规模。

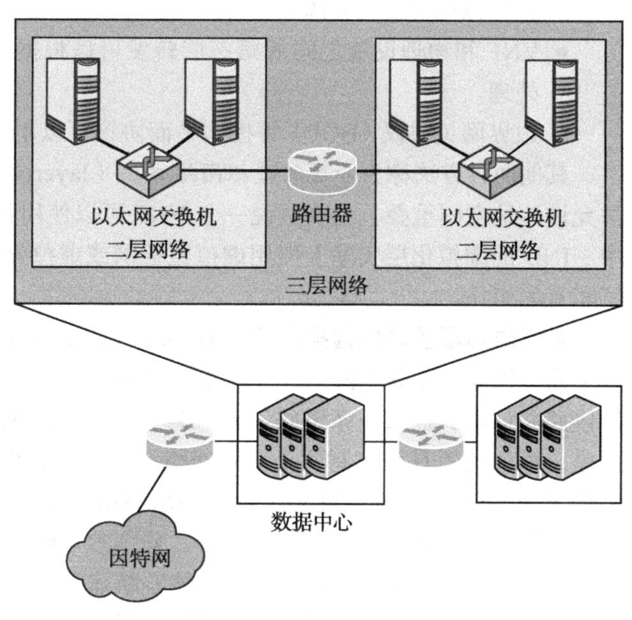


图 8-5　网络虚拟化的层级

三层虚拟网络利用了 IP 首部中的一个或多个字段。一个典型的例子就是虚拟专用网（virtual private network, VPN），它采用了 IPsec 技术。VPN 中传输的分组会在 IP 首部外封装一层新的首部，而且数据也会被加密，从而保证 VPN 的数据在因特网等第三方网络上传输时的隔离性和安全性。

第 9 章将会介绍虚拟局域网和 VPN 的更多相关细节。

**NFVI 虚拟网络的可选方法**

ISG NFV 将虚拟网络定义为 NFVI 上为一个或多个 VNF 提供网络连接的网络结构，因此，虚拟网络的概念超出了 NFV 基础设施的范畴，目前也尚未得到解决。在 NFV 中，虚拟网络就是 VNF 之间的网络。

网络域文档提出了三种提供虚拟网络服务的方法：

210
≀
211

- 基于基础设施的虚拟网络。
- 采用了虚拟覆盖网的分层虚拟网络。
- 采用了虚拟分区的分层虚拟网络。

一个具体的虚拟网络可以采用其中的某种方法实现，也可以采用多种方法相结合的方式实现。

**基于基础设施的虚拟网络**利用了 NFVI 计算与网络组件固有的联网功能，其中对地址空间进行分区以保证虚拟网络中的 VNF 组可以通过 IP 地址来定义。IND 文档给出了以下几种基于三层基础设施虚拟网络的例子：

- 每个 VNF 都分配了唯一的 IP 地址，并且这些地址不能与 NFVI 中其他单元的地址重叠。

- 通过在每个计算结点的第三层转发功能中对访问控制列表进行管理，从而实现 VNF 到虚拟机的逻辑分离。
- VNF 和物理设施之间的第三层转发可以根据位于计算结点上的第三层转发信息库来处理。
- 边界网关协议（BGP）等控制平面协议可以用于通告计算主机之间的 VNF 可达性。

其他两种方法称为*分层的虚拟网络方法*（layered virtual network approach），而这两种方法允许地址空间重叠，也就是说一个 VNF 可以使用相同的 IP 地址加入一个或多个虚拟网络中。IND 的虚拟化层实际上使用虚拟覆盖网或虚拟分区技术在底层的 NFVI 网络架构中创建了私有的拓扑。

**基于虚拟覆盖网的虚拟网络**（virtual overlay VN）使用了覆盖网络的概念。覆盖网络本质上是一层建立在其他网络之上的逻辑网络。可以认为覆盖网中的结点是通过虚拟链路或逻辑链路相连的，而每一条链路都对应着一条在底层网络可能由若干条物理链路组成的路径，但是，覆盖网不具备控制两个覆盖网络结点之间路由选择的能力。在 NFV 环境中，覆盖网是供 VNF 所使用的虚拟网络，底层网络则由基础设施网络资源构成。这些覆盖网通常由边界结点创建，而这些结点有双重身份，分别参与虚拟网络的构建和扮演基础设施网络资源的角色。相比之下，基础设施网络中的核心结点只参与基础设施网络，而且并不知道覆盖网的存在。前面介绍的二层和三层虚拟网络适用于这一类虚拟网络。

基于虚拟分区的虚拟网络则在端到端的基础上直接将虚拟机集成为基础设施网络，这里的虚拟机也称作虚拟网络分区。在基础设施网络的边界结点和核心结点之上同时有许多相互独立的虚拟拓扑，每个拓扑都对应着一个虚拟网络，这里的虚拟网络在端到端的基础上，由跨基础设施网络的虚拟网络转发表、逻辑链路以及控制平面构成。

212

## 8.2　虚拟网络功能

虚拟网络功能是传统网络功能的虚拟化实现，表 8-3 列出了部分能够虚拟化的功能。

表 8-3　可虚拟化的网络功能

| 网络单元 | 功能 |
|---|---|
| 交换单元 | 宽带网络网关，运营商级网络地址转换器，路由器 |
| 移动网络结点 | 归属位置寄存器 / 归属用户服务器，网关，支持通用分组无线服务（GPRS）协议的结点，无线网络控制器，各种结点 B 类功能 |
| 用户端设备 | 家用路由器，机顶盒 |
| 隧道网关单元 | IPsec/ 安全套接字协议层（SSL）虚拟专用网网关 |
| 流量分析 | 深度包检测（DPI），体验质量测量（QoE） |
| 保证 | 服务保证，服务等级约定（SLA）监视、测试和诊断 |
| 信令 | 会话边界控制器，IP 多媒体子系统（IMS）组件 |
| 控制平面 / 访问功能 | AAA（认证、授权和计费）服务器，策略调控平台，动态主机配置协议（DHCP）服务器 |
| 应用优化 | 内容分发网络，缓存服务器，负载均衡器，加速器 |
| 安全性 | 防火墙，病毒扫描程序，入侵检测系统，垃圾邮件防护 |

### 8.2.1　VNF 接口

前文中提到，VNF 由一个或多个 VNF 组件（VNFC）组成，而这些 VNFC 会在内部连接到 VNF，这种内部结构对其他 VNF 以及 VNF 用户是不可见的。

图 8-6 描述了与 VNF 相关的接口。 213

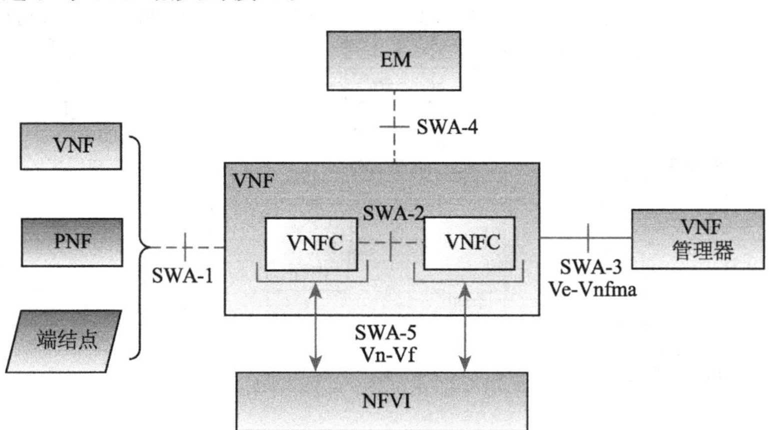


图 8-6 VNF 接口图

- SWA-1：该接口实现了 VNF 与其他 VNF、PNF 以及端结点之间的通信，需要注意的是，这个接口将 VNF 视作一个整体，而不是单独的 VNFC。SWA-1 接口是逻辑接口，它利用了 SWA-5 接口所提供的网络连通性服务。
- SWA-2：该接口实现了 VNF 内 VNFC 之间的通信，它由厂商自己定义，因此不存在标准化的问题。该接口也可以利用 SWA-5 接口提供的网络连通性服务，但是如果某个 VNF 的两个 VNFC 位于相同的主机上，还可以采用其他技术来减少时延，增加吞吐量，这些在后面会具体介绍。
- SWA-3：该接口是到位于 NFV 管理与编排模块内的 VNF 管理器的接口，VNF 管理器负责生命周期管理（包括创建、调整、终止等）。该接口通常利用 IP 以网络连接的方式实现。
- SWA-4：该接口用于单元管理器对 VNF 的运行时管理。
- SWA-5：该接口描述了一个 VNF 可部署实例的执行环境，每个 VNFC 对应着一个与虚拟机相连的虚拟容器接口。 214

## 8.2.2 VNFC 间通信

前文提到，就拥有多个 VNFC 的 VNF 来说，其内部结构对外是不可知的，VNF 以一个单独的功能系统在网络中呈现。但是，一个 VNF 或位于一台主机的多个 VNF 的 VNFC 内部连接需要由 VNF 提供商具体实现，由 NFVI 提供底层支持，由 VNF 管理进行管理。VNF 体系结构文档描述了一些体系结构设计模型，它们计划用于提供想要的性能和服务质量（quality of service, QoS），例如存储或计算资源的访问。这些设计模型一个最重要的方面就是 VNFC 间的通信。

图 8-7 描述了 ETSI VNF 体系结构文档中 6 种使用不同网络技术来支持 VNFC 间通信的场景。

1）通过硬件交换机通信。在这种情况下，虚拟机支持 VNFC 绕过管理程序直接访问物理网卡，这种方式提高了位于不同物理主机的 VNFC 间通信的性能。

2）通过管理程序中的虚拟交换机来通信。这是位于相同位置 VNFC 之间的基本通信方法，但是这种方法无法保证某些 VNF 所需的 QoS 或性能。

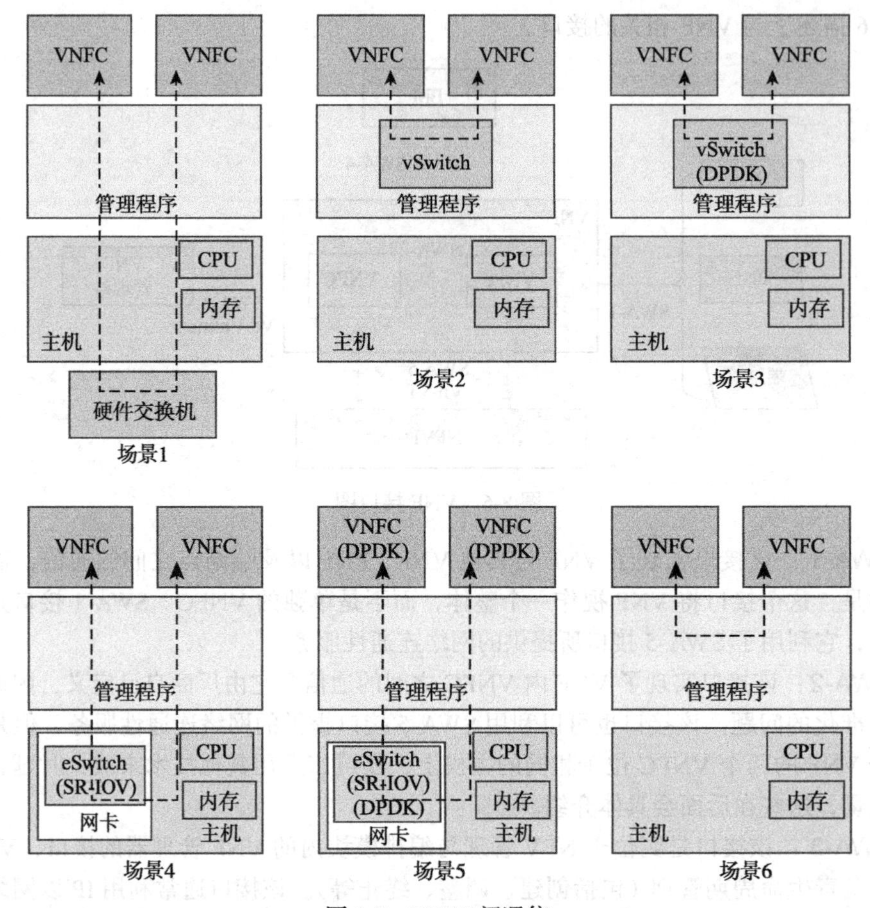


图 8-7 VNFC 间通信

3）利用合适的且与 CPU 兼容的数据处理加速库和驱动能够实现更好的性能，这个库从虚拟交换机中调用。一个商用产品的例子是数据平面开发包（DPDK），它包含一组数据平面库和网卡控制器驱动，能够在英特尔架构的平台上实现快速分组处理。场景 3 中的管理程序是一类管理程序（参见图 7-3）。

4）通过部署在带有单根输入 / 输出虚拟化（SR-IOV）网卡中的内嵌交换机（eswitch）通信。SR-IOV 是一种 PCI-SIG 规范，它定义了将一个设备分成多个 PCI express 请求者 ID（虚拟功能）的方法，该方法允许输入 / 输出内存管理单元（MMU）区分不同的数据流，并应用内存和中断转换，从而使这些数据流能被传输到相应的虚拟机上，并防止那些非特权数据流影响其他虚拟机。

5）部署在带有 SR-IOV 的网卡中的内嵌交换机，同时 VNFC 中也部署了数据平面加速软件。

6）一组总线直接将两个有超高负载或超低时延需求的 VNFC 互连起来。这种方法在本质上采用的是一种输入 / 输出信道而非网卡来通信。

### 8.2.3 VNF 扩展

VNF 的一个重要特性是它的弹性，也即 VNF 具备**扩大或缩小规模**（scale up/down）以及**扩展或缩小功能**（scale out/in）的能力。每个 VNF 都有自己的弹性参数，具体包括无弹性、只能扩大 / 缩小规模、只能扩展 / 缩小功能、既能扩大 / 缩小规模也能扩展 / 缩小功能。

**扩大规模**　通过增加额外的物理主机或虚拟机来扩展虚拟网络功能的能力。

**扩展功能**　扩展一台物理主机或虚拟机的能力。

VNF 通过调整它所属的 VNFC 来实现功能扩展，扩展 / 缩小功能通过增加 / 移除 VNF 所属的 VNFC 实例来实现，扩大 / 缩小规模则通过向 VNF 现有的 VNFC 实例中增加 / 移除资源来实现。

215～216

## 8.3　NFV 管理与编排[⊖]

NFV 管理与编排（MANO）组件的主要功能是对 NFV 环境进行管理与编排。这项任务非常复杂，如果 MANO 还需要与现有的运维支持系统（OSS）以及业务支持系统（BSS）进行交互和协作，从而为由物理和虚拟元素构成的网络环境提供管理功能，MANO 的工作将会变得更为复杂。

图 8-8 显示了 NFV-MANO 及其接口的基本结构，该结构由 ETSI MANO 文档定义。从图中可以看出，总共有五个管理模块，其中三个在 NFV-MANO 内部，另外两个分别是与 VNF 关联的 EMS 以及 OSS/BSS，后两个模块不属于 MANO，但是它们需要与 MANO 交互信息从而对用户的网络环境进行全局性管理。

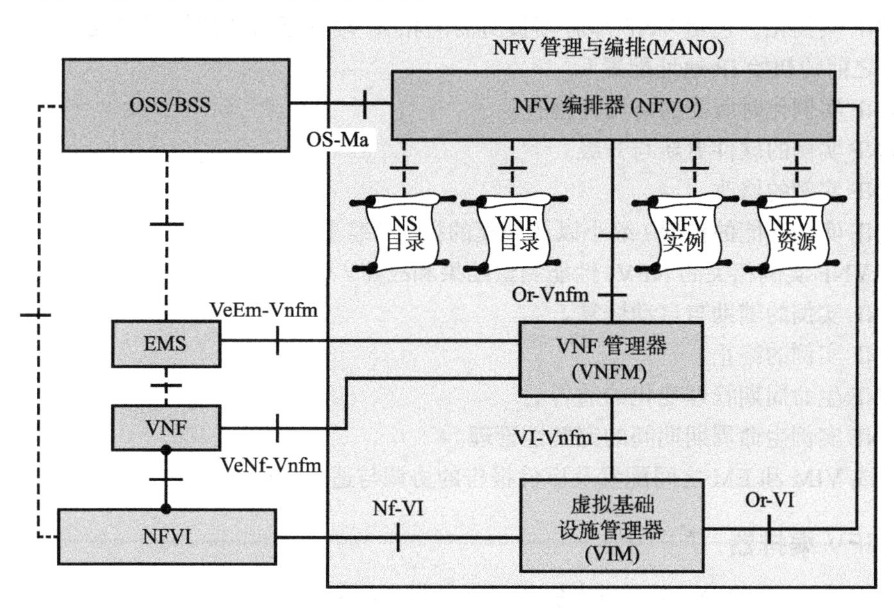


图 8-8　NFV-MANO 体系框架及其参照点

### 8.3.1　虚拟基础设施管理器

虚拟基础设施管理器（VIM）的功能是对 VNF 及其权限内的计算、存储、网络等资源的交互进行管理和控制。一个单独的 VIM 实例负责管理和控制管理员基础设施域内的 NFVI 计算、存储和网络资源，而该域可以由一个 NFVI 入网点的资源、多个 NFVI 入网点的资源或

217

⊖　本节部分资料来源于文献 [KHAN15]。

一个 NFVI 入网点的资源子集构成。对于全网级的网络环境，一个 MANO 需要有多个 VIM。

VIM 主要完成以下工作。

- **资源管理，具体包括：**
    - 统计 NFV 基础设施专属软件（如管理程序）、计算、存储和网络资源的存量。
    - 虚拟设施的分配，例如虚拟机及其对应的管理程序、计算、存储资源和相关网络连接。
    - 基础设施资源的管理与分配，例如为虚拟机增加资源、提高能源使用效率和资源回收等。
- **运维：**
    - NFV 基础设施管理的可视化。
    - 从 NFV 基础设施的角度对性能问题进行溯源分析。
    - 基础设施故障信息的收集。
    - 与资源规划、监视和优化相关的信息的收集。

### 8.3.2　虚拟网络功能管理器

虚拟网络功能管理器（VNFM）主要负责 VNF 的管理。可以在 MANO 中同时部署多个 VNFM，一个 VNFM 对应一个 VNF 或一个 VNFM 为多个 VNF 提供服务。VNFM 主要完成以下工作：

- VNF 实例化，包括 VNF 部署模板所需的相关 VNF 配置（例如在完成 VNF 实例化操作之前的初始 IP 地址配置）。
- VNF 实例化时所需的可用性检查。
- VNF 实例的软件更新与升级。
- VNF 实例的修改。
- VNF 实例功能的扩展 / 缩小以及规模的扩大 / 缩小。
- 与 VNF 实例相关的 NFVI 性能测量结果和故障 / 事件信息的收集。
- VNF 实例的辅助与自动修复。
- VNF 实例的终止。
- VNF 生命周期管理变化的通告。
- VNF 实例生命周期期间的完整性管理。
- 完成 VIM 和 EM 之间配置及事件报告的协调与适应工作。

218

### 8.3.3　NFV 编排器

NFV 编排器（NFVO）主要负责资源和网络服务的编排。

资源的编排主要负责在不同 VIM 的管理下，对资源进行管理和调节。NFVO 对不同的入网点之间或单个入网点内部的 NFVI 资源进行协调、授权、释放和占用，这些工作主要通过与 VIM 的北向接口 API 交互来实现，而不是直接用 NFVI 资源来完成。

网络服务的编排主要管理和调节涉及不同 VNFM 域中 VNF 的端到端服务的创建，它通过以下方式来完成这些工作：

- 它在 VNF 之间创建端到端服务，这项工作是通过与各自的 VNFM 协调而实现的，这样就不需要直接与 VNF 打交道。一个例子就是在某个厂商的基站 VNF 与另一个厂商的核心结点 VNF 之间建立服务。

- 它能在适当之处对 VNFM 进行实例化。
- 它对网络服务实例的拓扑进行管理（也称为 VNF 转发图）。

### 8.3.4 仓库

与 NFVO 相关的是四种信息仓库，这些信息主要用于管理与编排功能。

- **网络服务目录**：可用网络服务列表。网络服务目录中存储了可供将来使用的可部署模板，这些模板与 VNF 相关，并描述了它们之间虚拟链路的连通性。
- **VNF 目录**：包括所有可用 VNF 描述符的数据库。VNF 描述符（VNFD）描述了 VNF 的部署和操作行为需求，VNFM 在 VNF 实例化过程中和 VNF 实例的生命周期管理中会用到它。VNFD 提供的信息也可以被 VNFO 用于管理与编排网络服务以及 NFVI 的虚拟资源。 219
- **NFV 实例**：包含网络服务实例和相关 VNF 实例细节的列表。
- **NFVI 资源**：用于创建 NFV 服务的 VNFI 资源列表。

### 8.3.5 单元管理

单元管理主要负责 VNF 的故障、配置、计费、性能和安全（FCAPS）管理，这些管理功能同样也是 VNFM 的职责。但是相对于 VNFM 来说，单元管理能够通过与 VNF 之间的私有接口来完成这项管理工作。然而，单元管理需要确保它能通过开放的参照点（VeEm-Vnfm）与 VNFM 交互信息。单元管理可能需要感知虚拟化，并与 VNFM 协作从而完成这些功能，而这些功能需要交互与 VNF 相关的 VNFI 资源信息。单元管理的功能如下。

- 配置由 VNF 提供的网络功能。
- 对 VNF 提供的网络功能进行故障管理。
- 对 VNF 功能的使用进行计费。
- 收集 VNF 所提供功能的性能测量结果。
- 对 VNF 功能进行安全管理。

### 8.3.6 OSS/BSS

OSS/BSS 用于与管理员的其他操作和业务支持功能的结合，这些功能在现有的体系框架中并没有明确描述，但是将来与 NFV-MANO 体系框架中的功能模块会有信息交互。OSS/BSS 可以提供对旧有系统的管理与编排，还能对运营商网络中旧有网络功能所提供的服务实现完全的端到端可视化。

原则上来说，可以通过扩展现有 OSS/BSS 的功能来直接管理 VNF 和 NFVI，但是可能需要针对厂商进行专门的实现。由于 NFV 是一个开放的平台，通过开放的接口（如 MANO 中的接口）来管理 NFV 实体更为合理，但是现有的 OSS/BSS 可以通过提供尚未被 NFV MANO 支持的附加功能来增加 NFV MANO 的价值。这些工作可以通过 NFV MANO 和现有 OSS/BSS 之间的开放参照点（Os-Ma）来完成。 220

## 8.4 NFV 用例

ISG NFV 已经部署了一些具有代表性的服务模型和高层用例，这些模型和用例可以通过 NFV 来解决。这些用例的目的主要是为了推动相关标准和产品的进一步发展，以实现全网级的实现。用例文档标记和描述了第一类服务模型和高层用例，这些模型和用例在 NFV ISG 成员公司的观点来看代表重要的服务模型和 NFV 应用的初始领域，跨越了 NFV ISG 已解决的技术挑战。

当前总共有 9 个用例，这些用例分为体系结构用例和面向服务用例，表 8-4 介绍了这些用例。

表 8-4　ETSI　NFV 用例

| 用例 | 描述 |
|---|---|
| **体系结构用例** | |
| 网络功能虚拟化基础设施即服务（NFVIaaS） | 在 NFVI 作为服务时，提供了将云计算服务模型中的基础设施即服务（IaaS）和网络即服务（NaaS）映射为要素的方法 |
| 虚拟网络功能即服务（VNFaaS） | 虚拟化在企业中的应用，它提供了一种开销更低的模型，在这个模型中管理员提供服务，而企业则消耗它所要求的资源 |
| 虚拟网络平台即服务（VNPaaS） | 与 VNFaaS 类似，但是在这个用例中，企业可以自己部署或引入 VNF 实例 |
| VNF 转发图 | 通过组合来建立端到端服务 |
| **面向服务用例** | |
| 移动核心网和 IMS 的虚拟化 | 包含移动分组核心网和 IMS 的虚拟化 |
| 移动基站虚拟化 | 包含移动无线接入网到标准服务器的虚拟化 |
| 家庭环境虚拟化 | 包含 CPE 的虚拟化，例如机顶盒住宅网关 |
| CDN 虚拟化（vCDN） | 包含内容分发网络的虚拟化，它支持一个扩展性更高、非峰值开销更低的运维模型 |
| 固网接入 NFV | 包含固网接入基础设施虚拟化，它能优化部署开销，并与无线接入结点一同部署 |

221

## 8.4.1　体系结构用例

这四种体系结构用例主要关注如何提供多用途服务以及基于 NFVI 体系结构的应用。

**NFVI 即服务**

在 NFVIaaS 场景下，服务提供商实现和部署了 NFVI，而该 NFVI 能够被 NFVIaaS 提供商和其他网络服务提供商用来支持 VNF。对于 NFVIaaS 提供商来说，该服务提供了规模经济，基础设施可以用于满足提供商自己部署 VNF 的需要，提供商还可以将额外的资源出售给其他服务提供商。NFVIaaS 客户可以使用其他服务提供商的 NFVI 来提供服务，这样这些客户就能灵活而快速地部署 VNF，以增加新服务或者扩大现有服务的规模。这种服务对云计算提供商非常有吸引力。

图 8-9 描绘了一个例子 [ONF14]，在这个例子中服务提供商 X 提供了一个虚拟化的负载均衡服务，运营商 X 的一些客户需要对某些位置上的服务进行负载均衡，这些位置上的 NFVI 不归运营商 X 负责，而由另一个运营商 Z 负责。NFVIaaS 为运营商 Z 提供了一种将 NFV 基础设施（计算、网络、管理程序等）租借给运营商 X 的方法，这样 X 就能访问这些基础设施，否则这些基础设施会非常昂贵。而通过租用的方式，这些资源可以按需索取，从而根据需要控制规模。

**VNF 即服务**

NFVIaaS 与基础设施即服务（IaaS）的云模型非常类似，而 VNFaaS 则与软件即服务

（SaaS）云模型非常类似。NFVIaaS 提供了虚拟化基础设施，从而使得网络服务提供商能够用更少的时间和开支来开发及部署 VNF，而不需要自己部署和实现 NFVI 及 VNF。而如果有了 VNFaaS，服务提供商就可以开发一些可以直接销售给客户的 VNF，这种模型非常适合对用户端设备（例如路由器和防火墙）进行虚拟化。

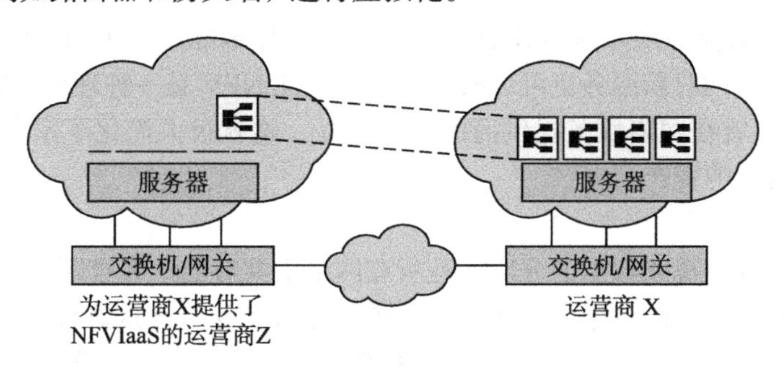


图 8-9　NFVIaaS 案例

**虚拟网络平台即服务**

VNPaaS 与将 VNF 作为虚拟网络基础设施组件的 NFVIaaS 非常相似，它们的主要区别是 VNPaaS 的编程能力和开发工具，这些工具允许用户创建和配置与 ETSI NFV 兼容的 VNF，从而增加服务提供商提供的 VNF 目录。这样，所有第三方和定制的 VNF 都可以通过 VNF 转发图（VNF FG）来编排。

**VNF 转发图**

VNF FG 允许虚拟设备以灵活的方式来组链，这种技术也称为**服务链**（service chaining）。举个例子，一条流需要按序穿过网络监视 VNF、负载均衡 VNF 和防火墙 VNF。VNF FG 用例基于信息模型，该模型将 VNF 和物理实体描述为合适的管理 / 编排系统由服务提供商使用。这个模型还描述了实体的特征，包括每个 VNF 的 NFV 基础设施需求、VNF 之间所需的连接以及 IaaS 服务中的物理网络。为了确保端到端服务所需的性能和弹性，该信息模型必须在图中为每个 VNF 指定容量、性能和弹性需求。为了满足 SLA，管理与编排系统需要对服务图中的结点和链路进行监视。理论上，一个 VNF FG 可以跨越多个网络服务提供商的设备。

## 8.4.2　面向服务用例

这些用例关注为端用户提供服务，这里底层的基础设施对于用户是透明的。

**移动核心网和 IP 多媒体子系统的虚拟化**

移动蜂窝网络经过演化已经包含了各种互连网络功能单元，它们通常包括大量专用的硬件设施。NFV 的目标是通过利用标准的 IT 虚拟化技术将不同类型的网络设备整合到位于 NFVI 入网点的商用标准大容量服务器、交换机和存储设备上，从而降低网络的复杂性以及相关的运维问题。

222
~
223

**移动基站的虚拟化**

本用例的焦点是移动网络中的无线接入网（radio access network, RAN）设备。RAN 是电信系统的一部分，它通过无线技术接入到移动网络服务提供商的核心网。RAN 至少包括用户端的硬件或者用于访问移动网络的基站的移动设备，一些 RAN 功能可以被虚拟化为运行在商用标准基础设施上的 VNF。

**家庭环境的虚拟化**

本用例用于解决将网络服务提供商设备作为用户端设备放置于住宅区的情况。这些用户端设备标明了运营商/服务提供商在用户端的接入点，它们通常包括用于因特网和IP电话服务所需的住宅区网关（例如用于数字用户线[DSL]或电缆的调制解调器/路由器），以及可以存储个人视频录像等多媒体服务的机顶盒。NFV技术能用很少的开销和时间将以前分散的功能集中起来，同时新服务也可以按需扩充，因此NFV是一种理想的实现方法。此外，VNF可以将服务部署在网络服务提供商的入网点处，这就极大简化了家庭的电子环境，降低了端用户和运营商的资产开支。

**CDN的虚拟化**

内容分发，特别是视频数据的分发，是所有网络中共有的一大难题，因为网络要向端用户传输大量且呈持续增长的流量。视频流量的增长是由多种因素驱动的，包括视频分发从广播方式到利用IP进行单播传输的改变、用于视频消耗的各种设备以及IP网络在帧频等方面提供了越来越好的视频质量。

与现在视频流量日渐增长相对应的是，用户对质量的需求也在不断提高：因特网成为为端用户提供直播和点播服务越来越重要的平台，而且因特网所提供的服务在质量上已经与传统的电视服务不相上下。

一些因特网服务提供商开始在自己的网络中部署私有的内容分发网络（Content Delivery Network, CDN）缓存结点，以改善视频和其他高带宽服务的传输。这些缓存结点通常部署在专用的设施上，这些设施位于定制的或工业标准服务器平台上。CDN的缓存结点和控制结点实际上也可以进行虚拟化，而CDN虚拟化的好处与其他NFV用例（如VNFaaS）相似。

224

**固定接入网的功能虚拟化**

NFV具备将混合光纤/铜缆接入网络和无源光网络（passive optical network, PON）的远程功能虚拟化为家庭和混合光纤/无线接入网的潜能。该用例能通过将一些复杂的处理迁移到距离网络更近的地方从而降低成本，还有一个额外的好处是虚拟化支持多租户，因此多个机构实体能得到或直接控制一个虚拟接入结点的专用分区。最后，将宽带接入结点虚拟化还能使得位于相同区域的无线接入结点在通用NFV平台框架（也即NFVI-PoPs）下协同工作，从而降低部署成本和总体能耗。

不同用例的相对重要性说明可以参见一份由工业界各个领域176名网络专家参与的调查问卷，在文献《2015年SDN和NFV指南》[METZ14]中有相关介绍。问卷的受访者被问到有哪两项用例会在未来两年的市场中得到最大的推广，表8-5展示了问卷结果。表8-5中的数据表明尽管IT机构对许多ETSI定义的用例较为感兴趣，但是对NFVIaaS用例的兴趣度最高。

**表8-5 ETSI NFV用例兴趣度**

| 用例 | 投票者比例 |
|---|---|
| 网络功能虚拟化设施即服务 | 51% |
| 虚拟网络功能即服务 | 37% |
| 移动核心网和IMS的虚拟化 | 32% |
| 虚拟网络平台即服务 | 22% |
| 固定接入网功能虚拟化 | 13% |
| CDN虚拟化 | 12% |
| 移动基站虚拟化 | 11% |
| 家庭环境虚拟化 | 4% |
| VNF转发图 | 1% |

## 8.5 SDN与NFV

在过去的几年里，SDN和NFV是网络领域最热门的话题，各种标准都集中在这两种技术上，而且大量厂商都宣称要参加或已经参与这两个领域的产品研发。这两种技术在实现和部署上都是相互独立的，但是现有研究表明这两者之间存在较大的协作空间。SDN 和 NFV 随着时间的变化会越来越紧密地协作，并提供一种广泛统一的、基于软件的网络方法来对网络设备和网络资源进行抽象与编程控制。 225

SDN 和 NFV 之间的关系可以看作为 SDN 功能是 NFV 的推动者。NFV 的一大难题是如何更好地让用户配置网络，从而使得运行在服务器上的 VNF 能连接到网络的合适位置，与其他 VNF 之间保持合适的连通性，并得到想要的服务质量。有了 SDN，用户和编排软件就能动态配置网络以及 VNF 的分发和互联。如果没有 SDN，NFV 就不得不采用更多人工干预的方式，特别是当超出 NFVI 范畴的资源也是整个环境一部分的时候。

Kemp 的技术博客 [MCMU14] 中给出了一个负载均衡的例子，在这个例子中，负载均衡服务实现为 VNF 实体。如果对负载均衡的容量要求提高了，网络编排层会快速加载新的负载均衡实例，并调整网络交换基础设施以适应流量模式的变化。然后，进行负载均衡的 VNF 实体可以与 SDN 控制器进行交互，以评估网络性能和容量，并利用这些信息更好地对流量进行均衡，甚至请求额外的 VNF 资源。

ETSI 认为 NFV 可以和 SDN 通过下列方法进行互补：

- SDN 控制器与 NFVI 网络域的网络控制器概念相融合。
- SDN 在 NFVI 物理和虚拟资源编排中发挥着重要作用，并实现配给、网络连接配置、带宽分配、自动化操作、监管、安全保障和策略控制等功能。
- SDN 提供网络虚拟化，以满足 NFVI 支持多租户的需求。
- 利用 SDN 控制器实现转发图从而提供自动的服务链配给，同时保证较强的和满足一致性的安全性与其他策略。
- SDN 控制器以 VNF 形式运行，并作为包含其他 VNF 的服务链的一部分。例如，最开始在 SDN 控制器上开发的应用和服务可以在其他 VNF 中执行。

图 8-10 来源于 ETSI VNF 体系结构文档，描述了 SDN 和 NFV 之间潜在的关系，图中的箭头部分描述如下： 226

- 支持 SDN 的交换机 /NE 包括物理交换机、管理程序虚拟交换机和网卡上的嵌入式交换机。
- 利用基础设施网络 SDN 控制器创建的虚拟网络提供 VNFC 实例之间的连接服务。
- SDN 控制器也可以虚拟化，并以包含了自己 EM 和 VNF 管理器的 VNF 的方式运行。这里的 SDN 控制器可用于物理基础设施、虚拟基础设施以及虚拟和物理网络功能。此外，其中的某些 SDN 控制器可位于 NFVI 或管理与编排（MANO）功能模块中（在图 8-10 未标识出来）。
- 支持 SDN 的 VNF 包括所有可以由 SDN 控制器控制的 VNF（例如虚拟路由器、虚拟防火墙等）。
- SDN 应用也可以是 VNF，例如服务链应用。
- Nf-Vi 接口允许管理支持 SDN 的基础设施。
- Ve-Vnfm 接口用于 SDN VNF（SDN 控制器 VNF，SDN 网络功能 VNF，SDN 应用 VNF）和它们各自生命周期管理器之间。
- Vn-Nf 允许 SDN VNF 访问 VNFC 接口之间的连接服务。

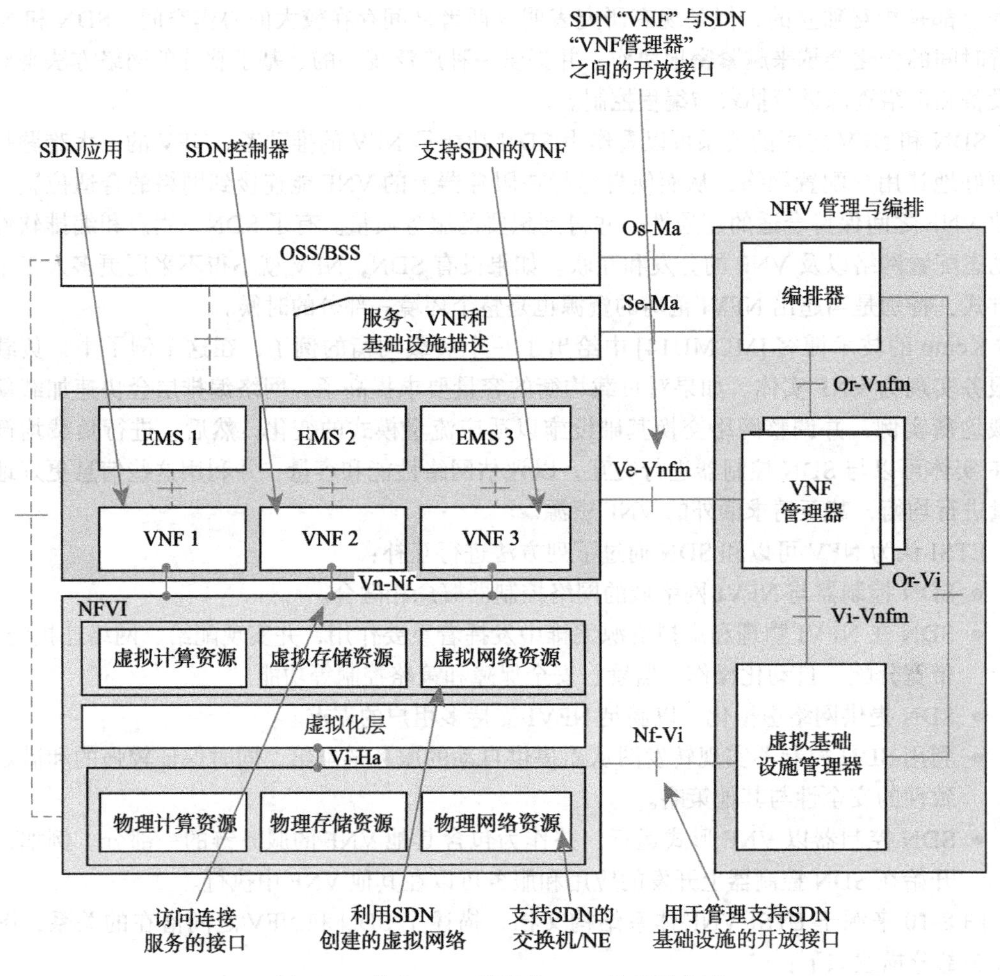


图 8-10　带有 SDN 组件的 NFV 体系结构图

## 8.6　重要术语

学完本章后，你应当能够定义下列术语。

| | |
|---|---|
| 计算域 | NFV 基础设施（NFVI） |
| 计算结点 | NFV 编排器 |
| 容器 | NFVI 域 |
| 容器接口 | 运维支持系统 |
| 内容分发网络（CDN） | 参照点 |
| 深度包检测 | 扩展功能 |
| 单元管理 | 扩大规模 |
| 单元管理系统（EMS） | 服务链 |
| 转发图（FG） | 存储结点 |
| 功能模块接口 | 虚拟网络 |
| 网关结点 | 虚拟覆盖网 |
| 管理程序 | 虚拟分区 |

管理程序域
基础设施网络域（IND）
三层虚拟网络
分层虚拟网络
网卡
网络结点
NFV 管理与编排（MANO）
虚拟基础设施管理器
虚拟化
虚拟化容器
虚拟网络功能（VNF）
VNF 管理器
vswitch

227
~
228

## 8.7 参考文献

**KHAN15:** Khan, F. *A Beginner's Guide to NFV Management & Orchestration (MANO)*. Telecom Lighthouse. April 9, 2015. http://www.telecomlighthouse.com.

**MCMU14:** McMullin, M. "SDN is from Mars, NFV is from Venus." *Kemp Technologies Blog*, November 20, 2014. http://kemptechnologies.com/blog/sdn-mars-nfv-venus.

**METZ14a:** Metzler, J. *The 2015 Guide to SDN and NFV.* Webtorials, December 2014.

**ONF14:** Open Networking Foundation. *OpenFlow-Enabled SDN and Network Functions Virtualization.* ONF white paper, February 17, 2014.

229

第 9 章



# 网络虚拟化

近些年，计算机与通信系统联系越来越密切，一方面计算机对通信系统的改进产生了深远的影响，另一方面通信系统又扩展了计算机的使用范围。

——什么能实现自动化？

计算机科学与工程研究，国家自然科学基金，1980 年

**本章目标**

**学完本章后，你应当能够：**

- 理解虚拟局域网（VLAN）的概念以及三种定义 VLAN 的方法。
- 概要描述 IEEE 802.1Q 标准。
- 解释 OpenFlow 如何支持 VLAN。
- 理解虚拟专用网的概念。
- 了解网络虚拟化的定义。
- 理解 OpenDaylight 的虚拟租用网的运维。
- 总结软件定义基础设施的概念。
- 探讨软件定义存储。

定义虚拟网络的相关机制已经使用了许多年，虚拟网络的好处在于：

- 它允许用户构建和管理网络，这些网络可独立于底层物理网络，并且相同物理网络之上的虚拟网络是相互隔离的。
- 它让网络提供商能高效地使用网络资源，并满足各种用户需求。

230

本章从两种已经广泛使用的虚拟网络技术，虚拟局域网（VLAN）和虚拟专用网（VPN）的介绍开始，然后讨论更一般化和更广泛的网络虚拟化概念。在学习一些简单的例子之后，你将了解到网络虚拟化的体系结构以及这种方法所带来的好处。本章还会介绍 OpenDaylight 的虚拟租用网，虽然它采用 VLAN 技术实现，但是展现出了许多网络虚拟化的特征。最后，本章将介绍软件定义基础设施的相关知识，包括软件定义网络（SDN）、网络功能虚拟化（NFV）以及网络虚拟化等方面的诸多概念。

## 9.1 虚拟局域网

图 9-1 显示了一个比较常见的层次化局域网场景，在这个例子中，局域网中的设备分为四个部分，每个部分都通过以太网交换机相连。**以太网交换机**（LAN switch）是采用存储转发方式来实现分组转发的设备，它可用于端系统的互连，从而构成一个局域网网段。交换机可以将一个**媒体访问控制**（media access control, MAC）**帧**从源设备转发到目的设备，也可以将帧从源设备广播到所有其他设备上。多个交换机互连可以将几个局域网网段构成一个更大的局域网。局域网交换机还可以与传输链路、路由器或者其他网络设备相连从而提供到因特

网或其他广域网的连接。

**以太网交换机** 一种转发分组的网络设备，用于（1）互连一个区域内的端系统，并形成局域网网段；（2）连接其他局域网交换机，从而形成一个更大的局域网；（3）提供与路由器以及其他网络设备的连接，从而与广域网相连。

**MAC 帧** 包括源和目的地址、协议控制信息和可选数据项等内容的比特集合，它是以太网和 Wi-Fi 无线局域网数据传输的基本单元。

传统的交换机只工作在 MAC 层，现在的交换机则可以提供更多的功能，例如多层感知（三层、四层和应用层）、支持 QoS 和作为广域网主干等。

在图 9-1 中，有三个逻辑上位于底层的组分别对应于不同的部门，这些部门在物理上是相互隔离的，而一个逻辑上位于高层的组对应于集中式的服务器区域，它供所有部门共用。

下面我们考虑一个来自工作站 X 的 MAC 帧的传输过程，假设该帧的目的 MAC 地址是工作站 Y，那么这个帧就会从 X 传输到本地交换机，然后沿着链路前往 Y。如果 X 所发送的帧的目的地址为 Z 或 W，那么本地交换机就会将 MAC 帧转发给相应的交换机，从而到达所期望的目的地。所有这些过程都是**单播寻址**的例子，也就是说 MAC 帧中的目的地址是唯一的。MAC 帧也可以用**广播地址**，这样的话所有局域网中的设备都会收到该帧的一个副本，因此如果 X 发送了一个目的地址是广播地址的帧，那么图 9-1 中所有设备都会收到帧的一个副本。所有能互相收到广播帧的设备集合也就是**广播域**。

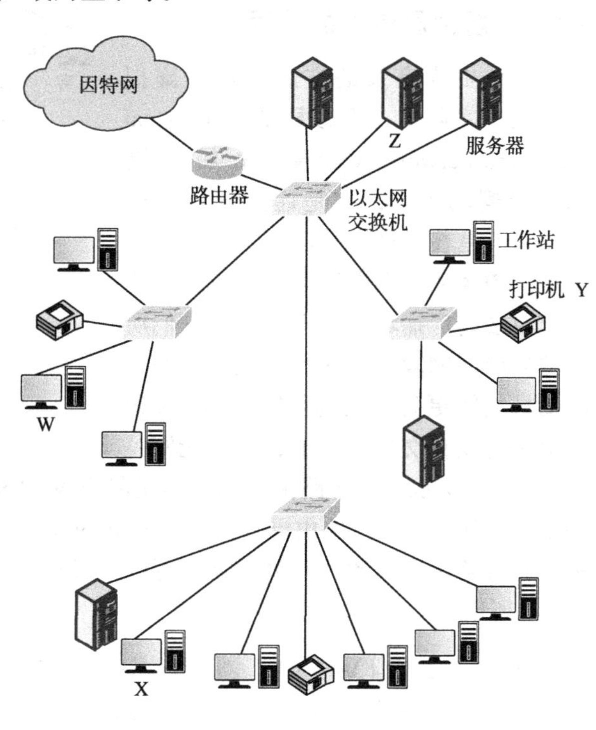


图 9-1 一个局域网场景

在许多情况下，广播帧有特殊的用途，比如网络管理或某些告警信息的传输等，这些信息只在本地网络中有意义。因此在图 9-1 中，如果一个广播帧的信息只对特定群体有用，那么局域网其他部分或其他交换机的传输资源就会被浪费。

一种提高效率的简单方法就是在物理上将局域网划分为多个相互隔离的广播域，如图 9-2 所示。在图中，四个相互隔离的局域网通过路由器相连，在这种情况下，从 X 发出的广播帧只会转发给与 X 连接在相同交换机上的设备。一个由 X 发给 Z 的 IP 分组的处理过程如下：X 首先会确定该 IP 分组的下一跳是路由器 V，该信息会向下传递到 X 的 MAC 层，该层会根据 IP 分组内容生成一个 MAC 帧，且该帧的目的 MAC 地址为路由器 V；当 V 接收到该帧，它会去掉 MAC 首部，确定目的地址，然后将该 IP 分组封装为一个新的 MAC 帧，且该帧的目的 MAC 地址为 Z；该帧随后被转发给相应的以太网交换机进行下一步传递。

231
~
232

这种方法的缺点是流量模式与设备的物理分布不对应。举个例子，某些工作站可能会产生大量流量，而这些流量集中到一个中央服务器上，然后随着网络规模的扩大，更多的路由器需要加入到网络中以将用户分隔到不同的广播域，同时还要保证广播域之间的互连。这样，路由器会产生比交换机更大的时延，因为路由器要处理更多的分组首部才能确定目的地，将数据路由到最终的端结点上。

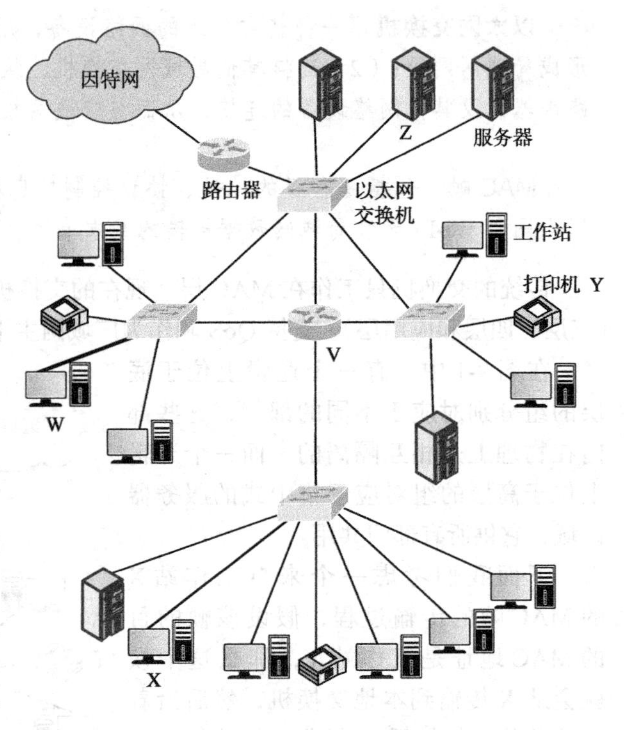

图 9-2　一个隔离后的局域网

### 9.1.1　虚拟局域网的使用

一种更为有效的方法是创建虚拟局域网。实际上，**虚拟局域网**（virtual local-area network, VLAN）是局域网的一个逻辑子集，它是通过软件创建的，而不是在物理上移动和隔离设备来实现。VLAN 将用户和网络设备组合成一个单独的广播域，而不用考虑它们所在的局域网网段，它还允许流量在两个广播域之间更为高效地传输。VLAN 逻辑上是建立在交换机之上，而功能则是在 MAC 层实现。由于路由器的目标是隔离 VLAN 内部的流量，路由器需要建立 VLAN 到 VLAN 之间的链路。路由器可以作为独立的设备来工作，这时 VLAN 与 VLAN 之间的流量都要经过路由器，此外，路由器还可以集成在交换机中作为交换机的一部分来实现，正如图 9-3 所示。

**虚拟局域网（VLAN）** 虚拟网络是在物理分组交换网之上的抽象。一个 VLAN 本质上是一个特定交换机集合的广播域，这些交换机需要能感知到 VLAN 的存在，并进行相应配置来实现位于相同 VLAN 内设备之间的分组交换。

VLAN 技术可以让部门分散在公司各个地方，同时还保持部门的标识，例如，财务部门可以同时分布在车间、研发中心、现金支付办公室和公司办公室，而在逻辑上它们位于相同的虚拟网络内，彼此间共享流量。

图 9-3 定义有 5 个 VLAN，从工作站 X 到服务器 Z 的传输是在同一个 VLAN 内部进行的，因此它在 MAC 层完成了交换，效率非常高，而 X 发送的广播 MAC 帧会被转发到所有位于相同 VLAN 内的设备上。从 X 到打印机 Y 的传输则跨越了不同的 VLAN，因此，IP 层的路由器就需要将 IP 分组从 X 转发到 Y。图 9-3 显示了集成在交换机内的路由逻辑，交换机需要确定到达的 MAC 是否要发送给相同 VLAN 内的设备，如果不是就需要在 IP 层对这个 IP 分组进行路由。

233～234

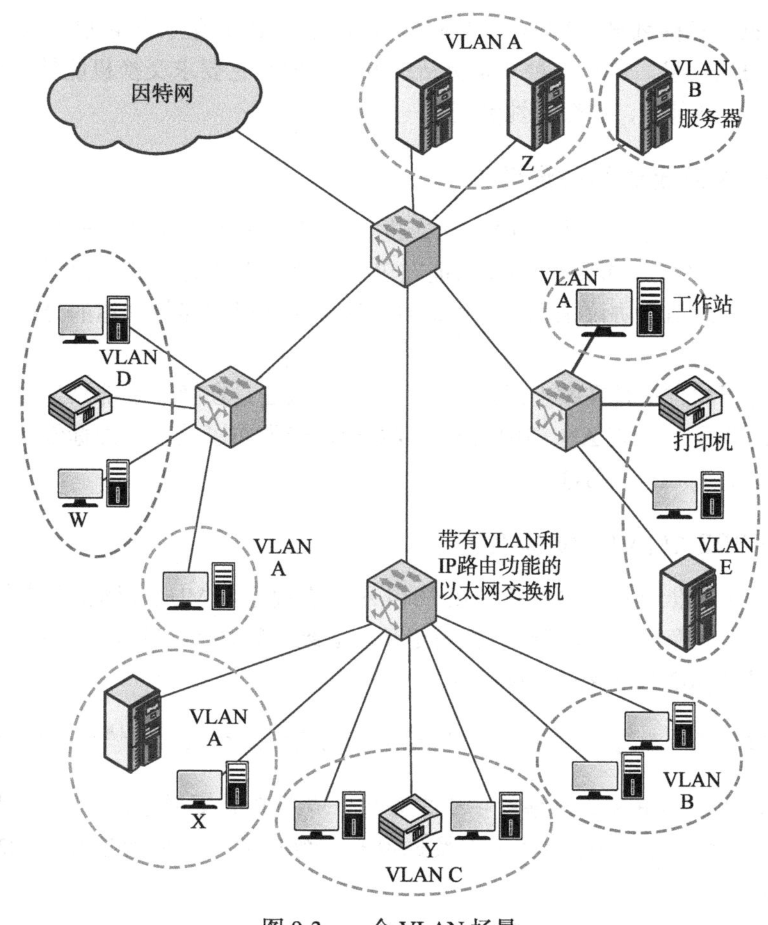


图 9-3 一个 VLAN 场景

## 9.1.2 VLAN 的定义

VLAN 是包含一组端结点的广播域，它可以不受物理位置的限制而涵盖位于多个物理位置的局域网网段，VLAN 内设备之间的通信就像是在同一个局域网内完成，所以有时需要定义 VLAN 成员的划分。当前有许多种方法来划分 VLAN，具体包括以下方面。

- **基于端口组的划分**：在局域网中的每个交换机都包含两类端口，分别是用于连接两个交换机的中继端口和连接交换机与端系统的终端口。在划分 VLAN 时，可以将每个终端口指派给特定的 VLAN，这种方法的特点是配置非常简单，但缺点是当端系统从一个端口移动到另外一个端口的时候，网管人员不得不重新配置 VLAN 的成员。 235
- **基于 MAC 地址的划分**：由于 MAC 层的地址是硬件化的，它烧录在工作站的网卡上，因此基于 MAC 地址的 VLAN 划分方式能够让网管人员在工作站移动时也不需要修改 VLAN 的划分，它会自动保持它的 VLAN 成员信息。但是这种方法的主要问题是每个 VLAN 成员在初始阶段都需要手动指派，当网络中有几千个用户时，这项工作就不轻松了。此外，如果网络环境中有笔记本电脑，MAC 地址是与笔记本电脑的坞站相关联，而不是与笔记本电脑相关联，因此如果笔记本电脑移动到另一个坞站，就需要重新对 VLAN 的成员进行配置。

- **基于协议信息的划分**：VLAN 的划分还可以基于 IP 地址、运输层协议信息，甚至更高层的协议信息。这是一种非常灵活的方法，但是它要求交换机能够检查 MAC 层之上的 MAC 帧部分，这会对性能产生一定的影响。

### 9.1.3 VLAN 内部成员间的通信

当网络流量穿越了多个交换机时，交换机必须能够掌握 VLAN 的成员信息（也即哪个工作站属于哪个 VLAN），否则 VLAN 只能在单台交换机内部通信。一种可行的方法是手动或使用一些网络管理信令协议来配置这些信息，这样交换机就能将到达的分组关联到正确的 VLAN。

一种更为通用的方法是在帧上添加标签，通常的做法是在帧的首部添加唯一的标识，以标明 MAC 帧属于哪一个 VLAN。IEEE 802 委员会已经发布了给帧添加标签的标准，也就是我们下面要介绍的 IEEE 802.1Q。

236

### 9.1.4 IEEE 802.1Q VLAN 标准

IEEE 802.1Q 标准最近一次更新是在 2014 年，它规定了 VLAN 网桥和交换机的操作方法，从而在网桥 / 交换机 LAN 基础设施内定义、运维和管理 VLAN 的拓扑。在本节，我们主要关注本标准在 802.3 局域网中的应用。

**IEEE 802** 电子电气工程师协会（IEEE）中负责制定局域网和城域网标准的机构。

**IEEE 802.1** IEEE 802 下辖的一个工作组，专门负责下列领域标准的制定：802 局域网 / 城域网体系结构；802 局域网、城域网和其他广域网之间的互连；802 安全；802 总体网络管理。

**IEEE 802.3** IEEE 802 中的一个工作组，专门负责制定基于以太网技术的局域网标准。

考虑到一个 VLAN 实际上就是局域网中一组端系统子集构成的广播域，因此 VLAN 不仅限于一个交换机中，它可以扩展到多个互连的交换机。在这种情况下，跨交换机的流量必须标记出其所属的 VLAN，而 802.1Q 标准就在分组中插入了一个 VLAN 标识（VLAN identifier, VID），这个标识的值范围是 1 ～ 4094。局域网中的每个 VLAN 都会被指派一个全局唯一的 VID，而为位于多个交换机上的端系统分配相同的 VID，这样就可以让 VLAN 的广播域扩展到大型的网络中。

图 9-4 中显示了 802.1 标识所在的位置和具体的内容，该标识也可以看作是标签控制信息（Tag Control Information, TCI）。长度为两个字节的 TCI 字段是通过在 802.3 MAC 帧中插入一个值为 0x8100 的长度 / 类型字段实现的。TCI 包括了三个子字段，下面列出了其具体含义。

- **用户优先级（3 个比特）**：表示该帧的优先级别。
- **周知的格式指示符（1 个比特）**：在以太网交换机中始终为 0。CFI 用于保证以太网和令牌环网之间的兼容性，如果某个以太网端口接收的帧的 CFI 为 1，则该帧不会被转发，因为端口不是带标签的端口。
- **VLAN 标识符（12 个比特）**：用于标识 VLAN。总共有 4096 个可用的 VID，VID 为 0 时，表明 TCI 只包含优先级值，而 4095（0×FFF）是保留的 VID，因此实际上最大的可用 VLAN 号为 4094。

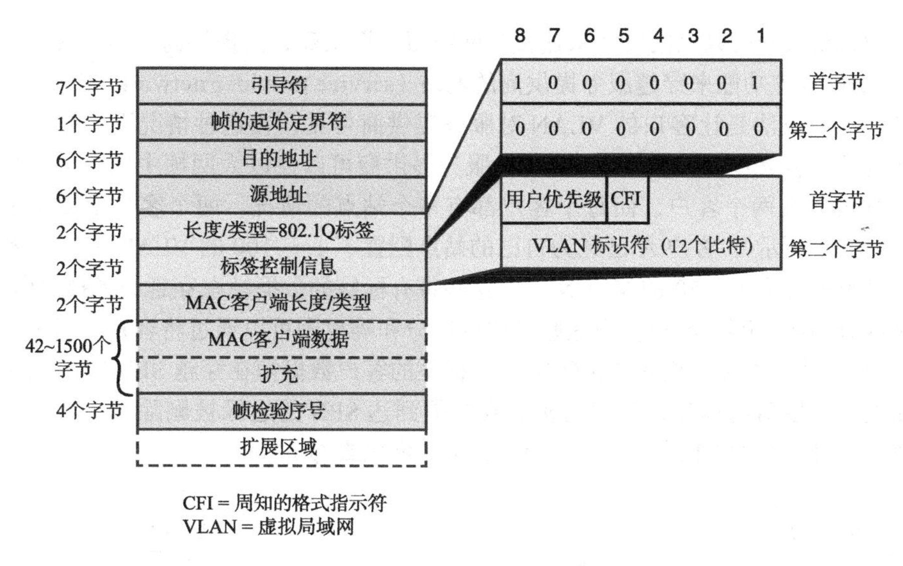


图 9-4　带标签的 IEEE 802.3 MAC 帧格式

图 9-5 是一个局域网场景，里面包含了三个支持 802.1Q 标准的新交换机以及一个不支持 802.1Q 标准的旧交换机。在这种情况下，旧交换机所连接的端系统必须属于相同的 VLAN。跨越新交换机之间的 MAC 帧包含 802.1Q 标准的 TCI 标签，该标签会在帧转发到旧交换机之前被去掉。对于连接到同一个新交换机的端系统而言，MAC 帧也可以不包含 TCI 标签，这取决于具体的实现方式。这里的关键是两个新交换机之间通信时会用到 TCI 标签，从而进行正确的路由选择和帧处理。

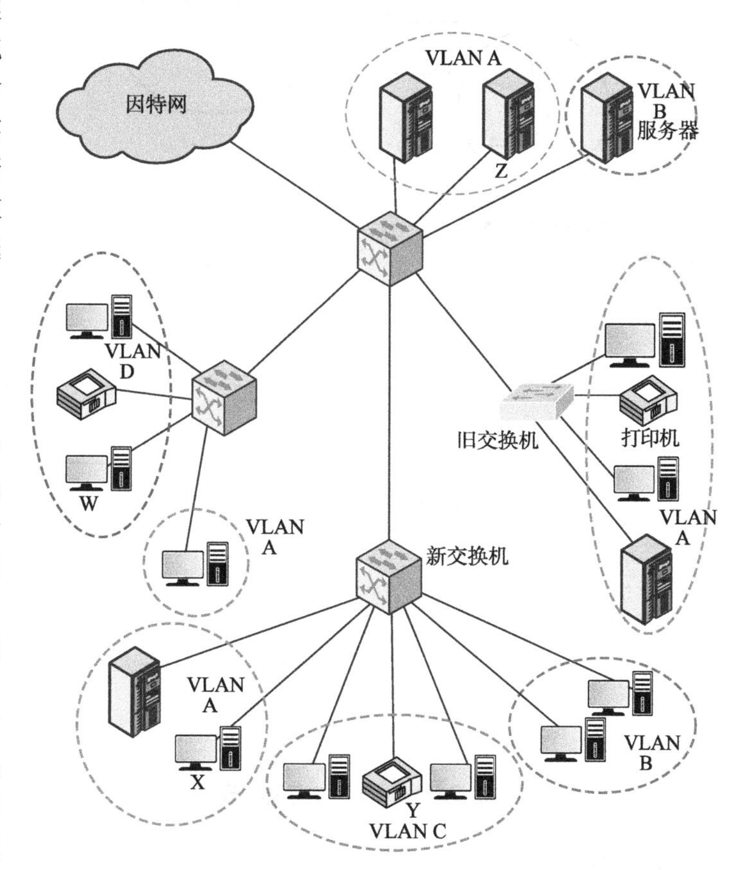


图 9-5　同时包含支持和不支持 802.1Q 标准交换机的局域网场景

## 9.1.5　嵌套的 VLAN

在最初的 802.1Q 规范中，以太网的 MAC 帧可以插入一个 VLAN 的标签字段，而在最近的版本中，则可以插入两个 VLAN 标签字段，从而可以在 VLAN 内再定义多个子 VLAN，这种方式带来的灵活性在一些复杂的场景中会非常有用。

例如，单 VLAN 层对只有一个层级的以太网环境来说是足够的，但是一个企业利用网络服务提供商来互连多个局域网的情况也是很常见的，这时候就需要通过城域网的以太网链路来连接到网络服务提供商，而提供商的多个客户可能都希望利用 802.1Q 标签功能来穿越服务提供商的网络（service provider network, SPN）。

一种可行的方法是让客户的 VLAN 对服务提供商可见，在这种情况下，服务提供商只能为它的客户提供 4094 个 VLAN。这时，服务提供商可以在以太网帧中插入第二个 VLAN 标签。比如考虑有两个客户，而每个客户都有多个站点的情况。两个客户都使用了相同的 SPN（如图 9-6a 所示），客户 A 已经为自己的站点配置了 1 ～ 100 的 VLAN 号，而客户 B 则为自己的站点配置了 1 ～ 50 的 VLAN 号。这些带有标签的数据帧在穿越服务提供商网络时，必须能被区分出属于哪个客户，而这些必要的区分和隔离则可以通过将客户流量关联到另一个 VLAN 来实现。这就使得原本带有 VLAN 标签的客户数据帧在穿越 SPN 时（如图 9-6b 所示）又加上了一层新的标签，新加的标签在数据到达 SPN 的边缘被删除掉，然后再进入客户的网络。这种包装的 VLAN 标签也称为 VLAN 堆栈或 Q-in-Q。

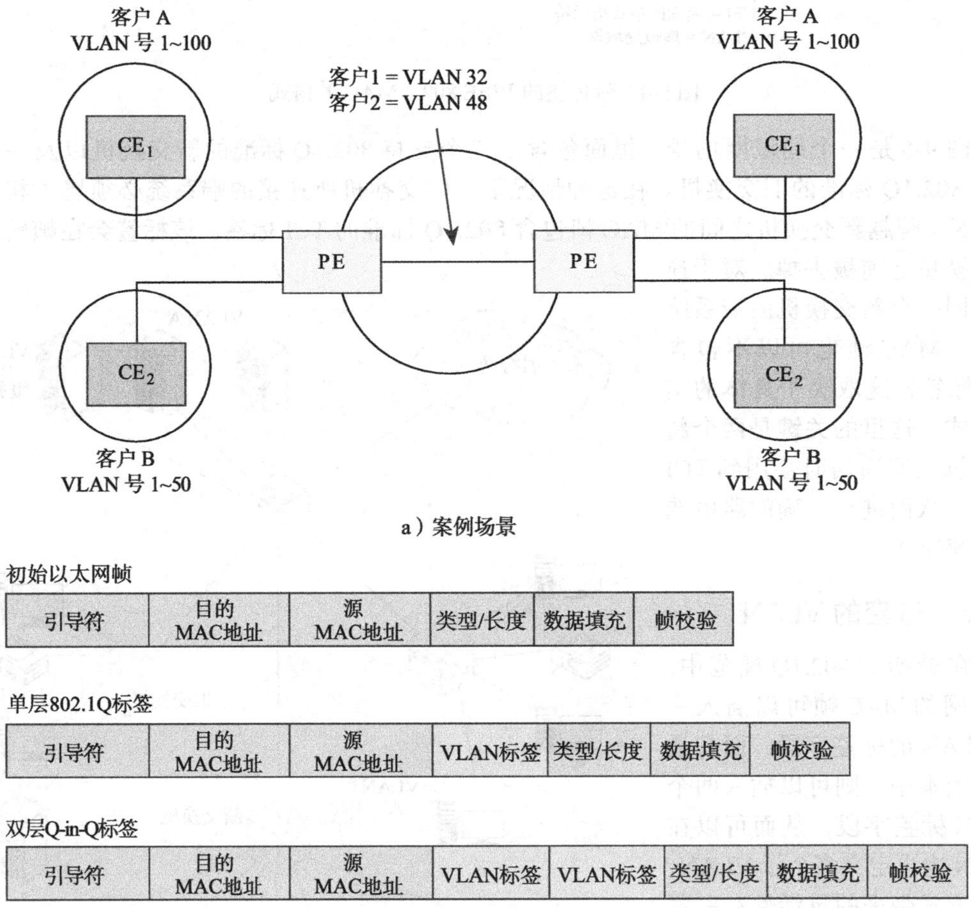

237 ～ 239

a）案例场景

初始以太网帧

| 引导符 | 目的 MAC地址 | 源 MAC地址 | 类型/长度 | 数据填充 | 帧校验 |
|---|---|---|---|---|---|

单层802.1Q标签

| 引导符 | 目的 MAC地址 | 源 MAC地址 | VLAN标签 | 类型/长度 | 数据填充 | 帧校验 |
|---|---|---|---|---|---|---|

双层Q-in-Q标签

| 引导符 | 目的 MAC地址 | 源 MAC地址 | VLAN标签 | VLAN标签 | 类型/长度 | 数据填充 | 帧校验 |
|---|---|---|---|---|---|---|---|

b）以太网帧中标签的位置

图 9-6 堆叠的 VLAN 标签使用案例

## 9.2 OpenFlow 对 VLAN 的支持

传统的 802.1Q VLAN 要求网络交换机能够掌握 VLAN 映射的全部信息，这些信息可以手工配置也可以自动获取。另一个缺点与 VLAN 划分方式（基于端口组、基于 MAC 地址、基于协议信息）的选择有关，网络管理员必须根据要部署的网络类型评估三种方式，并从中选择一种可行的方法。而在实际部署中，很难在传统网络设备中采用一种更为灵活的甚至是定制的 VLAN 划分方法（例如采用 IP 地址和交换机端口相结合的方法）。此外，重复配置 VLAN 也是一项令网络管理员感到棘手的工作：许多交换机和路由器在虚拟机迁移后需要重新配置。 240

SDN，特别是 OpenFlow，允许对 VLAN 进行更为灵活的管理和控制，但是需要清楚 OpenFlow 是怎样根据一个或多个 VLAN 标签建立转发流表项，以及标签是怎样添加、修改和删除的。

## 9.3 虚拟专用网

在现在的分布式计算环境中，**虚拟专用网**（virtual private network, VPN）为网管人员提供了一种很有吸引力的方法。VPN 是一种专用的网络，它能配置到公用网络中（如运营商网络或因特网），从而利用大型网络的规模和管理设施来节约成本。VPN 已经在企业中得到了广泛运用，从而创建能扩展到广阔区域的广域网，为分支结构提供站点到站点之间的连接，并允许移动用户通过拨号方式访问公司的局域网。从提供商的角度来说，公用网络设施为许多客户所共享，而且各个客户之间的流量是相互隔离的，VPN 流量只能从一个 VPN 源结点到归属同一个 VPN 的目的结点。VPN 通常采用了加密和认证设施。

企业采用 VPN 的典型场景如下所述：在每个分公司，有一个或多个局域网链路工作站、服务器和数据库，局域网受到企业的控制，而且性价比高；跨因特网或多个其他公用网络的 VPN 用于互连各个分公司，提供廉价的专用网络，并将广域网管理工作交给公用网络提供商；该公用网络还为远程办公和移动办公人员提供可访问的路径，以从远程登录公司的系统。

VPN 的内容特别复杂，本节只简要介绍两种最常用的创建 VPN 的技术，分别是 **IP 安全协议**（IPsec）和多协议标签交换（Multiprotocol Label Switching, MPLS）。

**IPsec** 一套用于在网络层保证 IP 通信安全的协议，具体手段包括对数据流的每个分组进行认证和加密。IPsec 还包含加密密钥管理协议。

### 9.3.1 IPsec VPN

将因特网或运营商网络等公用网络作为企业网一部分的体系结构将会暴露企业的流量给窃听者，并为非法用户提供入口。为了解决这些问题，可以用 IPsec 来构建 VPN。IPsec 能支持各种应用，并且在 IP 层对流量进行加密和认证，因此，所有的分布式应用，包括远程登录、客户机 / 服务器、电子邮件、文件传输、页面访问等，都可以得到安全保障。

图 9-7a 显示了一个分组的报文格式，其中的 IPsec 选项是隧道模式。隧道模式利用了组合认证 / 加密 IPsec（也称为封装安全性载荷 ESP）和密钥交换技术。对于 VPN 来说，认证和加密都是必要的，因为（1）要保证非法用户无法穿透 VPN；（2）要保证因特网上的窃听者无法理解 VPN 所传输的消息。 241

图 9-7b 是一个典型的 IPsec 应用场景，其中某个机构有多个局域网位于若干分散的区域，不安全的 IP 流量在各个局域网内部传输。对于离开某个站点并且穿越了一些专用或公用广域网的流量，会启用 IPsec 协议来对其进行保护，这些协议会作用在网络设备上，例如连接局域网和外部网络的路由器或防火墙。IPsec 网络设备通常会对所有进入广域网的流量进行加密，然后对从广域网流经而来的流量进行解密和认证，这些工作对于局域网中的工

作站和服务器来说是透明的。连接到广域网上的用户在传输数据时，其安全性也可以得到保证，但这些用户的工作站必须支持 IPsec 协议。

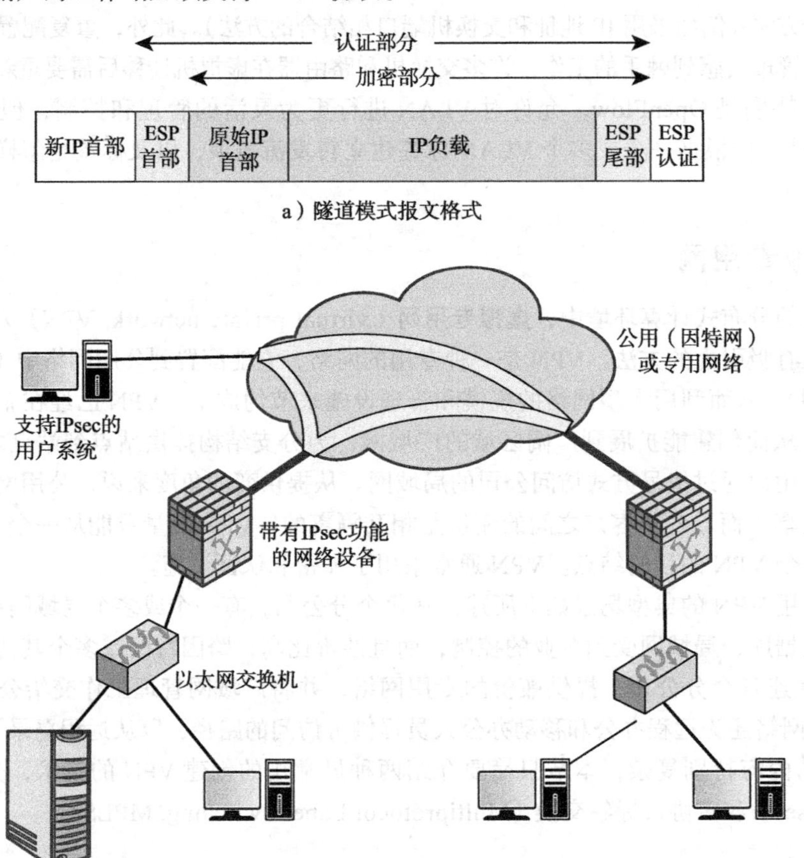


图 9-7　IPsec VPN 应用场景

使用 IPsec 来构建 VPN 有下列好处：

- 当 IPsec 由防火墙或路由器来实现时，它能为所有穿越设备的流量提供很高的安全性。也不会对公司或工作组内部流量产生与安全相关的处理开销。
- 在防火墙中实现 IPsec 可以防止从外部进入的流量绕过监测，只要让防火墙成为唯一从因特网进入机构的入口即可。
- IPsec 在运输层（TCP，UDP）之下，因此它对于应用是透明的。如果在防火墙或路由器上实现 IPsec，不需对用户或服务器系统的软件做任何改变。即使 IPsec 在端系统中实现，高层软件（包括应用程序）也不会受到影响。
- IPsec 对于端用户是透明的，因此也不需要对用户进行安全机制的培训、为每位用户分配密钥或在用户离开机构时废除他的密钥。
- IPsec 可以在必要的时候为单个用户提供安全性，这对远程办公的员工非常有用，也可以用来在机构内部为敏感应用创建一个安全的虚拟子网环境。

### 9.3.2 MPLS VPN

另一种构建 VPN 的常用方法是使用 MPLS。本节会首先简要介绍 MPLS，然后介绍两种利用 MPLS 实现 VPN 的通用方法，它们分别是二层 VPN(L2VPN) 和三层 VPN(L3VPN)。

**MPLS 概述**

多协议标签交换（Multiprotocol Label Switching, MPLS）是一组因特网工程工作组（IETF）规范，包括分组的路由选择和流量工程方面的内容。MPLS 由许多相互关联的协议组成，它们可以看作是 MPLS 协议簇。MPLS 可用于 IP 网络，也可以用于其他类型的分组交换网络。MPLS 可以保证属于某条特定流的所有分组在经过骨干网时都采用相同的路由。很多电信公司和服务提供商已经部署了 MPLS，它能支持实时音视频应用的 QoS 需求，并满足服务等级约定（service level agreement, SLA）中所要求的带宽保证。

242~243

MPLS 本质上是一种高效的分组转发和路由技术，它是为 IP 网而设计的，但是这个技术可以不用 IP 而采用任意链路层协议构建网络。在一般的分组交换网中，分组交换需要检查分组首部的若干字段来确定目的地、路由、QoS 和实施流量管理（例如丢弃或延迟）。类似地，在基于 IP 的网络中，路由器要检查 IP 首部的某些字段来完成上述工作，而在 MPLS 网络中，一个固定长度的标签将 IP 分组或数据链路帧封装起来，该 MPLS 标签包含支持 MPLS 的路由器在执行路由、传递、QoS 和流量管理时需要的所有信息。与 IP 所不同的是，MPLS 是面向连接的。

MPLS 网络或因特网都由一组结点构成，这些结点称为**标签交换路由器**（label-switching router, LSR），它们能根据附加在每个分组上的标签来进行分组交换和路由。标签定义了一个源端和一组目的端之间的分组流，每条流都被称为**转发等价类**（forwarding equivalence class, FEC），在 LSR 中，会为其分配一条特定的路径，该路径称为**标签交换路径**（label-switched path, LSP）。一个 FEC 本质上代表一组有相同传输需求的分组，这些分组在路由器处会得到相同的对待，而且所有分组的路径完全相同，在路径上的每跳也会得到相同的 QoS 保证。相比于传统 IP 网络中的分组转发，某个特定分组只需要在分组进入 MPLS 路由器网络的时候指派一次给某个特定的 FEC 即可。

下面列出了 RFC 4026（Provider Provisioned Virtual Private Network Terminology）定义的主要 VPN 术语：

- **接入链路**（attachment circuit, AC）：在二层 VPN 中，CE 通过 AC 连接到 PE 上，这里的 AC 可以是物理链路，也可以是逻辑链路。
- **用户边缘**（customer edge, CE）：在客户端的某个设备或设备集合，这些设备连接到提供商提供的 VPN 上。
- **二层 VPN**（Layer 2 VPN, L2VPN）：一个基于二层地址实现的 VPN，它将一组主机和路由器互连起来。
- **三层 VPN**（Layer 3 VPN, L3VPN）：一个基于三层地址实现的 VPN，它将一组主机和路由器互连起来。
- **分组交换网**（packet-switched network, PSN）：通过建立隧道而支持 VPN 服务的网络。
- **提供商边缘**（provider edge, PE）：在提供商网络边缘，带有与客户连接功能的一台或一组设备。

244

- **隧道**：分组交换网中，用于将流量从一个 PE 发送到另一个 PE 的连接。隧道提供了一种 PE 到 PE 的分组传输方法，不同客户之间流量的隔离通常采用隧道多路复用器实现。

- **隧道多路复用器**：用于分组实现隧道穿越的实体，它能确定一个分组属于哪个服务实例，也能知道接收到的分组由哪个发送方发送。在 MPLS 网络中，隧道多路复用器在设计上类似于 MPLS 标签。
- **虚拟信道**（virtual channel, VC）：VC 在隧道内传输，并且通过它的隧道多路复用器进行识别。在支持 MPLS 的 IP 网络中，一个 VC 标签是一个用于识别隧道内流量属于哪个 VPN 的 MPLS 标签，也就是说，VC 标签是使用 MPLS 标签网络中的隧道多路复用器。
- **虚拟专用网**（virtual private network, VPN）：它是涵盖使用公用或专用网络来创建与其他网络用户相隔离的用户组的术语，该用户组内的用户在相互通信时就好像在一个专用网一样。

**二层 MPLS VPN**

在使用二层 MPLS VPN 后，客户网络和运营商网络之间是相互透明的。实际上，客户需要众多构成了网状结构的单播 LSP（标签交换路径），这些 LSP 由连接到提供商网络的客户交换机组成，每个 LSP 可以认为是客户之间的二层电路。在二层 VPN 中，提供商的设备根据二层首部的信息（例如以太网 MAC 地址）来转发客户的数据。

图 9-8 描述了二层 VPN 中的关键要素。客户通过诸如以太网交换机等二层设备连接到提供商，连接到 MPLS 网络的客户设备通常被认为是用户边缘（CE）设备，而 MPLS 边缘路由器则被认为是提供商边缘（PE）设备。CE 和 PE 之间的链路工作在链路层（例如以太网），这些链路被称为接入链路（AC）。MPLS 网络然后建立一条 LSP，这里的 LSP 扮演着隧道的角色，它将两个属于同一公司但接入到不同网络的边缘路由器连通起来，这条隧道利用标签栈可以承载多条虚拟信道。与 VLAN 栈的方法非常相似，MPLS 标签也支持 VC 嵌套。[245]

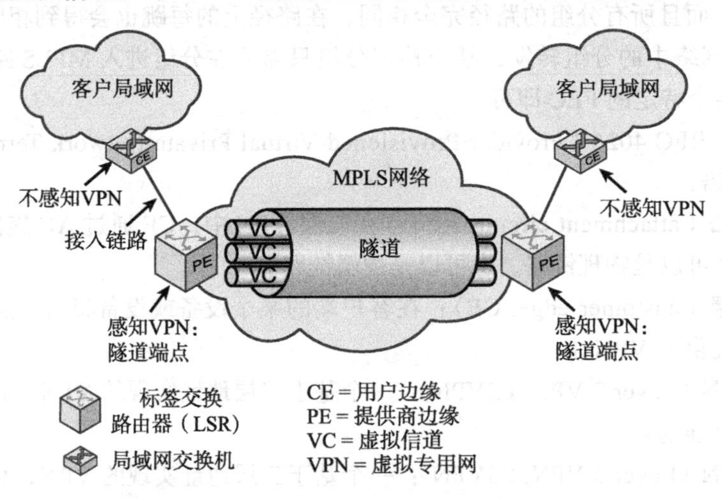


图 9-8　MPLS 二层 VPN 概念

当一个链路层帧从 CE 到达 PE 后，PE 会创建一个 MPLS 分组，并将一个与 VC 对应的标签添加到这个帧上，然后再将另一个与源和目的 PE 之间隧道相对应的标签添加到标签栈上。接着，这个分组会利用高层的标签进行标签交换路由，并穿过与隧道相关联的 LSP。在目的端，目的 PE 会去掉隧道标签，然后检查 VC 标签。这个标签会让 PE 知道如何创建一个链路层帧，从而将负载传递给目的 CE。

如果 MPLS 分组的负载是以太网帧，那么目的 PE 需要从 VC 标签推断输出端口，以及可能存在的 VLAN 标识符。这个过程是单向的，在进行双向操作时需要再重复一遍。

隧道中的 VC 可以都属于一个公司，也可以利用单个隧道管理来自多个公司的 VC。在任何情况下，从客户的角度来看，VC 是专用的链路层点对点信道。如果 PE 和 CE 之间有多个 VC，那么在逻辑上客户和提供商之间进行了多个链路层信道的复用。

**三层 MPLS VPN**

二层 VPN 基于链路层地址（例如 MAC 地址）进行构建，而三层 VPN 则基于 CE 之间的 VPN 路由，这里的 CE 是基于 IP 地址的。如同二层 VPN 一样，基于 MPLS 的三层 VPN 通常采用了双标签栈，内部标签标识特定的 VPN 实例，而外部标签则标识穿越 MPLS 提供商网络的隧道或路由器。隧道的标签与 LSP 相关联，主要用于标签交换和转发。在出口 PE 端，隧道标签会被去掉，而 VPN 标签则用于协助分组到达正确的 CE 处，并将其归并到正确的逻辑流。 246

对于三层 VPN，CE 完成了 IP 功能，因此它也是一个路由器。CE 路由器会将它们的网络通告给提供商，提供商网络然后利用改进的边界网关协议（Border Gateway Protocol, BGP）在 CE 之间建立 VPN。提供商网络内部会利用 MPLS 在支持 VPN 的边缘 PE 之间建立路由，这样，提供商的路由器也就参与到客户的三层路由功能中。

## 9.4 网络虚拟化

本节主要介绍网络虚拟化中的重要领域知识。一个迫切的难题是许多专业术语在学术界和产业界的定义并不统一，因此我们首先根据 ITU-T 的 Y.3011 标准（未来网络的网络虚拟化框架，2012 年 1 月）对术语进行定义。

- **物理资源**：在网络环境中，物理资源包括网络设备（如路由器、交换机和防火墙）和通信链路（包括有线和无线的），诸如云服务器等主机也被看作是物理网络资源。
- **逻辑资源**：一个可独立管理的物理资源分区，它继承了物理资源的相同特征，而且它的性能受限于物理资源的性能，一个例子就是硬盘存储器的切片。
- **虚拟资源**：对物理或逻辑资源的抽象，它与物理或逻辑资源有不同的特征，而且它的能力不受制于物理或逻辑资源的能力。例如，虚拟机可以动态迁移，VPN 拓扑可以动态改变，访问控制限制可以添加到资源上。
- **虚拟网络**：由许多虚拟资源（也即虚拟结点和虚拟链路等）构成的网络，它在逻辑上与其他虚拟网络相隔离。Y.3011 标准将虚拟网络定义为逻辑上相隔离的网络切片（LINP）。
- **网络虚拟化（NV）**：一种可以在共享物理网络中创建逻辑上相互隔离的虚拟网络的技术，它可以让众多异构的虚拟网络在共享物理网络上共存。它包括提供商网络中多种资源的集合，但这些资源在形式上就像是一个单独的资源。 247

网络虚拟化是一个远比 VPN 和 VLAN 要广的概念，VPN 只提供了流量隔离，VLAN 则只提供了基本的拓扑管理方法。网络虚拟化意味着对虚拟网络有完全的控制权，包括虚拟网络所使用的物理资源和虚拟网络所提供的功能。

虚拟网络提出了一种抽象的网络视图，其虚拟资源为用户提供类似于物理网络所提供的服务。由于虚拟资源是通过软件定义的，虚拟网络的管理员就可以灵活地更改拓扑、迁移资源、改变不同资源的属性和服务。此外，虚拟网络用户不仅包括网络服务或网络应用用户，还包括服务提供商，例如，一个云服务提供商能通过租用虚拟网络来快速增加新服务或扩大覆盖范围。

## 9.4.1　一个简单的例子

为了能对网络虚拟化中的概念有直观认识，我们这里介绍一个简单的例子。图 9-9 显示了一个包含 3 个服务器和 5 个交换机的网络，这幅图来源于电子书《软件定义网络——权威指导》[KUMA13]。图中的 1 个服务器是可信平台，里面运行着安全操作系统，并部署了防火墙软件，所有的服务器都运行了管理程序（hypervisor，也称虚拟机监视器），因此可以支持多个虚拟机。某个公司（公司 1）的资源位于多个服务器上，分别由服务器 1 上的三个虚拟机（虚拟机 1a、虚拟机 1b 和虚拟机 1c）、服务器 2 上的两个虚拟机（虚拟机 1d 和虚拟机 1e）、服务器 3 上的防火墙 1 组成。虚拟交换机用于在跨服务器的虚拟机之间建立必要的连接，这些连接会经过物理交换机，而物理交换机为物理服务器之间提供了连接。每个公司网络都是分层的，就像是建立在物理网络之上的独立虚拟网络。因此，公司 1 的虚拟网络在图 9-9 中采用椭圆形虚线标识为 VN1，另一个用虚线标识的 VN2 是另一个虚拟网络。

这个例子描绘了三个抽象层次（如图 9-10 所示），底层是物理资源，它们跨越了一个或多个管理域。服务器在逻辑上是分片的，以支持多个虚拟机，每个虚拟机至少包含一个内存切片，也可能包含 I/O 池和通信端口的切片，甚至是处理器或服务器内核的切片。这里就有了一个将物理和逻辑资源映射到虚拟资源上的抽象，而这种抽象可以通过 SDN 和 NFV 的功能实现，并通过虚拟资源层的软件来管理。

248

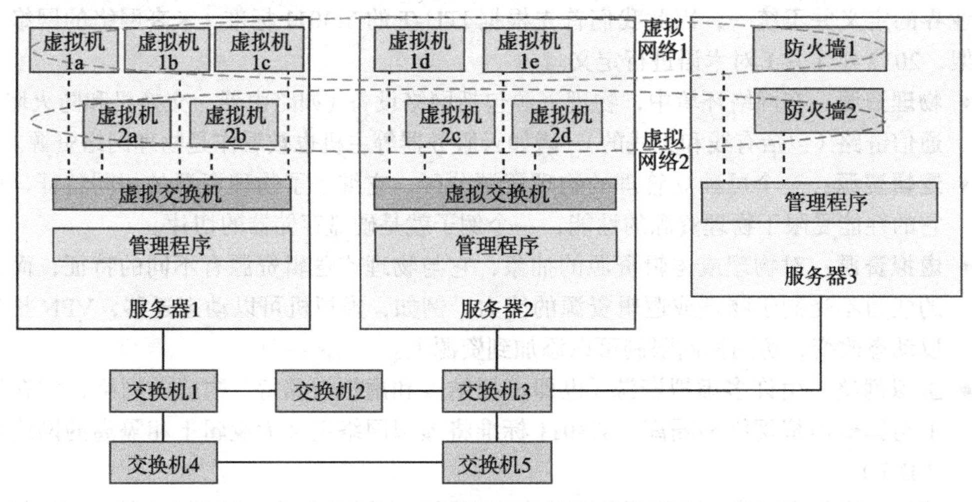


图 9-9　一个虚拟机被指派到不同管理组的简单网络

另一个抽象功能是用于创建由不同虚拟网络构成的网络视图，每个虚拟网络由独立的虚拟网络管理功能所管理。

如例子中所描述，由于资源在软件中定义，网络虚拟化提供了极大的便利性。虚拟网络 1 的管理员可以为交换机 1 之上的虚拟机和交换机 2 之上的虚拟机之间的流量指定特定的 QoS 需求，还可以设计防火墙规则来对流入虚拟网络的流量进行管理。这些规范必须最终转换为能在物理交换机和防火墙上配置的转发和过滤规则。由于这些工作都在软件中完成，不需要虚拟网络管理员了解物理拓扑和物理服务器设施的情况，因此可以非常容易就完成相应的改动。

249

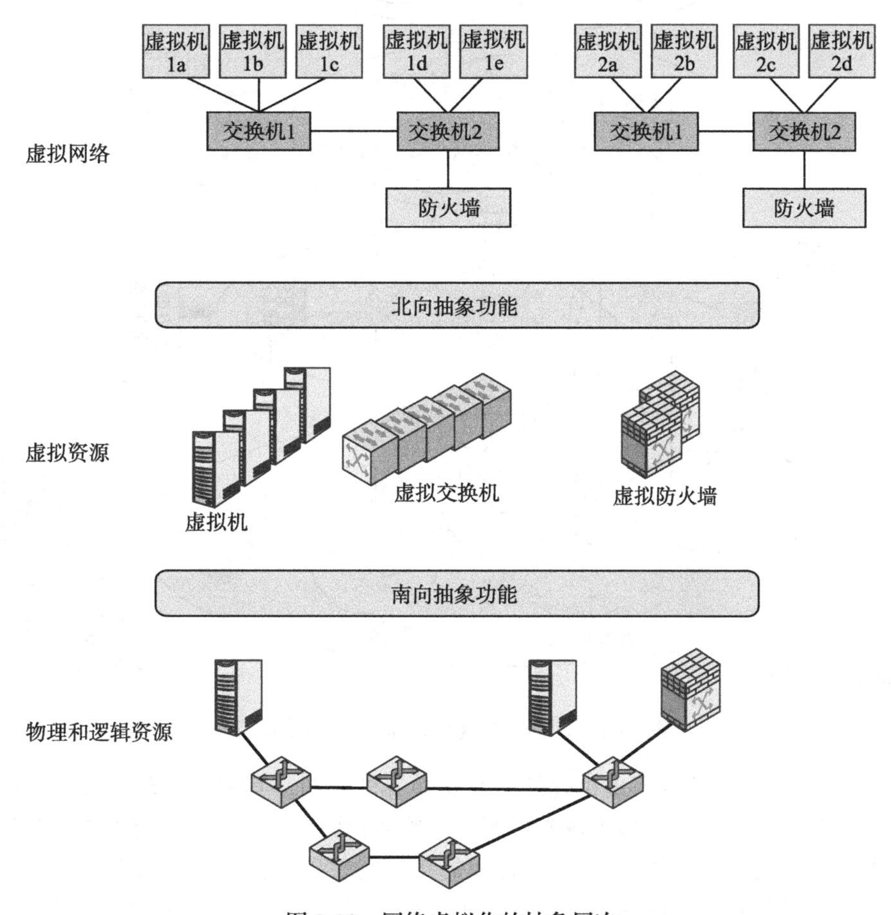


图 9-10 网络虚拟化的抽象层次

## 9.4.2 网络虚拟化的体系结构

Y.3011 是体系结构方面的标准，它介绍了构成网络虚拟化环境的要素，图 9-11 显示了 Y.3011 标准所设计的体系结构，该体系结构将网络虚拟化描述为四个层次：

- 物理资源
- 虚拟资源
- 虚拟网络
- 服务

250

多个虚拟资源可以共享同一个物理资源，而每个虚拟网络（LINP）则由多个虚拟资源组成，并向用户提供一系列服务。

每层都会完成各自的管理与控制功能，这些功能不必由相同的提供商实现，而每个物理网络及其相关的资源都有相应的管理功能。虚拟源管理器（virtual resource manager, VRM）对从物理资源创建的虚拟资源池进行管理，VRM 还需要与物理网络管理器（physical network manager, PNM）交互从而获取资源的权限。VRM 会创建 LINP，而 LINP 管理器被分配给各个 LINP。

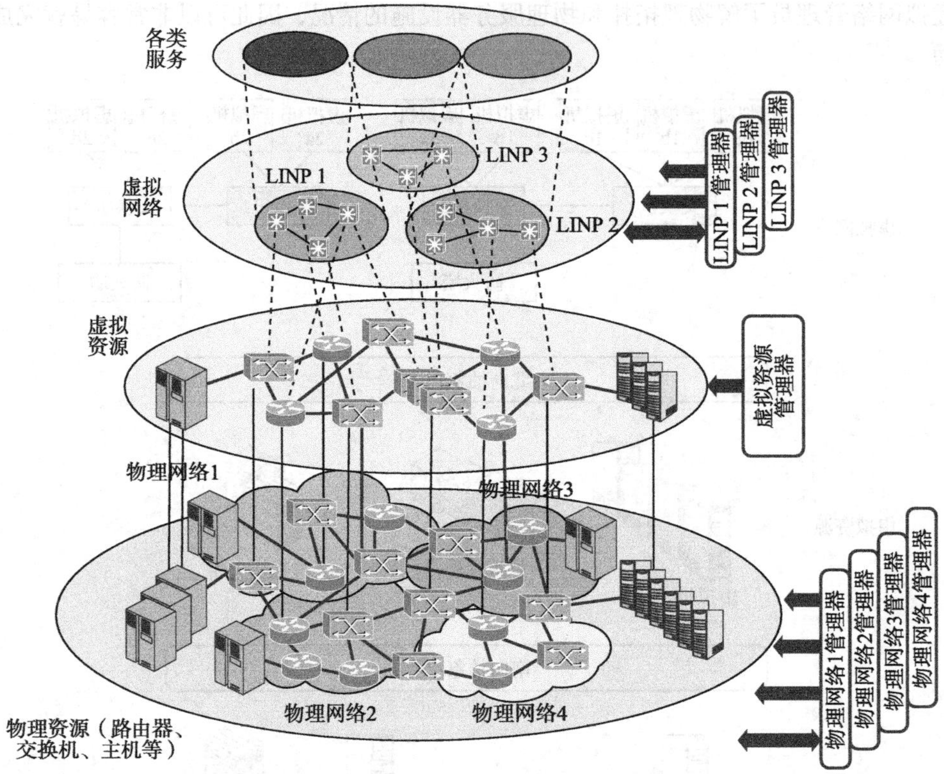

图 9-11　网络虚拟化的体系结构（Y.3011）

图 9-12 提供了另一种网络虚拟化体系结构单元的视图，其中的物理资源管理模块对物理资源进行管理，并可能创建多个逻辑资源，这些逻辑资源与物理资源有相同的特征。虚拟资源管理模块可以通过物理层和虚拟层之间的接口实现访问物理和逻辑资源，虚拟资源管理模块从物理和逻辑资源中创建虚拟资源，还可以创建结合其他虚拟资源的虚拟资源。虚拟网络管理模块可以在多种虚拟资源之上创建虚拟网络，这些虚拟资源由虚拟资源管理模块提供。一旦虚拟网络创建完成，虚拟网络管理模块就开始管理自己的虚拟网络。

251

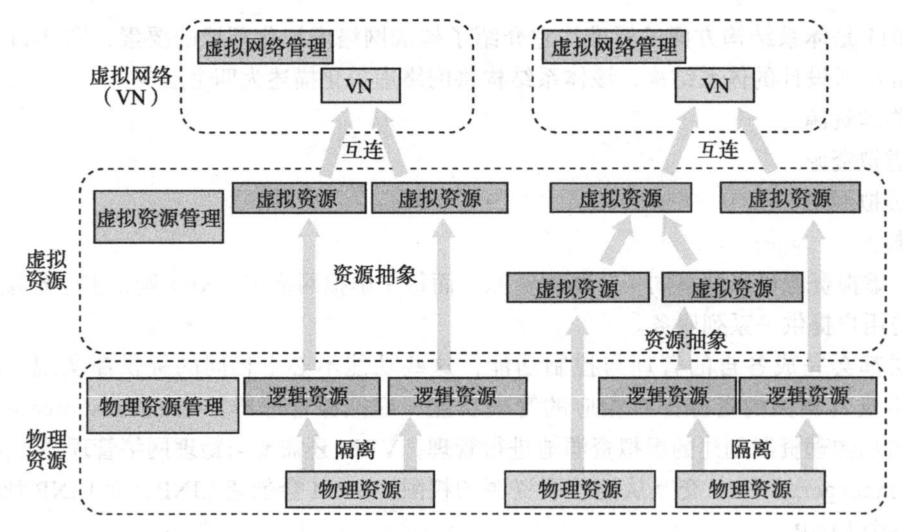


图 9-12　网络虚拟化资源层次模型

### 9.4.3　网络虚拟化的优势

SDxCentral 在 2014 年发起了一次调查 [SDNC14]，调查对象由 220 个组织组成，包括网络服务提供商、小型和中型企业（SMB）、大型企业和云服务提供商。调查认为，网络虚拟化的主要优点如下（如图 9-13 所示）：

- **灵活性**：网络虚拟化使得网络能够快速迁移、部署和扩展，从而满足虚拟化计算和存储基础设施各种各样的需求。
- **节约运维成本**：基础设施的虚拟化简化了运维的过程和用于网络管理的设备，使其更为高效。类似地，用一个统一的基础设施来管理服务，可以将基础软件联合起来，而且支持度更好。这种统一的基础设施还能允许不同服务 / 组件内部或之间实现自动化和进行编排。从一个单独的管理组件集来说，管理员可以协调资源，让程序自动化，以满足服务可用的需求，同时减少管理员介入到管理流程的需要，降低可能发生的错误。
- **敏捷性**：网络拓扑的修改或流量的处理都可以在不对现有物理网络修改的前提下，采用多种不同的方法来尝试。
- **可扩展性**：虚拟网可以通过可用资源池来增加或移除物理资源，从而快速扩展以响应不断变化的需求。
- **节约资产成本**：虚拟化部署方式可以减少设备需求，节约资产及运营成本。
- **能将服务快速推上市场**：物理资源可以按需分配给虚拟网络，以使企业内部的资源能根据不同用户或应用需求的变化快速迁移。从用户角度来说，可以申请或释放资源以减少对系统的使用需求。新服务只需要很少的培训，而且可以只需很短时间的中断就能部署到网络基础设施中。
- **可以将设备合并**：网络虚拟化使得网络资源的使用更加高效，可以通过设备合并来减少专用设备的购置，而只需多采购一些现成的产品。

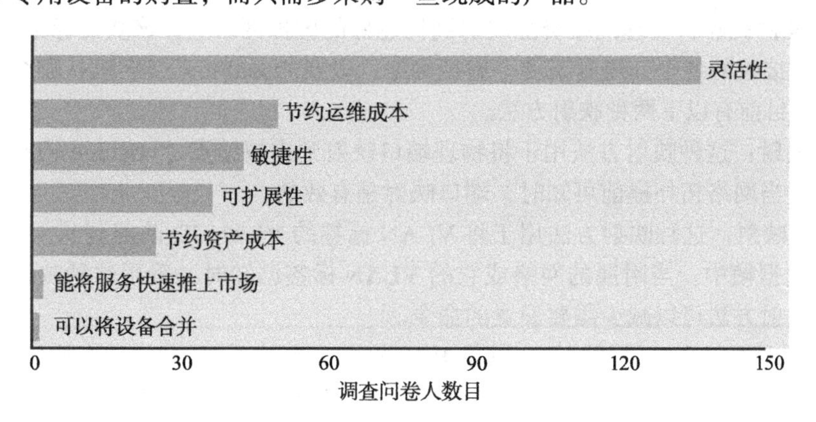


图 9-13　网络虚拟化的优点

## 9.5　OpenDaylight 的虚拟租用网

虚拟租用网（Virtual Tenant Network, VTN）是由 NEC 公司开发的 OpenDaylight（ODL）插件，它利用 VLAN 技术在 SDN 上提供了多租户虚拟网络。VTN 的抽象功能让用户能在不需要掌握物理网络拓扑和带宽限制的条件下设计和部署虚拟网络。VTN 还允许用户定义与

252～253 传统二层 / 三层（局域网交换机 /IP 路由器）网络类似的网络。一旦在 VTN 的基础上设计网络，它能自动映射到底层的物理网络，然后利用 SDN 控制协议配置各个交换机。

VTN 由如下两部分组件构成（如第 5 章的图 5-6 所示）。

- **VTN 管理器**：这是一个 ODL 控制器插件程序，通过与其他模块交互来实现 VTN 模型的组件，它还在控制器中提供 REST 接口来对 VTN 组件进行配置。
- **VTN 协调器**：这是一个外部应用程序，为用户提供 REST 接口来进行 VTN 虚拟化。它通过与 VTN 管理器插件的交互来实现用户配置，它还具备多控制器编排的功能。

表 9-1 显示了构建虚拟网络的各个模块单元。虚拟网络由虚拟结点（虚拟网桥、虚拟路由器）、虚拟接口和链路构成。通过虚拟链路来连接虚拟结点上的虚拟接口还能配置出一个具备二层和三层传输功能的网络。

**表 9-1　虚拟租用网单元**

| 单元名称 | | 描述 |
|---|---|---|
| 虚拟结点 | vBridge | 二层交换机功能的逻辑表示 |
| | vRouter | 三层路由器功能的逻辑表示。一个 VTN 中只能定义一个 vRouter，而且它只能与 vBridge 相连 |
| | vTerminal | 虚拟结点的逻辑表示，该结点与映射到某个物理端口的接口相连，该端口则是流过滤器中重定向属性的源端或目的端 |
| | vTunnel | 隧道的逻辑表示（由 vTep 和 vBypas 组成） |
| | vTep | 隧道端结点的逻辑表示 |
| | vBypass | 受控网络之间连接的逻辑表示 |
| 虚拟接口 | 接口 | 虚拟结点（虚拟机、服务器、vBridge、vRouter 等）之上端结点的表示 |
| 虚拟链路 | vLink | 虚拟接口之间第一层连接的逻辑表示 |

图 9-14 中的上半部分是一个虚拟网络实例，其中 VRT 是 vRouter，BR1 和 BR2 是 254 vBridge，vRouter 和 vBridge 的接口通过 vLink 互连。一旦 VTN 管理器用户定义了一个虚拟网络，VTN 协调器将物理网络资源映射到构建好的虚拟网络上，该映射标记了 OpenFlow 交换机传输或接收的各个分组属于哪个虚拟网络，以及 OpenFlow 交换机从哪个接口传输或接收该分组。目前有以下两种映射方法。

- **端口映射**：这种映射方法用于将物理端口映射到虚拟结点（vBridge/vTerminal）的接口上。当网络拓扑提前可知时，端口映射是有效的。
- **VLAN 映射**：这种映射方法用于将 VLAN 标签的 VLAN ID 映射到从 vBridge 到达的二层数据帧中。当附属的网络或它的 VLAN 标签已知时，采用这种映射方法，选择这种映射方法可以减少需要设置的命令。

图 9-14 展示了一个映射的例子，其中 BR1 的接口映射到 OpenFlow 交换机 SW1 的端口上，从这个端口接收到的分组会被认为是从 BR1 对应的接口接收到的分组。vBridge（BR1）上的接口 if1 采用**端口映射**的方法映射到交换机 SW1 的 GBE0/1 端口上，所有在该端口上接收或传输的分组都被认为是接口 if1 所接收或传输的分组。vBridge BR2 采用 vlan **映射**的方法映射到 VLAN 200 上，所有分组只要 VLAN ID 为 200，无论是在哪个交换机的端口上接收或传输，都会被映射到 BR2 上。

VTN 提供了对穿越虚拟网络的流量进行定义和管理的能力。利用 OpenFlow，可以根据分组中不同字段的值对流进行定义，具体的定义方法可以采用下列字段中的一个或多个结合起来实现：

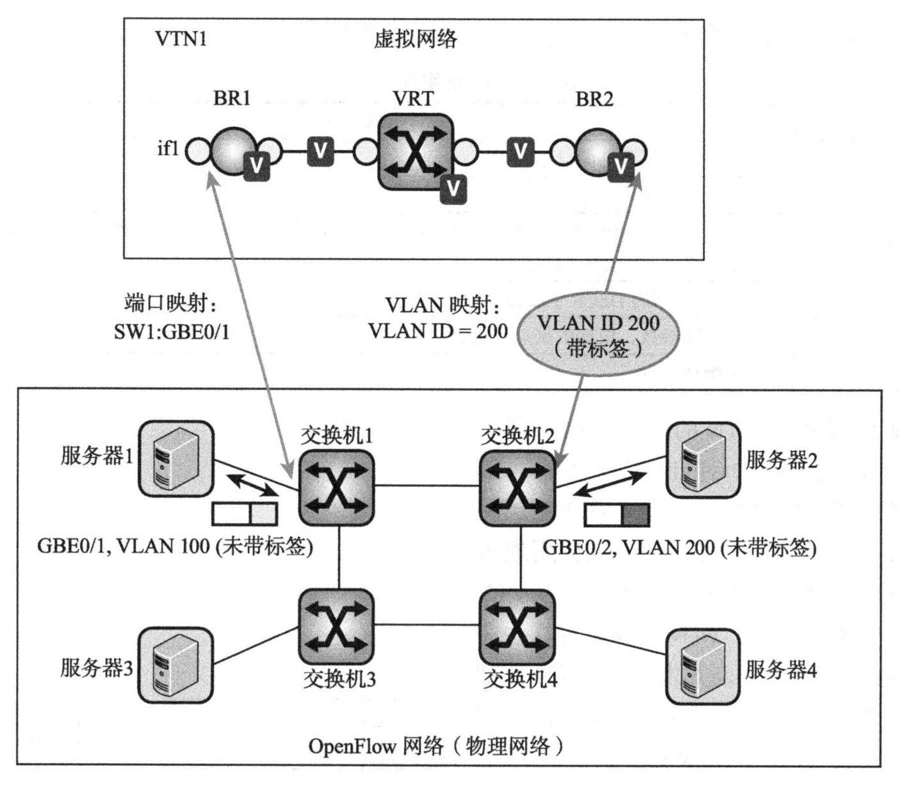


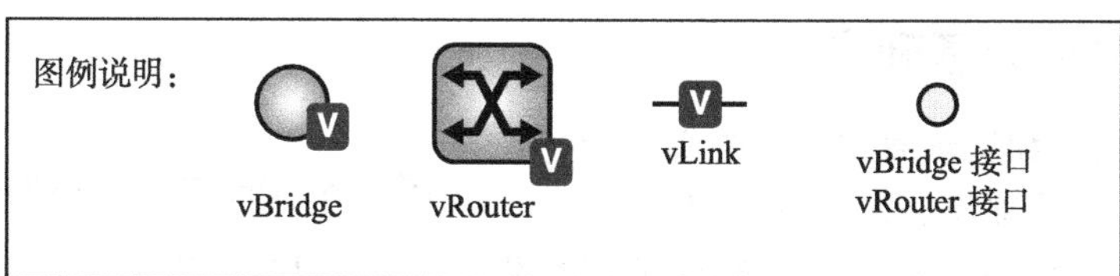


图 9-14 VTN 映射实例

- 源 MAC 地址
- 目的 MAC 地址
- 以太网类型
- VLAN 优先级
- 源 IP 地址
- 目的 IP 地址
- IP 版本
- **区分服务代码点**（DSCP）
- TCP/UDP 源端口号
- TCP/UDP 目的端口号
- ICMP 类型
- ICMP 代码

**DSCP** IP 首部中的一个 6 比特长的字段，用于对分组实施区分服务（QoS 流管理的一种方式）。

表 9-2 列出了主要的动作类型，这些动作类型可以应用在匹配流过滤条件的分组上。

表 9-2　虚拟租用流过滤动作

| 动作 | 具体描述 |
|---|---|
| 通过 | 允许匹配特定条件的分组通过 |
| 丢弃 | 将匹配特定条件的分组丢弃 |
| 重定向 | 将分组重定向到一个特定的虚拟接口，这里的重定向支持透明重定向（不改变 MAC 地址）和路由器重定向（改变 MAC 地址） |
| 优先级 | 利用 IP 首部的 DSCP 字段设置分组的优先级 |
| 带宽 | 设置策略参数，根据数据速率统计阈值设置动作，这些动作包括通过、丢弃和降低优先级 |
| 统计 | 收集统计信息 |

图 9-15 显示了 VTN 的总体架构，其中 VTN 管理器是 OpenDaylight 控制器的一部分，它利用基础网络服务功能来获取底层网络的拓扑和各项统计信息。用户或应用通过 Web 或 REST 接口创建虚拟网络，并为 VTN 协调器设定网络行为。VTN 协调器将这些命令转换为详细的指令，并发送给 VTN 管理器，VTN 管理器随后利用 OpenFlow 将虚拟网络映射到物理网络基础设施上。

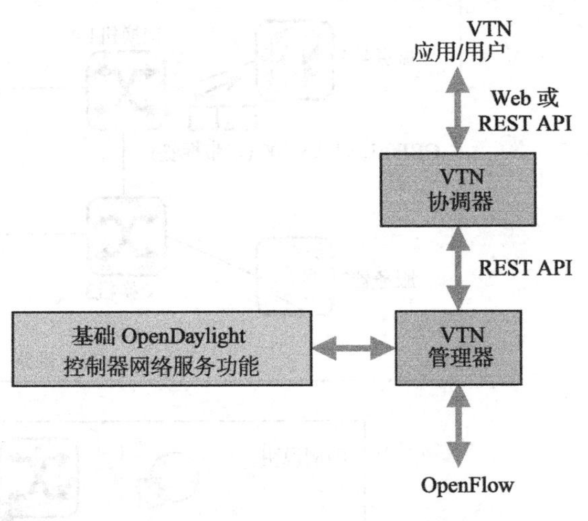


图 9-15　OpenDaylight VTN 的总体架构

## 9.6　软件定义的基础设施

近些年，企业和运营商的数据中心、云计算设施和网络基础设施的复杂性出现了爆炸性的增长，而一种解决这些复杂性难题的设计原则就是软件定义的基础设施（software-defined infrastructure, SDI）。利用 SDI，数据中心或网络基础设施可以在运行时根据应用 / 商业需求和运营商的限制条件进行自动化配置，SDI 的自动化使得基础设施运营商能够更好地完成服务等级约定，避免过量供应，并自动地实现安全和其他网络相关功能。

255 ~ 257

SDI 的另一个重要特点是高度的应用驱动。应用的变化要远慢于支撑它们的生态系统（包括硬件、系统软件和网络），用户和企业会长期使用选中的应用，即使他们更换硬件或其他基础设施单元的速度要频繁得多。因此，如果整个基础设施是软件定义化的，并且能够应对快速的基础设施技术变化，那么提供商将会处于非常有利的位置。

SDN 和 NFV 是实现 SDI 的关键技术，SDN 提供了灵活的网络控制系统，使得网络资源能够动态供应，而 NFV 将网络功能虚拟化为预先包装好的软件服务，这些服务能方便地在云或网络基础设施环境中部署。因此，不需要硬编码服务部署和网络服务，资源现在可以进行动态供给，还能通过软件服务对流量进行管控，从而极大提高资源供给时的灵活性。尽管 SDN 和 NFV 是 SDN 中的必要组件，它们自己并不提供智能化功能来自动生成所需的配置。因此，我们需要考虑利用 SDN 和 NFV 作为平台来部署支持 SDI 的软件。

Pott 在文献 [POTT14] 中列出了 SDI 应提供的一些关键特性，具体如下：

- 具备完全内嵌的**重复数据删除**（data deduplication）和压缩功能的分布式存储资源。
- 完全自动化和集成化的备份，备份是应用感知的，能自动配置和测试。新一代 SDI

将可能实现"零接触"。

- 完全自动化和集成化的灾难恢复，它是应用感知的，能自动配置和测试。新一代 SDI 将可能实现"零接触"。
- 完全集成化的混合云计算，在使用公有云资源时就像在本地使用一样容易。具备基于成本、数据所有权要求、时延 / 位置需求等在多个云提供商之间迁移的能力。云提供商要想在混合云的应用中取胜，就要建立隐私和安全性感知，并允许管理员方便地选择本地提供商以及那些没有外部攻击情况的提供商，而且能清楚地对他们进行区分。
- 广域网优化技术。
- 运行在机器上的管理程序或管理程序 / 容器的混合体。
- 允许管理员管理硬件和管理程序的管理软件。 258
- 能检测新应用和操作系统并自动监测它们的自适应监测软件，自适应监测不需要手工配置。
- 能确定资源何时将超过容量、硬件何时可能出现故障、授权何时到期的预测分析软件。
- 在给定现有硬件和许可权限的条件下，能确保硬件和软件组件达到最大容量的自动和负载最大化软件。
- 不仅能按需启动应用程序组，还能提供类似" App Store"体验，只需要像在本地基础设施上点击几下来选择新资源并让其启动的编排软件。
- 作为附加在编排软件上的自扩展功能会智能地根据实际情况增加资源（CPU、内存等）的容量或者启动新的应用实例来处理负载，也可以在必要的时候缩小资源规模。
- 跨私有基础设施和共有云工作的混合身份服务，这些服务不仅可以管理身份，还提供完整的用户体验管理解决方案，这些解决方案可适用于任何地方。
- 完整的软件定义网络栈，包括数据中心间以及公有云和私有云之间的二层扩展。这意味着启动资源将同时自动配置网络、防火墙、入侵检测、应用层网关、镜像、负载均衡、内容分发网注册、证书等。
- 创建混乱状态以进行随机自动化故障测试，从而确保网络仍然满足需求。

**重复数据删除**　将冗余的数据删除，包括：(1) 只存储数据的变化来压缩数据；(2) 利用指向一个副本的指针来替换重复的数据块 / 文件块副本。

### 9.6.1　软件定义存储

正如前文所述，SDN 和 NFV 是 SDI 的关键要素，而另一个与这两者同样重要的要素是目前正兴起的技术，即软件定义存储（software-defined storage, SDS）。SDS 是管理数据中心中各个存储系统的框架，这些数据中心在传统方式上并未统一。SDS 提供了对这些存储设施进行管理的能力，以满足特定的服务等级约定并支持各类应用。主流的 SDS 物理架构是基于分布式存储的，其中存储设备分布在网络各处。

图 9-16 说明了一个典型 SDS 架构的构成，其中物理存储由磁盘阵列和固态盘阵列组成，它们可以来自不同的厂商。与物理存储平面相分离的是统一的控制软件集，它必须包括能与各种厂商设备相连接并控制、检测这些设备的自适应逻辑。这些自适应层的顶部是一些基础存储服务。应用程序接口提供了数据存储的抽象视图，使应用程序不需要关心存储系统的位 259

置、属性或容量。此外，还有一个管理接口能让SDS管理员对分布式存储设施进行管理。

SDS将重点放在存储服务，而不是存储硬件。通过将存储控制软件与硬件解耦，存储资源可以更高效地得到利用，而且在管理上也更为简单。例如，一个存储管理员可以在决定如何配给存储资源时不需要考虑特定硬件的属性来使用SLA。在本质上，资源都聚合成存储池，从而指派给用户，并利用数据服务来满足用户或应用的需求和维护服务等级。当应用需要额外的资源时，存储控制软件就会自动添加这些资源。反过来说，当资源不再使用时，这些资源就会被释放出来。存储控制软件还能自动将有故障的组件和系统移除。

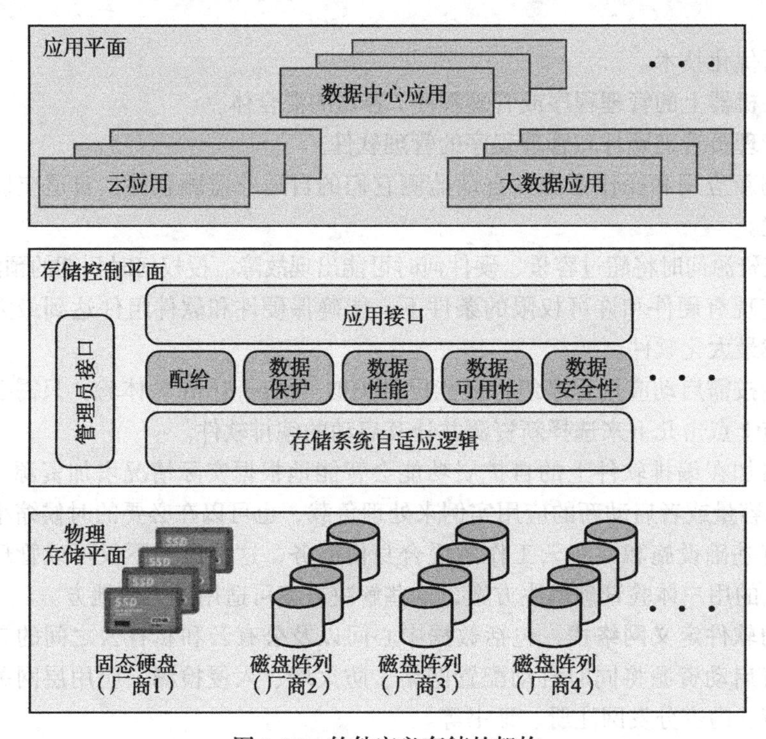


260

图9-16　软件定义存储的架构

## 9.6.2　SDI架构

许多公司，包括IBM、思科、英特尔和惠普，都在生产或研究SDI产品。目前还没有标准的SDI规范，而且不同产品之间也存在较大的差异，但是不同厂商所设计的SDI总体架构都较为类似，一个典型的例子就是英特尔所设计的SDI架构，图9-17显示了该架构，该架构共分三层，下面对各层进行简要描述。

**编排层**：允许高层框架在不干扰正在运行的操作的前提下对组合层进行动态管理的策略引擎。

**组合层**：比系统软件低一级的层次，能持续自动地对硬件资源池进行管理。

**硬件池**：抽象的、模块化的硬件资源池。

编排层驱动着整个架构，该层在满足应用服务需求的同时主要关注高效配置或资源。英特尔初始的焦点在云提供商，但是其他诸如大数据和数据中心等应用领域也借鉴了SDI方法。该层持续监测状态数据，使其能够快速解决服务问题，并不断对硬件资源分配进行优化。

组合层是对虚拟机、存储器、网络等设备进行管理的控制层。在该架构下，虚拟机可以看作是动态的计算、存储和网络资源的组合，这些资源集成起来供应用实例运行所用。尽管当前的虚拟机技术在非虚拟服务器之上提供了一定的灵活性，并节约了成本，但仍然被认为不够高效。提供商试图调整系统的规模以满足虚拟机所能承受的最大需求，通过超额配给来提供服务保证。通过软件定义的资源分配，可以灵活地实现虚拟机创建、配给、管理、迁移和回收。类似地，SDS 也为存储资源的高效使用创造了机会。

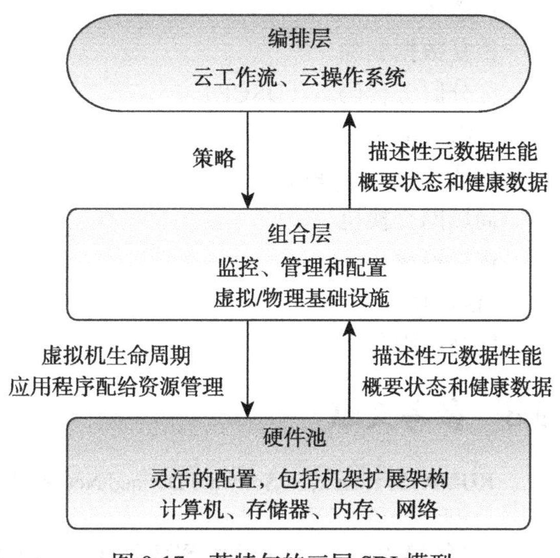


图 9-17　英特尔的三层 SDI 模型

组合层也可以实现计算、网络和存储资源在逻辑上的分解，这样每个虚拟机都能精确地满足各个应用的需求。英特尔的机柜式架构（rack scale architecture, RSA）能在硬件层对其提供支持。RSA 充分利用具有高数据传输速率的光连接组件来重新设计计算机机架系统的实现方法。在 RSA 设计中，硅互连的速度可以让单个组件（处理器、内存、存储器和网络）不再需要部署在同一个机器内，每类组件都可以采用单独和专用的机架，而且规模可以扩展以满足数据中心的需求。

图 9-18 展示了英特尔的另一种 SDI 架构视图，它是从另一个机构的 SDI 架构引申出来的，其中资源池由存储、网络和计算资源构成。从硬件的角度来说，它们也可以部署在 RSA 中，而从控制的角度来说，SDS、SDN 和 NFV 技术使得这些资源能在 SDI 的总体框架下被管理起来。

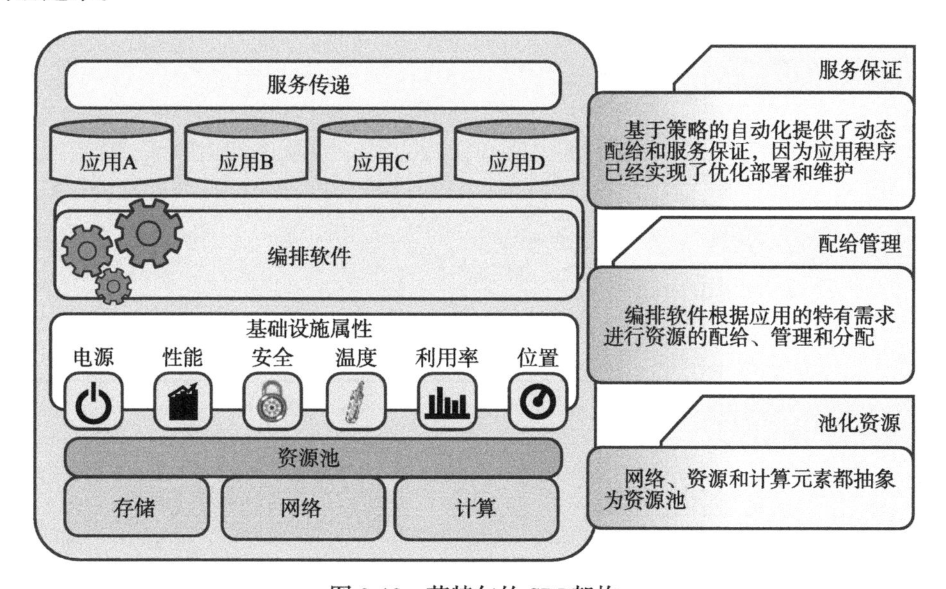


图 9-18　英特尔的 SDI 架构

261
~
262

## 9.7　重要术语

学完本章后，你应当能够定义下列术语。

广播地址
广播域
重复数据删除
区分服务代码点（DSCP）
IEEE 802.3
IP 安全协议（IPsec）
局域网交换机
逻辑资源
MAC 帧
网络虚拟化
物理资源
软件定义的基础设施（SDI）
软件定义存储（SDS）
单播寻址
虚拟局域网（VLAN）
虚拟网络
虚拟专用网（VPN）
虚拟资源
虚拟租用网（VTN）

## 9.8 参考文献

**KUMA13:** Kumar, R. Software Defined Networking—a Definitive Guide. Smashwords.com, 2013.

**POTT14:** Pott, T. "SDI Wars: WTF Is Software Defined Center Infrastructure?" *The Register*, October 17, 2014. http://www.theregister.co.uk/2014/10/17/sdi_wars_what_is_software_defined_infrastructure/

**SDNC14:** SDNCentral. SDNCentral Network Virtualization Report, 2014 Edition, 2014.

263

第四部分



# 用户需求的定义与支撑技术

我们开始理解，至少是意识到，在通信系统中处理重要性等级不同的用户在竞争资源时，出现时延和过载现象的原因。这是未来我们能够实现自动化高度成熟的优先级系统的基础，这些系统非常有效，甚至可以起到与专业判断相等价的作用。

——分布式通信，分布式通信网概述，RM-3420-PR 报告，Paul Baran，1964 年 8 月



任何复杂的共享网络体系结构被接受且获得成功的基础是它能满足用户所期望的性能。传统上，性能的定义、测量、保证以及达成定义良好约定的相关内容都属于服务质量（quality of service, QoS）概念的范畴。QoS 是所有网络设计中重要的因素。第 10 章介绍了 QoS 的总体概念和标准。当前，从 QoS 又延伸出了体验质量（quality of experience, QoE）的概念，QoE 尤其与交互式视频和多媒体网络流相关。第 11 章概述了 QoE，并讨论了实现 QoE 机制的各种实用方法。第 12 章进一步探讨了将 QoS 和 QoE 结合对网络设计的影响。

# 服务质量

在提出的各种机制中，网络中数据流的优先级每时每刻都要自动地重新确定。优先权在计算时采用以下几种方法的综合，包括（1）网络接收额外流量的能力；（2）每个用户的重要性和它的流量效用；（3）每个输入传输介质或转换器的数据速率；（4）流量在传输过程中对时延的容忍程度。

——《分布式通信：级别、优先权和过载》

兰德报告 RM-3638-PR，Paul Baran，1964 年 8 月

**本章目标**

**学完本章后，你应当能够：**

- 描述 ITU-T 的 QoS 体系框架。
- 总结综合服务体系结构的关键概念。
- 对比分析弹性流量和非弹性流量。
- 解释区分服务的概念。
- 理解服务等级约定的使用。
- 描述 IP 性能指标。
- 概述 OpenFlow 对 QoS 的支持。

因特网和 IP 企业网在数据流的容量和类型方面一直呈现快速增长，云计算、大数据、企业网中移动设备的广泛使用以及视频流量的不断增加都为如何保持符合要求的网络性能带来了巨大挑战。测量企业所期望网络性能的两种重要工具分别是服务质量（QoS）和体验质量（QoE）。正如在第 2 章中所介绍的那样，QoS 可用于对网络服务进行端到端性能的测量，可以通过用户和服务提供商之间的服务等级约定（service level agreement, SLA）来保证 QoS，从而满足特定用户应用的需求。QoE 是一种由用户所报告的主观性能指标。与 QoS 能进行精确测量所不同的是，QoE 取决于人的感受。

266

QoS 和 QoE 让网络管理员能够确定网络是否满足用户需求，并诊断出需要进行网络管理和网络流量控制的故障域。本章将对 QoS 进行详细介绍，第 11 章和第 12 章将介绍 QoE 以及 QoS 与 QoE 之间的关系，并描述 QoE/QoS 架构设计的意义。

IP 网络对保证各种流量的 QoS 要求有着强烈的需求，本章将从介绍总体 QoS 架构开始，描述互联网的功能和服务如何满足这些需求。然后，介绍综合服务体系结构 (Intergrated Services Architecture, ISA)，该体系结构为当前和未来的因特网服务提供了一种框架。接着，我们将学习区分服务的主要概念，最后对 SLA 和 IP 性能指标的相关内容进行总结。

回顾 2.1 节（该节对不同类型的流量和 QoS 需求进行了总结）的知识将有助于本章内容的学习。

## 10.1 背景

从历史角度来讲，因特网和其他 IP 网络提供了**尽力而为**（best effort）的传输服务，这就意味着网络试图公平地将它的资源分配给所有的网络流量，而不会考虑应用的优先级、流量模式和负载以及用户的需求。为了避免网络由于拥塞而崩溃，保证某些流不会被其他流挤出网络，网络采用了拥塞控制机制，该机制会对流量进行管控，防止它们占用过多的资源。

**尽力而为** 一种网络或因特网传输技术，它不能保证数据的传输，但是会公平地对待每个分组。所有分组按照先来先服务的方式进行转发，网络不提供基于优先权或其他方式的服务。

最重要的拥塞控制技术之一是早期就已提出目前仍在广泛使用的 TCP 拥塞控制机制。尽管 TCP 拥塞控制已经日益复杂和成熟，但是这里仍然值得对其原理进行简要的概述。对于网络中两个端系统之间的 TCP 连接来说，接收和发送方向都有一个滑动窗口，而 TCP 的报文段都按序添加了编号。发送和接收 TCP 实体维护着一个窗口或缓存，该窗口 / 缓存定义了可以传输的报文段的编号范围。当报文段抵达并被接收方处理时，接收方会返回一个确认报文，该报文说明了哪些报文段已经被正确接收，同时还暗示发送方可以开始发送更多的报文段过来。发送方采用不同的算法根据确认报文的 RTT 以及确认报文是否正确接收来推断链路的拥塞情况。一旦检测到拥塞，发送端的 TCP 实体会降低报文段的发送速率，以帮助缓解网络的拥塞。 267

如果因特网中所有的 TCP 连接都遵守拥塞控制机制，TCP 将能有效地工作。但是如果有些“自私的”的应用不遵循拥塞控制规则，并试图尽可能快地发送报文段，将会降低该机制的效果。

尽管 TCP 拥塞控制和其他网络拥塞控制技术可以减少网络拥塞带来的风险，但这些技术无法直接解决 QoS 的需求问题。随着流量强度和种类的不断增加，各种 QoS 机制被提出来，包括综合服务体系结构（ISA）和区分服务（DiffServ），这些机制往往伴随着 SLA，以为不同客户提供可调的甚至是可预测的服务。这些机制和服务主要是为了实现两个目的：

- 高效地分配网络资源从而实现网络利用的最大化。
- 使网络能根据客户需求为其提供不同等级的 QoS。

在更为复杂的环境中，*尽力而为*这一概念与总体的网络服务无关，而是针对某类流量以尽力而为的方式进行处理。所有这类流量中的分组在传输过程中不会得到传输速率方面的保证，也不会得到数据能完整到达接收方的保证。通常情况下，在一个提供了多种服务等级的网络中，尽力而为是最低等级的流量类型，但是对于某些应用，还有一类比尽力而为级别更低的服务，称为*低级尽力而为*（lower than best effort 或 lower effort, LE）。LE 类型的服务允许网络管理员将其严格限制在尽力而为 / 普通类型之下，或所有其他网络流量之下，这种类型的服务往往适用于背景数据传输应用（例如文件共享和系统补丁更新），或用于将流量推迟到非高峰期时段再传输。

## 10.2 QoS 体系结构的框架

在学习因特网和私有网络提供 QoS 保证的相关标准之前，有必要先介绍一下实现 QoS 保证的总体体系框架及相关单元，该体系框架由国际电信联盟的电信标准化部门（ITU-T）

268 设计，并作为它的 Y 系列建议书[⊖]一部分。Y.1291 建议书“一种在分组网络中支持 QoS 的体系框架”给出了一个构成 QoS 框架机制和服务的全局性概述。

Y.1291 框架包括一组通用网络机制来控制网络服务对服务请求的响应，这些机制具体到网络单元、网络单元之间的信令或是控制和管理跨网络流量的内容，图 10-1 显示了这些单元之间的关系。总体来说，这些单元可以划分为三个平面，分别是数据、控制和管理平面。该体系框架很好地概述了 QoS 功能及功能之间的关系，为总结 QoS 提供了有用的基础。

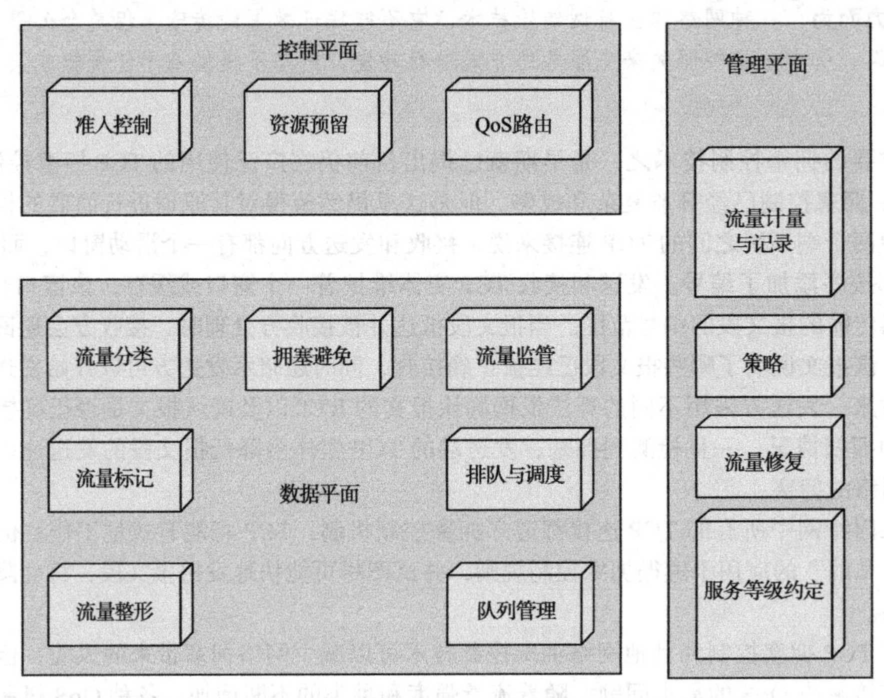


图 10-1　支持 QoS 的体系框架

## 10.2.1　数据平面

数据平面包含直接对数据流进行操作的机制，下面简要介绍这些机制。

**流量分类**是指通过网络边缘的入口路由器将分组指派为某一类流量。通常情况下，分类实体通过查看分组的多个字段来确定分组应该聚合到哪一类，例如源和目的地址、应用层负载和 QoS 标记等。流量分类为网络元素提供了一种为不同类别的分组根据其重要性来赋予权重的方法，所有分配给一个特殊流或其他聚合的分组都会得到相同的处理方式。IPv6 首部的流标签也可以用于流量分类，其他路由器也可以执行流量分类，但是分组在网络中传输时其类别不会发生改变。269

**分组标记**包括两个不同的功能，一是分组在网络边缘的入口结点处添加标记，从而指明分组应当得到的 QoS，例子就是 IPv4 和 IPv6 分组的区分服务字段以及 MPLS 标签中的流量类别字段。网络边缘入口结点可以在这些字段上设置相应的值从而表明该分组所期望得到的 QoS，中间结点可以利用这些标记来为到达的分组提供有差别的服务。分组标记的另一个功

⊖ Y 系列建议名为“全球信息基础设施、因特网协议特点与下一代网络”，其中包含了许多解决 QoS、拥塞控制、流量管理等问题的有用文档。

能是在入口结点或中间结点处，将某些分组标记为超发分组，这些分组在网络出现拥塞的时候可以被丢弃。

**流量整形**根据每条流的信息来对到达和通过的流传输速率和容量进行控制。负载流量整形的实体会缓存超发分组，直至这些分组各自聚合后的速率服从该条流的流量的约束条件再将其发送出去。这样的结果是流量不会像最初那样有很强的突发性，而且更容易预测，例如在 Y.1221 标准中建议使用漏桶 / 令牌桶来进行流量整形。一般来说，流量整形的功能都是在网络边缘的入口处完成。

**拥塞避免**的目的是保证网络负载不超过网络的处理能力，这样就能使网络性能处于可接受的水平，其更为具体的目标是避免排队时延过大以及网络由于拥塞而崩溃。一个典型的拥塞避免机制是由发送方在发现网络出现（或即将出现）拥塞信号后降低数据流进入网络的数量，这里除非这个信号是显式的，否则一般用分组丢失或定时器超时作为隐式的网络拥塞信号。

**流量监管**判断逐跳的流量行为是否遵循既定的策略或合同，不符合要求的分组可能会被丢弃、拖延或加上相应的标签。例如，ITU-T 的 Y.1221 标准“IP 网络中的流量控制与拥塞控制”就建议使用令牌桶来刻画流量特征，以进行流量监管。

**排队与调度**算法是指排队规则的算法，用于确定接下来应发送哪个分组，并在流之间进行传输带宽的分配。排队规则将在 10.3 节具体介绍。

**队列管理**算法在必要或合适的时候通过丢弃分组来管理分组的长度，主动队列管理最初是为了实现拥塞避免。在早期的因特网中，队列管理规则是在队列满了的时候将新到达的分组丢弃，也即**弃尾**（tail drop）方法，但 RFC 2309“因特网队列管理和拥塞避免建议书”指出弃尾方法存在很多缺点，具体如下：

270

1）对网络拥塞没有任何反应，直至不得不丢弃分组，因此更积极的拥塞避免算法可有效提高网络性能。

2）队列会一直接近占满的状态，这会增加分组通过网络的时延，而且在出现突发流量时产生大量的分组丢弃情况，造成许多分组不得不重传。

3）弃尾方法会使得单个连接或少量流就占用了所有的队列空间，使得其他连接的分组无法进入队列。

一个值得注意的队列管理案例是在 RFC 2309 中提出的随机早期丢弃（random early drop, RED）方法，该方法会根据估算的平均队列长度按概率丢弃某些到达的分组，这个丢弃概率会随着估算的平均队列长度的增加而提高。当前有许多 RED 改进版本应用在实际当中，其中加权 RED（WRED）方法可能是使用最为广泛的。WRED 方法通过检测拥塞并在拥塞出现前减慢流的传输（根据服务类别）来避免网络拥塞，WRED 丢弃选中的分组后，就会提醒 TCP 的发送方降低它的发送速率。每种类型的服务都会获得不同的权重，这就使得低优先级流的数据传输速率会比高优先级的流下降得更快。

### 10.2.2 控制平面

控制平面主要关注如何为用户的数据流创建和管理传输路径，具体包括准入控制、QoS 路由和资源预留。

**准入控制**主要判断用户的数据流是否能进入网络，这通常由数据流的 QoS 需求和当前网络的资源投入决定。但是除了根据可用资源情况来确定是否允许某个 QoS 请求以外，准入控制还有其他方面的考虑。网络管理员和服务提供商必须能根据用户和应用的身份、流量 / 带宽需求、安全性考虑和时间段信息等策略标准来对网络资源和服务的使用情况进行监视和控制。RFC 2753“一种基于策略的准入控制框架”对这些与策略相关的问题进行了讨论。

**QoS 路由**确定能够满足流 QoS 需求的网络路径，它与传统的路由选择协议设计原则不同，传统的路由协议都是沿着网络寻找一条开销最少的路径。RFC 2386“因特网中一种基于 QoS 的路由框架”对 QoS 路由的相关问题进行了介绍，这是一个目前仍在研究的课题。一个 QoS 路由的例子是思科公司的性能路由（Performance Routing, PfR），PfR 对网络性能进行监视，并根据可达性、时延、时延抖动和丢包等提前确定好的标准来为每种应用选择最好的路径，PfR 还能使用先进的负载均衡技术分发流量从而实现较为均等的链路利用率。

**资源预留**是为对网络性能有要求的流按需预留网络资源的机制，一个典型的代表是资源预留协议（Resource Reservation Protocol, RSVP）。然而，这种方法的扩展性并不好，因此目前并未得到广泛使用。

### 10.2.3　管理平面

管理平面包含会对控制平面和数据平面机制产生影响的机制，它主要解决网络的运行和管理等相关问题，具体包括服务等级约定、流量修复、流量计量与记录、策略。

**服务等级约定**（SLA）通常指客户和服务提供商之间的约定，该约定指定服务在可用性、服务能力、性能、操作及其他相关方面应达到的水平。我们将会在 10.5 节对 LSA 做更为详细的介绍。

**流量计量与记录**主要监视流量的一些动态属性，这些属性通过数据传输速率、丢包率等性能测度来描述。流量计量与记录包括在一个特定的网络结点观测流量特征，并收集和存储这些流量信息以作后续的分析和处理。根据一致性等级，流量计量还可以对分组流触发一些必要的操作（例如丢包或流量整形）。10.6 节将进一步介绍相关的性能指标类型。

**流量修复**主要与网络如何响应故障的内容相关，它包括许多协议层次和技术。

**策略**是一组对网络资源访问进行管理和控制相关的规则，这些规则可以明确描述服务提供商的需求或反映客户与服务提供商之间的约定，具体的约定可以包括在一段时间内的可靠性、可用性需求，以及其他 QoS 需求。

## 10.3　集成服务体系结构

为了对各种基于 QoS 的服务的需求进行定义，IETF 在集成服务体系结构（ISA）下制定了一整套标准。RFC 1633 文档定义了 ISA 的总体框架，它尝试在 IP 网络上提供有 QoS 保证的传输服务，而其协议细节则由许多其他文档制定。虽然 ISA 并没有在现有的产品中实现，但是它的各种原则得到了广泛使用，而且 ISA 还提供了一种很方便的结构来讨论保证 QoS 的各种机制。

### 10.3.1　ISA 方法

ISA 的目的是在 IP 网络中提供 QoS 保证，而 ISA 的核心设计问题是如何在网络拥塞的时候共享可用的网络资源。

对于只能提供尽力而为服务的因特网来说，能控制拥塞和提供服务的工具是有限的，实际上，路由器主要采用以下两种机制来工作。

- **路由算法**：在互联网中使用的路由协议允许以最小时延作为路由选择的指标，路由器之间通过交互信息来获取整个因特网的时延分布图，最小时延路由算法有利于实现负载均衡，从而降低本地拥塞状况，并减少单条TCP连接的时延。此外，接口的数据传输速率也可以作为路由选择的指标。

- **分组丢弃**：当一个路由器的缓存溢出时，它将丢弃后续的分组。通常来说，最新到达的分组会被丢弃，TCP连接出现丢包的后果是发送端将会回退它的发送窗口大小，降低发送负载，从而协助网络消除拥塞。

这些设备都能较好地工作，但是正如本书2.1节中所介绍的，它们已经不能满足现在互联网各种各样流量的需求了。

在ISA中，每个IP分组会关联到一条流上，这里的流是全局可区分的，与该条流相关联的所有分组都源自于某个用户的行为，而且它们的QoS需求也相同。举个例子，一条流可能包含某条连接特定方向上的流量或者一条可被ISA区分的视频流。流与TCP连接在两个方面存在不同：流是单向的，而且流的接收方（在多播情况下）可以是多个成员。通常来说，IP分组在标识为某条流的成员时主要基于源/目的IP地址、源/目的端口号和运输层协议类型，而在IPv6中，分组首部中的流标识符不一定等价于ISA流，但是IPv6的流标识符将来可以用于ISA中。

273

ISA利用下述机制来管理拥塞并提供有QoS保证的传输。

- **准入控制**：对于有QoS保证的传输来说（而不是默认的尽力而为传输），ISA要求对新到达的流进行资源预留。如果路由器确定没有足够的资源来保证流的QoS需求，该流就会被禁止进入。RSVP协议就是用于资源预留的。
- **路由算法**：路由决策可以基于各种QoS参数而不仅仅是最小时延来确定。
- **排队规则**：ISA的一个重要方面就是高效的排队策略，它主要解决不同流的不同需求问题。
- **丢弃策略**：丢弃策略在缓存已满而还有新分组到达时决定哪个分组应当被丢弃，丢弃策略对于管理拥塞以满足QoS需求非常重要。

### 10.3.2 ISA组件

图10-2是在一个路由器中实现ISA体系结构的概略图。在水平线之下是路由器的转发功能，它们对每个分组执行相关操作，已经得到了高度优化，而在水平线之上余下的功能都是一些后台功能，它们为转发功能创建数据结构。因此，图10-2中下面的部分大致对应着图10-1中的数据平面，而上面的部分则对应着控制平面。

主要的后台功能描述如下。

- **预留协议**：该协议为新流预留对应QoS级别的资源，它主要用于路由器之间以及路由器和端系统之间。预留协议负责在端系统以及流传输路径上的路由器处维护流状态信息，RSVP协议就是用于这种目的，预留协议会对流量控制数据库进行更新，以协助分组调度器确定为各个分组应当提供何种服务。
- **准入控制**：当一条新流请求传输时，预留协议会触发准入控制功能，该功能确定是否有足够的资源提供给新流，以满足其QoS需求。判定方法基于当前给其他流预留的资源情况或当前网络的负载。
- **管理代理**：网络管理代理可以修改流量控制数据库，并引导准入控制模块设置相应的准入控制策略。

- **路由协议**：路由协议负责维护路由信息数据库，该数据库为每个目的地址和每条流指定下一跳。

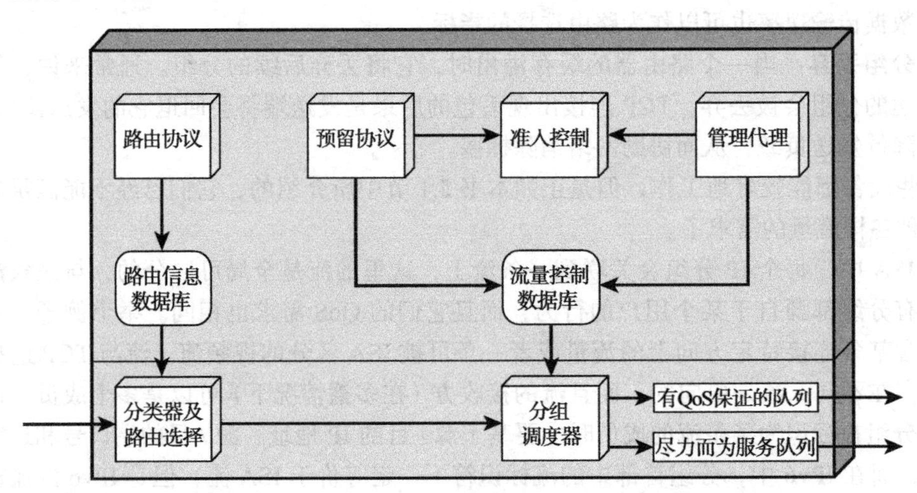


图 10-2　路由器中综合服务体系结构的具体实现

这些后台功能支撑着路由器的主要工作，也即分组的转发，而完成转发的两个主要功能域如下。

- **分类器和路由选择**：为了实现转发和流量控制，到达的分组必须映射到具体的类别上，每个类别可以对应单条流或者具有相同 QoS 需求的一组流。例如，所有视频流的分组或者所有属于特定组织的分组在资源分配和排队管理时会得到相同的处理。类别的选择是根据 IP 首部字段进行的，而通过分组的类别及其目的 IP 地址，该功能模块就能确定分组的下一跳地址。
- **分组调度器**：该功能对每个输出端口的一个或多个队列进行管理，它决定了分组在队列中排队的次序，以及哪些分组在必要的时候应当被丢弃。具体的决策是基于分组所属的类别、流量控制数据库的内容以及当前和过去该输出端口的状况来完成的。分组调度器还有一部分工作是流量监管，它判断给定流的分组是否超过了其请求的带宽，如果是，还要确定如何对这些超出的分组进行处理。

274~275

## 10.3.3　ISA 服务

一条分组流的 ISA 服务通过两个层面来确定，一是提供一些普遍的类别，每个类别都对应特定类型的服务保证，二是在每个类别中，特定流的服务根据特定参数的值来指派，这些参数值称为流量规范（TSpec）。总共有下列三类服务已经得到定义：

- 有保证的服务
- 可控负载服务
- 尽力而为服务

应用可以通过 TSpec 定义好的具体服务需求来为某条流请求有保证的或可控负载 QoS 资源预留。如果预留请求得到批准，那么 TSpec 就属于数据流和服务之间合同的一部分，而只要数据流继续用 TSpec 描述，那么服务会为其提供所需的 QoS。不属于有资源预留流的分组在默认情况下得到的是尽力而为的传输服务。

**有保证的服务**

有保证的服务有以下几个关键要素：

- 该服务提供有保证的带宽容量或数据传输速率。
- 队列穿越网络的时延会有一个上限，该上限值加上传播时延就是分组通过网络的总体时延。
- 没有队列丢包情况，也就是说没有分组因为缓存溢出而丢失，分组只可能由于网络故障或路由路径变化而产生丢包。

有了这种服务，应用就可以提供它所期望流量简档的特征描述，而且服务也能够确定它能保证的端到端时延。

需要这种服务的一类应用是那些对时延上限有要求的应用，这样缓存就能用于到达数据的实时重放，而且不需要应对由于输出质量下降而导致的丢包。另一个例子是有严格时间期限的实时类应用。

有保证的服务是ISA所提供的需求最高的服务，因为它的时延上限是确定的，可以通过设置较大的时延值来解决极少出现的有很大排队时延的情况。 276

**可控负载服务**

可控负载服务有以下几个关键要素：

- 在无负载的网络环境下，这种服务为应用提供了近似尽力而为的服务。
- 分组在通过网络时无法保证指定的排队时延上限，但是这种服务能保证大部分分组的时延不会远超最小传输时延（也就是传播时间和路由器处理时延之和，但不包括排队时延）。
- 大部分分组能够顺利到达目的地（也即几乎不会出现排队丢包）。

正如前文所述，因特网为实时类应用提供QoS保证的风险在于只需要尽力而为服务的流量会被挤出网络，因为这些流量通常会被指派一个非常低的优先级，这就使得它们在网络拥塞时传输会受到限制。可控负载服务能保证网络保持有充足的资源，使得得到这种服务的应用在网络中就像没有实时类应用来抢夺网络资源一样。

可控负载服务对于自适应的实时类应用非常有用，这些应用不需要知道穿越网络所需时延上限的*先验知识*，接收端可以通过到达的分组来测量时延抖动，然后设置最小时延作为重放点，这时只会出现非常低的丢包率（例如，视频可以自适应地丢弃某些帧或轻微地推迟播放时间，音频可以自适应地调整静默期）。

### 10.3.4 排队规则

ISA的实现中一个很重要的部分是路由器的排队规则，最简单的方法是在每个路由器输出端口采取先进先出（FIFO）排队规则，而每个输出端口都维护一个队列。当一个新的分组到达并路由到输出端口时，它会被放置在队列的最后，只要队列不为空，路由器都会选择最早到达的分组进行传输。

FIFO排队规则有以下几方面的缺点：

- 无法为具有较高优先级或时延敏感的流提供特殊处理，当某些来自不同流的分组等待转发时，它们会严格按照FIFO顺序进行调度。 277
- 当某些短分组排在一个长分组的后面时，FIFO调度方式会比先调度短分组的方式增加每个分组的平均时延。一般来说，分组更大的流会得到更好的服务。

- 一条自私的 TCP 连接会忽视 TCP 拥塞控制规则，从而将其他遵循该规则的 TCP 连接挤出链路。当拥塞出现而一条 TCP 连接不能回退时，其他与其有部分相同路径的连接不得不回退得比之前更多。

为了克服 FIFO 排队规则的缺点，许多更为复杂的路由算法在路由器中实现了，这些算法包括在每个输出端口使用多个队列以及某些能区分流量的方法来提供更好的服务，典型的网络产品是思科公司的路由器，在这些路由器中，除了 FIFO 之外还提供以下几种排队方法，这些方法在思科网络互联技术手册 [CISC15] 中都有详细介绍：

- 优先队列（priority queuing, PQ）
- 自定义排队（custom queuing, CQ）
- 基于流的加权公平排队（WFQ）
- 基于类别的加权公平排队（CBWFQ）

在**优先队列**（priority queuing）中，每个分组都被指定一个优先级，而且每个优先级都有一个相应的队列。思科的实现方案总共有四个级别，分别是高、中、普通和低。在默认情况下，分组会指派为普通类型的优先级。PQ 可以根据网络协议、输入端口、分组大小、源 / 目的地址或其他参数灵活地设置优先级别，队列规则完全遵循分组的优先级，因此，多个队列都有分组在等待时，路由器会从优先级最高的队列开始，如果队列不为空，则以 FIFO 的方式调度该队列中的分组，只有当更高优先级的队列为空时才能选择下一个优先级的队列进行调度。当新的分组到达更高优先级队列时，它们会立即排在低优先级队列分组的前面。PQ 对于确保重要应用流量得到及时处理非常有效，但是这种队列调度方法可能导致低优先级队列中的流量在很长时间内都无法得到传输。

**自定义排队**（custom queuing）的设计目的是让不同应用和组织能够以指定的最小吞吐量或时延需求来共享网络。在 CQ 中有多个队列，每个队列都配置了字节计数器，各个队列轮流得到调度。当轮到一个队列开始发送分组时，它所发送的分组数等于之前设定的字节计数器，通过为不同的队列设置不同的字节计数器，每个队列中的流量都能确保得到一个最小比例的带宽，因此可以将各种应用或协议的流量指派到对应的队列中。

278

剩下的两种队列调度算法都是基于公平排队机制。在最简单的公平队列中，每个分组都会被置于它所属流所在的队列，各个队列轮流得到调度，一个非空的队列发送完一个分组后会转到下一个非空的队列。如果队列为空，则会直接跳过。这种机制对所有流都是公平的，每条流都会在一个周期内发送一个分组，而且不同流之间还会实现某种形式的负载均衡。这种调度方式对于贪婪的流来说没有优势，因为这些流所在的队列会变得很长，这就增加了它们的时延，而其他流则不会受到影响。

加权公平排队（WFQ）这一术语用于某类特定的调度算法，这类算法使用多个队列以支持资源分配和时延上限。某些 WFQ 机制考虑了各个队列流量的总量，并给予更忙的队列以更多的资源，但同时并不完全剥夺非忙队列的资源。WFQ 还可以以各条流的服务请求次数作为度量来对排队规则进行相应的调整。

**基于流的 WFQ** 也被思科简称为 WFQ，它根据分组的某些特征来创建流，这些特征包括源和目的地址、套接字号、会话 ID 等。各条流根据其 IP 优先级位来获得不同的权重，这样就能为特定的队列提供更好的服务。

**基于类别的 WFQ**（CBWFQ）允许网络管理员创建最小带宽保证类，这里的类别可以包括一条或多条流，而不用为每条流建立一个队列，每个类别都可以获得一个最小的带宽保证。

## 10.4 区分服务

区分服务（DifferServ）由 RFC 2475 定义，它用于提供一个简单、易于实现、低开销的方法来支持一系列网络服务，这些服务在性能上是有所区分的。

DiffServ 的一些关键特性保证了它的效率和易部署性：

- IP 分组使用现有 IPv4 或 IPv6 的 DS 字段进行标记，从而得到不同等级的 QoS 处理，因此不需要对 IP 协议进行修改。
- 服务等级规范（service level specification, SLS）建立在服务提供商和用户之间（因特网域），在使用 DiffServ 之前确定，这就不需要将 DiffServ 机制集成到应用程序，因此现有应用程序可以不用修改而直接使用 DiffServ。SLS 实际上是一组参数及其具体值，它们共同定义 DiffServ 域提供给流量的服务。 279
- 流量调节规范（traffic conditioning specification, TCS）是 SLS 的一部分，用于指定流量分类器规则和其他相应的流量特征与计量、标记、丢弃 / 整形规则，并应用在网络流量中。
- DiffServ 提供了内嵌的聚合机制，所有具有相同 DiffServ 字节的流量会得到相同的网络服务。例如多个话音连接不会单独处理，而是以聚合的形式得到服务，这就保证了很好的扩展性，以将 DiffServ 推广到规模更大的网络和流量负载更多的环境中。
- DiffServ 基于 DiffServ 字段实现，路由器会根据该字段来对分组进行相应的排队和转发处理，路由器对每个分组进行处理时都是独立的，不会保存分组流的状态信息。

现在，DiffServ 已经成为企业网中受到广泛认可的 QoS 机制。

尽管 DiffServ 试图通过一些相对简单的机制来提供一些简单的服务，但是与 DiffServ 相关的 RFC 规范却比较复杂，表 10-1 从这些规范中总结出一些关键性的术语和定义。

**表 10-1 区分服务中的术语**

| 术语 | 定义 |
|---|---|
| 行为聚合 | 某条链路沿特定方向上的一组有相同 DiffServ 代码点的分组 |
| 分类器 | 根据 DS 字段（BA 分类器）或分组首部的多个字段（MF 分类器）来选择分组 |
| DiffServ 边界结点 | 某个 DiffServ 域中与另一个 DiffServ 域相连的 DiffServ 结点 |
| DS 字段 | IPv4 的 TOS 字段中的低 6 位比特或 IPv6 中的流量类别字段 |
| DiffServ 代码点 | DS 字段中的代码值 |
| DiffServ 域 | 一组相邻（相连）的结点，它们能实现区分服务，在实现区分服务时会结合一组置备策略和逐跳行为的定义 |
| DiffServ 内部结点 | 指非 DiffServ 边界结点的 DiffServ 结点 |
| DiffServ 结点 | 支持区分服务的结点。通常来说，DiffServ 结点都是路由器，但能为主机内的应用程序提供区分服务的主机系统也是 DiffServ 结点 |
| 丢包 | 根据特定规则丢弃分组的过程，也称为监管 |
| 标记 | 对分组中的 DiffServ 代码点进行设置的过程，分组可以标记一个初始值，然后可能被入口路由器 DiffServ 结点重新标记为一个新值 |
| 计量 | 对分类器分类好的分组流在时间上的某些属性（例如速率）进行测量的过程，这个过程的即时状态可能会影响标记、整形和丢弃等功能 |
| 逐跳行为（per-hop behavior, PHB） | 可从外部观测到的应用在结点到行为聚合的转发行为 |
| 服务等级约定（SLA） | 客户和服务提供商之间的服务合同，其中详细说明了客户应当得到的转发服务 |
| 整形 | 对分组流中的分组进行延迟发送的过程，它能使分组流遵循某些特定的流量特征 |

（续）

| 术语 | 定义 |
| --- | --- |
| 流量调节 | 用于完成某些 TCA 指定规则的控制功能，包括计量、标记、整形和丢弃等 |
| 流量调节约定（traffic conditioning agreement, TCA） | 详细说明了分类规则和流量调节规则的约定，这些规则可以通过分类器应用到分组上 |

### 10.4.1 服务

DiffServ 域内会提供各种类型的 DiffServ 服务，这里的 DiffServ 域是指在因特网中提供相同 DiffServ 策略的连续区域。通常来说，一个 DiffServ 域由一个管理实体进行管理控制，而跨 DiffServ 域的服务则通过 SLA 来定义。SLA 是客户和服务提供商之间就客户应当得到不同类别转发服务而达成的约定，这里的客户可以是一个用户机构或者另一个 DiffServ 域。一旦 SLA 确定之后，客户就可以发送 DiffServ 字段中标记了相应类别的分组，而服务提供商必须保证客户至少能够得到约定好的 QoS。为了提供 QoS，服务提供商必须在每台路由器上（基于 DiffServ 字段的值）配置合适的转发策略，而且还要持续测量每类分组的性能。

如果客户所发送分组的目的地位于 DiffServ 域内，DiffServ 域就会提供约定好的服务，而如果目的地不在客户的 DiffServ 域，DiffServ 域就会转发分组穿过其他域，并要求最合适的服务以满足客户所需的服务。

280～281

DiffServ 框架文档列出了下列 SLA 中应当包括的具体性能参数：

- 详细的服务性能参数，例如期望的吞吐量、丢包率、时延。
- 提供服务的入口点和出口点的限制条件，用于表明所提供服务的范围。
- 为提供所需服务必须遵循的流量特征，例如令牌桶参数。
- 流量在超出约定条件时的处理方式。

该框架文档还提供了几个服务案例：

- A 级服务能保证流量在传输时有很低的时延。
- B 级服务能保证流量在传输时有很低的丢包率。
- C 级服务能保证 90% 的流量在传输时时延不会超过 50 毫秒。
- D 级服务能保证 95% 的流量能顺利完成传输。
- E 级服务能保证流量获得的带宽是 F 级服务所提供带宽的 2 倍。
- 丢包优先级为 X 的流量丢包率要高于丢包优先级为 Y 的流量。

前两个案例是定性描述的，而且只有在与其他流量（例如默认接受尽力而为服务的流量）进行对比时才有效。第 3 个案例和第 4 个案例是定量描述的，能提供一个特定的 QoS 保证，而且可以在不需要与其他类型服务对比的前提下，通过测量实际的服务加以验证。最后两个案例则将定量和定性描述结合在一起。

### 10.4.2 DiffServ 字段

分组会通过 IPv4 首部或 IPv6 首部的 6 比特长度的 DS 字段进行标记（如图 10-3 所示），以用于得到相应的服务处理。DS 字段的值也称为 **DiffServ 代码点**（DSCP），它用于对分组进行分类以实现区分服务。

282

有了 6 比特长度的代码点，就可以定义 64 种不同类别的流量。这 64 个代码点主要分为三类代码点池，分别是：

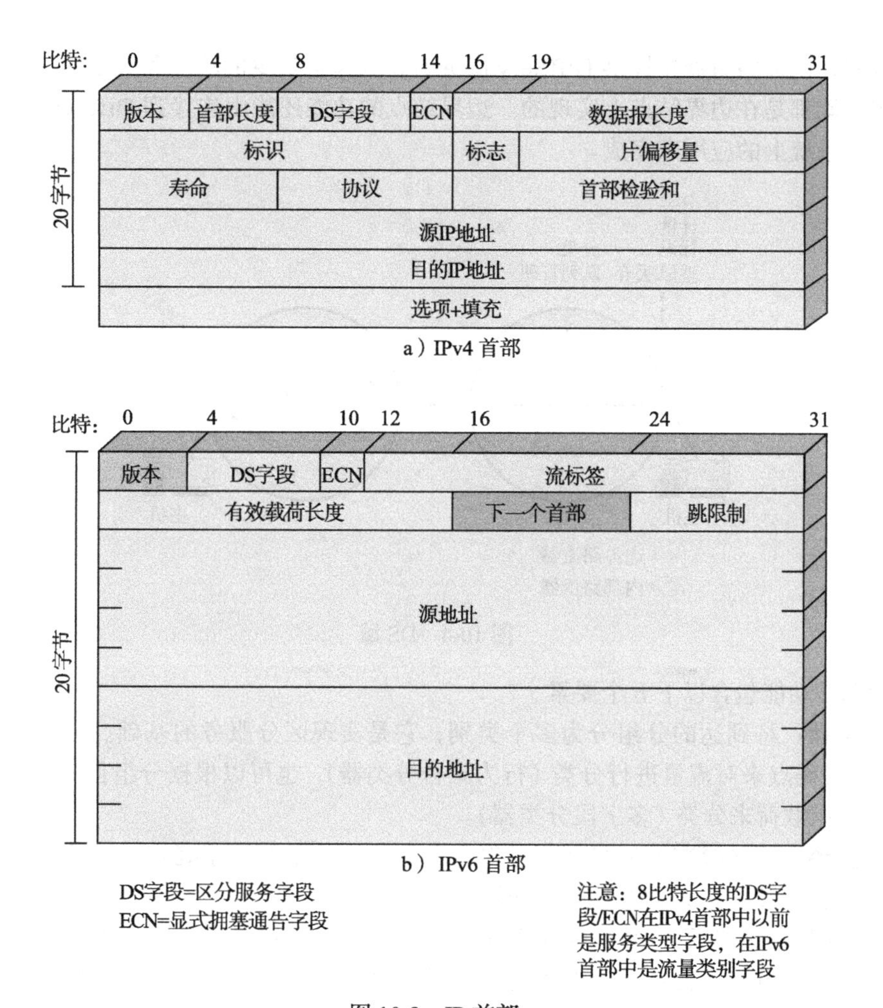


a）IPv4 首部

b）IPv6 首部

图 10-3　IP 首部

- 形式为 xxxxx0 的代码点（其中 x 为 0 或 1）被保留用于标准方式来使用。
- 形式为 xxxx11 的代码点被保留用于实验或本地使用。
- 形式为 xxxx01 的代码点也被保留用于实验或本地使用，但是可以根据需要分配给未来的标准。

283

### 10.4.3　DiffServ 的配置和运维

图 10-4 显示了一个在 DiffServ 文档中设想的配置场景，图中的 DiffServ 域由一些相连的路由器组成，因此，域内的路由器到路由器之间可以通过不包含域外路由器的路径进行通信。在域内，DS 代码点的解释是统一的，也即相同的代码点会得到相同的服务。

DiffServ 域里的路由器分为边界结点或内部结点。通常来说，内部结点根据分组 DS 代码点的值实现简单机制进行特定处理，包括利用排队规则为某些分组提供优先处理服务，利用分组丢弃规则标记那些在缓存溢出时应首先丢弃的分组。DiffServ 规范将路由器提供的转发操作称为逐跳行为（per-hop behavior, PHB），PHB 在所有路由器上都必须是可用的，而且通常 PHB 是内部路由器唯一实现的 DiffServ 功能。

边界结点不仅包括 PHB 机制，还采用了更加复杂的流量调节机制以提供用户所期望的服务。因此，内部路由器在提供 DiffServ 服务时，只包含最少的功能和最小的开销，绝大部分复杂的功能都是在边界结点上实现的。边界结点的功能还能由连接到 DiffServ 域的主机系统代表主机系统上的应用来完成。

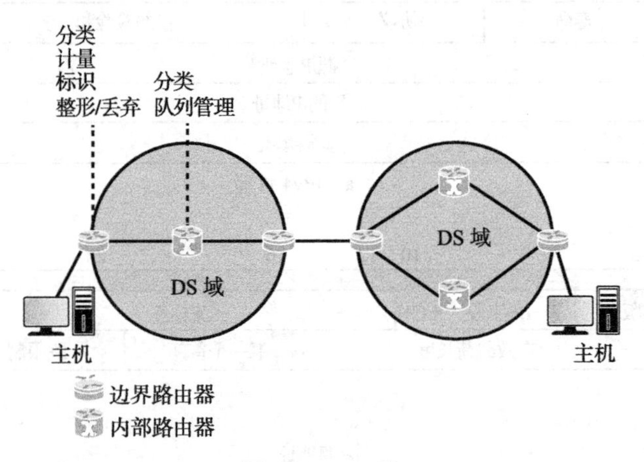


图 10-4　DS 域

流量调节功能包含以下五个要素。

- **分类器**：将到达的分组分为多个类别，它是实现区分服务的基础。分类器可以根据 DS 代码点来对流量进行分类（行为聚合分类器），也可以根据分组首部的多个字段甚至分组载荷来分类（多字段分类器）。
- **计量器**：测量提交的流量是否遵循某种特征。计量器用于确定一条给定的分组流类别是否超过了其所属类别的服务保证。
- **标识器**：根据需要利用不同的代码点对分组进行重新标记。这项工作可以用于那些超出限额的分组，例如某类服务有特定的吞吐量保证，在某个时间段超过了该吞吐量的分组就会被重新加上一个标识，以表明其只需得到尽力而为服务即可。同样，两个 DiffServ 域之间的边界结点也需要重新标记功能，例如某种流量类别应当接受最高等级的服务，而在一个域内该值为 3，但是在下一个域内该值为 7，那么优先级为 3 的分组在穿越了第一个域之后、进入第二个域之前，应当将优先级修改为 7。
- **整形器**：推迟分组的发送有时候也是必要的，这样某种类别的分组流就不会超过设定的流量速率。
- **丢包器**：在某类分组流超过其设定的速率时，对超出的部分进行丢弃。

图 10-5 显示了各个流量调节要素之间的关系。在一条流分类之后，需要对它的资源消耗进行测量，而计量功能对一个给定时间段内分组的容量进行测量，从而判断一条流是否服从了流量约定。如果主机流量呈突发性，那么简单的数据速率或分组速率无法准确捕捉流量特征，而**令牌桶**（token bucket）机制就是一种可以定义流量特征以考虑分组速率和突发性的方法。

**令牌桶**　一种数据流控制机制，它周期性地向缓存（桶）中添加令牌，而只有当桶中的令牌数超过分组长度时，该分组才能离开发送方。这种策略可以实现两个分组之间时间间隔的精确控制。

如果一条流超过了其规定的流量特征，可以对其采用多种方法。超出的部分可以重新标记，赋予其更低的处理优先级，并允许它们进入 DiffServ 域。流量整形器可以利用缓存容纳突发产生的分组，并在一个较长周期内调整其发送速率，而丢包器则可以在用于调整分组发送速率的缓存溢出时丢弃某些分组。 284~285

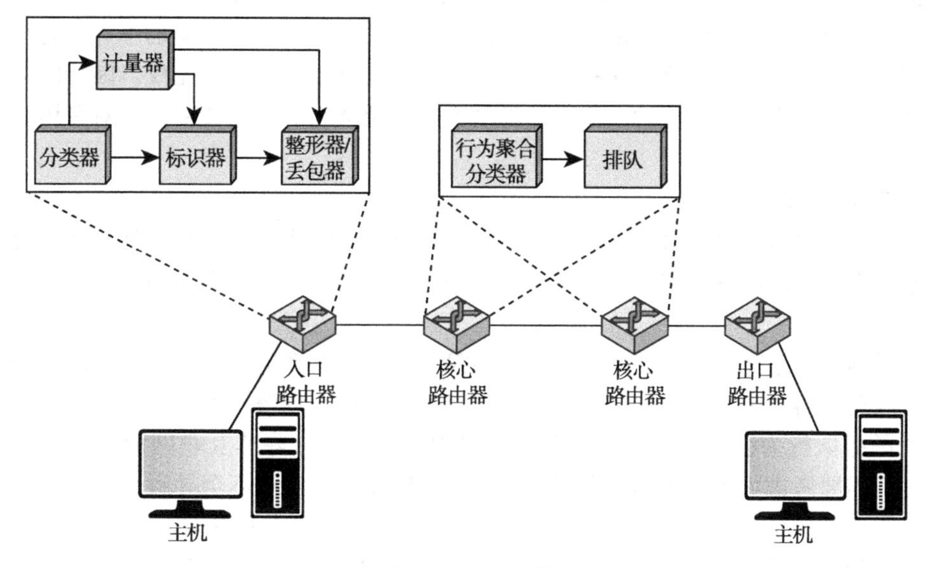


图 10-5 DS 功能

### 10.4.4 逐跳行为

DiffServ 是一种通用的体系架构，它能够用于实现多种服务。作为 DS 标准化的部分工作，需要定义具体类型的 PHB，并将其关联到特定的区分服务上。目前有三种主要的转发行为得到了定义和提炼，此外，还有一种旧有的转发行为类也得到定义，这四种行为类别如下：

- 用于弹性流量的默认转发（default forwarding, DF）
- 用于通用 QoS 需求的确保转发（assured forwarding, AF）
- 用于实时类（非弹性）流量的快速转发（expedited forwarding, EF）
- 用于传统的代码点定义和 PHB 需求的类别选择器

图 10-6 显示了对应这四种类别的 DSCP 编码，本节剩下的内容将依次介绍它们。 286

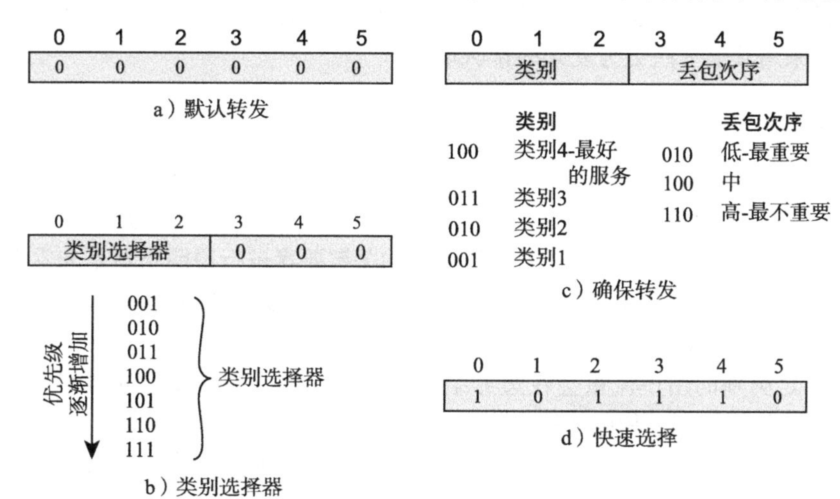


图 10-6 DiffServ 转发行为类别和相应的 DS 字段编码

## 10.4.5　默认转发 PHB

默认类别也称为默认转发（DF），它在现有路由器中就是尽力而为的转发行为。只要链路资源可用，分组的转发就按照接收的次序进行。如果其他 DiffServ 类别中有更高级别的分组等待传输，那么它们将会获得比默认转发的尽力而为分组更高的优先权。因特网中使用默认转发的应用流量应当是弹性的，流量的发送方需要调整它的传输速率以应对可用速率、丢包率或时延的变化。

**快速转发 PHB**

RFC 3246 将快速转发（EF）PHB 定义为 DiffServ 域中低丢包、低时延、低时延抖动端到端服务的重要组成部分。本质上来说，这种服务为端结点提供的性能很接近点到点连接或租用线路。

在互联网或分组交换网中，低丢包、低时延、低时延抖动的服务很难实现。因为互联网中的结点或路由器会有许多队列，分组会在这些队列中缓存以等待使用共享的输出链路，各个结点处的排队行为会导致丢包、时延和时延抖动。因此，除非互联网消除了所有排队效应，否则都需要考虑如何对流量进行 EF PHB，以保证排队效应不会导致丢包、时延或时延抖动超过既定的阈值。RFC 3246 指出 EF PHB 的目的是提供一种 PHB，它能使合理标记过的分组只经历很短或空的队列，这种相对较少的排队队列会使时延和时延抖动尽可能最短。此外，如果队列长度相对于缓存空间来说一直很小的话，分组的丢包率也会保持得很低。

287

对结点进行 EF PHB 配置后，可以让聚合流量（traffic aggregate）[⊖]能有定义良好的最小离开速率（这里的“定义良好”指的是“与结点的状态变化无关”，尤其是指与结点上其他流量的强度无关）。RFC 3246 将 EF PHB 定义为：边界结点对聚合流量进行控制，从而将其某些流量特征（比如速率、突发）限制在预先设定的水平上。内部结点对到达的流量进行处理的方法必须避免排队效应出现。用一般的术语来说，内部结点的需求是聚合流量的最大到达速率应当小于聚合流量的最小离开速率。

RFC 3246 没有强制要求在内部结点采用某种特定的排队策略来实现 EF PHB，但该 RFC 指出简单的优先权机制加上为 EF 流量赋予比其他流量更高优先级的方法即可达到预期的效果。只要 EF 流量自身不会因为太多而导致内部结点溢出，该机制就能产生让 EF PHB 可接受的排队时延。但是，简单的优先权机制可能会带来其他 PHB 流量出现传输中断的风险，因此需要采用其他一些更为复杂的排队策略。

**确保转发 PHB**

确保转发（AF）PHB 的设计目的是提供一种优于尽力而为的服务，同时这种服务不会要求因特网预留资源，也不会要求不同用户的流有很明显的区别。AF PHB 的概念最早是由 Clark 和 Fang 在他们的论文 [CLAR98] 中提出来的，而且在当时被称为显式分配。AF PHB 要比显式分配更加复杂，但是对显式分配机制中的关键要素进行说明仍然是非常有用的：

- 用户可以为他们的流量选择服务类别，每种类别在聚合数据速率和突发性方面都对应着不同的流量特征。
- 一种给定类别的用户流量会在边界结点被监测，流量中的每个分组都会根据其是否超出了流量特征打上相应的标记。
- 在网络内部，不同用户甚至是不同类别的流量不会被隔离开来，相反，所有流量都会

⊖ 术语 traffic aggregate 是指所有与特定用户的特定服务相关联的分组流。

放入单独的分组池来进行处理，唯一的区别是每个分组都标记了是否超出其流量特征。 288
- 当拥塞出现时，内部结点会进行丢包，而标记为超出流量特征的分组会优先被丢弃。
- 不同的用户会得到不同级别的服务，因为他们在队列中会有不同数量的分组标记未超出流量特征。

这种方法的优点是简单，内部结点只需要做极少的工作，而在边界结点根据流量特征为流量进行标记就能为不同的类别提供不同水平的服务。

RFC 2597 通过下列方式对 AF PHB 进行了扩展：
- 定义了四种 AF 类别，从而允许设定四种不同的流量特征。用户可以从中选择一种或几种类别来满足自己的需要。
- 在每种类别中，分组可以由客户或服务提供商从三种丢弃级别中选择一个进行标记。在拥塞时，分组的丢弃级别决定了分组在同一类 AF 中的重要程度，拥塞的 DiffServ 结点会尽量保护丢弃级别更低的分组不出现丢包，而优先丢弃那些丢弃级别更高的分组。

这种方法比其他所有资源预留机制更容易实现，也提供了不错的灵活性。在一个内部 DiffServ 结点中，四种类别的流量可以分开处理，同时分配不同数量的资源（例如缓存空间、数据速率）给这四种类别，而对于相同类别的分组来说，它们的处理方法根据丢弃级别来实施。因此，正如 RFC 2597 中指出的那样，一个 IP 分组的转发保证级别取决于下列因素：
- 有多少转发资源分配给各个分组所属的 AF 类别。
- 当前 AF 类别的负载程度。
- 当某类 AF 出现拥塞时，各个分组的丢弃级别。

RFC 2597 没有强制要求各个内部结点实现上述任何机制以对 AF 流量进行管理，它参考了 RED 算法作为管理拥塞的可行方法。

图 10-6c 显示了在 DS 字段中建议用于 AF PHB 的代码点。

**类别选择器 PHB**

形式为 xxx000 的代码点被保留用于为 IPv4 的优先权服务提供后向兼容。IPv4 中已经被 DS 和 ECN 字段代替（如图 10-3a 所示）的服务类型（TOS）字段包含两个子字段，分别是 3 比特长的优先权子字段和 4 比特长的 TOS 子字段。这两个子字段互为补充，TOS 子字段能够引导 IP 实体（在源端或路由器处）为数据报选择下一跳，而优先权子字段指导路由器应当分配多少资源给这个数据报。 289

优先权字段标明了数据报的紧迫性或优先级程度，如果路由器支持优先权子字段，就有以下三种方法对其进行响应。
- **路由选择**：如果路由器在某条路由上的排队更短或者该路由上的下一跳支持优先权（例如令牌环网络支持优先级），那么就会选择该条路由。
- **网络服务**：如果下一跳的网络支持优先权，本服务会被调用。
- **排队规则**：路由器可以使用优先权来影响队列的处理，例如，一个路由器可以对有更高优先级的数据报进行优先处理。

RFC 1812“IPv4 路由器的需求”中对排队规则提出了建议，这些规则可以分为以下两类。
- 排队服务：

  路由器应当能提供优先权队列服务，该服务意味着当一个分组被一条（逻辑）链路选中为出口时，该分组的优先权在该条链路上是最高的。

  有些路由器可能会实现其他基于策略的吞吐量管理方法，这会导致排队不遵循严格的优先权顺序，这些路由器必须是可配置以抑制这种情况的（也即使用严格的优先权排序）。

- 拥塞控制。当一个路由器接收的分组超出了它的存储容量时，它必须丢弃这个分组或一些其他的分组：

  路由器可能丢弃它刚刚收到的分组，这是最简单但不是最优的策略。

  在理想情况下，假定当前的QoS策略允许，路由器应当从占用链路最多的会话之一选择一个分组丢弃。在使用FIFO排队规则的数据报环境下，一种推荐的策略是从队列中随机选择一个分组丢弃，而在使用公平队列的路由器中，一种等效的算法是丢弃最长队列中的分组。路由器可以使用这些算法来确定哪个分组应当被丢弃。

290

  如果排队服务采用的是优先权顺序的方法，那么路由器不能在还有其他级别更低分组的情况下丢弃优先权更高的分组。

  路由器可以保护那些IP首部要求有最高可靠性服务类型的分组不被丢弃，除非这样做会违反某些预设的规则。

  路由器可以保护那些分片的IP分组不被丢弃，因为从理论上来说，丢弃一个数据报的任何分片都会导致所有分片都重传，这会加重网络的拥塞。

  为了防止出现路由扰动或管理功能中断，路由器会保护用于路由控制、链路控制或网络管理的分组不会被丢弃，专用路由器（这些路由器不是那些通用主机、终端服务器等充当的路由器）可以通过保护那些源或目的地址为路由器自身地址的分组来近似实现这一规则要求。

类别选择器PHB在最低情况下可以提供等价于IPv4优先权的服务。

## 10.5　服务等级约定

服务等级约定（SLA）是网络提供商和客户之间达成的协议，它定义了所提供服务的详细特性，这种定义是正式的，而且通常采用量化的阈值来描述。SLA通常包括以下信息。

- **所提供服务的性质描述**：最基本的服务是企业的IP网络连通性以及到因特网的接入，这些服务还可以包括一些附加的功能，例如网站代管、DNS服务器维护、运维工作等。
- **服务所期望的性能水平**：SLA定义了一些测度，例如用数值表示时延、可靠性和可用性等阈值。
- **监视和报告服务水平的过程**：描述了如何对性能水平进行测量和报告。

图10-7显示了一个典型的SLA场景，在这个场景中，网络服务提供商维护着一个IP网络，而客户有一些位于不同地点的私有网络（例如局域网），这些客户网络通过接入点的路由器连接到提供商的网络。SLA表明了接入路由器之间的流量在穿越提供商网络时的服务和性能水平。此外，提供商网络与因特网相连，从而为企业提供到因特网的接入。例如，Cogent通信公司在其骨干网提供的标准SLA包括以下几

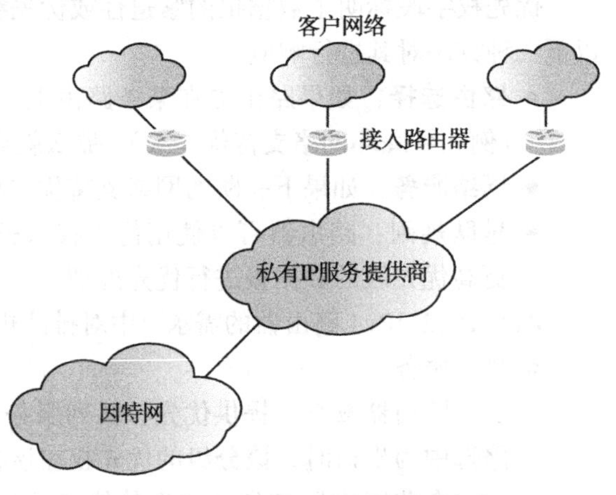


图10-7　服务等级约定的典型框架

个方面：

- **可用性**：100% 可用。
- **时延（延迟）**：Cogent 网络上各个地域骨干结点之间的分组每月平均时延具体如下。

北美内部：不超过 45 毫秒

欧洲内部：不超过 35 毫秒

纽约到伦敦（跨大西洋）：不超过 85 毫秒

洛杉矶到东京（跨太平洋）：不超过 120 毫秒

网络时延（或往返时延）的定义是指 IP 分组在 Cogent 网络的两个地域骨干结点之间往返所需的平均时间。Cogent 公司会在 Cogent 网络上通过对骨干结点进行持续抽样从而监视总体时延。

291 ~ 292

- **网络分组投递率（可靠性）**：月平均分组丢包率不超过 0.1%（或者说成功投递率达到 99.9%）。分组丢包率的定义是指在 Cogent 网络的骨干结点之间被丢弃分组的百分比。

SLA 可以定义总体的网络服务，此外，SLA 还可以定义跨运营商网络的具体端到端服务，例如虚拟专用网或区分服务。

## 10.6 IP 性能测度

IETF 授权 IP 性能测度工作组（IPPM）负责制定与因特网数据传输质量、性能、可靠性相关的标准测度。两种趋势要求了制定这种标准化测量机制的必要性：

- 因特网一直以非常快的速度在增长，它的拓扑也变得越来越复杂。随着因特网容量的拓展，因特网上的负载以更快的速度在增加。类似地，私有互联网（例如公司的内联网和外联网）在网络复杂性、容量和负载方面也呈现出相似的增长趋势，这些网络的巨大规模使得确定网络质量、性能和可靠性等特征非常困难。
- 因特网为大量且仍在增长的商业和个人用户提供服务，这些服务涵盖了广泛的应用。类似地，私有网络在用户基数和应用范围方面也在日益增长，这其中的某些应用对于特定的 QoS 需求非常敏感，使得用户对一些精确和可理解的性能测度提出了要求。

一组标准而有效的测度能够让用户和服务提供商在因特网和私有互联网的性能方面达成明确的共识，测量数据在很多方面都是有用的，具体包括：

- 支持大规模复杂互联网的容量规划和故障定位。
- 通过统一的测度对比来促进服务提供商之间的竞争。
- 支持在协议设计、拥塞控制、QoS 等领域的因特网研究。
- 可以验证 SLA。

表 10-2 列出了截至本书撰写时 RFC 所定义的测度，表 10-2a 列出的测度是根据抽样技术得到的估计值。

293

**表 10-2 IP 性能测度**

a）基于抽样的测度

| 测度名称 | 独立定义 | 统计性定义 |
| --- | --- | --- |
| 单向时延 | 时延 =dT，其中 Src 在 T 时刻发送分组的第一个比特，Dst 在 T+dT 时刻接收分组的最后一个比特 | 百分位、中值、最小值、反百分位 |
| 往返时延 | 时延 =dT，其中 Src 在 T 时刻发送分组的第一个比特，并在 T+dT 时刻接收从 Dst 返回分组的最后一个比特 | 百分位、中值、最小值、反百分位 |

（续）

| a）基于抽样的测度 | | |
|---|---|---|
| 测度名称 | 独立定义 | 统计性定义 |
| 单向丢包 | 分组丢包 =0（表示分组成功传输和接收）；=1（表示分组丢失） | 均值 |
| 单向丢包模式 | 丢包间隔：在连续分组中，两个相继被丢弃的分组之间间隔的模式<br>丢包周期：突发丢包数目的模式（这里的丢包包括连续丢弃的分组） | 丢包间隔的数值或比率低于一个定义的阈值、丢包周期的数目、周期长度的模式、丢包周期之间的长度模式 |
| 分组时延方差 | 一条分组流中一对分组的分组时延方差（pdv）= 所选分组单向时延之间的差异 | 百分位、反百分位、时延抖动、峰值与峰值之间的 pdv |
| b）其他测度 | | |
| 测度 | 一般定义 | 具体测度 |
| 连通性 | 在一条链路上传输分组的能力 | 单向即时连通性、双向即时连通性、单向间隔连通性、双向间隔连通性、双向时态连通性 |
| 块传输能力（BTC） | 单条拥塞感知链路上长时间的平均数据传输速率（bps） | BTC= 传输的数据长度 / 经过的时间 |

Src= 源主机 IP 地址

Dst= 目的主机 IP 地址

这些测度在以下三个方面进行了定义。

- **独立测度**：可测量的最基本或者最小的性能测度数值，例如对于时延测度，其独立测度就是单个分组经历的时延。

294

- **抽样测度**：在给定时间周期内独立测量的集合，例如对于时延测度，其抽样测度就是一个小时周期内所有测量的时延值集合。
- **统计性测度**：从抽样测度通过计算得到的统计特征的值。例如某个抽样的所有单向时延的均值就是一个统计性测度。

测量技术可以是主动的或被动的。**主动技术**（active technique）需要对网络注入一些分组以达到测量的目的。这种方法有一些缺点，首先是网络的负载会增加，这就会影响测量的结果。例如，在一个负载很重的网络中，测量分组的注入会增加网络时延，这就造成测量的时延要比不测量时流量的时延要大。此外，主动测量策略可能会被滥用成为拒绝服务攻击，而同时该攻击又被认为是合法的测量行为。**被动技术**（passive technique）则对现有流量的各个测度进行观察和提取，这种方法会将因特网的流量内容暴露给某些计划外的接收者，带来安全性和隐私方面的问题。当前，IPPM 工作组定义的测度都是主动测量。

对于抽样测度来说，最简单的方法是在经过固定时间间隔后进行测量，也即周期性抽样，但这种方法也有一些问题。首先，如果网络中的流量呈现出一种周期性的行为，而且抽样周期是该周期的正整数倍（反之亦然），这种相关性会影响最后测量结果的准确性。

此外，测量行为会干扰被测对象（例如，向网络中注入测量流量会改变网络的拥塞程度），而且反复周期性的干扰还会促使网络进入同步的状态，从而放大单次测量的微小影响。因此，RFC 2330“IP 性能测度框架”建议采用泊松抽样，这种方法采用了泊松分布来生成给定均值下的随机时间间隔。

大部分统计性测度在表 10-2 中列举出来，它们都很容易理解，其中的百分位测度的定义为：第 $x$ 分位的值 $y$ 的意思是有 $x$% 的测量结果不低于 $y$。而一组测量结果的反百分位 $x$ 是指所有结果不高于 $y$ 的百分比。

图 10-8 说明了分组时延方差测度，该测度用于测量分组穿越网络的时延抖动或者变化，独立测度的定义是选择两个分组的测量结果，并计算两个时延之间的差异，而统计性测量则利用了时延的绝对值。 295

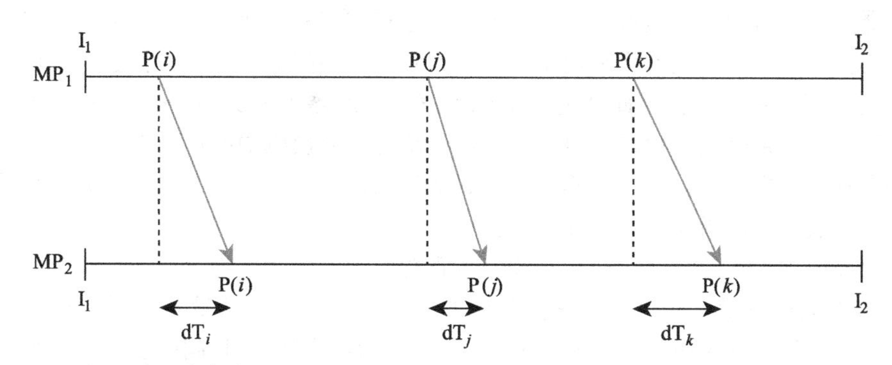


$I_1, I_2$ =标记某条分组流独立测量发生的开始和结束时间
$MP_1, MP_2$ =源和目的测量点
$P(i)$ =分组流中的第 $i$ 个测量分组
$dT_i = P(i)$ 的单向时延

图 10-8　定义分组时延方差的模型

表 10-2 的 b 部分列出了两个不具有统计意义的测度，连通性解决网络上的一条运输层连接是否连通的问题。当前的标准（RFC 2678）并没有详细说明具体的抽样和统计性测度，但是提出了一个框架，这些测度可以在该框架内定义。连通性由一个特定时间期限内在某条链路上传输一个分组的能力决定。另一个测度，即块传输能力，也没有在标准（RFC 3148）中定义抽样和统计性测度，但是它开始解决如何利用不同拥塞控制机制实现方法来测量网络服务传输能力的问题。

## 10.7 OpenFlow 对 QoS 的支持

OpenFlow 提供了两种工具在数据平面交换机实现 QoS 支持，本节将会依次介绍这几种工具。

### 10.7.1 队列结构

OpenFlow 交换机通过简单的队列机制提供有限的 QoS 支持，每个端口可以关联一至多个队列，这些队列能提供最小数据传输速率保证以及最大数据传输速率限制，而队列的配置则在 OpenFlow 协议之外进行，可以通过命令行工具或外部专用配置协议实现。

各个队列使用一个数据结构进行定义，该数据结构包括全局唯一的标识符、队列关联的端口、最小传输速率保证、最大传输速率限制。每个队列都关联了一个计数器，用于捕获和记录队列已经传输的字节和分组数目、由于超出限制而被丢弃的分组数、队列在交换机中安装后经过的时间。 296

OpenFlow 的队列设置（Set-Queue）操作用于将一条流表项映射到已经配置好的端口上，因此，当一个到达的分组匹配了某条流表项时，该分组就被转发到相应端口的相应队列上。

队列行为的确定超出了 OpenFlow 的范畴，因此，虽然 OpenFlow 提供了定义队列、引导分组到具体的队列、对各个队列的流量进行监视的方法，但是任何 QoS 行为都必须在 OpenFlow 之外实现。

## 10.7.2　计量器

计量器是交换机中对分组或字节速率进行测量和控制的单元，每个计量器都与一个或多个计量带相关联。如果分组或字节速率超过了预先设定的阈值，计量器就会触发计量带，随后计量带会丢弃这些分组，因此计量带也称为**速率限制器**（rate limiter）。其他 QoS 和监管机制也可以采用计量带进行设计。每个计量器都是通过交换机中的计量表表项来定义，每个计量器都有唯一的标识符，计量器不会绑定到队列或端口上，相反，它们会被流表项的命令激活，多个流表项可以指向同一个计量器。

在简要介绍计量器的总体情况后，我们来看看它的一些具体细节。一个计量器会对其关联的分组速率进行测量，并可以对这些分组的速率进行控制。计量器还可以对它所关联的所有流表项聚合后的速率进行测量和控制。多个计量器也可用于相同的表，但必须是专用的(也就是将一个流表拆分开来)。多个计量器可以通过用在连续的流表上从而用于相同的分组集合。

图 10-9 显示了计量表的结构以及它如何与一条流表项关联。

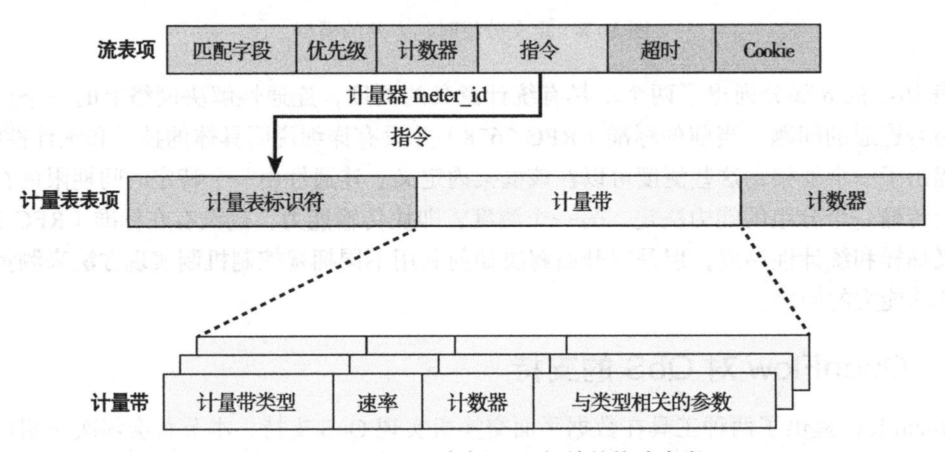


图 10-9　OpenFlow 中与 QoS 相关的格式字段

流表项包括带有参数 meter_id 的计量（meter）指令，任何与该流表项匹配的分组都会引导到对应的计量器上。而在计量表内部，每个表项都包括以下三个字段。

- **计量器标识符**：一个 32 比特长的无符号整数，用于唯一标识计量器。
- **计量带**：一个或多个计量带的无序列表，其中每个计量带都指定了具体的速率以及处理分组的方法。
- **计数器**：在处理分组后计量器对其进行更新，这些计数器是聚合的，也就是说计数器计算的是所有流的总体流量，不会将流量划分为单条流进行统计。

297

每个计量带都包含以下结构。

- **计量带类型**：当前只有 drop 和 dscp remark 两种类型。
- **速率**：用于计量器选择计量带，定义了计量带可以采用的最低速率。
- **计数器**：当处理分组后计量带对其进行更新。

- **与类型相关的参数**：某些计量带类型有可选的参数，当前只有 dscp remark 有可选的参数，它指定了丢弃的优先级别。

如果分组或字节速率超过了计量器预先设定的阈值，计量器会触发计量带。计量带类型为 drop 时，计量带会丢弃这些超出速率部分的分组，因此，它可用于定义速率限制。计量带类型为 dscp remark 时，计量带会增加分组 IP 首部中 DS 代码点字段的丢弃优先级别，因此，它可用于定义一个简单的 DiffServ 策略。

图 10-10 来源于 OpenFlow 交换机规范（版本为 1.5.1，发布于 2015 年 3 月），其中指定了 OpenFlow 设置、修改和匹配 DSCP 的使用方法。图中描述了一个交换机中的三个流表，一个流表中的多个流表项可以使用同一个计量器，同一个流表中的不同表项可以指向不同的计量器，一个流表项不必使用一个计量器。通过使用一个流表中的不同计量器，分割的流表项集合可以独立计量。当相继的流表都使用了计量器时，一个分组可能会经过多个计量器，在每个流表中，匹配流表项的分组会被引导到对应的计量器，图中带箭头的黑线表明了一条给定流通过这些流表的过程。图 10-10 显示了多个计量器如何作用在一条经过网络的流上，该流的 DSCP 值会被计量器根据流量调节情况进行修改。 298

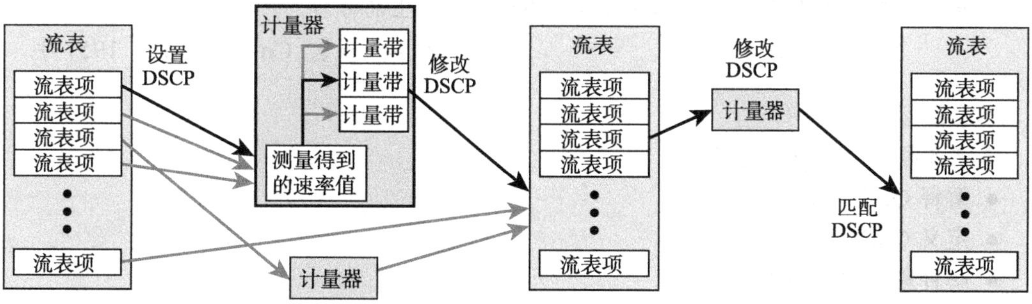

图 10-10　DSCP 计量

## 10.8 重要术语

学完本章后，你应当能够定义下列术语。

| | |
|---|---|
| 尽力而为 | IP 性能测度 |
| 区分服务 | 时延抖动 |
| DS 代码点 | OpenFlow 计量器 |
| 弹性流量 | 服务质量（QoS） |
| 非弹性流量 | 服务等级约定（SLA） |
| 综合服务体系结构（ISA） | |

## 10.9 参考文献

**CISC15**: Cisco Systems. *Internetworking Technology Handbook*. July 2015. http://docwiki.cisco.com/wiki/Internetworking_Technology_Handbook

**CLAR98**: Clark, D., and Fang, W. “Explicit Allocation of Best-Effort Packet Delivery Service.” *IEEE/ACM Transactions on Networking*, August 1998.

299

# QoE：用户体验质量

本章由英国天空广播公司 Florence Agboma 撰写

> 对客观和主观的观点进行区分当然是非常重要的，但是我们不能假装对主观的观点漠不关心。将主观事物作为科学上的不合理因素加以排除是因为对客观过分热衷。客观的观点是物理科学和严格行为心理学的主流，它将观察者置于事物之中，这些事物围绕在观察者周围，他可以"通过"眼睛来看这些事物。主观的观点则将事物置于观察者的思维中，并将真实事物视为精神上的体验。
>
> ——《人际交往》，Colin Cherry，1957年

**本章目标**

**学完本章后，你应当能够：**

- 解释QoE的动因。
- 定义QoE。
- 解释影响QoE的因素。
- 概述如何对QoE进行测量，包括对主观和客观评价之间差异性的探讨。
- 探讨QoE的不同应用领域。

本章通过对体验质量（quality of experience，QoE）出现及使用的背景知识和动因来对其进行探讨，并论述QoE的关键特性以及影响它的因素。本章最主要的焦点是多媒体通信系统环境中的QoE，这种环境中较低的网络性能通常会严重影响用户的体验。

300

## 11.1 为什么会有QoE

在因特网出现之前，视频内容分发都由内容发布商提供，他们在封闭的视频分发系统中传输自己的产品和服务，这些系统通过电缆和卫星电视运营商来构建并管理。运营商拥有整个分发链以及家庭中的视频接收设备（机顶盒），并对其进行运维。这些封闭的网络和设备完全由运营商控制，并进行专门的设计、部署、配备和优化，从而为用户提供高质量的视频。

图11-1显示了一个典型卫星电视端到端传输链的抽象场景，实际上，这种内容传输和分发链由复杂的应用和系统集成。

如图所示，流量（在广播中是指"节目素材"）调度系统通过远程影像播控系统以及编码和聚合形成MPEG传输流（TS），从而提供音频和视频（A/V）内容。传输流与节目具体信息（PSI）一起通过卫星传输到订阅用户的机顶盒（STB）上。

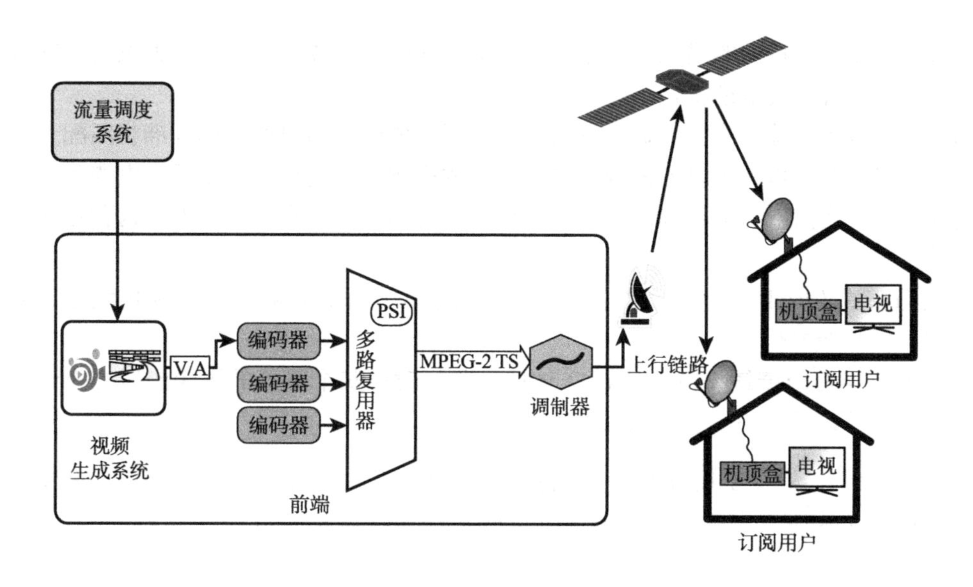


图 11-1 采用了典型卫星电视分发网络的内容分发网络抽象场景

301

## 在线视频内容分发

因特网上的视频分发采用了不同的方法，因为因特网由大量子网和设备构成，这些子网和设备分布在不同的地理位置，视频流要穿过很多未知的地域才能到达用户处（如图 11-2 所示）。在这种情况下，保证较好的网络性能通常是一项非常具有挑战性的工作。

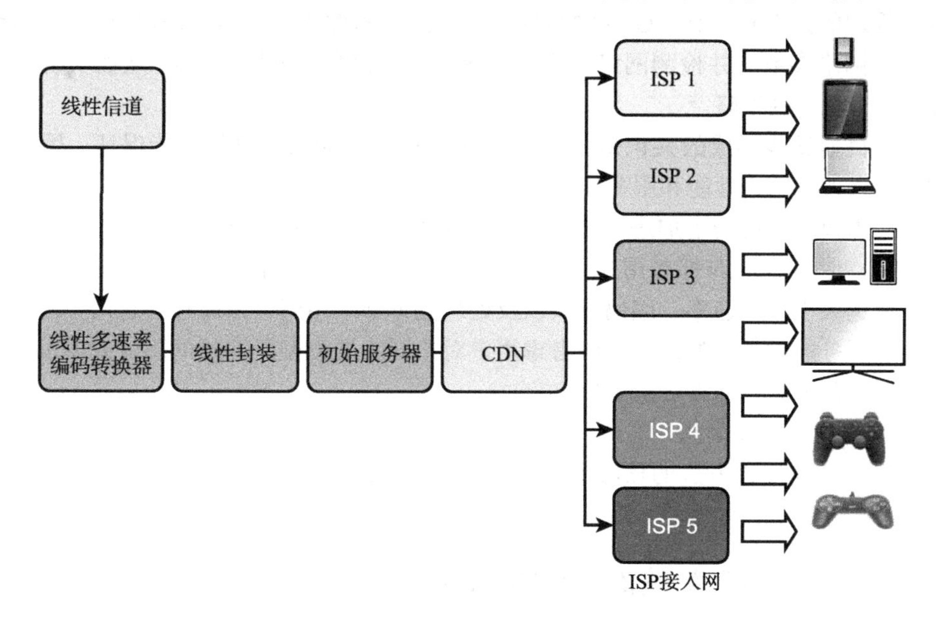


图 11-2 利用因特网分发网络的内容分发网络抽象场景

因特网服务提供商（ISP）并不拥有整个内容分发网络，因此出现质量衰退的风险比较高。接入网可以由同轴电缆、铜线、光纤或无线（固定和移动的）技术组成，分组时延、时延抖动和丢包等问题可能会困扰这些网络。

过去几十年，因特网的增长和扩张引发了网络视频流服务可用性的巨大发展，网络接入设备也出现了显著的技术进步。

随着这些服务的普及流行，提供商需要确保用户体验与用户期望的标准相匹配。用户的标准通常会受到旧技术所提供的高视频体验质量的影响，而这种体验是通过电缆和卫星电视运营商提供的。当前广播电视提供的较高的性能也对用户期望产生了影响，这种性能主要体现在以下方面：

- **技巧模式**（trick mode）功能，该功能作为视频流系统的特性可以模仿快进、倒带等可视的反馈操作。

302

- 跨多个屏幕的**情景**（Contextual）体验，包括暂停某个屏幕的图像然后切换到另一个屏幕，可以让用户一直跟随视频来体验。

**技巧模式**　一种除了以音频/视频内容速率(1x)前向播放电视节目之外的重放模式，具体的例子包括快进、慢放、倒带和随机访问。

**情景体验**　通过物理、时间、社交、任务、经济和技术特征描述端用户环境的任意情景特性。物理背景描述了地理位置和空间特征，包括地理位置内的移动和地理位置间的过渡；时间背景描述了日期、持续时间、使用系统/服务频率的时间特征；社交背景描述了服务使用特征，也就是说端用户是一个人还是和其他人一起。经济背景是指成本和订阅类型等特征。

为了对在线服务的用户体验进行管理，QoS 框架成为在提供这些服务的传输系统中实施网络流量管理的技术和工具。QoS 的目标是管理网络的性能，并为网络流量提供性能保证，QoS 能测量网络参数，并检测网络的变化情况（例如拥塞、可用带宽），从而实现资源管理和流量排序等稳定性策略。

但是，目前逐步形成的共识是，仅靠 QoS 过程无法提供足够的性能保证，因为没有从用户的角度来考虑网络性能和服务质量，这一共识导致了 QoE 的出现。

不同接入设备类型的增加进一步凸显了 QoE 框架的重要性。对于一个用 PDA 观看新闻的用户来说，他的 QoE 与那些用 3G 手机观看相同新闻的用户不同，是因为这两种终端的显示屏幕、带宽大小、帧速率、编码方式以及处理能力都不相同，因此在为这两类终端传输多媒体内容或服务的时候，如果不仔细考虑用户对不同终端类型所期望的质量或需求，很可能会导致服务超额配给或网络资源浪费。

QoE 的非正式定义是指用户对特定服务的感受。QoE 应当成为网络设计与管理、内容分发系统以及其他工程方法的核心测度之一，因为 QoE 在端用户设备上从用户角度完成了对服务水平的端到端性能测量（参见 11.4 节）。

303

## 11.2　因缺乏 QoE 考量而失败的服务

3D 电视服务经常被引作主要的经典商业失败案例，而这正是因为它的 QoE 水平太差所导致的。

2010 年，Disney、Foxtel、BBC 和 Sky 等广播公司开始将 3D 内容传输作为服务推送给用户，以提供高品质的服务体验。事实上，每个广播公司甚至都铺设了自己的专用 3D 电视信道，但是在 5 年内，除 Sky 以外的其他公司都终止了 3D 电视的运营。

造成这些服务失败的因素有很多，首先是尚未有很多可用的“wow 视频内容”（也即那些用户最可能会从中找到乐趣并对其感兴趣的内容）；其次是在家庭环境中使用这些服务时，需要佩戴专门的 3D 眼镜；第三是因为广播公司在部署 3D 电视技术时非常仓促，内容提供商经验不足，使用了不完善的系统和工具来创作内容。这些原因导致了大量低质量 3D 内容的产生，让早期的订阅者放弃了订购。

## 11.3　与 QoE 相关的标准化项目

QoE 领域增长非常快，当前已经有很多项目开始解决与实践和标准相关的问题，这些项目的目标是避免 11.2 节中所提到的那种商业失败情况再次出现。表 11-1 总结了这些项目中最有名的项目，其中有两个项目会在接下来的段落中具体介绍。

表 11-1　QoE 提议与项目

| 组织机构 | 任务 | 与 QoE 相关的工作 |
| --- | --- | --- |
| QUALINET | 从事 QoE 研究的一个由多种学科组成的协会 | 为 QoE 框架定义了通用的术语 |
| Eureka Celtic | 电信领域的联合产业驱动欧洲研究所 | 对通用服务的 QoE 进行评价的网络体验质量评估（QuEEN）代理 |
| 国际电信联盟的电信标准化部门（ITU-T） | 在全球基础上提出技术草案推动电信标准化的多国联合机构 | QoE 标准化<br>IPTV 的 QoE 需求 |
| IEEE 标准化协会（IEEE-SA） | IEEE 内部的标准制定部门，通过邀请工业界和广泛的利益相关方团体以开放的方式来开发和制定得到一致同意的标准 | 网络自适应 QoE 标准 |

视频质量专家组（Video Quality Experts Group, VQEG）当前致力于家庭娱乐系统中 3D 视频质量评估技术草案的制定（http://www.its.bldrdoc.gov/vqeg/projects/3dtv/3dtv.aspx），VQEG 同时还在影响 3D 电视收看体验因素以及减少这些影响的方法等方面提出了相关的参考文档，这些影响收看体验因素的例子有失真、视觉不适和视觉疲劳。

另一个提议是网络体验质量评估（QuEEN）项目 [ETSI14]，该项目包括多个组织机构和多个国家，目的是解决与音频、视频和 IPTV 等在线服务相关的问题。在该领域里，服务和网络提供商都试图在 QoE 和波动性方面提供更好的服务，从而胜过他们的竞争对手。

QuEEN 项目设计了一个运维框架，它将影响 QoE 的因素划分为多个层次，并介绍了如何将每个层次与一个质量值相关联。QoE 的评估过程利用软件代理将每个层次集成起来，并与软件系统相结合，这些软件系统试图对人类主观上如何根据这些参数的值给出满意度来建模，软件代理还拥有将来自网络上不同探针的数据进行聚合的能力。

QuEEN 代理是分层模型的核心，它能让 QoE 评估器在大规模分布式环境中进行灵活的部署，QuEEN 项目历经 3 年于 2014 年结束，期间产生了许多令人印象深刻的结果。QuEEN 使用软件 QoE 代理的方法已经在不同的 ETSI 和 ITU 标准中得到了标准化，这一结果激励着新的 QoE 使用方法以及 QoE 管理方法的发展。

## 11.4　体验质量的定义

当前有许多相似但不同的 QoE 定义方法，QoE 在不同人之间也会产生变化，因此很难用定量的方法来理解 QoE 的本质。QoE 需要利用多种学科相结合的方法，包括通信网络、认知过程、多媒体信号处理、社会心理学等，来理解用户对质量的看法。

304
~
305

不同学科领域的研究人员通常会使用他们自己的专业语言和术语来描述一些相同的概念，因此，其他领域的研究人员学习和理解特定领域的文献资料不是一件容易的事情。因而，如何对 QoE 以及影响 QoE 的各种因素进行测量和描述缺少共识。

这种跨学科解决 QoE 方法的第一步是明确指定一个通用的术语框架。

拟定这个通用框架的工作始于 2012 年，由欧洲网络多媒体系统与服务中的体验质量（QUALINET）[MOLL12] 工作组负责。该工作组研究人员和产业界专家的主要目标是促进对 QoE 及其相关概念正式定义的探讨。

本节所介绍的质量、体验、体验质量等定义都是从 QUALINET 的白皮书 [MOLL12] 而来。

### 11.4.1　质量的定义

质量是指用户对一个可观测事件经过“对比和判断”之后所做出的结果判断。

这个过程包括以下几个重要的有序步骤：

- 对事件的**感知**（perception）
- 对感知的反应
- 对感知的描述
- 对结果的评价与描述

因此，质量采用特定事件背景下用户需求得到满足的程度来进行评价，评价结果通常是某个参考范围内的质量评分。

**感知**　人类感官对感觉信息下意识的处理。

### 11.4.2　体验的定义

体验是对感知流的个人描述，以及他对一个或多个事件的阐述。体验结果源于对一个系统、服务或人为现象的接触。

306

需要特别说明的是，体验的描述并不必须产生对质量的判定。

### 11.4.3　质量的形成过程

如图 11-3 所示，质量评分的形成过程有两个不同的子过程路径，分别是感知路径和参照路径。

参照路径反映了质量形成过程的时间和背景性质，该条路径会受到先前体验质量的影响，在图中由历史质量到参照路径的箭头对其进行了标识。

感知路径由到达观察者感知器官的物理输入信号描述，这些信号能够为观察者所评价。物理事件的处理是通过低层的感知过程在参照路径的限制条件内到达感知特征的，这种感知特征经历了利用**认知**（cognitive）处理来理解感知特征的反射过程。这时，感知的概念能够被描述出来，而且还有量化为感知的质量特征的可能。

**认知：**感知、记忆、判断和推理的心理过程。

质量特征源自于参照和感知路径，它随后会经过对比和判定过程而转换成体验的质量。体验的质量受到时间、空间和人的限制，因此体验的质量也称为质量**事件**（event）。与事件相关的信息可以在描述层级从用户处获得。

**事件** 可观察到的事情。

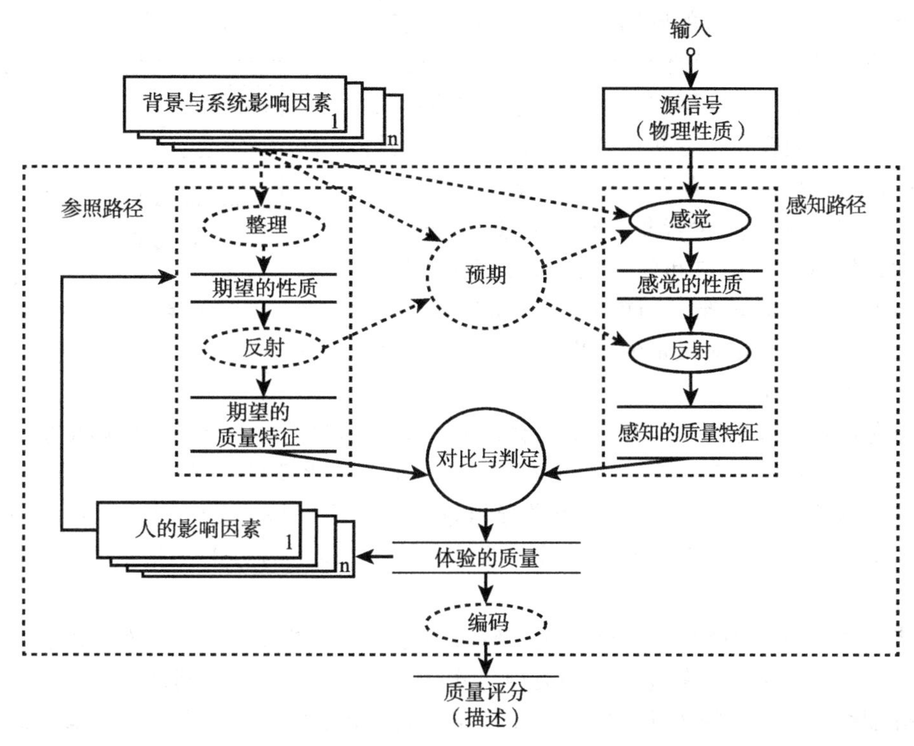


图 11-3 源自个体观点的质量形成过程图形化说明（本图来源于 [MOLL12]）

质量信息的最后一步在于期望的特征和体验到的特征之间的对比。在特殊情况下，质量信息过程的输出与体验质量相对应。

### 11.4.4 体验质量的定义

结合前面几节的概念和定义，QoE 的定义应反映出产业界和学术界之间的广泛一致性，具体如下：

体验质量（QoE）是指用户对某个应用或服务的愉悦或恼怒程度，它源于在用户个性和当前状态条件下，他们对某个应用或服务所期待的满意程度。

## 11.5 实际中的 QoE 策略

从与 QoE 相关项目得出的结论是，对于许多服务来说，用户对质量总体的感受是受多个 QoS 参数影响的。这促成了 QoE/QoS 分层方法的出现，在该方法中，用户的需求驱动了全网的策略。

### 11.5.1 QoE/QoS 分层模型

QoE/QoS 分层方法没有忽略网络 QoS 方面的内容，但是采用了用户和服务等级的观点来互为补充，具体如图 11-4 所示。

分层方法中的各个层级如下所述。

- **用户层**：用户层与服务层进行交互。该层级使用服务并对服务进行测量从而得到用户的愉悦或厌恶程度。QoE 与人的感知相关，但是很难用定量的方法来描述，而且它因人而异。用户层 QoE 的复杂性源于个体用户特征的差异，这些特征有些会随时间变化，有些则会相对保持稳定。具体的例子包括性别、年龄、个性、阅历、期望、社会经济地位、文化背景、教育程度，等等。因此，针对所有用户和他们的背景而获得统一的 QoE 测度非常困难，当前实际的 QoE 测量是找出和选择一个相对稳定的用户特征，以满足大部分的用户群体。

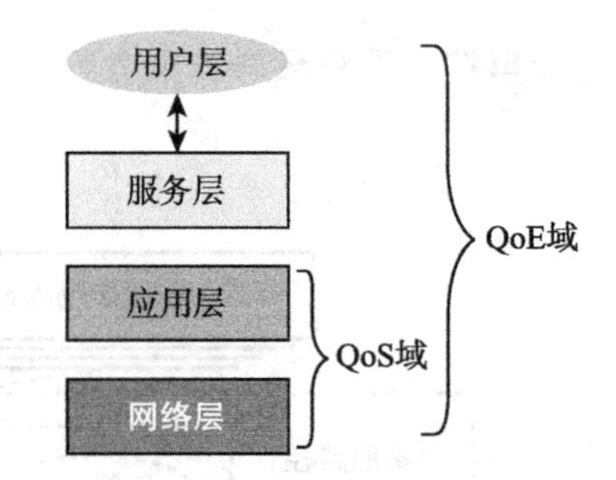


图 11-4　QoE/QoS 分层模型

注意，由于 QoE 和 QoS 域之间有重叠，因此可以考虑在框架之间采用信息共享 / 反馈。

- **服务层**：服务层提供了用户对总体服务性能的体验进行测量的一种虚拟层，它是用户和服务直接交互的接口（例如提供给用户的可视化呈现）。它的容忍阈值是可测的，例如从用户角度对流媒体应用进行的 QoE 测量可以是启动时间、音频 / 视频质量、频道切换时间和缓存中断次数等，而对网页浏览应用的 QoE 测量则可以是页面加载等待时间。
- **应用层 QoS**（AQoS）：AQoS 主要解决与应用相关参数的控制，例如内容解析、比特率、帧速率、色深度、编码类型、分层策略和抽样速率。网络能力通常是指可以分配给某个服务的传输带宽。由于底层的资源是固定的，一些应用级参数通常可以调整和控制，从而满足期望的质量等级，例如对一个音频服务来说，抽样速率为 96kHz 时所能听得到的信息要比 48kHz 时更多。但是更高的抽样速率往往会产生更大的音频文件开销，因为抽样速率是模拟声音信号每秒钟所测量的次数，每次测量结果（或抽样结果）都会以数字值的方式存储或传输。

  另一个例子是视频服务，设备之间屏幕的尺寸（每个图像变化方面的比例）存在较大差异。这些设备的一个共同特征是它们都能对视频图像的比例进行调节。对于一个给定的比特率，较低的分辨率和较少的失真（视觉异常）与较高的分辨率和更多的失真之间存在折衷问题，较低的分辨率会让图像出现模糊，较高的分辨率会使图像更为清晰。比特率通常反映了视频（或音频）文件的质量，因为它代表在对文件进行编码时，每秒钟比特的数目。大部分压缩标准采用了基于数据块和运动补偿编码机制，因此，解码后的视频会出现额外的压缩失真。

307 ~ 309

- **网络层 QoS**（NQoS）：该层次的 QoS 主要关心底层的网络参数，例如服务覆盖范围、带宽、时延、吞吐量和丢包率。网络层 QoS 参数有很多种方式来影响 QoE，其中一种方式就是通过网络时延来影响交互式服务的 QoE。例如，页面浏览具有交互式特性，它会在一个特定时间窗内引发多个检索事件，这时网络时延的变化就会对其产生影响。IP 电话（voice over IP, VoIP）服务有严格的响应时间要求，而电子邮件服务则能容忍更长的时延。

在网络中采用不同的流媒体视频分发方法也会对 QoE 产生不同的影响。例如基于 HTTP 的自适应流媒体采用了 TCP 协议，它会对带宽限制和 CPU 处理能力通过下列两种方式进行响应：

- 将流媒体切换到其他可用的比特率编码方式，这取决于可用资源的情况。
- 出现屏幕冻结（重新缓存）的情况，因为播放器缓存的分组已经全部播放完毕。

比特率切换和重新缓存会对 QoE 产生不利的影响。

而 UDP 流媒体采用多播方式来对视频流进行复制，并分发到网络各处。此外，通常会采用有弹性的编码方式和流控制机制来保证观看视频的体验质量，以应对恶劣网络条件的影响。

### 11.5.2 QoE/QoS 层次的概括与合并

上面的讨论指明 QoE 可能只是应用层或应用层与网络层相结合后的特性，尽管质量和网络能力之间的折中可能由于网络能力的考量而从应用层 QoS 开始，但是在服务层对用户需求的理解会有利于选择更好的应用层 QoS 参数，并将其映射到网络层 QoS 参数。一个利用 QoS 参数来控制 QoE 的例子将在 11.8 节讨论。 310

## 11.6 影响 QoE 的因素

QoE 问题需要考虑技术和非技术因素来解决，有许多因素会对达到高质量 QoE 产生影响，主要因素如下所示。

- **用户群体特征**：这里的群体特征是指可能对直觉感受有间接影响的用户群体相对稳定的特征，这里的直觉感受会最终影响其他技术性因素对 QoE 的确定。在研究 HD 电话的一个标志性项目中 [QUIN12]，不同的用户组会产生差别很大的质量评定。这里的用户分组是基于统计特征来进行的，例如他们对新技术接纳的态度、社会群体特征信息、社会经济地位以及人生阅历。文化背景是另一个用户群体的特征因素，这个因素会因为对质量在文化上的看法而影响直觉感受。
- **设备类型**：不同的设备类型具有不同的特征，这些特征也会对 QoE 产生影响。某种应用在设计时支持在多种设备类型上运行（如在有线电视设备 Roku 和 iOS 设备 iPhone），在不同设备上的 QoE 可能就不一样。
- **内容**：内容种类的范围从交互式内容（特别是根据个人兴趣收藏的内容）到电视传输内容。相关研究表明，相比于电视节目，用户更倾向于收看有更高参与度的视频点播（Video on-Demand，VoD）内容，这可能是因为用户可以自己决定收看特定的视频点播内容，这样就会让他们关注这些内容。一个相应的推断就是 VoD 用户对质量衰退的容忍程度更低，因为他们的参与度较高。
- **连接方式**：用于接入服务的连接方式会对用户的期望和他们的 QoE 产生影响。相对于有线连接方式，用户使用 3G 接入时，他们通常会有一个相对更低的期望，即使这两种方式从技术条件上来说是完全一样的。此外，用户使用小型设备时，他们的期望会更低，而且对视觉图像缺陷的容忍程度更高。
- **媒体（视听）质量**：这是影响 QoE 的一个非常重要的因素，因为它是服务的一部分，而且用户对其非常关注。总体的音频和视频质量是依赖于内容的，对于简单一些的场景来说（例如采访），音频质量的重要性程度要略高于视频质量，而对于高速移动的内容来说，视频质量的重要性则要远比音频质量高。
- **网络**：通过因特网进行内容分发很容易受到时延、时延抖动、丢包和可用带宽等因

311

素的影响。时延抖动会导致用户遭遇屏幕冻结和音频视频错位的情况。尽管视频内容可以利用一些因特网协议来传输，但它们并不都是可靠的。利用 TCP/IP 可以保证内容的传输，但是网络条件较差时，QoE 会由于重新缓存时间和中断次数增加而导致衰退，IP 视频重放中的重新缓存中断被认为是最严重的用户 QoE 衰退，应当通过增加启动时延来避免这种情况。同样需要注意的是，对于特定的启动时延来说，其 QoE 在很大程度上取决于应用背景和用户期望。虽然可靠性和较强的无线信号是与网络相关的不同 QoE 因素，但它们对电视类服务都非常重要。

- **可用性**：另一个 QoE 因素是使用服务所要花费的代价，服务设计时应当在提供高质量的同时不要对用户有太多技术性要求。
- **成本**：通过价格来决定质量的长期实践预示期望值是依赖于价格的，如果特定服务质量的收费高，那么用户对任何质量衰退都会非常敏感。

## 11.7　QoE 的测量

QoE 测量技术从早期电视系统的心理物理学方法的修改和应用演化而来，本节主要介绍三种 QoE 测量方法，分别是主观评价法、客观评价法和端用户设备分析法。

### 11.7.1　主观评价法

对 QoE 进行主观评价时，实验需要在高度控制方面（例如在可控的实验室中、现场测试或者众包环境中）精心设计，这样才能保证结果的有效性和可靠性。在主观评价实验的初始设计阶段还应当咨询专家的建议，因为实验设计、执行和统计分析都非常复杂。通常来说，获取主观 QoE 数据的方法需要包含以下几个阶段。

- **描述服务的特征**：本阶段的任务是选择对用户体验影响最大的 QoE 测量方法。例如对于一个多媒体视频服务来说，音频的质量要比视频质量重要，而且在音频和视频能保持同步的情况下，这些应用的视频质量不要求很高的帧速率。因此，单帧分辨率对这些应用的重要性比其他视频流媒体服务要低，特别是当屏幕的尺寸很小时（例如手机）。这样，在多媒体视频服务中 QoE 测量的排序应当是音频质量、音频和视频的同步，最后才是图像质量。

312

- **设计和定义测试矩阵**：一旦描述完服务的特征，影响 QoE 测量的 QoS 因素就能找出来了。例如，流媒体服务的视频质量会直接受带宽、丢包等网络参数以及帧速率、分辨率、解码器等编码参数的影响，而终端显示设备的屏幕尺寸、处理能力等也起到了相当重要的作用。但是，对如此繁多的参数进行测试是不可行的，因此通过对 QoE 影响效果类似的参数进行压缩删减将会得到一个更为可行的测试条件。
- **指定测试设备和器材**：在设计主观测试时应当指定测试设备，从而使测试矩阵能够以可控的方式执行。例如在对流媒体应用的 NQoS 参数和感受到的 QoE 之间的关联性进行评价时，至少需要一个客户端设备和一个流媒体服务器，而且它们之间需要通过模拟网络相互隔离。如果测试的目标是为了评价不同配置的设备对 QoE 有怎样的影响，那么视频内容的格式应当可以在所有设备上运行
- **识别样本群体**：一个有代表性的样本群体是可识别的，并涵盖通过用户群体特征所划分的不同类别的用户，这些对实验者来说是非常有用的。对于依托目标环境的主观测试来说，在可控环境（例如实验室）中，较为理想的测试对象至少要有 24 个，而

在公共环境中则应当至少有 35 个测试对象。较少的测试对象可用于试验性研究来标识趋势。在主观评价的背景中使用众包的方法仍然处于发展之中，但是它具备进一步增加样本群体规模并减少主观测试完成时间的潜能。

- **主观方法：**几种主观评价方法已经存在于工业推荐中，但是其中的大部分推荐都对每个测试对象提出了测试条件以及一组评定量表，它们允许对用户反应和实际 QoS 测试条件之间的关联性进行测试。目前有多种等级规模，这取决于实验的设计。
- **结果分析：**当测试对象设定了所有 QoS 测试条件等级时，需要一个后台程序处理数据，并删除测试对象中所有的错误数据。多种统计方法可以用于对结果进行分析，这取决于实验的设计。最简单最通用的定量方法是平均意见得分（mean opinion score, MOS），这种方法是在特定 QoS 测试条件下收集的观点的均值。主观评价实验的结果可用于 QoE 的量化，并对 QoS 因素的影响进行建模。主观实验需要精心的规划和设计，从而得到可靠的主观 MOS 评分。然而，这会耗费大量时间和成本去实施，而且不适合实时类服务的监测，在这种情况下，采用客观评价方法更好。 313

### 11.7.2 客观评价法

从客观评价 QoE 这一方面来说，各种计算算法可以对用户感受到的音频、视频和视听质量进行评估。每种客观模型都是以特定的服务类型为对象，而所有客观模型的目的都是找出最合适的拟合结果，且该结果与主观实验得到的数据具有强相关性。后面列举的 QoE 客观评价法各个阶段并不非常详尽，但是它们对于解释如何得到客观 QoE 数据的过程非常有用。获取客观 QoE 数据的方法可能包含以下几个阶段。

- **主观数据的数据库：**最开始可以收集主观数据集，因为它们可以作为基准数据训练和验证客观模型的性能。这些数据集的一个典型例子就是从主观测试过程中得到的主观 QoE 数据。主观数据集的选择通常应当考虑客观模型的使用案例。
- **客观数据的预处理：**客观模型数据的预处理通常包括相同 QoS 测试条件以及其他复杂 QoS 条件的组合。在对数据进行训练以及算法提炼之前，有多种预处理方法可用于视频数据。
- **客观方法：**现在有多种算法能够用于对用户所感知的音频、视频和视听质量进行评估。一些算法只能专用于用户感受的质量异常，而其他算法则可以用于更为广泛规模的质量异常中，具体的例子包括模糊、斑块、不自然移动、停顿、内容跳跃、重新缓存、传输错误后不当的错误修正等。
- **结果的验证：**在客观算法处理完所有 QoS 测试条件后，预测值可以通过后台程序删除异常值而获益，这里的后台程序与主观数据集中的概念相同。相比于主观 QoE 数据集来说，从客观算法得到的预测值可以是不同尺度上的。预测值可以通过变换而在尺度上与主观实验得到的数值一致（例如在 MOS 方法中），从而可以进行直接对比，而且预测的 QoE 值和主观 QoE 数据可以直接进行最优拟合。 314
- **客观模型的验证：**客观数据分析应当通过使用不同的主观数据集对预测准确性、一致性、线性进行评价。值得注意的是，模型的性能可能取决于训练的数据集以及验证过程，视频质量专家组（VQEG）对客观感知模型的性能进行了验证，这些模型才能成为电视和多媒体应用客观质量模型的 ITU 规范和标准。

### 11.7.3　端用户设备分析法

端用户设备分析法是另一种QoE测量方法。每个视频会话的连接时间、发送字节数、平均重放速率等实时类数据由视频播放器应用收集，并反馈给服务器模块。在服务器模块中，这些数据会提前聚合起来，然后转换为有用的QoE测量结果，其中一些针对个人用户的测度包括启动时延、重新缓存时延、平均比特率、比特率切换的频率。

运营商倾向于将观众的参与度与他们的QoE关联起来，因为较高的QoE通常不太可能会让用户放弃观看。观众参与度的定义可以针对不同的运营商和背景采用不同的方法。首先，运营商乐于了解哪些观众参与度指标对QoE影响最大，从而有助于指导传输基础设施的设计。其次，他们也乐于快速定位和解决服务中断以及其他质量问题。编码器的突然失灵问题会被复制和传染到ISP以及不同的传输基础设施中，进而影响所有客户。运营商因此也想知道这种影响的规模到底有多大，会怎样影响用户的参与。最后，他们还想掌握某个区域内客户的群体特征（连接方式、设备类型、消耗资源的比特率），这样他们的资源才能实现有效配置。

QoE的热衷者主张QoE测量应当采用跨学科的方法，该方法试图在感知、社会学和用户心理等一般规律的基础上解释它的结论。如果使用端用户设备分析法来测量QoE，还存在一些无法解释的情况（例如为什么用户退出服务），用户退出服务可能只是因为对节目内容不感兴趣，而并不是由于QoE质量差。

315

一种解决这类情况的方法是使用一部分视频进行参与度测量，因为它们能进行客观的测量。那些早期退出观众所产生的数据就可以从后续的分析中删除，这样就能对QoE测量如何影响观众参与度有更为清晰的理解。

### 11.7.4　QoE测量方法小结

MOS（mean opinion score，平均意见得分）被认为是QoE事实上的评价标准，这主要是因为它长期以来在电话网中所确立的地位，此外它被广泛接受还在于它易于理解。目前有多种不同类型的MOS值和不同的测试方法，在2014年发布的ITU-T规范P 913“任意环境中因特网视频及电视的视频质量、音频质量和视听质量的主观评价方法”中介绍了更多的细节。表11-2显示了当前常用的五分制评级MOS方法。

**表11-2　五分制MOS评级**

| 分数 | 标签 |
| --- | --- |
| 5 | 优秀 |
| 4 | 良好 |
| 3 | 一般 |
| 2 | 较差 |
| 1 | 很差 |

MOS值是某个用户组对给定QoS测试条件的平均观点，它不必是单个用户的观点分值，因为不同的用户会有不同的观点，置信区间等统计特征的不确定性信息通常也会附加在其中。MOS是只能从实验和测试对象组中获得的特征。

MOS需要根据特定背景来理解。首先，在主观实验中，从特定QoS测试条件中获得的MOS值取决于实验中QoS测试条件的范围，因为测试对象在实验中需要根据评分范围进行调整。因此一个设计合理的实验应当在实验开始时有一个训练周期，而且测试条件应当包括最好和最差的条件，从而将前面提到的行为的影响控制到最小。

316

将从不同实验中得到的MOS分数直接进行对比通常是没有意义的，只有当这些实验在设计时就考虑需要对比，对比才会有意义。从这些特殊配置的实验中得到的数据必须通过研究并表明进行MOS对比在统计上是有效的。由于测试对象之间存在差异（例如年龄和技术经历、测试环境和测试条件的引入次序等），在评分尺度的理解上会存在偏差。

采用不同主观背景训练和优化的不同客观模型对相同的 QoS 条件可能会预测出不同的 MOS 值，客观模型通常都是针对特定的质量特征范围建立和优化。因此，只有在 MOS 模型背景下选择阈值才能保证 MOS 预测和阈值之间的对比是可行的。

客观评价法提供了实时的 QoE 测量技术，而端用户设备分析法则是另一种可行的 QoE 测量方法。当前，端用户设备分析法作为一种 QoE 测量方法仍然缺少可参考的方法论，这和 MOS 在主观评价和客观评价中的情况很相似。

对 QoE 测量技术发展的一个限制性因素是使用服务提供商数据库的版权问题，这些版权都掌握在服务提供商那里，这给研究者、服务提供商和传输基础设施设计者开发更好的传输基础设施带来了挑战。

主观实验可能仍然是最为精确的 QoE 测量方法，也是获得可用于基准客观 QoE 模型的真实可靠基础数据的唯一方法。

## 11.8 QoE 的应用

根据主要用途可以将 QoE 的实际应用划分为以下两类。

- **服务 QoE 监视**：服务监视让支持团队（服务提供商和网络运营商）可以持续地监视用户所感受的服务体验质量，当 QoE 降到一个特定阈值之下时，服务告警信息会发送给支持团队，这样支持团队就能快速找到并解决服务中断和其他 QoE 问题。

  根据被监视服务的使用案例，这些监视工具可以部署在内容分发生态系统的任意结点或所有结点上。这些结点可以在前端输入处、分发网络以及端点处，这种方法可能会引入较高的针对每个用户监视开销。 317

- **以 QoE 为中心的网络管理**：在出现 QoE 衰退问题时，对用户体验进行控制和优化的能力是 QoE 网络管理的“必杀技”。在总体 QoE 由多个方面决定的情况下（例如子网的网络状况、应用级 QoS、设备能力和用户群体特征），一大挑战是为网络或服务提供商提供有用的 QoE 信息反馈。

  以 QoE 为中心的网络管理可以从以下两种方法来设计：

  - 在第一种方法中，QoS 的测量值和一些合理的假设一起用于计算用户期望的 QoE。
  - 第二种方法中，在一定程度上与第一种方法相反，它利用用户的目标 QoE 和一些合理的假设一起对所需的 QoS 值进行评估。

第一种方法可以用于服务提供商，这样他们就能根据客户所期望的 QoE 水准提供一系列 QoS 产品。

第二种方法可用于客户，他们对所需的 QoE 进行定义，然后确定什么样的服务水平能满足这种需求。

图 11-5 列举了一个场景，在该场景中用户可以从一系列服务中进行选择，这些服务包括所需的服务等级（SLA）。与完全基于 QoS 的管理相比，这里的 SLA 不需要用原始的网络参数来表达，相反，用户对 QoE 目标进行标志，然后服务提供商将该 QoE 目标和所选的服务类型映射到 QoS 需求上。

例如，在多媒体流服务中，用户可以在两个 QoE 级别（高或低）中进行简单的选择，服务提供商然后选择合理的质量预测模型和管理策略（例如网络资源耗费最小化），并将 QoS 请求转发给运营商。网络可能无法保证所需的 QoS 水平，这样就无法达到所期望的 QoE，这种情况会引发一个信号反馈给用户，促使可选服务 /QoE 水平的降低。 318

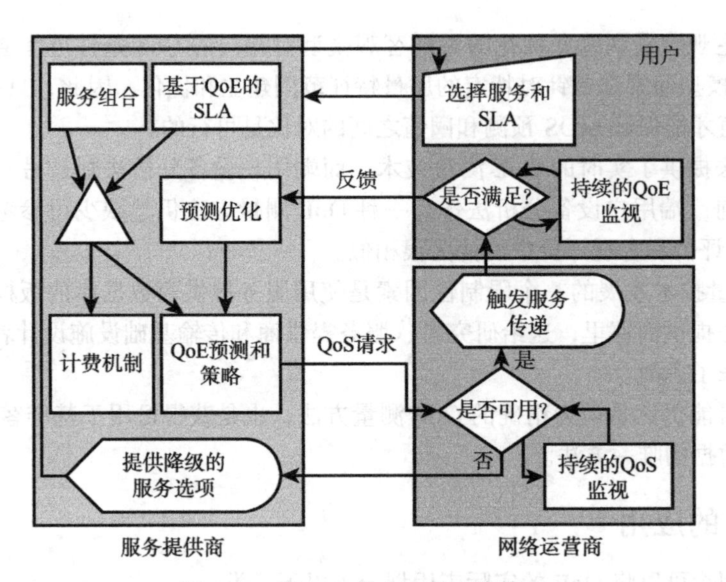


图 11-5　以 QoE 为中心的网络管理

假定网络能够支撑这些服务，服务传递就会被激活。在服务运行期间，有两个监视和控制循环在并发运行，一个在网络层，另一个在服务层。后者允许用户切换到不同等级的 QoE 上（例如获取更便宜的服务或请求更高质量的服务）。如果用户没有明确的反馈，这意味着用户需求得到满足，质量预测模型就能正常工作。这样，质量预测模型就能在服务传递期间不断改进，并随着用户需求和设备变化逐步进化。

## 11.9　重要术语

学完本章后，你应当能够定义以下术语。

| | | |
|---|---|---|
| 技巧模式 | 情景体验 | 体验质量 |
| 认知 | 感知 | 事件 |
| QoE 测量 | 主观评价 | 客观评价 |

319

## 11.10　参考文献

**ETSI14:** ETSI TS 103 294 V1.1.1 Speech and Multimedia Transmission Quality (STQ); Quality of Experience; A Monitoring Architecture (2014-12).

**MOLL12:** Moller, S., Callet, P., and Perkis, A. "Qualinet White Paper on Definitions on Quality of Experienced," European Network on Quality of Experience in Multimedia Systems and Services (COST Action IC 1003) (2012).

**QUIN12:** M.R.Quintero, M., and Raake, A. "Is Taking into Account the Subjects' Degree of Knowledge and Expertise Enough When Rating Quality?" Fourth International Workshop on Quality of Multimedia Experience (QoMEX), pp.194,199, 5[nd]7 July 2012.

320

# QoS 和 QoE 对网络设计的影响

本章由突尼斯 Monastir 大学助理教授 Sofiene Jelassi 撰写

但是一些奇妙的经历打破了他与生俱来的沉着，让他头发竖立、满脸通红、表情愤怒、举止慌张、表现激动。

——《威斯特里亚寓所》，Arthur Conan Doyle 爵士

**本章目标**

**学完本章后，你应当能够：**

- 将 QoS 测度转换为 QoE 测度。
- 为特定的运维环境选择合适的 QoE/QoS 映射模型。
- 在特定的基础设施上部署以 QoE 为中心的监视方案。
- 在以 QoE 为中心的基础设施上部署具有 QoE 感知的应用。

本章通过结合服务质量和体验质量并探讨这两个概念在实际中的意义来对第四部分进行总结。本章的内容组织结构如下：12.1 节从实用的角度对现有的 **QoS/QoE 映射模型**进行了分类；12.2 节列举了一些面向 IP 的 **QoE/QoS 映射模型**，这些模型主要用于视频服务；12.3 节探讨了一些可用于将 QoE 功能增加到网络和服务中的方法；12.4 和 12.5 节分别叙述了以 QoE 为中心的监视和管理方案。

322

**QoE/QoS 映射模型** 将 QoS 测度转换为 QoE 测度的功能模型。

## 12.1 QoE/QoS 映射模型的分类

通常来说，会用一些数学模型来定义 QoS 和 QoE 之间在经验上的关系，这些模型称为 QoE/QoS 映射模型或质量模型，这些模型是通过回归分析、人工神经网络、贝叶斯网络等经典方法对数据集进行拟合而得到。现在，在各类文献中已经有很多 QoE/QoS 映射模型，这些模型在输入、工作模式、准确性、应用领域等方面各有不同。QoE/QoS 映射模型的应用领域很大程度上取决于它们的输入，根据这些输入，可以将 QoE/QoS 映射模型分为以下三类：

- 黑盒媒体模型
- 白盒参数模型
- 灰盒参数模型

后面将介绍这些模型。

### 12.1.1 基于黑盒媒体的 QoS/QoE 映射模型

黑盒媒体质量模型主要依靠对从系统入口和出口收集到的媒体信息进行分析，因此，这

些模型会隐式地考虑被检查的媒体处理系统的特征。这些模型又可以分为以下两类。

- **双向或全参考质量模型**：这些模型使用全新的刺激和相应的退化刺激作为输入（如图 12-1a 所示），它们在感知域中对全新的和退化的刺激进行对比，这里的感知域解释了人类感觉系统的心理物理功能。感知域是针对用户感知特点而在时间和频率上进行的转换，总体来说感知距离越大，退化的程度越大。这个模型需要将全新刺激和退化的刺激相结合，因为对比是在单个模块基础上进行的。这些刺激的结合应当是自主实现的，也就是说，不需要额外的控制信息对刺激结构进行描述。

323

- **单向或无参考质量模型**：这些模型仅仅依靠退化的刺激来对最终的 QoE 值进行评估。这些模型通过解析退化的刺激从而提取出观察到的失真，这些失真取决于媒体类型，例如音频、图像和视频。举个例子，从音频刺激中提取的失真包括啸声、电路噪声、回声、停滞、拍打声、中断和暂停（如图 12-1b 所示）。这些采集到的失真可以结合和转换从而计算 QoE 值。

黑盒质量模型的主要优点是，它们能利用从特定媒体处理系统边缘收集到的信息来测量 QoE，因此可以在不同基础设施和技术上以通用的方式使用，这就避开了底层系统复杂和难以处理的测量过程。此外，这种方式还可以无条件地增强质量模型，也就是说，它与和测量过程相关的技术和道德约束是相互独立的，而且黑盒质量模型可以很容易地用于每个用户或每个内容。

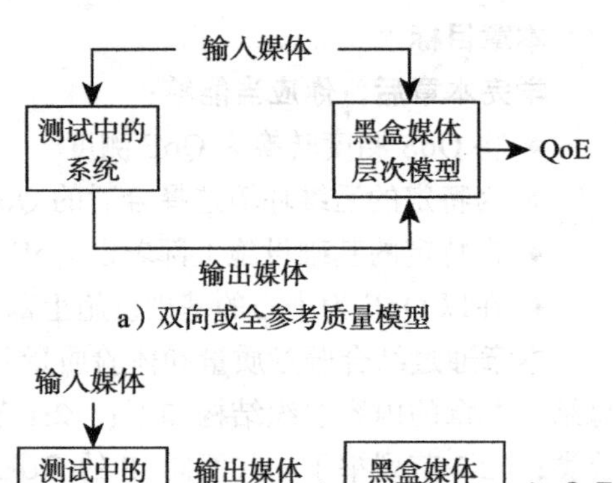


图 12-1　基于黑盒媒体的 QoS/QoE 映射模型

黑盒质量模型的主要缺点是需要获取刺激的最终表现，这在实际当中由于隐私等原因通常是不可获得的。此外，全参考质量模型使用全新的刺激作为输入，而这些刺激在系统的输出端也常常是不可用或很难得到的，这个问题可以通过无参考质量模型来解决，但是这些模型未经检验，性能也不稳定，这会限制它们的有效性。

全参考黑盒质量模型已经广泛应用于网络设备的现场基准测试、诊断和调节中，在这些环境下，可以获得全新的刺激。无参考质量模型可用于相同的目的，但是它们的准确性有限，这降低了它们结果的可信性。黑盒质量模型可用于离线的应用层组件的评价，例如编解码器、丢包补偿（PLC）和缓存机制，而无参考黑盒模型可用于在线的 QoE 监视。

### 12.1.2　基于白盒参数的 QoS/QoE 映射模型

白盒参数质量模型通过描述底层传输网络和边缘设备特征对特定服务的 QoE 进行量化，这些需要考虑的特征参数和它们的组合规则是通过扩展的主观实验和全面的统计分析得到的。根据特定测量时刻特征参数的可用性，白盒模型可以离线或在线运行，这些特征参数包括噪声、丢包、编码方式、单向时延、时延抖动等。相对于黑盒媒体模型来说，白盒参数模型一般准确性更低，粒度也更粗。

一种广为人知的离线白盒模型是 E 模型，它是由 ITU-T 在 Rec. G.107 规范中定义的。E 模型的目标是对某个传输基础设施上传递的话音 QoE 进行评估（具体参见 2007 年出版的《E 模型：一种在传输规划中使用的计算模型》），主流的 E 模型包括 21 个基本特征参数。E

模型提供了梯状分值，称为评分因子 R，它介于 0（最差结果）和 100（最好结果）之间。在实际中，应当避免出现会导致评分因子低于 60 的传输配置，这时需要采取某些行动来提高话音的 QoE。基本的特征参数分为同步、设备和时延损伤因子，分别用 $I_s$、$I_e$ 和 $I_d$ 三种符号来表示，其中 $I_s$ 对损伤进行量化，结果取决于量化与压缩等话音信号的特征；$I_e$ 对丢包和中断等设备引发的损伤进行量化；$I_d$ 对时延和响应引发的损伤进行量化。ITU-T Rec. G.107 为每个基本参数和数学表达式给出了取值的范围，这就可以对每个损伤因子的值进行计算。为了简化，E 模型假定损伤因子的感知效应在心理尺度上是加性的，因此，最后的评分结果 R 通过公式 $R=R_0-I_s-I_e-I_d$ 来计算，其中 $R_0$ 是指在无失真条件下用户的满意度。

324～325

离线白盒参数质量模型适用于规划等目的，在早期它们能描绘话音传输系统的 QoE 值，但是对于服务监视和管理来说，采用在线模型更为合适。在这种情况下，需要在运行时获取会发生改变的模型参数，这特别适合基于 IP 的服务，在这些服务中，一些诸如序号、时间戳等控制数据都包含在每个分组的首部。在这种环境中，可以从信令消息提取出静态特征参数，并在目的端口收到的分组中提取出动态特征参数，这样不通过会涉及隐私问题的媒体内容就可以获取这些参数。这一类模型将在 12.2 节中进行更详细的介绍。

### 12.1.3　灰盒 QoS/QoE 映射模型

灰盒质量模型结合了黑盒模型和白盒模型的优点，它在系统的输出端对基本的特征参数进行采样，并获取一些刻画了全新刺激结构的控制数据（如图 12-2 所示），这些控制数据可以通过专门的控制分组来发送，也可以通过在媒体分组中以捎带的方式传输，所以，与特定内容相关的重要感知信息可以考虑采用灰盒质量模型。这些模型可以在每个内容的基础上对 QoE 进行测量。在部署容易、准确性合理的情况下，这一类 QoS/QoE 映射模型可以快速增殖。

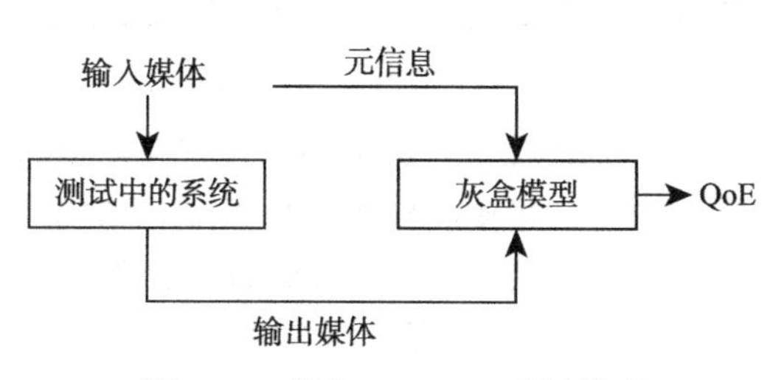


图 12-2　灰盒 QoS/QoE 映射模型

通常来说，爱立信、德国电信、英国电信等大型电信运营商会研发私有的 QoS/QoE 映射模型实现方案和相关的软件工具，从而获取、记录和分析测量结果以满足自己的特定需求。但是，大部分电信运营商会将传输基础设施、服务和设备的评估工作委托给专门的公司来完成，这些公司包括 GL、OPTICOM、Telchemy 和 HEAD Acoustics 等。在实际当中，QoS/QoE 映射模型应当能够维护并进化，从而适用于新的技术或使用场景。

326

### 12.1.4　QoS/QoE 映射模型选择小贴士

下列五项检查列表对于选择 QoS/QoE 映射模型有帮助：

- 我在考虑哪一类运维？
- 我有哪些参数？我是否能访问这些信令、内容、分组载荷或首部？
- 我是否希望有规范和使用条件来使用特定的映射模型？
- 我需要达到怎样的精确度？
- 对选中的映射模型，是否所有输入对我都是可用的？

## 12.2 面向 IP 的参数 QoS/QoE 映射模型

IP 网络和应用的 QoE 测量领域仍处于初期发展阶段，但是多媒体和用户友好的 IP 服务的流行让 QoE 成为当前生态系统关注的核心。相对于传统的面向内容的电信系统（例如公共交换电话网 [PSTN]、无线电广播和电视）来说，IP 网络承载了更多新的媒体内容，这些内容都包含在由分组构成的流中，每个分组又由首部和载荷组成，从服务器端发往各个目的结点。因此，在网络层以及应用层所采集的参数在用户设备运行时也能很容易地获得，这就可以采用在线白盒或灰盒参数质量模型在运行时对 QoE 进行测量。相对于电信网络来说，IP 网络中的 QoE 会随时间产生变化，这一特征使我们不得不考虑瞬时的和总体的 QoE，其中前者是指在很短的时间内（一般是 8 ～ 20 秒）所测得的 QoE，后者是指贯穿整个会话（一般是 1 ～ 3 分钟）所测得的总体 QoE。接下来会介绍几个 IP 视频流应用的在线白盒参数质量模型案例。

327

### 12.2.1 用于视频服务的网络层 QoE/QoS 映射模型

网络层 QoS/QoE 映射模型只依赖除应用层以外的 TCP/IP 协议栈（也即运输层、网络层、链路层和物理层）所收集的 NQoS 测度。在 2010 年由 Ketyko 等人发表的论文 [KETY10] 中，他们提出了下列参数质量模型来对 3G 环境中的视频流质量进行评估：

$$\overline{\text{QoE}} = 8.49 - 0.02 \cdot \text{AL} - 0.01 \cdot \text{VL} - 1.12 \cdot \text{AJ} + 0.04 \cdot \text{RSSI} \qquad 式（12\text{-}1）$$

其中 AL 和 VL 分别表示音频和视频的丢包率，AJ 和 VJ 分别表示音频和视频的时延抖动，RSSI 是指接收到的信号强度。2014 年，Kim 和 Choi 发表的论文 [KIM14] 提出了一种用于在 3G 网络中传输 IPTV 的两阶段 QoE/QoS 映射模型，其中的第一阶段包括将基础 QoS 参数组合为一个测度，具体如下：

$$\text{QoS(L,U,J,D,B)=K}\{W_L \cdot L + W_U \cdot U + W_J \cdot J + W_d \cdot D + W_b \cdot B\} \qquad 式（12\text{-}2）$$

其中 L、U、J、D 和 B 分别表示丢包、突发程度、时延抖动、时延和带宽，常数 K、$W_L$、$W_U$、$W_J$、$W_d$ 和 $W_b$ 分别是预先定义的加权系数，它们取决于接入网的类型（即有线还是无线）。第二阶段包括计算 QoE 的值，具体如下：

$$\text{QoE(QoS(X))} = Q_r(1 - \text{QoS(X)})^{\text{QoS(X)}\times A/R} \qquad 式（12\text{-}3）$$

其中，X 是参数 {L, U, J, D, B} 构成的向量，$Q_r$ 为标量，它限制了从屏幕显示尺寸 / 分辨率获得的 IPTV QoE 范围，常数 A 表示订阅的服务类型，常数 R 反映了视频帧的结构。

### 12.2.2 用于视频服务的应用层 QoE/QoS 映射模型

除了 NQoS 参数以外，应用层 QoE/QoS 映射模型还使用了从应用层收集到的测度（AQoS）。此外，该模型还可以在用户与特定视频内容交互时解释用户的行为。2014 年由 Ma 等人发表的论文 [MA14] 提出了一个视频流媒体应用质量模型，具体如下：

328

$$\text{QoE} = 4023 - 0.0672L_x - 0.742(N_{QS} + N_{RE}) - 0.106T_{MR} \qquad 式（12\text{-}4）$$

其中 $L_x$ 表示启动时延，也即在视频开始播放前所等待的时间，$N_{QS}$ 是质量切换的数量，也即视频比特率在会话过程中出现变化的次数，$N_{RE}$ 是出现重新缓存事件的数量，$T_{MR}$ 是指重新缓存花费的平均时间。2009 年 Khan 等人的论文 [KHAN14] 提出的质量模型可以对无线网络中采用 MPEG4 编码的通用流媒体内容视频进行评价，具体如下：

$$\mathrm{QoE(FR,SBR,PER)}=\frac{a_1+a_2\mathrm{FR}+a_3\cdot\ln(\mathrm{SBR})}{1+a_4\cdot\mathrm{PER}+a_5\cdot(\mathrm{PER})^2} \qquad 式（12-5）$$

其中 FR、SBR 和 PER 分别表示应用层采样的帧速率、发送的比特速率和网络层采样的分组错误率，从 $a_1 \sim a_5$ 的系数用于对质量模型进行校准。该模型已得到改进，以考虑慢放、普通和快放三类视频，改进后的质量模型如下所示：

$$\mathrm{QoE(FR,SBR,BLER,CT)}=a+\frac{b\cdot e^{\mathrm{FR}}+c\cdot\ln(\mathrm{SBR})+\mathrm{CT}\cdot(d+e\cdot\ln(\mathrm{SBR}))}{1+f\cdot(\mathrm{BLER})+g\cdot(\mathrm{BLER})^2} \qquad 式（12-6）$$

其中 a、b、c、d、e、f、g 都为常数，CT 为视频内容的类型，SBR 和 BLER 分别表示发送的比特速率和比特丢失错误率。该模型适用于在 UMTS 网络上采用 H.264 编码传输的视频流媒体服务。

Kuipers 等人在 [KUIP10] 中针对 IPTV 提出了 QoE/QoS 映射模型，该模型考虑了启动时延和因广告而产生的频道切换时间，其中频道切换时间的定义是指切换电视频道的频率。模型具体如下所示：

$$\mathrm{QoE}_{\mathrm{zapping}}=a\cdot\ln(\mathrm{ZT})+b \qquad 式（12-7）$$

其中 $\mathrm{QoE}_{\mathrm{zapping}}$ 是考虑因广告而切换频道行为的一维 QoE 分向量，ZT 是以秒为单位的切换时间，a 和 b 是可正可负的数字常量。最后，是 Hossfeld 等人在论文 [HOSS13] 中提出的质量模型，该模型考虑到了停顿事件，停转事件是指播放视频流媒体过程中无意的暂停，该模型具体如下所示：

$$\mathrm{QoE}=3.5e^{-(0.15\cdot L+0.19)}N+1.5 \qquad 式（12-8）$$

其中 L 是指平均停顿持续时间，N 是指停顿事件的次数。 329

## 12.3 IP 网络的可操作 QoE

本节主要介绍**可操作 QoE**（actionable QoE），它指所有能实现精确测量和使用 QoE 测度的技术与机制。可操作 QoE 已经超越了 QoE 的定义和测量。一种可操作 QoE 方案很大程度上取决于底层系统和服务特征。此外，可操作 QoE 方案工作在结合了数据平面、控制平面和管理平面的多平台架构上。当前主要有两种方案用于实现可操作 QoE：

- 面向系统的可操作 QoE 方案
- 面向服务的可操作 QoE 方案

**可操作 QoE** 一种可用于进行决策的 QoE 测量。

### 12.3.1 面向系统的可操作 QoE 方案

面向系统的可操作 QoE 方案负责传输基础设施内部的 QoE 测量。在这种条件下，服务在设计时假定底层系统是完善的，也就是说不存在性能下降的情况。图 12-3 说明了一个面向系统的可操作 QoE 方案环境。在图中，可操作 QoE 方案需要：（1）QoS 测量模块从底层系统收集基本的**关键性能指标**（key performance indicator，KPI）；（2）QoE/QoS 映射模型；（3）被管设备的资源管理模块。每个服务提供商都指定了提供给客户的目标 QoE 等级。QoE/QoS 映射模型应当根据某种保证来选择，具体是：（a）要能保证质量模型输入参数的可用性；（b）要保证遵循服务规范和相应条件。这些可以通过执行信令程序来完成。管理程序可以在服务开始前或者服务传输过程中执行，涉及给定基础设施中所有可配置的参数，例如优先级、标记阈值、流量整形等。上述过程应当利用自主决策系统来实现，该系统还包括将观测到的 QoE 测量结果映射到由被管设备执行的行为过程的策略。

**关键性能指标**　能反映某个机构重要成功因素的可计量的测量结果。

这种运行模式非常适用于软件定义网络（SDN），因为 SDN 中的网络路径都由 SDN 控制器来管理，在这种情况下，测量得到的 QoE 值可以上报给 SDN 控制器，然后控制器利用这些结果对 SDN 交换机的行为进行定义。SDN 控制器应当包含 QoE 策略和规则模块来完成以下工作：（1）检查是否每个用户 / 每条流约定的 QoE 等级都得到满足；（2）指定用于转发用户数据流的 SDN 路径。QoE 策略和规则模块还应当考虑同时跨越了支持 SDN 和不支持 SDN 域服务的情况。 330

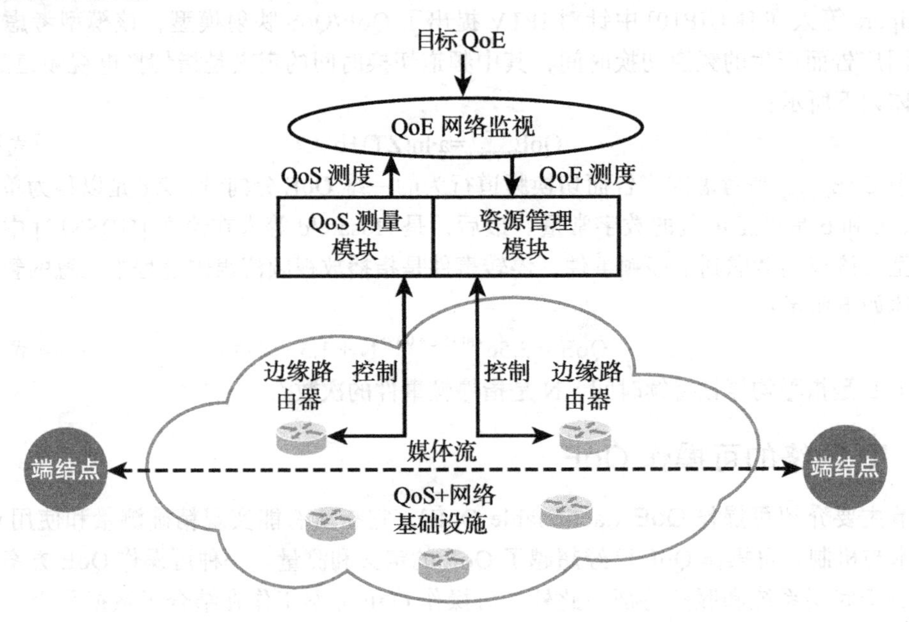


图 12-3　一个提供以 QoE 为中心的服务的环境

## 12.3.2　面向服务的可操作 QoE 方案

面向服务的可操作 QoE 方案负责在端结点和服务器处测量 QoE 的值（如图 12-4 所示）。在这种情况下，服务设计时要解决底层系统的缺陷以达到指定的 QoE 等级，服务可以根据当前背景和条件改变它们的行为。KPI 测量模块安装在端结点处，QoE/QoS 映射模型可以部署在端结点或专用设备上。测量得到的 QoE 值会被发送给端结点从而在发送方、代理和接收方配置不同的应用模块。

面向服务的可操作 QoE 方案有许多优点。首先，它可以执行针对每个服务、每个用户和每个内容的 QoE 监视及管理方案，从而提供特定的 QoE 等级。其次，它的调节能力更强，因为它能准确分清每个服务组件的功能和所扮演的角色。第三，它减少了通信的开销，并均衡了计算的负载。最后，除了流和分组级的 QoE 处理之外，它还实现了组件级的 QoE 处理。但是，这种方案无法应用于正在运行的服务中，这就给服务设计和规划带来了更高的复杂性。 331

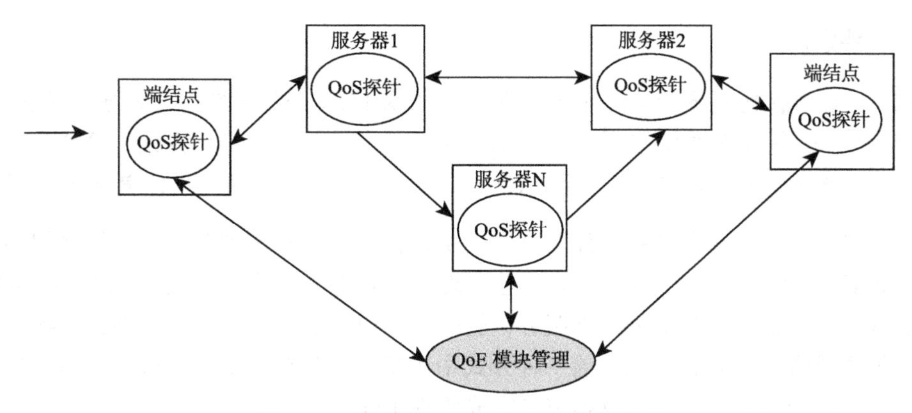


图 12-4　具有服务感知的 QoE 部署方法

## 12.4　QoE 与 QoS 服务监视对比

监视是当前 IT 系统应当支持的策略功能，它会返回指示值，并提供与系统性能及工作载荷相关的信息。此外，它还可以检测系统功能失常、故障以及运行不佳的设备和应用，并采取最佳的操作。当前 IT 系统的监视方案可以分为以下四类（如图 12-5 所示）。

- **网络监视：**提供了对路径和链路性能的测量，这些路径和链路用于传输媒体单元。这些测量信息在分组处理设备（路由器和交换机）上收集得到，并可以针对每个流或每个分组进行操作。吞吐量、丢包、重传和重复分组、时延、时延抖动等描述路径特征的测度可以采用从分组首部提取的原始测度计算得到，这些原始测度包括序列号和时间戳。
- **基础设施监视：**提供了对设备性能和资源状态的测量，例如内存、CPU、输入输出、负载等。
- **平台监视：**提供了计算中心的性能指示信号，后端服务器都运行在计算中心里，这种类型的监视可以工作在虚拟基础设施上，商业应用以虚拟机的方式部署在这些虚拟基础设施当中。
- **服务监视：**提供了对服务性能的测量，它所涉及的测度取决于各个应用，而且可以从技术或感知的角度来实现。

332

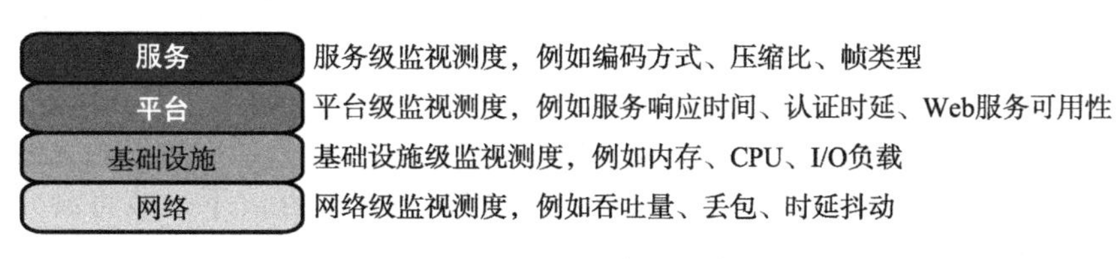


图 12-5　监视方案的分类

通常来说，分布式系统中的监视方案包括各种**探针**（probe）。这些探针对参与服务传输链的给定单元的性能进行测量，它们根据特定的策略分布并部署在系统中，此外还包含能远程配置探针行为的可靠的、可扩展的管理器，特别是从测量结果上报的频率和内容方面来说。探针一般都嵌入在给定被管设备或组件中（例如 SNMP 代理），可以由网络或系统管理员配置，从而满足特殊的环境需求。探针通常都发送原子的最基本的测度给管理器，然后由管理器将其转换为对人类友好的测度。管理器会以特定格式保存所有测量结果的日志，并将它们存放于特定位置。

**探针**　探针能收集传输路径中不同组件的有关信息，这些信息一般与性能相关（例如网络 QoS、服务器负载），但是它也可以与应用级因素（例如编码方式、分辨率）、设备（例如屏幕分辨率、处理器能力）、环境（例如周边环境的照明、运动）或其他因素相关。

监视方案应当为管理器和被管设备之间提供通信功能，管理器和被管实体之间的交互通常采用无连接的 UDP 协议在预留的端口上实现，现在的方法则演变为采用短周期的 HTTP 连接来实现。探针被定义为 REST 类服务，管理器可以对其进行调用。此外，交换的测量报告可以以带内或带外的方式实现，前一种方式中用于数据传输的资源进行了共享，后一种方式则使用了专门的和自主的设备及频道来完成监视工作。

图 12-6 显示了一个典型的按需监视方案解决方案，图中管理器接收从客户发送过来的监视请求，这些请求以特定的语法规则表示。在接收到新的监视请求后，管理器查询通用描述、发现和集成（UDDI）目录来获得更多与被监视服务有关的信息，例如位置和属性。监视方案以及一系列探针部署在特定的基础设施上，一旦一个被监视组件被预先配置的注册者激活，它们会自动地执行注册，注册者会保留所有活跃探针的踪迹和特征，这些探针应当由管理员离线配置，从而在服务期间根据特定行为上报相关测度，这些由探针产生的测度在发送到管理器之前会被聚合和处理，然后由管理器完成数据分析工作。

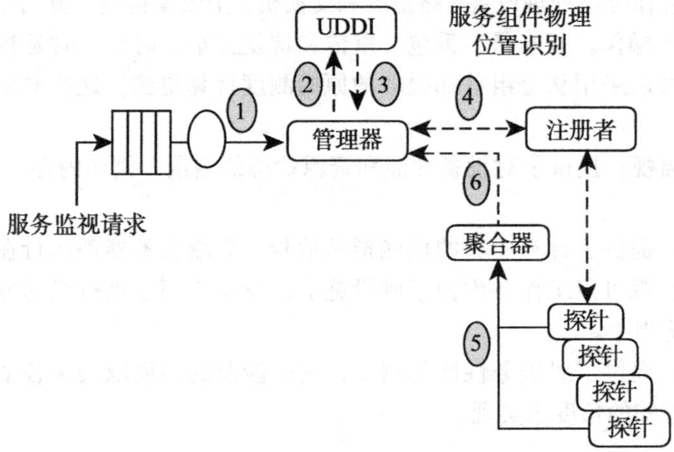

333

图 12-6　一个基本和通用的监视方案

传统的 QoS 测度可以在网络层、基础设施层、平台层和服务层测量得到，但是 QoE 测度只能在服务层测量得到，因为只有该层可与最终的用户交互。下一节将会介绍 QoS 和 QoE 监视方案的最新技术和发展趋势。

### 12.4.1　QoS 监视方案

新兴的 QoS 监视方案基本上是为数据中心和云平台研发的，这些平台都支持虚拟化技术。图 12-7 中显示了一个网络级和基础设施级的监视方案，它用于基于云的 IPTV 服务，视听内容服务器部署在云平台中，从内容服务器发送到 IPTV 设备的流量会被部署在网络各处的 vProbe 持续监视，每个 vProbe 都是一个开放的检查工具，可用于云环境中对管理程序的状态以及运行了服务业务逻辑的虚拟机进行监视、记录和计算，视频分组流在不同的测量点被解析，vProbe 收集的信息随后会被用于重建服务级的详细记录（SDR），每条记录都包含与服务器和用户之间完整会话最相关的信息，与 IPTV 会话相关联的重要消息参数都存储在 SDR 中。

334

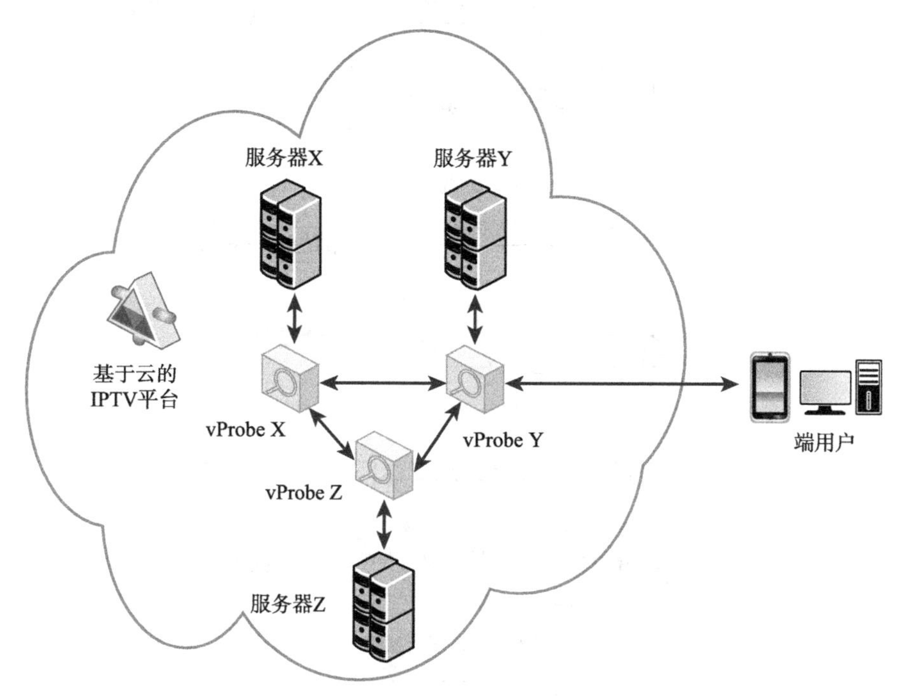


图 12-7　基于云平台 IPTV 网络中的 vProbe 方案

亚马逊研发的 CloudWatch（http://aws.amazon.com/cloudwatch）是一款运用在 Amazon 云上的监视方案，它能对云中 CPU、内存等资源的利用率进行监视，此外还能监视客户应用程序和服务。管理员可以收集和追踪与各个应用相关的自定义测度。亚马逊 CloudWatch 可以从中找出被监视的数据，以图形形式显示，并设置告警从而协助进行故障定位、执行趋势评估、根据云的状态采取自动化操作。

## 12.4.2　QoE 监视方案

新兴的 QoE 监视方案扩展了 QoS 监视方案，并对其兼容。如前文所述，QoE 监视方案严重依赖于 QoE/QoS 映射模型，而且不存在通用的 QoE 监视方案，这与 QoS 监视方案正好相反。

图 12-8 显示了四种可用于对运行时的 IP 视频流媒体服务 QoE 值进行监视的方法，这些方法在测量位置和映射模型位置等方面都存在不同，每种方法都采用了 XY 方式来表达，其中 X 是指测量位置，Y 是指质量模型位置，它们可选的值为：网络（N）、用户（C）或者两者皆可（B）。

335

A. **静态运行模式**（NN）：KPI 和 QoE 测量都在网络内完成，QoE/QoS 映射模型部署在设备上，并对服务传输路径进行监听（如图 12-8a 所示）。质量模型会使用收集的 KPI、与视频编码相关的信息和接收结点的性能，QoE/QoS 映射模型的参数从解密的流媒体分组信息中提取，接收结点的特性可以通过轮询或者检查会话描述协议（Session Description Protocol, SDP）报文得到。QoE 测量点包括接收结点模拟器，它可以真实地重构接收到的流。

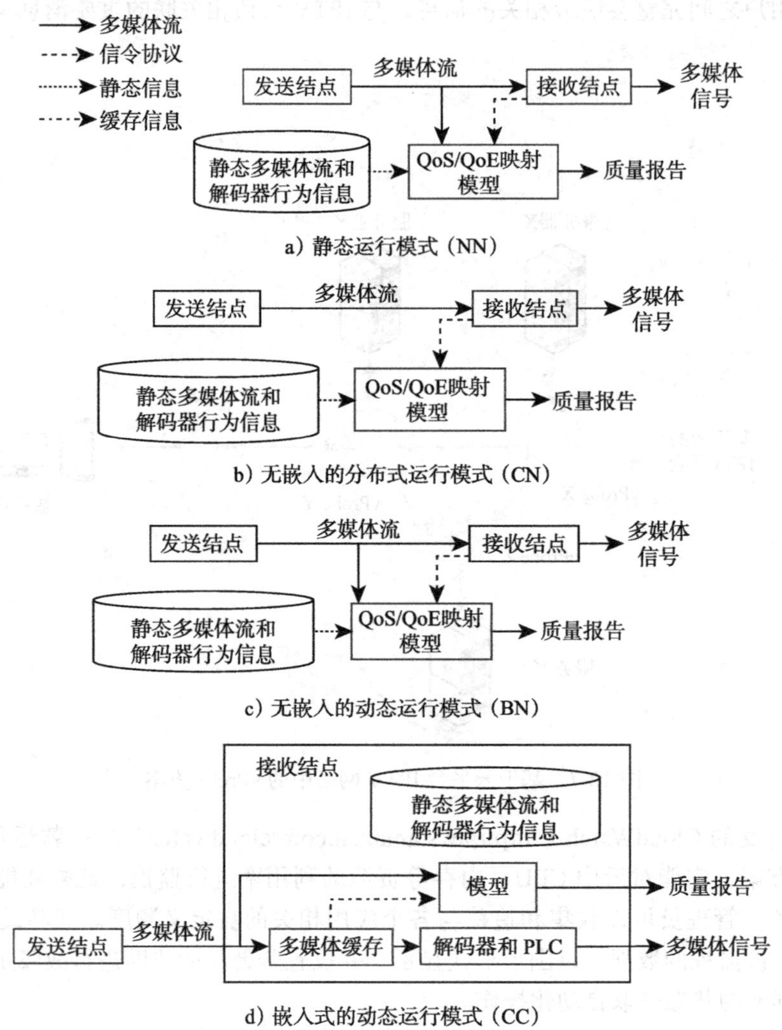


图 12-8　网络中质量模型的运行工作模式

B. **无嵌入的动态运行模式**（BN）：KPI 测量在网络和客户端完成，但是 QoE 值的测量还是在网络内部（如图 12-8c 所示），质量模型需要用到收集的 KPI、与编码方式相关的信息以及利用定制的信令协议得到的客户端信息。

C. **无嵌入的分布式运行模式**（CN）：KPI 测量在客户端完成，这些测量结果会周期性地发送给位于网络内部的 QoE/QoS 映射模型（如图 12-8b 所示）。

D. **嵌入式的运行模式**（CC）：KPI 和 QoE 的测量在客户端完成，QoS/QoE 映射模型嵌入在客户端内（如图 12-8d 所示），测量得到的 QoE 测度可以上报给中央监视实体。

ETSI 技术规范 TS 103 294（语音和多媒体传输质量（STQ）；体验质量；一种监视体系结构，2014）定义了一种标准的多维 QoE 监视方案，该方案利用了部署在设备上的 QoE 代理，这些 QoE 代理之间能相互通信，也能与数据获取对象（或探针）通信。QoE 代理架构是基于分层的 API 定义，能方便地将影响 QoE 的不同因素分组，它具体包括下列 6 个层次。

- **资源**：由用于服务传输的技术系统及网络资源的特征和性能等方面的要素构成，这些要素的例子包括时延、时延抖动、丢包、差错率和吞吐量等网络 QoS，此外还包括服务器处理能力和端用户设备能力（例如计算能源、内存、屏幕分辨率、用户接口、电池寿命）等系统资源。

- **应用**：由应用 / 服务配置等方面的要素构成，这些要素包括多媒体编码、分辨率、采样速率、帧速率、缓存大小、SNR 等，与内容相关的要素（例如特定的时空需求、2D/3D 内容和颜色深度）也属于该层次。
- **接口**：包括物理设备和接口，用户通过这些接口与应用进行交互（例如设备类型、屏幕尺寸、鼠标等）。
- **背景**：包括与物理背景（例如地理方面、周边灯光和噪声、当天时间）、使用背景（例如移动 / 非移动、按压 / 非按压）、经济背景（例如用户付费）相关的内容。
- **人**：包括所有与用户的感觉特性相关的因素（例如对视听刺激的敏感度、持续的感知能力等）。
- **用户**：用户因素不包含在人这一层次，这里的因素主要围绕人作为服务或应用的用户方面（例如历史和社会特征、动机、期望、专业程度）。

336～337

**QoE 代理** 一种可位于服务传输路径多个端结点上的实体，这些端结点会接收从探针（网络、基础设施等）发送过来的信息，并利用 QoE/QoS 映射模型对其进行处理。

采用这种层次化 QoE 监视方案的优势在于可以利用定制的 QoS/QoE 映射模型对任意服务进行监视，QoE 代理主要由图 12-9 中所示的 6 个对象构成，下面具体描述各个对象。

- **通信**对象管理 QOE 代理之间的通信。
- **数据获取对象**实现所有数据获取子层功能，它需要一些必要的原始信息来对给定 QoE/QoS 映射模型内部参数进行计算。
- **控制器**对象实现全局 QoE/QoS 映射模型，并对外部请求和命令进行处理，例如 get 和 set 操作。
- **层次**对象是实现了不同模型层次的接口对象，例如应用模型、背景模型和用户模型。
- **不间断数据**对象存储了所有层次的质量参数。
- **定时器**对象用作 QoE 代理的内部时间。

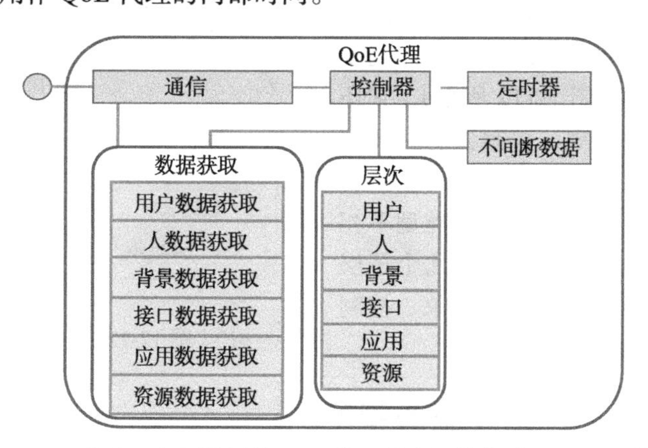


图 12-9 一种位于相同位置的 QoE 代理最大组件集（通用 QoE 代理）

QoE 代理必须实现 ARCU 模型所有层次的功能，但是它们可以分布在多个物理设备上，为了实现分布式，需要以下两种类型的QoE代理：

- **主QoE代理**是至少实现了用户模型子层的非分布式实体，用户模型子层至少包含用户类型层次对象，它必须实现通信对象、控制对象、定时器对象和不间断数据对象，还必须实现数据获取对象（如图12-10所示）。
- **从QoE代理**是非分布式实体，它实现了数据获取对象或者一些除了用户类型层次对象以外的层次对象，它还必须实现通信对象、控制器对象和定时器对象。

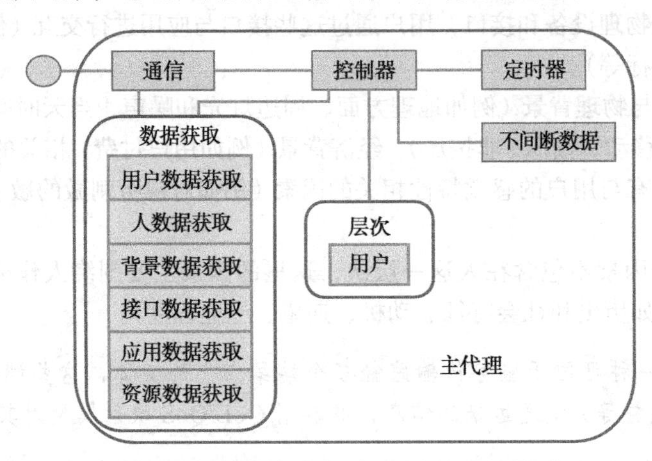


图12-10　一个主代理的最小组件集（只有用户模型）

主QoE代理的最大组件和最小组件集分别在图12-9和图12-10中说明，主QoE代理的最大组件集包括所有的ACRU层，而主QoE代理的最小组件集只实现了用户层。图12-11则显示了只实现除用户层以外ACRU模型中一个层次的从QoE代理。

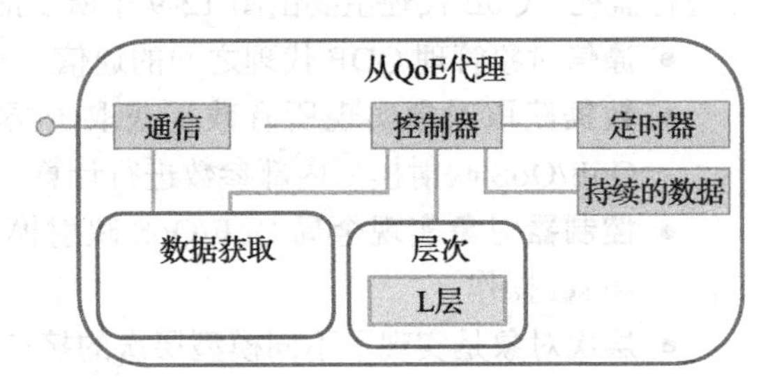


图12-11　只实现了（除了用户层以外）一个层次模型的从QoE代理

数据获取模块封装成一个如下所述的探针代理。

- **L型探针代理**是一个非分布式的实体，实现了L型的数据获取子层，并且没有层次对象（如图12-12所示），它还必须实现通信对象、控制器对象和定时器对象。
- **探针代理**在L型探针代理的类型不相关或实体实现了不同类型的几个子层时使用，它必须实现通信对象、控制器对象和定时器对象。

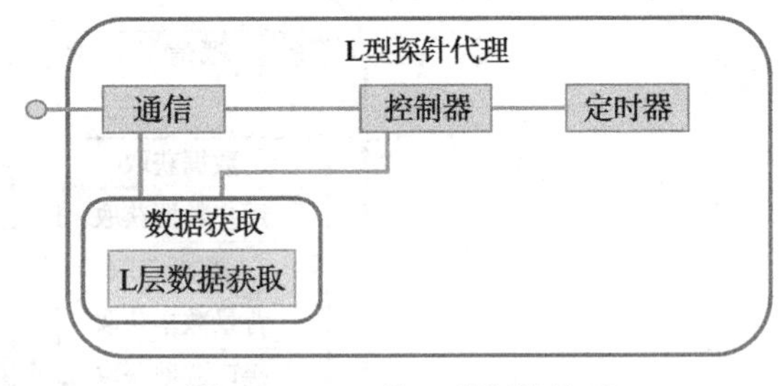


图12-12　一种L型探针代理

338
~
340

## 12.5　基于QoE的网络和服务管理

量化的QoE值可用于网络和服务管理，这就需要在QoE值最大化和资源消耗最小化两个问题之间达成折中。当前最大的挑战在于将QoE测度转换为一系列操作，从而增强QoE

并降低资源消耗量。但不幸的是，目前还没有系统化的方法可以实现这一目标，下面会介绍一些尝试将各种动作作为 QoE 测量功能的应用。

### 12.5.1 基于 QoE 的 VoIP 呼叫管理

基于 QoE 的 VoIP 管理已经得到了广泛的研究，其目标是在时变的 IP 网络中，为整个语音通话过程提供稳定的 QoE 等级。通常来说，遵循白盒参数模型的 QoE 测量探针部署在 VoIP 端结点上，它们在运行时会收集原始的 KPI 信息，然后将其进行转换并作为 QoE/QoS 映射模型的输入。在一个新的 QoE 测量结果收到后，QoS 控制器会对传输路径中的网络参数进行调整，例如队列分配和拥塞阈值。一种最为简单的策略是在 QoE 值低于（高于）目标值时，为其分配相对更多（更少）的网络资源。

### 12.5.2 基于 QoE 的以主机为中心的垂直切换

在下一代网络中的移动用户在某个时刻可以由几个重叠的异构无线网提供服务，在这种情况下，移动用户应当选择接入到最有可能提供高质量服务的无线网，网络选择 / 切换过程可以在开始或服务阶段完成。由于客户和提供商等原因，用户从一个网络切换到另一个网络时就产生了互联网络的硬切换，该切换可以用以网络为中心或以主机为中心的方式来管理。在传统以网络为中心的方法中，提供商所监视的基础设施决定了何时需要通过特定控制算法来切换，而在以主机为中心的方法中，端结点可以在服务质量变得不稳定和无法满足用户需求的时候进行切换。

图 12-13 描绘了一个可能的设想场景，其中客户端可以由 WiMAX 或 Wi-Fi 来提供服务，同时需要对一些合适的设备进行部署和配置从而协助完成网络的切换，这些设备包括室外和室内单元、服务器、路由器、Wi-Fi 和 WiMAX 接入点，在通话期间，客户端可以从 WiMAX 切换到 Wi-Fi，也可以反过来切换。

341

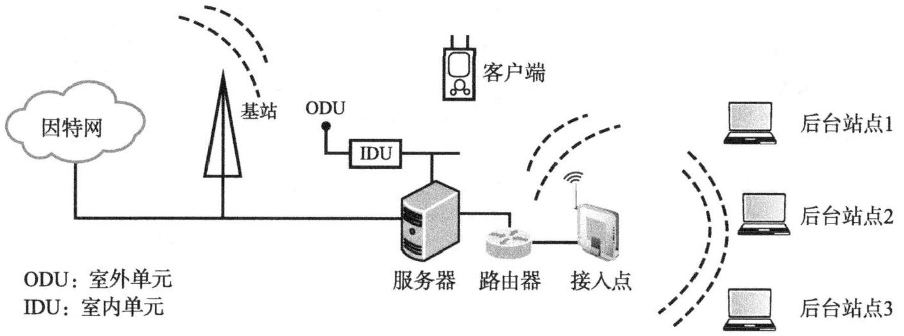

图 12-13 基于客户端和链路质量的 Wi-Fi 与 WiMAX 网络选择 [MURP007]

Murphy 等人在论文 [MURP007] 中提出，以主机为中心的网络选择方法更适合于时延敏感服务，在这种情况下，互联网的切换可以在单个服务和单个用户的基础上根据定制的需求来执行。一般来说，对于时延敏感的服务，应当选择能减少 / 消除服务中断情况的无缝网络切换。

为了实现这一要求，可以采用基于消息的、多流、多宿以及可靠的流控制传输协议（Stream Control Transmission Protocol, SCTP）作为运输层协议。相比于 TCP 协议来说，SCTP 允许将失序的分组交付给应用程序，这对时延敏感类应用更为合适。SCTP 的多宿特性也让端结点可以在多个异构重叠无线网中透明切换，源地址和特定目的地址之间的一条路径作为主要路径，其他路径则作为次要路径。SCTP 可以在运行时监视所有活跃路径的时延和时延抖动，并保证这些路径对应用是可用的。次要路径上会传输心跳报文，并收集所需的测量结果。收集到的 KPI 会通过合适的 QoE/QoS 映射模型映射到相应的 QoE 值。路径质量会在固定间隔时进行对比，客户端从而根据定制的和内部的策略确定是否需要进行网络切换。

### 12.5.3 基于 QoE 的以网络为中心的垂直切换

本节主要介绍基于 QoE 的以网络为中心的互联网切换机制，其目的是在重叠的 WLAN 和 GSM 网络之间进行切换。一方面，这种切换可以有效利用 WLAN 较高的传输能力，另一方面，可以减少 GSM 网络的负载和费用。图 12-14 显示了一个移动用户向使用 PSTN 的固话用户发起一个语音通话，该移动用户在无线网络的最后一跳使用了 WLAN。随后，当通话语音的 QoE 由于移动性或拥塞等原因低于某个特定的阈值时，执行切换操作。在这种情况下，移动用户会使用 GSM 网络与固话用户通话。可自由切换的终端装备了两个无线网卡，可以分别与 WLAN 和 GSM 网络相连，移动终端会发送足够多的“质量报告”给 PBX，并由其对接收到的反馈进行分析。一旦发现了不满足要求的 QoE 值，PBX 会引导移动终端进行切换。为了实现无缝切换，移动终端和 PBX 之间的 GSM 网络会开设话音信道，从而向固话用户中继接收到的话音信息。

342

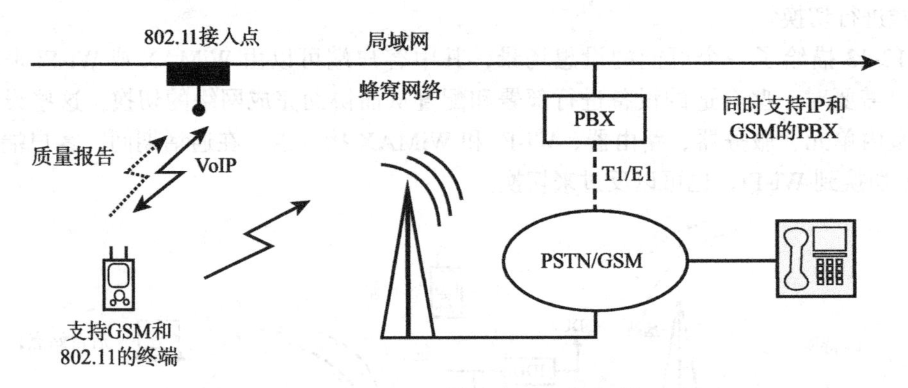


图 12-14 WLAN 和 GSM 网络之间的切换场景 [MAES06]

切换采用下述简化的加性质量模型控制，该模型安装在程控交换机（private branch exchange，PBX）上，具体参见 Marsh 等人的论文 [MARS06]：

$$\text{切换分值} = \text{信号} + \text{丢包} + \text{时延抖动} + \text{质量报告丢失} \quad \text{式（12-9）}$$

其中，切换值的变化范围为 -100 ～ 100，其他的变量定义如下。

- **接收信号强度指标**：信噪比是一项能很好反映服务质量的测度，特别是在无线电信网中，但该测度会引发对无线数据网不准确的质量评估。实际上在无线电信网中，较高的信号强度表明用户可以获得较好的 QoE，但该规律在无线数据网中不太准确，因为在无线数据网中即使较高的信号强度也可能会由于拥塞引发的丢包等问题导致 QoE 很差。移动终端会周期性地记录接收信号强度，信号强度的分值范围由使用者自己定义的切换分值决定，具体来说，接收信号强度的分值变化范围是 0 ～ +90。

343

- **时延抖动**：不断增加的时延抖动预示着传输质量很差。根据之前的研究经验，分值

为 +10 和 0 分别表示较好的条件和时延抖动很小的条件，分值为 −10 和 −20 分别表示较差和很差的时延抖动条件。

- **丢包**：较高的分组丢包率表明用户遇到的质量很差，分组丢包率每增加 8%，分值就相应降低 10 分，丢包的增加会造成长期较差的传输条件。
- **RTCP 丢失**：当监视结点没有收到 RTCP 的质量报告时，移动终端很可能遇到了接收问题，三个或三个以上的连续 RTCP 反馈丢失通常会急剧降低总体切换值，每个 RTCP 报告丢失都会使分值降低 10 分。

较高的正分值表明 QoE 很好。移动用户可以指定一个更低一些的接受阈值，这时切换只会在计算值降低到该阈值之下后发生。增加阈值可以在产生更高通信开销的情况下提高平均质量，因为系统会在通话过程中更早地切换到 GSM 网络。与这一情况相反的是，如果将阈值设置得较低，那么可以减少通信开销，但是会降低通话质量。

## 12.6　重要术语

学完本章后，你应当能够定义下列术语。

| | | |
|---|---|---|
| QoE/QoS 映射模型 | 灰盒映射模型 | 基于 QoE 的管理 |
| 黑盒映射模型 | QoE 感知服务 | |
| 白盒映射模型 | 基于 QoE 的监视 | |

## 12.7　参考文献


**HOSS13**: Hossfeld, T., et al. " Internet Video Delivery in YouTube: From Traffic Measurements to Quality of Experience." Book chapter in *Data Traffic Monitoring and Analysis: From Measurement, Classification, and Anomaly Detection to Quality of Experience*, Lecture Notes in Computer Science, Volume 7754, 2013.　344

**KETY10:** Ketyko, I., De Moor, K., Joseph, W., and Martens, L. "Performing QoE-Measurements in an Actual 3G Network," IEEE International Symposium on Broadband Multimedia Systems and Broadcasting, March 2010.

**KHAN09:** Khan, A., Sun, L., and Ifeachor, E. "Content Clustering Based Video Quality Prediction Model for MPEG4 Video Streaming over Wireless Networks," *IEEE International Conference on Communications*, 2009.

**KIM14:** Kim, H., and Choi, S. "QoE Assessment Model for Multimedia Streaming Services Using QoS Parameters," *Multimedia Tools and Applications*, October 2014.

**KUIP10:** Kuipers, F. et al. "Techniques for Measuring Quality of Experience," 8th International Conference on Wired/Wireless Internet Communications, 2010.

**MA14:** Ma, H., Seo, B., and Zimmermann, R. "Dynamic Scheduling on Video Transcoding for MPEG DASH in the Cloud Environment," Proceedings of the 5th ACM Multimedia Systems Conference, March 2014.

**MARS06:** Marsh, I., Grönvall, B., and Hammer, F. "The Design and Implementation of a Quality-Based Handover Trigger," 5th International IFIP-TC6 Networking Conference, Coimbra, Portugal.

**MURP07**: Murphy, L. et al. "An Application-Quality-Based Mobility Management Scheme," Proceedings of 9th IFIP/IEEE International Conference on Mobile and Wireless Communications Networks, 2007.


345

第五部分

Foundations of Modern Networking: SDN, NFV, QoE, IoT, and Cloud

# 现代网络体系结构：云和雾

我们已经讨论了一个新的大型通信系统，这个系统无论是概念或者设备都与现有系统有很大的不同，它整合了两种不同的技术：计算机和通信。

——《分布式通信：总结概述》，Rand Report RM-3767-PR，保罗·巴兰，1964年8月



云计算和物联网（loT）是目前两种主要的现代网络体系结构，而物联网有时也称为雾计算。前面章节中所讨论的技术和应用为云计算及 loT 奠定了基础。第 13 章是关于云计算的一个综述。该章首先定义了一些基本感念，随后讨论了云服务、部署模型以及体系结构，最后讨论了云计算和软件定义网络（SDN）及网络功能虚拟化（NFV）之间的关系。第 14 章和第 15 章对 loT 进行了详细的分析，其中第 14 章给出了支持 loT 功能的物体所具有的基本组件，而第 15 章讨论了 loT 参考体系结构，并分析了 3 种实现例子。

## 第 13 章



# 云 计 算

人们现在可以刻画出一个在实验室工作的未来研究者形象：他的双手是自由的，不会被固定在特定的位置。在运动和观测数据的过程中，他可以进行拍照和评论。时间会被自动记录下来以关联这两种记录。当去野外时，他可以通过无线电与他的记录器保持联系。当他在夜晚整理笔记的时候，同样可以将评论加入到记录中。他所有的记录以及照片都以微缩模型的形式进行存储，以便进行投影检查。

——《诚若所思》，范内瓦·布什，《大西洋月刊》，1945 年 7 月

**本章目标**

**学完本章后，你应当能够：**

- 给出云计算概念的宏观描述
- 列举和定义主要的云服务
- 列举和定义云部署模型
- 对比区分 NIST 和 ITU-T 云计算参考体系结构
- 讨论 SDN、NFV 与云计算的相关性

1.6 节对云计算的概念进行了简要概述，2.2 节则讨论了云计算对网络所带来的新需求。本章将首先详细介绍云计算的基本概念，随后讨论云提供商所提供的典型服务类型，进一步分析分别由 NIST 和 ITU-T 所提出的两种云计算参考体系结构。对这两种不同模型的讨论有助于深入了解云计算的本质。最后，本章将讨论 SDN 和 NFV 如何能够支持云计算的部署和运行。

348

## 13.1 基本概念

目前许多组织机构越来越倾向于将其部分或者全部信息技术（IT）操作移植到具有因特网连接的基础设施上，并称其为企业云计算。同时，PC 和移动设备用户也越来越依赖于云计算技术来备份数据、同步设备并进行共享。NIST 在“NIST 云计算定义”（NIST SP-800-145）中给出的云计算定义（参见 1.6 节）如下。

**云计算**：一种支持对共享的可配置计算资源池（例如，网络、服务器、存储、应用及服务等）进行泛在、方便、按需网络接入的模型，这里的计算资源可以在最少的管理工作或服务提供商参与下快速地分配和释放。这一云模型提升了可用性，并包括 5 种重要特征、3 种服务模型及 4 种部署模型（参见图 1-7）。

上述定义涉及多种模型和特征，它们之间的关系如图 13-1 所示。5 种重要特征已经在第 1 章中进行过讨论，本章将讨论 3 种服务模型和 4 种部署模型（参见 2.2 节）。

总体而言，云计算在规模、专业化网络管理、专业化安全管理等方面提供了规模经济性。这些特征对于不同规模的公司、政府机构和 PC 及移动用户都具有吸引力。用户或者公司只需要为他们所使用的存储功能和服务进行付费，而不需要陷入诸如建立数据库系统、采

购硬件设备、进行系统维护以及进行数据备份等麻烦中，上述一切均是云服务的内容（参见 2.4 节）。

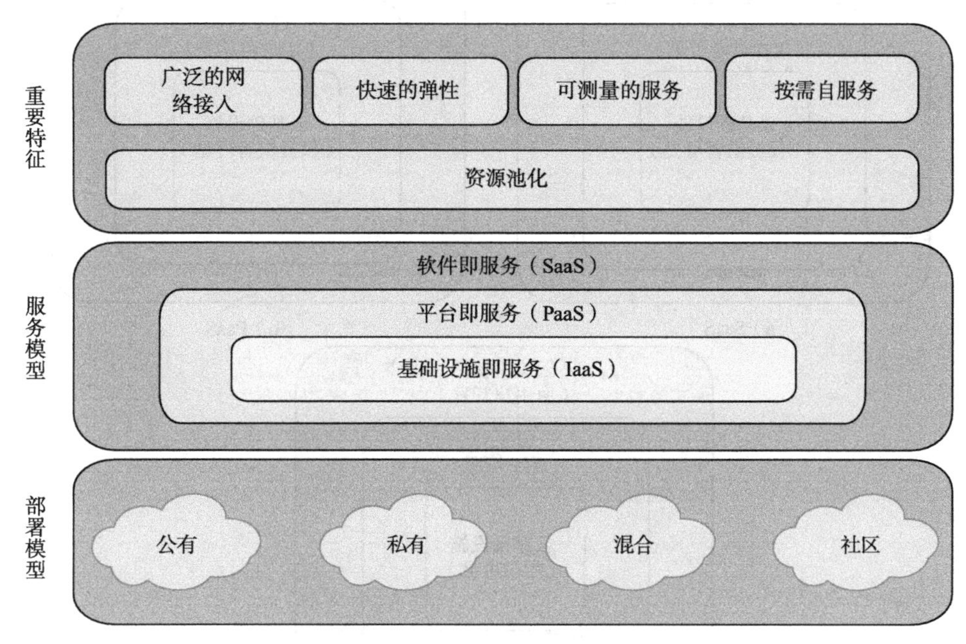


图 13-1　云计算的组成部分

理论上，当使用云计算存储以及与他人共享你的数据时，另外一个重要好处是可以交由云提供商来负责安全性。然而，用户并不是一直处于保护状态中，已经在云提供商中出现了不少安全性问题。Evernote 曾因为发现入侵而要求其所有用户重置密码，该事件成了 2013 年的新闻头条。

**云网络**指为支持云计算所必须部署的网络和网络管理功能。许多云计算解决方案依赖于因特网，但因特网仅仅是网络基础设施的一部分。云网络的一个例子是在提供商和用户之间提供高性能 / 高可靠性的联网。在这种情况下，企业和云之间的部分或者全部流量可以绕过因特网，并使用云服务提供商拥有或者租用的专用私有网络组件。更一般地，云网络指访问云所需要的网络功能集合，包括使用因特网上的特殊服务、将企业数据中心连接到云，以及在关键点使用防火墙和其他网络安全设备以实施访问安全策略等。

我们可以将**云存储**作为云计算的一部分。本质上，云存储包括数据库存储以及托管于远程云服务器上的数据库应用。云存储能够为小企业和个人用户带来数据存储按需扩展的好处，以及能够在无须购买、维护和管理存储资产的情况下使用多种数据库应用。

349
≀
350

## 13.2　云服务

本节从 NIST 定义的 3 种服务模型入手来探讨常见的云服务。

- 软件即服务（SaaS）
- 平台即服务（PaaS）
- 基础设施即服务（IaaS）

上述模型可以被看做嵌套的服务方式（如图 13-2 所示），并被广泛接受为云计算的基本服务模型。本节随后还将讨论其他常用的云服务模型。

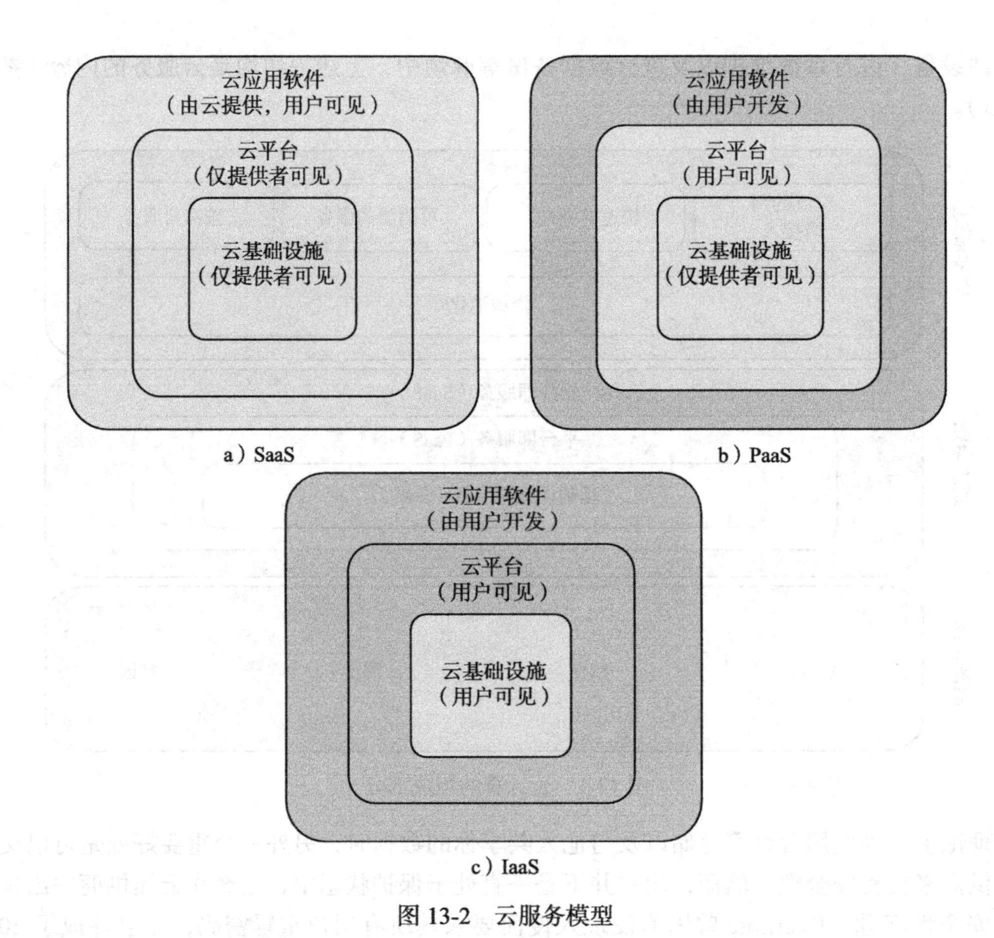


351

图 13-2　云服务模型

### 13.2.1　软件即服务

如其名字所示，SaaS 的云以软件的形式向用户提供服务，其中软件是运行在云中的用户可访问的应用软件。SaaS 遵循人们所熟知的 Web 服务模型，只是这里将该模型的应用场景扩展到云资源中。SaaS 使得用户能够使用运行于提供商云基础设施上的应用，这些应用可以在多种客户设备上通过诸如 Web 浏览器这样的简单接口访问。企业无须购买软件产品的桌面或者服务器授权，即可从云服务中获取同样的功能。SaaS 避免了软件安装、维护、升级以及打补丁的复杂性。这类服务的典型例子包括 Google 的 Gmail、微软 365、Salesforce、Citrix GoToMeeting 以及 Cisco WebEx。

**软件即服务（SaaS）** 通过云计算提供的一组功能，其中云服务的用户可以使用云服务提供商的应用。

SaaS 的典型用户包括希望为员工提供日常办公软件产品访问功能的机构，这些软件包括文档管理和电子邮件。个人用户也会使用 SaaS 模型获取云资源。通常而言，用户按需使用特定的应用。云提供商也会经常提供一些数据相关的特性，如自动备份以及在不同用户之间的数据共享等。

下面描述了 SaaS 服务的例子，其数据来源于 OpenCrowd（http:// cloudtaxonomy.opencrowd.com/taxonomy）正在进行的行业调查，括号中的数字代表提供每种服务的厂商数目。

- **计费**（3）：应用服务，能够基于用户使用和订购的产品及服务对其进行计费。
- **协作**（18）：平台，通过提供相应的工具，允许用户在工作组内进行协作，且这些工作组可以位于同一个企业内和不同企业间。
- **内容管理**（7）：服务，能够管理产品并访问基于 Web 的应用中的内容。
- **客户关系管理**（13）：平台，支持从呼叫中心业务到销售资源自动化等多种 CRM 应用。
- **文档管理**（6）：平台，用于管理文档和文档产品工作流，并能够为小组或企业提供查找和访问文档的工作区间。
- **教育**（4）：为教育者和教育机构提供在线服务。
- **企业资源规划**（8）：ERP 是一个基于计算机的综合系统，可应用于管理内部和外部资源，包括有形资产、财务资源、原材料、以及人力资源。 352
- **财务**（11）：为公司管理财务过程的应用，包括费用处理与票据开具、税务管理等。
- **医疗保健**（10）：用于提升和管理人们健康以及保健管理的服务。
- **人力资源**（10）：管理公司内人力资源功能的软件。
- **IT 服务管理**（5）：帮助企业管理向所服务的客户进行 IT 服务交付，以及管理性能提升的软件。
- **个人生产力**（5）：企业用户在通常的商业活动中日常使用的软件。典型套件包括文字处理应用、表格应用以及汇报演示应用等。
- **项目管理**（12）：用于管理项目的软件包。软件包的特征指定了能够应用到的特定项目类型，如软件开发、构建等。
- **销售**（7）：为销售功能而特别设计的应用，如计价、佣金追踪等。
- **安全**（10）：用于诸如恶意软件和病毒扫描、单点登录等安全服务的托管产品。
- **社交网络**（4）：用于创建和定制社交网络应用的平台。

### 13.2.2 平台即服务

PaaS 云以平台的方式为客户提供服务，客户的应用可以运行在该平台之上。PaaS 云使得客户可以在云基础设施中部署客户创建或者购置的应用。PaaS 云提供有用的软件构建模块以及大量的开发工具，包括编程语言工具、运行时环境以及其他帮助部署新应用的工具。实际上，PaaS 是云中的一个操作系统。当一个组织希望开发新的或者定制的应用，但同时只希望在有限的时间段内支付有限的计算资源费用时，PaaS 显得尤为有用。AppEngine、Engine Yard、Heroku、Microsoft Azure、Force.com 和 Apache Stratos 都是典型的 PaaS 例子。

**平台即服务（PaaS）** 通过云计算提供的一组功能，其中云服务客户能够使用云服务提供商支持的一种或者多种编程语言以及一个或者多个执行环境来部署、管理和运行客户创建或者购买的应用。

下面描述了 PaaS 服务的一些例子，括号中的数字表示目前提供相应服务的厂商数目。

- **大数据即服务**（19）：基于云的服务，用于分析具有高扩展性的大数据集或者复杂数据集。 353
- **商务智能**（18）：用于创建商务智能应用的平台，如仪表盘、报告系统以及大数据分析。
- **数据库**（18）：提供从关系型数据库方案到大规模可扩展非 SQL 数据存储的可扩展数据库系统。

- **开发与测试**（18）：这些平台仅用于应用开发过程中的开发和测试，可以按需进行扩展和收缩。
- **通用用途**（22）：适用于通用应用开发的平台。这类服务提供数据库、Web 应用运行时环境，并通常支持用于整合的 Web 服务。
- **整合**（14）：用于整合不同应用的服务，这些应用包括云到云的整合以及定制应用的整合等。

### 13.2.3　基础设施即服务

在 IaaS 中，客户可以访问底层云基础设施的资源。IaaS 提供虚拟机和其他抽象硬件及操作系统。IaaS 为客户提供处理、存储、网络以及其他基础的计算资源，以便客户可以部署和运行操作系统或者应用等任意类型的软件。IaaS 使客户能够通过组合诸如数值计算和数据存储等基本的计算服务来构建适应性强的计算机系统。

> **基础设施即服务（IaaS）** 通过云计算提供的一组功能，在其中云服务客户可以分配和使用如处理、存储或联网等资源。

通常情况下，客户能够使用基于 Web 的图形用户接口自动配置这一基础设施，该图形用户接口作为整个环境的 IT 操作管理平台。有时也会提供到这一基础设施的访问 API。典型的 IaaS 例子包括亚马逊弹性计算云（Amazon EC2）、微软 Windows Azure、Google 计算引擎（GCE）和 Rackspace。

下面描述了 IaaS 服务的例子，括号中的数字表示当前提供该服务的厂商数目。

- **备份和恢复**（14）：为存储在服务器和桌面系统中的文件系统和原始数据提供备份和恢复服务的平台。
- **云代理**（7）：在多个云基础设施平台上管理服务的工具。有些工具支持私有 – 公有云配置。
- **计算**（31）：为运行基于云的系统提供服务器资源，并且这些资源能够按需动态分配和配置。
- **内容分发网络**（2）：CDN 存储内容和文件，以提升基于 Web 的系统进行内容分发的性能，降低其成本。

354

- **服务管理**（7）：管理云基础设施平台的服务。这些工具通常具有一些云提供商未提供的特征，或者专门用于管理某些特定应用的技术。
- **存储**（12）：提供大规模可扩展存储功能，可以用于各种应用、备份、存档、文件存储等。

图 13-3 对比分析了云服务提供商为这 3 种主要云服务模型实现的功能。

### 13.2.4　其他云服务

人们也提出了许多其他类型的云服务，其中一些是由厂商所提供的。这些额外服务的清单可以参见 ITU-T Y.3500（云计算 – 概述和词汇，2014 年 8 月）。

除了 SaaS、PaaS 和 IaaS 之外，Y.3500 还列举了如下一些有代表性的云服务类别。

- **通信即服务**（CaaS）：运行时交互和协作服务，以优化业务流程的整合。这一服务提供了不同设备之间的统一接口和一致的用户体验。典型例子包括视频会议、Web 会议、即时通信以及 IP 电话等。

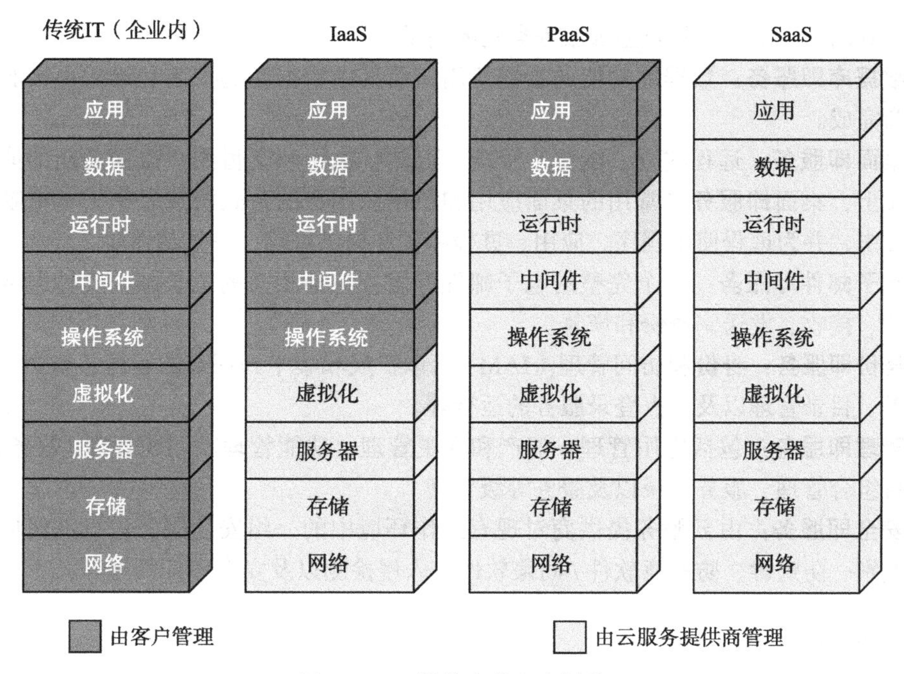


图 13-3 云操作中的职责划分

- **计算即服务**（CompaaS）：提供和使用部署和运行软件需要的处理资源。CompaaS 可能会被当作简化版的 IaaS，只关注于提供计算功能。
- **数据存储即服务**（DSaaS）：提供和使用数据存储及相关功能。DSaaS 描述了一个存储模型，其中客户从第三方提供商处租用存储空间。数据通过因特网由客户传输至服务提供商，随后客户可以使用存储提供商所提供的软件访问这些存储数据。所提供的软件主要用于实现一些存储相关的通用工作，如数据备份和数据传输等。
- **网络即服务**（NaaS）：传输连通性服务 / 云间网络连通性服务。NaaS 提供将网络和计算资源当作一个整体考虑来优化资源分配。NaaS 可以包括灵活可扩展的虚拟专用网（VPN）、按需网络带宽、可定制路由、多播协议、安全防火墙、入侵检测和防护、广域网（WAN）、内容监测和过滤以及防病毒等。

Y.3500 对云功能和云服务进行了区分。3 种功能类型为应用、平台和基础设施，对应的基本服务类型为 SaaS、PaaS 和 IaaS。一个云服务类别可以包括 1 到多个云功能类型。表 13-1 给出了 7 种云服务类别和 3 种云功能类型之间的关系。

**表 13-1 云服务类别和云功能类型**

| | 云功能类型 | | |
|---|---|---|---|
| 云服务类别 | 基础设施 | 平台 | 应用 |
| 计算即服务 | × | | |
| 通信即服务 | | × | × |
| 数据存储即服务 | × | × | × |
| 网络即服务 | × | × | |
| 基础设施即服务 | × | | |
| 平台即服务 | | × | |
| 软件即服务 | | | × |

355～356

Y.3500 同样给出了一些新型云服务类别的例子。

- **数据库即服务**：数据库功能的按需使用，而其中数据库的安装和维护由云服务提供商完成。
- **桌面即服务**：远程建立、配置、管理、存储、执行和交付用户桌面功能的能力。本质上，桌面即服务将常用的桌面应用和数据从用户的台式机或者笔记本电脑移植到云中，并为远程使用程序、应用、进程和文件提供可靠、一致的体验。
- **电子邮件即服务**：一个完整的电子邮件即服务包括相关的电子邮件支持服务，如存储、接收、发送、备份和恢复。
- **身份即服务**：身份和访问管理（IAM）可以扩展和集中到现有的运行环境中，包括配置、目录管理以及单点登录服务的运行等。
- **管理即服务**：包括应用管理、资产和变更管理、功能管理、问题管理（服务台）、项目组合管理、服务目录以及服务等级管理。
- **安全即服务**：由云服务提供商对现有工作环境中的一组安全服务进行的集成，包括鉴别、防病毒、防恶意软件 / 间谍软件、入侵检测以及安全事件管理等。

### 13.2.5　XaaS

XaaS 是云服务配置中的最新进展。该缩略语包括 3 种被广泛接受的意思，而且这三种意思具有很大的相似性。

- **任何即服务**：这里任何（anything）表示 3 个传统服务以外的任何服务。
- **一切（everything）即服务**：尽管这一描述的内涵看起来非常直观，但它有一定的误导性，因为没有一个厂商能够提供所有可能的云服务。这一描述的本意在于说明云服务提供商可以提供广泛的服务。
- **X 即服务**：这里 X 可以代表任何可能的云服务选项。

357

XaaS 提供商在以下 3 个方面超越了传统的“3 大类”服务。

- 一些提供商将 SaaS、PaaS 和 IaaS 打包在一起，因此客户可以根据企业需要的基本云服务类型进行一站式采购。
- XaaS 提供商可以不断地取代那些通常由 IT 部门为其内部客户所提供的服务。这一策略降低了 IT 部门获取、维护、打补丁和升级这些通用应用及服务的负担。
- XaaS 模型通常包括客户与提供商之间持续的关系，其中存在定期的状态更新和真正的双向实时信息交换。实际上，这是一个受管理的服务，客户在任何时候只需提交所需要的服务数量，而扩大服务的数量和类型则作为客户需求的变化和可用产品的扩展。

由于 XaaS 具有如下一些优点，它对客户而言变得非常有吸引力。

- 总的成本变得可控和下降。通过将尽可能多的 IT 服务外包给专家级的合作伙伴，企业可以看到短期和长期的成本下降。由于本地采购的软硬件设备数量的降低，资本支出将会显著下降。由于使用的资源是根据当前需要量身定制的，且只需要根据需求的变化而变化，因此运营成本同样也会降低。
- 降低了风险。XaaS 提供商可以提供约定的服务等级，消除了内部项目中经常出现的费用超支的风险问题。使用单一提供商所提供的大量服务同样可以为解决问题提供一个单一的联络点。

- 加速创新。IT 部门需要不断尝试安装新的软硬件所带来的风险，以便发现新版本功能更强、价格更优或者两者兼而有之，但只有在安装完毕后才能够得到该结论。在 XaaS 中，新产品可以更加快速有效地得到应用。更进一步的是，提供商也可以更加快速地对客户的反馈进行反应。

## 13.3 云部署模型

在许多机构中一个日益突出的趋势就是将主要部分甚至全部的信息技术（IT）操作迁移到企业云计算中。当考虑到云的所有权和管理问题时，这些机构面临多种选择。本节将讨论四种主流的云计算部署模型。

358

### 13.3.1 公有云

公有云基础设施面向一般公众或大型产业集团开放，且其所有权归属于出售云服务的机构。云提供商负责云基础设施的维护，以及云内数据和操作的控制。公有云可以由商业机构、大学、政府组织所拥有、管理和运行，它的软硬件设施通常位于云服务提供商的运营场所内。

在公有云模型中，所有的主要部件均位于企业防火墙之外的多租户基础设施中。应用和存储通过安全 IP 面向整个因特网提供，并可以免费或者按使用收费。这种类型的云支持方便使用的客户类型服务，例如：亚马逊和谷歌的按需 Web 应用和功能、Yahoo! 电子邮件以及 Facebook 或 LinkedIn 社交媒体所提供的免费照片存储等。尽管公有云价格低廉，并具有良好的扩展性来满足需求，但它们通常没有或者只提供很低的服务等级约定（service level agreement, SLA），可能并不提供避免数据丢失或者错误的保证，而这些在私有云或者混合云中通常有保证。公有云适合于用户和实体并不要求获得与内网中同样服务等级的情况。并且，公有的 IaaS 云不需要提供对隐私法律的限制和遵守，而将其作为用户或者企业端用户的责任。许多公有云的重点是消费者和中小型企业，并采用按使用计费的模式，而这种按使用计费常常以每 Gb 流量收费多少的方式进行。典型的服务例子包括图片和音乐共享、笔记本电脑备份以及文件共享等。

公有云最大的优势在于费用，订购组织只需要为它所需要的服务和资源进行付费，且可以按需进行调整。进一步，订购者极大地降低了管理成本。一个主要的关注点是安全性，然而许多公有云提供商已经展示了很强的安全控制能力，并且相对于私有云，这些提供商具有更多的资源和专业知识致力于提升云的安全性。

### 13.3.2 私有云

私有云在一个组织机构内部的 IT 环境中实现，该组织可能选择自己管理云或者交由第三方机构进行管理。此外，云服务器和存储设备可能位于该组织内部或者位于该组织之外。

私有云可以通过内部网络、因特网或者虚拟专用网（VPN）为员工或者业务单位提供 IaaS，或者为其分支机构提供软件（应用）即服务。在这两种情况下，私有云均是一种利用现有基础设施为来自于机构网络中部分或全部隐私服务提供交付和收费的方式。通过私有云分发的服务包括按需的数据库、按需的电子邮件以及按需的存储。

359

选择私有云的一个关键动机是安全性，私有云基础设施为数据存储的地理分布及其他方面的安全性问题提供了更严格的控制。此外，其他方面的好处还包括简单的资源共享和快速部署到机构实体中等。

### 13.3.3　社区云

社区云具有私有云和公有云两者的特征。与私有云类似，社区云具有受限访问约束。与公有云类似，云资源在许多独立的机构之间共享。这些共享社区云的机构具有相似的需求，并通常需要在相互之间交换数据。一个使用社区云概念的产业例子就是医疗产业。社区云可以在遵守政府隐私和其他约束下实现，这样社区参与方能够通过受控的方式交换数据。

云基础设施可能由参与机构或者第三方进行管理，且可能位于这些机构的场所内部或者外部。在这一部署模型中，相对于公有云，费用由少数用户分担（但比私有云要多），因此云计算节约费用的优势只得到了部分实现。

### 13.3.4　混合云

混合云基础设施是两个或者更多云（私有、社区、公有）的组合，其中每个实体均保持其独立性，但通过标准化或者私有化技术绑定在一起而实现数据和应用的可移植性（例如，用于云之间负载均衡的云爆发）。在混合云解决方案中，敏感信息可以放置在云的私有区域中，而非敏感数据则可以利用公有云的优势。

混合公有/私有云解决方案对于小企业更加具有吸引力，他们可以在不需要将敏感数据或者应用迁移到公有云中的情况下，显著地降低那些安全性要求较低的应用的部署成本。

360

表13-2列举了这四种部署模型的相对优缺点。

表13-2　云部署模型对比

| | 私有云 | 社区云 | 公有云 | 混合云 |
|---|---|---|---|---|
| 扩展性 | 有限 | 有限 | 非常高 | 非常高 |
| 安全性 | 最安全的选项 | 非常安全 | 中等安全 | 非常安全 |
| 性能 | 非常好 | 非常好 | 低～中等 | 好 |
| 可靠性 | 非常高 | 非常高 | 中等 | 中等～高 |
| 成本 | 高 | 中等 | 低 | 中等 |

## 13.4　云体系结构

为了对云系统中的元素有更好的了解，本节将具体分析两种参考体系结构。

### 13.4.1　NIST云计算参考体系结构

NIST SP 500-292“NIST云计算参考体系结构”中（2011年9月）给出了一个参考体系结构，具体描述如下：

NIST云计算参考体系结构聚焦于需要提供什么样的云服务，而非如何设计解决方案和实现。该参考体系结构的目的在于促进对云计算业务复杂性的理解，并不提供某个具体的云计算系统的体系结构。它只是一个工具，支持使用一个通用参考框架来描述、讨论和开发系统相关的体系结构。

NIST在设计参考体系结构时遵循了如下目标：

- 在整体云计算的概念模型背景下说明和理解各种云服务。
- 为消费者理解、讨论、分类和对比云服务提供一个技术参考。

● 方便对安全性、互操作以及可移植性等方面的候选标准和参考实现进行分析。

**云计算参与方**

根据角色和职责，图 13-4 描述的参考体系结构定义了下列 5 类主要参与方。 361

● **云消费者**：维护与云提供商的商业关系并使用其所提供的服务的个人或机构。
● **云提供商**（CP）：负责为相关方提供服务的个人、机构或者实体。
● **云审计者**：可以对云实现中的云服务、信息系统操作、性能和安全性进行独立评估的当事人。
● **云代理**：管理云服务的使用、性能和交付，并在 CP 和云消费者之间协商关系的实体。
● **云承载商**：在 CP 和云消费者之间提供云服务的连通性和传输的中间商。

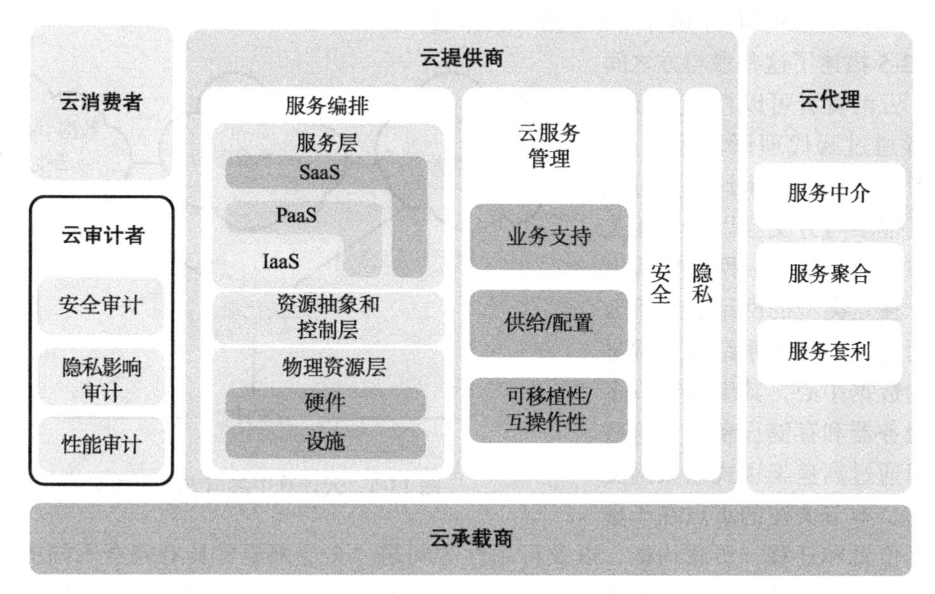


图 13-4 NIST 云计算参考体系结构

云消费者和提供商角色在前面已经进行了讨论。总结起来，**云提供商**可以提供一种或者多种满足**云消费者** IT 和业务需求的云服务。对于三种服务模型中的任意一种（SaaS、PaaS、IaaS)，CP 提供了支持该服务模型所需要的存储和处理能力，以及面向云服务消费者的云接口。对于 SaaS，CP 部署、配置、维护并更新云基础设施中软件应用的操作，以便按照云消费者期望的服务等级提供服务。SaaS 的消费者可以是为他们的成员提供访问软件应用功能的机构、直接使用软件应用的端用户，或者是为端用户配置应用的软件应用管理员。 362

对于 PaaS，CP 管理平台的计算基础设施，并负责运行为平台提供组件的云软件，包括运行时软件执行堆栈、数据库以及其他中间件组件等。PaaS 的云消费者可以使用 CP 提供的这些工具和执行资源来开发、测试、部署和管理托管在云环境中的应用。

对于 IaaS，CP 获取服务的基本物理计算资源，包括服务器、网络、存储和托管基础设施。IaaS 云消费者使用这些计算资源，如虚拟机，以满足他们的基本计算需求。

**云承载商**是一个网络设施，负责在云消费者和 CP 之间提供云服务的连通性和传输。通常情况下，CP 会与云承载商之间约定一个 SLA，以便为其消费者提供的服务满足 SLA 的要求。此外，CP 也可能会要求云承载商在云消费者和 CP 之间提供专用和安全的连接。

当云服务对云消费者而言过于复杂而难以管理时，**云代理**就可以发挥其作用。云代理可以在以下三个领域提供支持。

- **服务中介**：这些通常包括一些增值服务，如标识管理、性能报告以及增强的安全性等。
- **服务聚合**：代理可以聚合多个云服务以满足单个 CP 无法满足的消费者需求、优化性能或者降低费用。
- **服务仲裁**：与服务聚合相类似，只是这里需要聚合的服务并不固定。服务仲裁意味着代理具有从多个服务机构中选择服务的灵活性。例如，云代理可以使用信用评分服务测量和选择具有最高评分的服务机构。

**云审计者**能够从安全控制、隐私影响、性能等多个方面对 CP 所提供的服务进行评价。审计者是一个独立的实体来确保 CP 遵循一组标准。

图 13-5 描述了这些参与方之间的交互。云消费者可以直接从云提供商或者通过云代理请求云服务。云审计者进行独立的审计，并可能需要与其他参与方交互以收集相关信息。该图还显示了云网络实际上包括 3 个独立类型的网络。对于云生产者而言，网络体系结构通常是一个大的数据中心，其中包括许多高性能服务器和存储设备，且这些设备之间通过高速架顶式以太网交换机互连。本节关注的重点在于虚拟机部署位置和迁移、负载均衡，以及可用性等问题。企业网通常具有完全不同的体系结构，通常包括一组局域网、服务器、工作站、PC 和移动设备，且在网络性能、安全性和管理等方面具有很大差异。云承载商为许多用户所共享，生产者和消费者关注的是它创建具有适当的 SLA 和安全性保证的虚拟网络的能力。

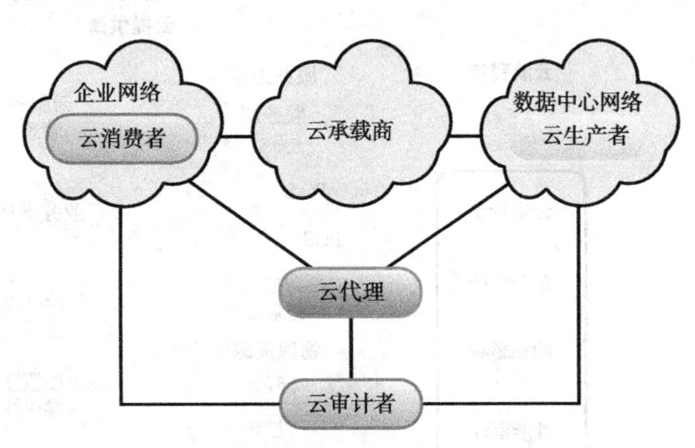


图 13-5　云计算中参与方之间的交互

**云提供商体系结构组件**

图 13-4 描述了云提供商的 4 个主要体系结构组件。**服务编排**指为支持云提供商组织、协调和管理计算资源的行为以便为云消费者提供云服务而进行的系统组件组合。编排是一个 3 层体系结构。这里我们可以看到由物理资源到消费者可见服务的相似映射，该映射由资源抽象层所实现。资源抽象组件的例子包括诸如虚拟化管理程序、虚拟机、虚拟数据存储以及其他抽象计算资源等软件元素。

**云服务管理**包括管理和操作云消费者所请求或者向云消费者所提供的服务所需要的全部服务相关的功能，包括以下 3 个主要领域。

363
~
364

- **业务支持**：包括处理客户业务相关的服务，如记账、收费、报告和审计。
- **供应 / 配置**：包括为消费者进行云系统快速部署、调整配置和资源分配、监测和报告资源使用情况的自动化工具。
- **可移植性 / 互操作性**：消费者对支持数据和系统可移植性以及服务的互操作性的云比较感兴趣，该功能在混合云环境中尤为有用。在该环境中消费者可能希望改变数据和应用在内部站点及外部站点之间的分配。

对**安全**和**隐私**的关注贯穿于云服务商体系结构的所有层次和元素。

### 13.4.2 ITU-T 云计算参考体系结构

了解另外一种参考体系结构非常有用，该体系结构于 2014 年 8 月发表在 ITU-T Y.3502 “云计算体系结构”中。这一体系结构在范围上比 NIST 体系结构更广，并采用了分层功能体系结构模型。

**云计算参与者**

在分析四层参考体系结构之前，我们需要指明 NIST 和 ITU-T 在定义云计算参与者方面的差异。ITU-T 文档定义了以下 3 类参与者。

- **云服务客户或者用户**：在商业关系中以使用云服务为目标的一方，这里商业关系是与云服务提供商或者云服务伙伴建立的。云服务客户的主要行为包括但并不限于：使用云服务、进行商业管理和管理云服务的使用。
- **云服务提供商**：使云服务可用的一方。云服务提供商关注于提供云服务所必需的行为以及将云服务交付给云服务客户和云服务维护所必需的行为。云服务提供商包括一个扩展行为集合（例如提供服务、部署和监测服务、管理商业计划、提供审计数据）以及大量的子角色（例如商业管理员、服务管理员、网络提供者、安全和风险管理员）。
- **云服务伙伴**：为云服务提供商或云服务客户提供支持或者辅助行为的一方。云服务伙伴的行为取决于其类型以及与云服务提供商和云服务客户之间的关系。典型的云服务伙伴包括云审计者和云服务代理。

365

图 13-6 描述了在云生态系统中不同的参与者及其可能的角色。

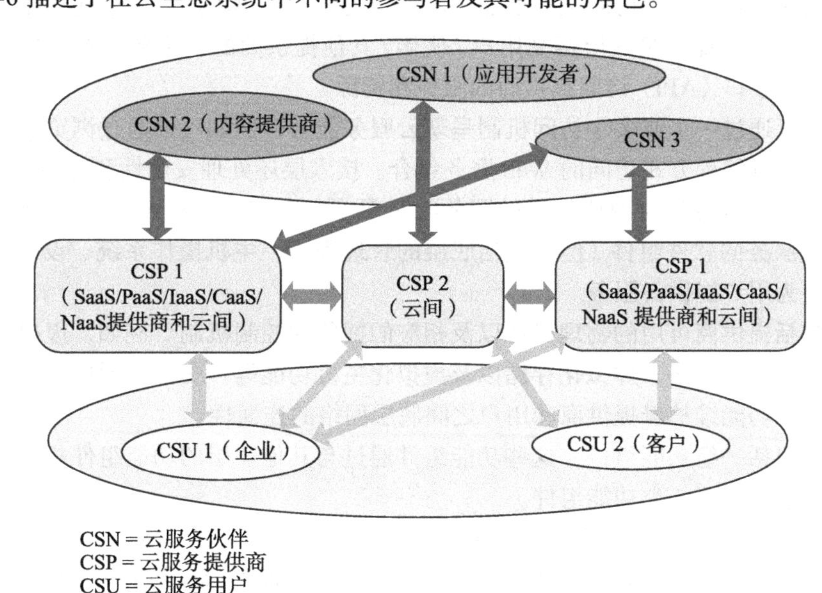


图 13-6 云生态系统中的参与者及其可能的角色

**分层体系结构**

图 13-7 描述了 4 层 ITU-T 云计算参考体系结构。用户层是用户接口，云服务客户通过用户层与云服务提供商和云服务进行交互，完成客户相关的管理行为，以及监测云服务。该

层同样可以将云服务的输出提供给其他资源层的实例。当云收到服务请求时，它将编排自身资源或其他云的资源（如果能够通过云间功能接收其他云的资源），并通过用户层提供云服务。用户层是 CSU 驻留的地方。

366

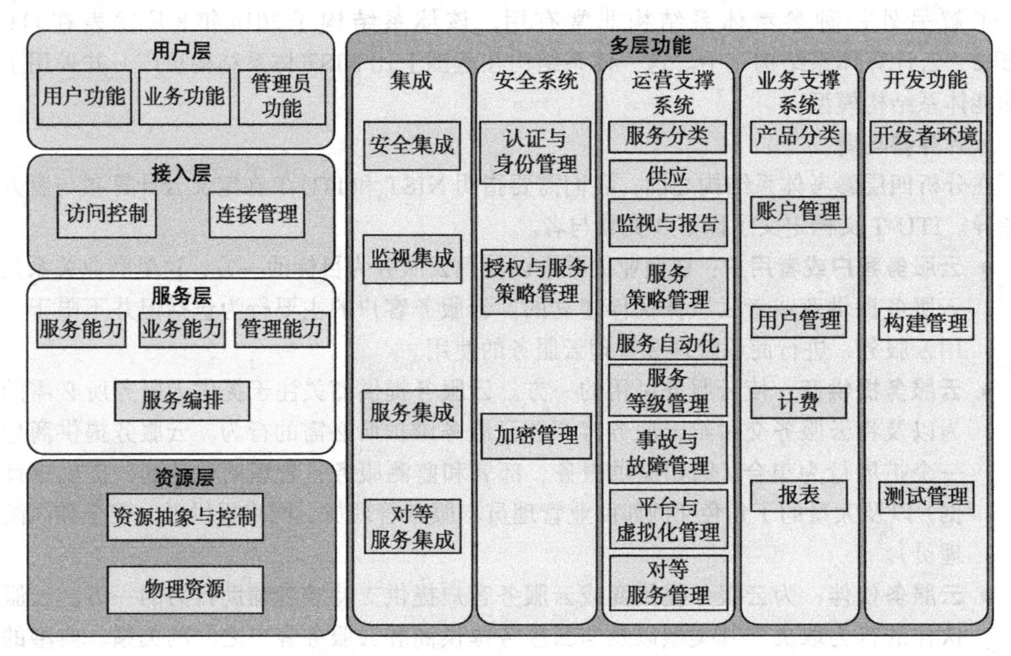


图 13-7 ITU-T 云计算参考体系结构

接入层为人工或者自动访问服务层的可用功能提供一个通用接口。这些功能包括服务功能以及管理和商业功能。接入层接受用户 / 伙伴 / 其他提供商的云服务消费请求，这些请求使用云应用编程接口（API）访问提供商的服务和资源。

接入层负责通过一个或多个访问机制呈现云服务能力，例如可以通过浏览器访问的网页集合，或者可以以编程方式访问的 Web 服务集合。接入层还处理安全性和 QoS 问题。

服务层包括云服务提供商所提供的服务的实现（如 SaaS、PaaS、IaaS）。服务层包含并控制实现相关服务的软件组件（但不包括底层的管理程序、主机操作系统、设备驱动器等），并通过访问层为用户提供云服务。

资源层包括提供商可用的物理资源以及相应的抽象和控制机制。例如，虚拟机管理程序软件能够提供虚拟化网络、虚拟化存储以及虚拟化主机功能等。资源层同样维持云的核心传输网络功能，该功能维护着提供商和用户之间底层网络的连通性。

367

多层功能包括一组功能组件，这些功能组件通过与其他 4 层的功能组件相交互来提供支持功能，主要包括以下 5 类功能组件。

- **集成**：负责互连体系结构中的功能组件以创建一个统一的体系结构。集成功能组件在云体系结构和其功能组件以及外部功能组件之间提供消息路由和消息交换机制。
- **安全系统**：负责应用安全相关控制以消除云计算环境中的安全威胁。安全系统功能组件包括支持云服务需要的所有安全功能。
- **运营支撑系统**（OSS）：包括一组运营相关的管理功能，用于管理和控制为客户提供的云服务。OSS 也涉及系统监视，包括使用告警和事件等。
- **业务支撑系统**（BSS）：涵盖与客户和支持流程（如计费和报表等）有关的一系列业务

相关的管理功能。

- **开发功能**：支持云服务开发者的云计算行为，包括对开发 / 组合服务实现的支持、对构建管理和测试管理的支持等。

## 13.5 SDN 和 NFV

云计算的概念早于软件定义网络（SDN）和网络功能虚拟化。尽管云计算能够并且已经在没有 SDN 和 NFV 技术的情况下进行了部署和管理，但这两种技术对于公有云运营商和私有云运营商都非常具有吸引力。

简单而言，SDN 提供的是集中式命令和对网络资源及流量模式的集中式控制。一个中心控制器，或者一些分布式协作的控制器，就能够配置和管理虚拟网络并提供 QoS 和安全服务。这就消除了网络管理中需要逐个配置每台网络设备的操作。

NFV 实现了设备的自动化供应。NFV 虚拟化交换机和防火墙等网络设备，以及计算和存储设备，并提供相应的工具以支持按需扩展和自动部署设备。因此，每个项目或者云客户并不需要独立的设备或者对现有设备进行重新配置。相关设备可以通过虚拟机管理平台进行集中式部署，并通过规则和策略进行配置。 368

### 13.5.1 服务提供商视角

大的云服务提供商通常需要处理数千具有动态能力需求的客户，这里动态能力需求既包括流量传输能力，又包括计算和存储资源。提供商需要能够快速管理整个网络，以处理流量瓶颈、管理大量具有不同 QoS 需求的流并处理停电和其他问题等，所有这些操作必须以安全的方式进行。SDN 能够提供所需要的全局网络视图以及安全、集中式管理网络的能力。提供商需要能够为客户快速和透明地部署、动态扩展 / 缩减以及开启 / 关闭虚拟交换机、服务器、存储设备，而 NFV 则为管理这一过程提供了自动化的工具。

### 13.5.2 私有云视角

大中型企业已经体验到了将大部分网络相关的操作移植到私有云或者混合云所带来的巨大好处。他们的客户包括端用户、IT 管理员以及开发者。不同的部门可能会有大量动态的 IT 资源需求。企业通常需要开发部署一个或多个服务器池 / 数据中心。随着总资源需求的增加，部署和管理所有这些设备变得越来越具有挑战性。此外，还存在安全性需求，如防火墙、防病毒工具的部署等。随着项目消耗资源的增加，需要引入负载均衡机制，从而进一步增加情况的复杂性。因此对设备快速可扩展供应的需求越来越强烈。虚拟网络设备的自动化供应已经变成了一个基本要求。对所有新的虚拟化设备（尤其是与现有物理设备相连接的虚拟设备）而言，集中式的命令和控制已经成为一个必需。SDN 和 NFV 为企业提供了相应的工具，可以成功地开发和管理私有云资源，并在内部使用这些资源。

### 13.5.3 ITU-T 云计算功能参考体系结构

图 13-7 描述了 Y.3502 中定义的 4 层云计算参考体系结构。对于我们所讨论的云网络与 NFV 之间的关系，可以参考图 13-8 所示的这一体系结构的早期版本，该结构的详细定义在“ITU-T 云计算焦点小组技术报告，第二部分：功能需求和参考体系结构”2012 年 2 月。该体系结构同样具有 4 层结构，但对于最底层（资源和网络层）提供了更多的细节。该层包括

369 3 个子层，具体如下所述。

- **资源编排**：管理、监视和调度计算、存储及网络资源，形成上面各层和用户可使用的服务。它控制虚拟化资源的创建、修改、定制和释放。
- **池化和虚拟化**：虚拟化功能将物理资源转化为虚拟机、虚拟存储以及虚拟网络。这些虚拟资源由资源编排模块根据用户需求进行管理和控制。池化和虚拟化层中的软件和平台资源包括运行时环境、应用以及其他用于编排和实现云服务的软件资源。
- **物理资源**：计算、存储和网络资源对于提供云服务至关重要。这些资源可能位于云数据中心内部，如计算服务器、存储服务器以及云内网络，也可能位于云数据中心外部，通常是网络资源，如云间网络和核心传输网络等。

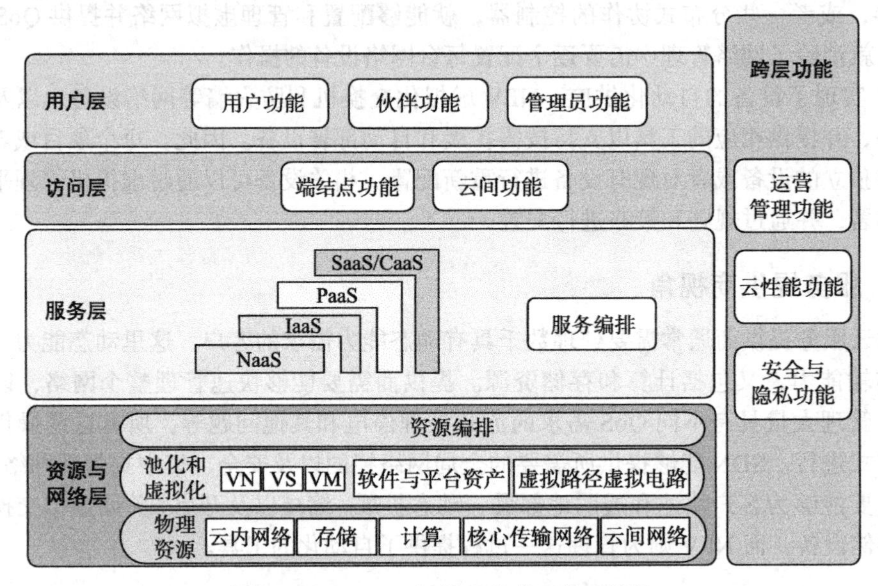


图 13-8　ITU-T 云计算功能参考体系结构

对比 ITU-T 体系结构的资源和网络层和 NFV 体系结构框架（参考第 7 章中的图 7-7）可以发现，这里资源和网络层可以使用网络功能虚拟化基础设施（NFVI）实现下面两个子层，而使用虚拟化结构管理器（VIM）实现资源编排子层。因此，通常以开放软件形式出现的通用工具，以及商业上现成的物理资源，共同支持云提供商高效部署和管理云服务及资源。同样还需要一个高效的策略将云体系结构中的多种上层功能映射为虚拟网络功能或者 SDN 控制机应用层功能。因此，NFV 和 SDN 均有助于云服务的部署。 370

同样的分析也适用于图 13-4 所描述的 NIST 参考体系结构。服务编排组件包括三层：物理资源层、资源抽象与控制层，以及服务层，其中下面两层与 NFV 体系结构中的 NFVI 部分完全对应。

## 13.6　重要术语

学完本章后，你应当能够定义下列术语。

| | |
|---|---|
| 一切即服务（XaaS） | 通信即服务（CaaS） |
| 云审计者 | 社区云 |
| 云代理 | 计算即服务（CompaaS） |

云承载商
云计算
云消费者
云网络
云提供商
云服务客户
云服务管理
云服务伙伴
云服务提供商
云存储
数据存储即服务（DSaaS）
混合云
基础设施即服务（IaaS）
网络即服务（NaaS）
平台即服务（PaaS）
私有云
公有云
服务编排
软件即服务（SaaS）

371

第 14 章

Foundations of Modern Networking: SDN, NFV, QoE, IoT, and Cloud

# 物联网：基本构成

*机械奴隶使得我们获得希腊公民式的休闲成为可能，每个自由人可以有 12～15 个之多的机械奴隶，这些机械奴隶可以为我们提供帮助。当我们进入房间时，触碰一个按钮后将过来一打帮我们照亮道路。另外还有奴隶每天 24 小时守在温度调节器旁帮我们调节家里的温度；还有一个日夜守在自动冰箱旁。它们能够帮助我们启动汽车、运行电机、擦亮鞋子并修剪头发。它们的速度非常快以至于消除了时间和空间的概念。*

——《旁观者》，Jay B. Nash, 1932

**本章目标**

**学完本章后，你应当能够：**

- 解释物联网的范围。
- 列举和讨论支持 IoT 的设备的五个基本构件。

372

1.7 节已经对物联网（IoT）的概念进行了一个基本的概述。本章和下一章将给出更详细的讨论。本章首先讨论 IoT 的基本概念和范围，随后 14.3 节列举和讨论支持 IoT 的设备的主要构件。第 15 章将讨论 IoT 的体系结构和实现。

## 14.1 IoT 时代的开启

未来因特网将包括大量使用标准通信体系结构为端用户提供服务的对象。据预测，数以亿计的这些设备在未来几年内将会进行互联，从而提供物理世界和计算、数字内容、分析、应用和服务之间的新交互，这一新的联网模式就称为物联网。IoT 将在许多方面为用户、制造商及服务提供商带来史无前例的机遇。能够从 IoT 的数据采集、分析以及自动化等功能中受益的领域包括健康和健身、健康护理、家庭监测和自动化、节能和智能电网、农业、运输业、环境监测、库存和产品管理、安全、监视、教育等领域。

技术的进步正在许多领域发生。毫不奇怪的是，围绕无线网络方面的研究已经持续了很长一段时间，并被冠以不同的名字：移动计算、普适计算、无线传感器网络以及赛博 – 物理（cyber-physical）系统等。人们设计开发了许多方案和产品用于低功耗协议、安全和隐私、寻址、低耗费无线电、用于延长电池寿命的能量高效机制，以及解决在不可靠和间歇性睡眠结点网络中的可靠性问题等。这些无线领域的研究进展对于 IoT 的发展至关重要。此外，其他领域的发展还包括为 IoT 设备增加社交网络功能、利用机器到机器通信技术的优势、大量实时数据的存储和处理机制，以及相应的应用编程技术以便为端用户提供到这些设备和数据的智能接口等。

许多人已经对 IoT 进行了描述。在 2014 年《物联网》杂志的一篇文章中 [STAN14]，作者提出的一些个人收益包括数字化的日常生活行为、能够与周围智能空间通信以提升舒适度、健康和安全性的仿生皮肤，能够优化访问城市服务的智能手表和身体结点。城市范围的收益包括无交通信号灯的高效、无延迟交通，智能楼宇可以不仅控制能量和安全性，还能够支持健康行为。正如智能手机为人类提供了接触世界的新手段一样，IoT 将为我们创建新的持续使用所需要的信息和服务的模式。不论人们对 IoT 的看法如何，以及多久 IoT 能够实现上述目标，它的确提供了一个美好的未来。

373

## 14.2 IoT 领域

ITU-T Y.2060《物联网概述》(2012 年 6 月) 给出了如下关于 IoT 领域的定义。

- **物联网** (IoT)：信息社会的全球基础设施，通过现有或者未来能够互操作的信息和通信技术互联物理和虚拟的物，从而提供高级服务。
- **物**：在 IoT 中，这是物理世界（物理上的物）或者信息世界（虚拟的物）中的一个对象，能够被识别和集成到通信网络中。
- **设备**：在 IoT 中，设备必须具有通信功能，并可能具有感知、执行、数据采集、数据存储以及数据处理等功能。

大多数文献将 IoT 看作是智能对象之间的通信。Y.2060 扩展了这一观点，并引入了虚拟物的概念，我们将在 14.4 节详细讨论。

Y.2060 将 IoT 描述为在现有信息和通信技术所提供的“任何时间”和“任何地点”通信的基础上，增加了一个新的“任何物通信”的维度，如图 14-1 所示。

在文献《物联网设计》[ MCEW 13 ] 中，作者将物联网的元素归结为一个简单的公式：

物理对象＋控制器、传感器、执行器＋互联网＝ IoT

这一公式简洁地概括了物联网的本质。IoT 包括一组物理对象的集合，其中每个对象

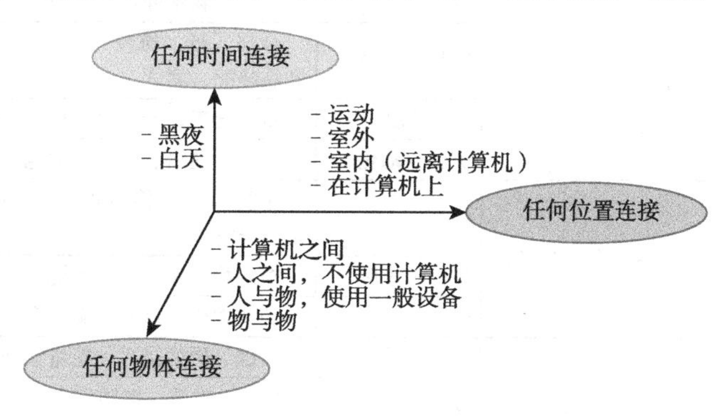


图 14-1　物联网引入的新维度

- 包括一个能够提供智能的微控制器
- 包括一个能够测量一些物理参数的传感器，或者基于一些物理参数执行动作的执行器
- 提供一种通过因特网或者其他网络进行通信的方式

其中在 Y.2060 中定义而未在上述公式中出现的一个项目是：标识每个物体的手段，通常称之为标签。我们将在 14.3 节讨论标签。

需要指出的是，尽管在文献中我们一直使用物联网这一词汇，但更准确的描述应该是“*物的互联网*”，或者“*物的网络*”。例如，一个智能家庭网络中可能包括大量通过 Wi-Fi 或者蓝牙连接到中心控制器的物体。在一个工厂或者农场中，可能存在一个由大量物体所组成的网络，以支持企业应用与环境进行交互，以及运行各种利用上述网络的应用等。在这些例子中，通常存在经由因特网的远程访问功能。需要指出的是，是否存在这样的因特网连接、智能对象的集合、加上其他本地计算和存储设备等因素可以用来刻画为究竟是一个网络或者是一个物联网。

基于 Beechem 研究中的一幅图，表 14-1 给出了关于 IoT 范围的一种思路。

**表 14-1　物联网**

| 服务行业 | 应用群组 | 位置 | 设备例子 |
| --- | --- | --- | --- |
| IT 和网络 | 公众 | 服务、电子商务、数据中心、移动运营商、固网运营商 | 服务器、存储、PC、路由器、交换机、PBX |
| | 企业 | ISP<br>IT/ 数据中心、办公室、私有网络 | |
| 安全 / 公共安全 | 监视设备，追踪器 | 雷达 / 卫星、军事安全、无人设备、武器、机动车、舰船、飞行器、汽车 | 坦克、战斗机、战场通信装置、吉普车 |
| | 公共基础设施 | 人、动物、邮政、食物 / 健康、包裹、行李、水处理、建筑环境、通用环境 | 汽车、故障车道工人、国土安全、消防、环境监测 |
| | 紧急服务 | 设备和员工、公安、消防、监管 | 救护车、公共安全车 |
| 零售 | 特色服务业 | 加油站、游戏、保龄球、电影院、迪斯科、特殊事件 | POS 终端、标签、收银机、自动贩卖机、标志牌 |
| | 饭店业 | 酒店、宾馆、酒吧、咖啡厅、俱乐部 | |
| | 零售业 | 超市、购物中心、单站点、分发中心 | |
| 交通运输业 | 非汽车行业 | 航空、铁路、海运 | 汽车、灯光、轮船、飞机、指示牌、收费 |
| | 车辆 | 消费者、商业、结构、越野 | |
| | 交通系统 | 收费站、流量管理、导航 | |
| 工业 | 分发 | 管道、物料处理、运输 | 泵、阀门、容器、传送机、管道、电机、驱动器、转换器、制造、组装 / 包装、船舶、油罐 |
| | 转化、离散 | 金属、纸、橡胶、塑料、金属加工、电子产品装配、测试 | |
| | 流体 / 加工 | 石油化工、碳氢化合物、食品与饮料 | |
| | 资源自动化 | 采矿、灌溉、农业、林地 | |
| 医疗保健和生命科学 | 护理 | 医院、ER、移动 PoC、诊所、实验室、医生办公室 | MRI、PDA、植入物、手术器械、泵、监视器、远程医疗设备 |
| | 体内，家庭 | 植入物、家庭监测系统 | |
| | 研究 | 药物发现、诊断、实验室 | |
| 消费者与家庭 | 基础设施 | 接线、网络接入、能量管理 | 数码相机、电力系统、洗碗机、电子书阅读器、台式电脑、洗衣机 / 烘干机、仪表、电视、MP3、游戏机、照明灯、报警器 |
| | 感知与安全 | 安全 / 告警、消防安全、环境安全、老人、儿童、电力保护 | |
| | 便利性和娱乐 | 暖通空调 / 气候、照明、家电、娱乐 | |
| 能源 | 供应 / 需求 | 发电、运输配送、低压、电力质量、能源管理 | 涡轮机、风车、不间断电源（UPS）、电池、发电机、仪表、钻机、燃料电池 |
| | 替代能源 | 太阳能、风能、热电联产、电化学 | |
| | 石油 / 天然气 | 钻机、井架、井头、泵、管道 | |
| 建筑 | 商业，机构 | 办公室、教育、零售、酒店、医疗保健、机场、体育场馆 | 暖通空调、运输、消防安全、照明、安全、访问 |
| | 工业 | 工艺、无菌室、园区 | |

*来源*：Beecham Research

## 14.3　具有 IoT 功能的物的组成

具有 IoT 功能的物的核心要素包括传感器、执行器、微处理器、通信手段（发送 – 接收器）以及标识机制（射频识别 [RFID]）。通信手段是一个核心要素，否则设备无法加入网络中。不论多么原始，几乎所有具有 IoT 功能的物均具有一定的计算能力。除此之外，一个设备可能还会有一个或者多个其他要素。我们将在本节讨论其中每个要素。

### 14.3.1　传感器

**传感器**测量物理、化学或者生物体的一些参数，并以模拟或者数字信号的方式传递一个与被观测特性成正比的电信号。传感器的输出通常作为微处理器或者其他管理元素的输入。

**传感器**　将物理、生物或者化学参数转化为电信号的设备。

图 14-2 的左侧改编自文献《具有模式和框架的中间件体系结构》[KRAK09] 中的一幅图，其中展示了传感器和该传感器相应的控制器之间的接口。传感器可以周期性地或者在超过某个阈值时主动发送传感数据到控制器，称之为主动模式。此外，传感器也可以工作于被动模式，仅当在控制器请求时才提供数据。

374～377

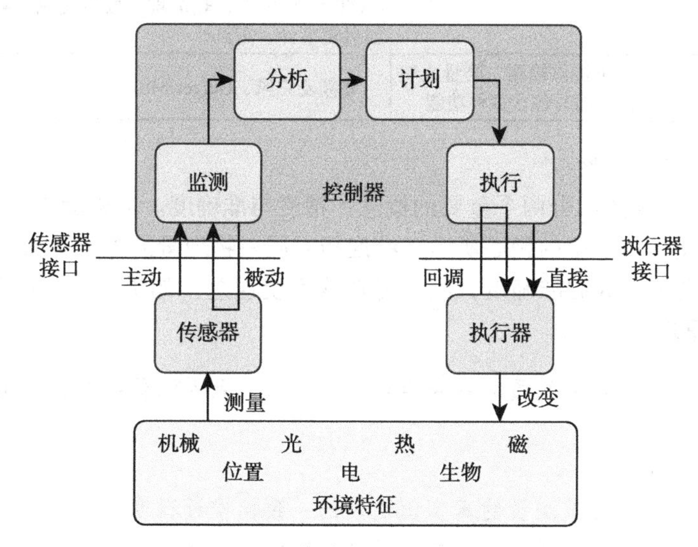


图 14-2　传感器和执行器接口

**传感器类型**

在 IoT 部署过程中使用的传感器类型数量巨大。传感器可能非常小，使用纳米技术，或者非常巨大，如监视摄像机。传感器可以独立部署，或者少数几个一起部署，甚至大量传感器一起部署。表 14-2 参考自《发明者电子设计宝典》[SCHE13]，列举了多种传感器类型，以及每种类型的典型例子。

**表 14-2　传感器类型**

| 种类 | 作用 | 设备例子 |
|---|---|---|
| 位置测量设备 | 用于检测和反映设备角度或者线性位置的变化 | 电位计、线性位置传感器、霍尔效应位置传感器、磁阻角测量仪、编码器（积分式、增量旋转式、绝对旋转式、光学） |
| 临近度和运动传感器 | 用于检测和反映传感器监测范围内外部物体的移动 | 超声测距、光反射、光槽、PIR（被动红外）、感应测距、电容测距、磁簧开关、触摸开关 |
| 惯性导航设备 | 用于检测和反映传感器的物理移动 | 加速计、电位计、测斜计、陀螺仪、振动传感器 / 开关、倾斜传感器、压电冲击传感器、线性可变差动转换器 / 旋转可变差动转换器（LVDT/RVDT） |

（续）

| 种类 | 作用 | 设备例子 |
| --- | --- | --- |
| 压力 / 力 | 用于检测施加到设备上的力 | IC 气压计、应变仪、压力电位计、LVDT、硅传感器、压阻式传感器、电容式传感器 |
| 光学设备 | 用于检测光的存在或者传感器上光的变化 | LDR、光敏二极管、光电晶体管、对射型光电开关、反光传感器、IrDA 收发器、大阳能电池、LTV（光电压）传感器 |
| 图像，相机设备 | 用于检测并将可视图像转换为数字信号 | CMOS 图像传感器 |
| 磁力装置 | 用于检测和响应磁场的存在 | 霍尔效应传感器、磁性开关、线性罗盘 IC、干簧传感器 |
| 媒体设备 | 用于检测和响应传感器上物理物质的存在或数量 | 气体、烟雾、水汽、潮湿、灰尘、浮子水平、流体流动 |
| 电流和电压设备 | 用于检测和响应电线或电路中电流的变化 | 霍尔效应电流传感器、直流电流传感器、交流电流传感器、电压传感器 |
| 温度 | 采用不同的技术和介质来检测热量的大小 | NTC 热敏电阻、PTC 热敏电阻器、电阻温度检测器（RTD）、热电偶、热电堆、数字集成电路、模拟集成电路、红外温度计、高温计 |
| 专用 | 用于特殊情况下提供检测、测量或响应功能，也可能会同时包含多种功能 | 音频麦克风、Geiger-Müller 管、化学品 |

**精度、准确度和解析度**

在讨论传感器时需要区分两个重要的概念：精度与准确度。**准确度**指测量值与真实值之间的接近程度，如图 14-3 中的靶心所示。**精度**指对同一物理量的多次测量之间的接近程度。如果一个传感器具有较低的准确度，则容易造成系统误差。如果一个传感器具有较低的精度，则会造成可重现性误差。

**精度**　对同一属性重复测量的一致性程度，以从一系列测量结果计算出的标准偏差来定量表示。

378 ~ 379

**准确度**　测量结果与被测量的真实值之间的一致性接近程度。可以作为准确性的定性评估，或者免于错误程度，或者对误差的预期幅度的定量测量。

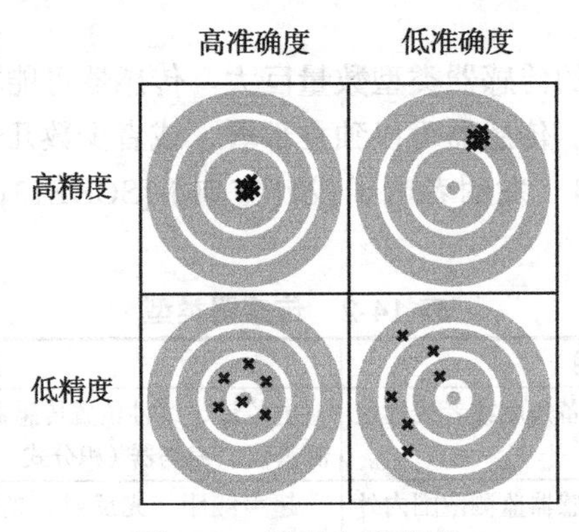


图 14-3　精度和准确度

与精度相关的一个概念是**解析度**。如果一个传感器具有高精度，物理量的非常小的变化将导致传感器测量值非常小的变化。如果传感器的输出是数字的，需要更多的比特来表示测量结果以便描述这些底层物理参数的小变化。

**解析度** 测量结果可以区分开的最小可分辨的增量。

### 14.3.2 执行器

**执行器**从控制器处接收电信号，并通过与其环境相交互以对物理、化学或者生物实体的某些参数产生作用。图14-2的右边部分展示了执行器和相应的控制器之间的接口。在直接操作模式下，控制器发送信号激活执行器。在回调模式下，执行器在完成任务或者出现问题时通知控制器，并请求下一步的指令。

**执行器** 一个接收电子信号并将其转化为物理、化学或者生物行为的设备。

一般情况下，执行器可以划分为如下几类。

- **液压型：**液压型执行器包括一个使用水能的圆柱或者流体形状的发动机以进行机械运动，且机械运动的输出形式为线性、圆周式或者振动式等。 380
- **气压型：**气压型执行器与液压型执行器的工作原理相似，只是在工作过程中采用压缩气体而非液体。根据执行器类型的不同，以压缩气体方式存在的能量被转化为线性或者圆周式运动模式。
- **电动型：**电动型执行器由能够将电能转化为机械能的电动机所驱动。
- **机械式：**将圆周式运动转化为线性运动的功能，并使用诸如齿轮、轨道、滑轮、链条和其他工具等帮助实现这一转化过程。

### 14.3.3 微控制器

智能设备中的智能由深度嵌入的微控制器所提供。本节会定义一些关键术语并解释微控制器的概念。

**嵌入式系统**

区别于诸如笔记本电脑和台式机等通用计算机，**嵌入式系统**指采用特殊功能或者功能集合的电子器件和软件所构造的产品。每年出售的计算机数量达到数亿台，包括笔记本电脑、个人计算机、工作站、服务器、大型机，以及超级计算机等。另一方面，每年生产的微控制器数量达到数百亿台，这些微控制器被嵌入到一些大型设备中。今天绝大多数使用电能的设备均拥有一个嵌入式计算系统。在不久的将来，几乎所有的设备均将具有嵌入式计算系统。

**嵌入式系统** 任何包括计算机芯片但又不是通用工作站、台式机或者笔记本电脑的设备。

具有嵌入式系统的设备类型数量过于巨大而无法详细列举，典型代表包括蜂窝电话、数码相机、摄像机、计算器、微波炉、家庭安全系统、洗衣机、照明系统、温度调节器、打印机、各种车载系统（如变速箱控制、巡航控制、燃料加注、防抱死制动系统、悬架系统等）、网球拍、牙刷，以及自动化系统中大量的传感器和执行器。

通常，嵌入式系统与它们的应用环境紧密耦合，这会产生与环境交互所导致的实时性约束。例如，特定移动速度的约束、特定测量精度的约束、特定时间周期的约束等决定了软件操作的时间限制。如果需要同时管理多个行为，将会带来更加复杂的实时性约束。

图14-4展示了通常意义下嵌入式系统的组织结构，除处理器和存储器之外，还有如下许多与传统桌面计算机或者笔记本电脑不同的元素。 381

- 可能存在大量的接口支持系统测量、操纵或者与外部环境相交互。嵌入式系统经常通过传感器或者执行器与外部世界交互（感知、操纵、通信），因此通常形成一个反应式系统。这里反应式系统指系统持续与外部环境相交互，并按照环境所决定的节奏执行。
- 人机接口可能简单如闪光灯，或者复杂如机器人视觉。大多数情况下可能并不存在人机接口。
- 诊断端口可以被用于诊断所控制的系统，而非仅用于诊断计算机。
- 特殊用途的 FPGA、ASIC，甚至非数字硬件均可以用来提高系统的性能或者可靠性。
- 软件通常具有固定的功能，且与应用密切相关。
- 效率在嵌入式系统中具有首要地位，需要在能耗、代码规模、执行时间、重量和体积，以及价格等方面进行优化。

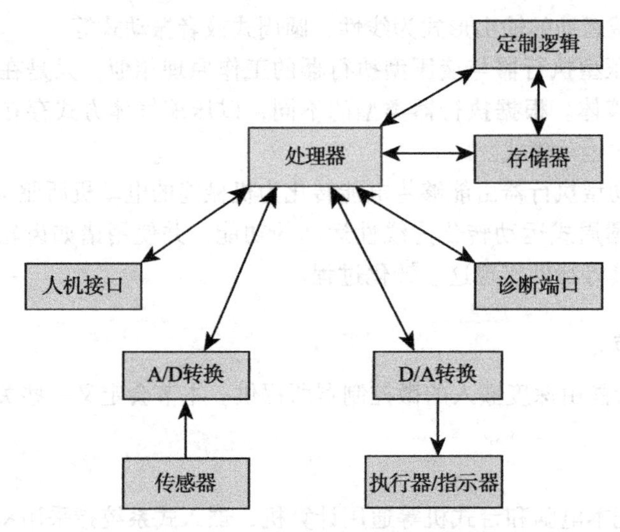


382

图 14-4　嵌入式系统的可能组织结构

另外，嵌入式系统也有许多与通用计算机系统相类似的方面：

- 即便对于一些功能固定的软件而言，具有修复错误、提升安全性以及增加功能等系统升级的能力也非常重要。
- 近来的一个典型发展趋势就是嵌入式系统作为一个基础平台，可以在其上运行大量的应用，如智能手机、智能电视等音频 / 视频设备。

**应用处理器与专用处理器**

**应用处理器**指具有运行诸如 Linux、Android 和 Chrome 等复杂操作系统能力的处理器。因此，应用处理器本质上具有通用性的特征。智能手机是使用嵌入式应用处理器的典型例子，这里嵌入式系统被设计为支持大量的应用，并能够完成多种功能。

大多数嵌入式系统使用**专用处理器**。正如其名字所示，专用处理器专注于完成一个或者少数几个特定的任务。由于这样的嵌入式系统只面向特定的任务或者任务集合，因此可以简化处理器和相应组件的设计，以降低大小和成本。

**微处理器**

早期的**微处理器**芯片包括寄存器、算术 / 逻辑单元（ALU）、一些控制单元或指令处理逻辑。随着晶体管密度的增加，增加指令集体系结构的复杂性、增加存储容量和采用多个处理器等均变得可行。现代微处理器芯片包括多个处理器（称之为多核）以及数量可观的缓存。然而，如图 14-5 所示，微处理器芯片仅包括一个完整计算机系统的部分组件。

**微处理器**　元件被微型化到一个或者几个集成电路中的处理器。

大多数计算机，包括智能手机和平板电脑中的嵌入式计算机，以及个人电脑、笔记本电脑、工作站等，均承载于主板上。在描述这一组织结构之前，我们首先需要定义一些术语。**印刷电路板**是一个坚硬的平板，用于固定和互联芯片及其他电子元器件。电路板由多层组成，通常有 2 ～ 10 层，通过蚀刻在板子上的铜导线互联元器件。计算机中最主要的印刷电路板（PCB）称为系统板或者**主板**，其他插在主板插槽上的小印刷电路板称作扩展板。 383

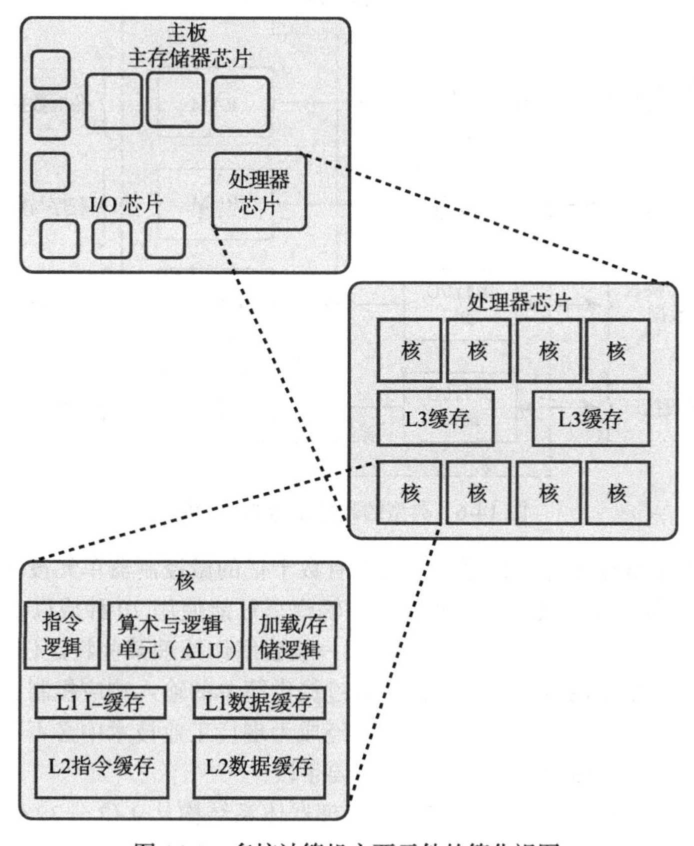


图 14-5　多核计算机主要元件的简化视图

主板上最主要的元素就是芯片。一个**芯片**是一片增加了电子线路和逻辑门的半导体材料（通常是硅），所形成的产品通常称为**集成电路**。

主板包括一个处理器芯片的插槽，该芯片通常包括多个核，称之为*多核处理器*。此外，还包括存储芯片、I/O 控制器芯片，以及其他关键计算机元件的插槽。对桌面计算机而言，扩展槽使得系统能够在扩展板上增加更多的元件。因此，现代主板通常只连接部分独立的芯片元件，而每个芯片则包括数千至数千万个晶体管。 384

**微控制器**

**微控制器**芯片在使用逻辑可用空间时具有非常大的差异。图 14-6 描述了微控制器芯片中的常见元件。如该图所示，微控制器是一个包括核心、保存程序的非易失存储单元

（ROM）、用于输入输出的易失存储单元（RAM）、时钟，以及I/O控制单元的芯片。相对于其他微处理器，处理器部分在微控制器中所占的区域非常小，因此在能耗方面也非常高效。

**微控制器**　单一的芯片，包括处理器、保存程序的非易失存储单元（ROM或者闪存）、用于输入输出的易失存储单元（RAM）、时钟，以及I/O控制单元，有时也称作片上计算机。

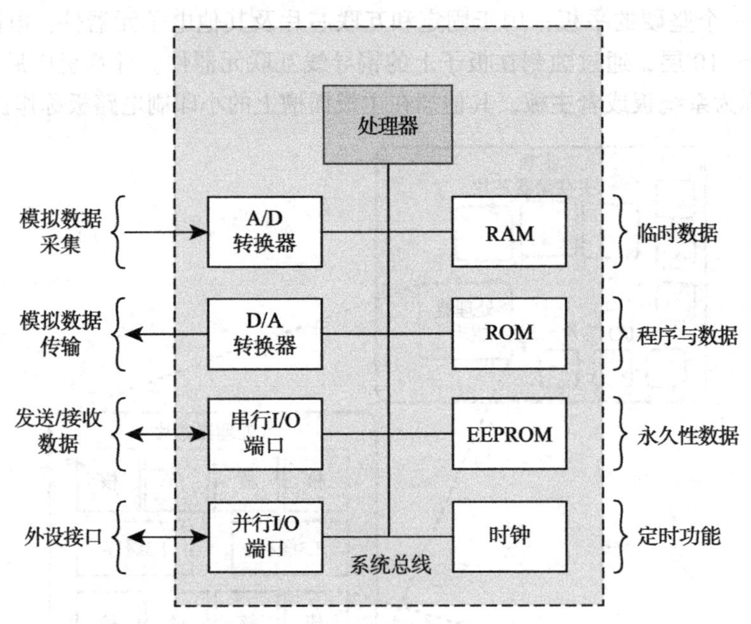


图 14-6　典型的微控制器芯片元件

微控制器有时也被称作片上计算机，每年有数十亿的微控制器单元被嵌入到大量的产品中，包括玩具、家用电器、汽车等。例如，一辆汽车可能使用70种或以上的微控制器。通常情况下，尤其是小的、价格便宜的微控制器一般被用作处理某些特定任务的专用处理器。例如，自动化领域大量使用各种微控制器。通过提供简单的输入响应机制，它们可以用于控制机器、开关风扇、开关阀门等。微控制器已经成为现代工业技术中必不可少的部分，并且是降低各种复杂功能的机械生产成本的一种重要手段。

微控制器具有不同的大小和处理能力。处理器体系结构从4位～32位。微控制器的运行速度一般是兆赫兹（MHz），通常比微处理器的吉赫兹（GHz）要慢很多。微控制器的另一个典型特征是它并不提供用户接口。微控制器被编程用于处理特定的任务，嵌入到特定的设备中，并按要求运行相应的功能。

385

**深度嵌入式系统**

嵌入式系统中有一大类被称为**深度嵌入式系统**。尽管这个词汇在技术和商业资料中被广泛使用，却难以通过因特网搜索该词汇的准确定义（至少本书的作者发现是如此）。一般来说，我们可以说深度嵌入式系统具有一个这样的处理器，其行为很难被程序员和用户所观察到。深度嵌入式系统使用微控制器而非微处理器，其程序逻辑在生产过程中已经被固化在ROM（只读存储器）中，且没有与用户之间的交互。

深度嵌入式系统是专用、单一目标的设备，用于检测环境中的一些情况，完成一些基本的处理，然后对结果做出某种响应。深度嵌入式系统通常具有无线传输能力并应用在网络化的环境中，如部署在某个较大区域内（例如工厂、农田等）的传感器结点所组成的网络。物联网主要依赖于深度嵌入式系统。通常情况下，深度嵌入式系统具有苛刻的资源约束，包括存储、处理器大小、时间，以及电池消耗等。

### 14.3.4 收发器

**收发器**包括发送和接收数据所需要的电子元器件。大多数 IoT 设备包括一个收发器，能够使用 Wi-Fi、ZigBee 或者其他无线机制进行通信。

**收发器**　能够发送和接收信息的设备。

图 14-7 通过一个简化的框图展示了收发器的基本组件。该图的上面部分是发射器，以一些模拟或者数字输入信号作为输入，并随后将信号调制到一个载波频率上。这一过程通过调制器完成，其输入即为源信号以及振荡器所产生的载波。调制好的信号在经过一个或多个放大器后，从天线被发射出去。

图 14-7 的下面部分是接收器，其输入即为天线所接收到的信号。低噪声放大器（LNA）是一个用于放大非常微弱信号（如天线接收到的信号）的电子放大器，LNA 被设计为能够放大感兴趣信号的功率，同时有尽可能小的噪声引入和失真情况。信号经过 LNA 之后，通过一个滤波器消除或者降低那些不需要的噪声和信号成分，然后通过解调器将滤波器的输出转化为所期望的基带模拟或者数字信号。

386

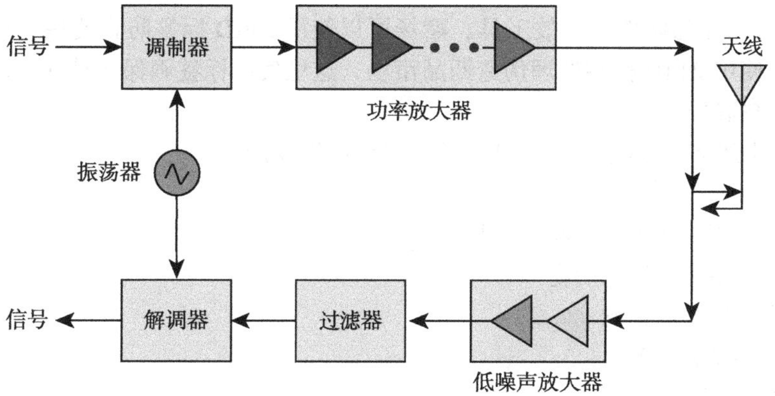

图 14-7　简化的收发器框图

### 14.3.5 RFID

**射频识别**（Radio-frequency identification，RFID）技术通过使用无线电波来识别物体，目前已经逐渐成为 IoT 中的一种支撑技术。RFID 系统的主要元素包括标签和读写器。RFID 标签是可以用于物体、动物及人类追踪的微型可编程设备，其形状、大小、功能和成本多种多样。RFID 读写器获取（有时也重写）存储在其操作范围内的 RFID 标签中的信息，该范围通常从数英寸到数英尺[⊖]。读写器通常连接到一个计算机系统中，获取到的信息在该系统中进行记录和格式化处理，以方便以后使用。

⊖ 1 英寸 =0.0254 米，1 英尺 =0.3048 米。——编辑注

**射频识别（RFID）** 一种使用附在物品上的电子标签的数据采集技术，以便能够通过远程系统识别和跟踪物品。标签由连接在天线上的 RFID 芯片所组成。

**应用**

RFID 的应用范围十分广泛，并在不断进行扩展。4 类主要的应用场景包括追踪和识别、支付和储值系统、访问控制以及防伪。

追踪和识别是 RFID 最为广泛的应用。早期的 RFID 主要应用于大型高价值物品上，如火车车厢、集装箱等。随着价格的降低和技术的进步，其应用范围扩展非常迅速。例如，大量的宠物开始植入 RFID 设备，从而丢失的动物可以被识别并送回到其主人那里。另外一个例子是：在供应变化情况下追踪和管理数十亿消费品和零部件是一个十分艰巨的任务，目前已经广泛采用 RFID 标签来简化这一工作。为了使这一过程尽可能低代价和可互操作，**电子产品码**（electronic product code，EPC）等标准化的识别机制已经被开发出来。

**电子产品码（EPC）** RFID 标签的一种标准代码。EPC 的长度可以从 64 位到 256 位，至少包含有产品编号、序列号、公司 ID 以及 EPC 版本。众多机构参与了 EPC 标准的开发，包括 GSl 和 EPCglobal。

另一个主要领域是支付和储值系统。高速公路上的电子通行收费系统就是一个典型的例子。另一个例子是在零售店和娱乐场所使用电子钥匙“fobs”来进行支付。

387

访问控制是另外一个广泛应用的领域。许多公司和大学利用 RFID 感应卡控制楼宇的出入。滑雪场和其他休闲胜地也是这一技术的重要用户。

RFID 也可以作为防伪的有效工具。赌场可以使用 RFID 标签防止使用伪造的筹码，处方药企业可以使用 RFID 标签处理伪造药品市场，这里使用标签确保药品在供应链中的分发状况，并防止被盗窃。

下面是在上述 4 种领域中应用 RFID 的一个不完整列表。

- **追踪和识别：**
  - 大件物资，如火车车厢、集装箱等
  - 佩戴了耐用标签的动物
  - 植入了标签的宠物
  - EPC 供应链管理
  - EPC 库存控制
  - EPC 零售结账
  - 垃圾回收与处理
  - 病人监护
  - 在校儿童身份标识
  - 驾驶员证件和通行证管理
- **支付和储值系统：**
  - 电子通行收费系统
  - 非接触式信用卡（如美国 Express Blue 卡）
  - 储值系统（如 ExxonMobil Speedpass）
  - 地铁和公交车乘车证

- 赌场令牌和音乐会门票
- **访问控制**：
  - 基于感应卡的楼宇访问控制
  - 滑雪场免费乘车通行证
  - 音乐会门票
  - 汽车点火系统
- **防伪**：
  - 赌场令牌（例如拉斯维加斯 Wynn 赌场）
  - 高面值钞票
  - 奢侈品（如 Prada）
  - 处方药

388

**标签**

图 14-8 展示了 RFID 系统的核心组成，在标签和读写器之间采用无线通信方式进行数据交换。根据应用的需求，读写器获取被打标签对象的标识信息和其他需要的信息。读写器随后将这些信息发送至计算机系统，该系统中具有 RFID 相关的数据库及应用程序。

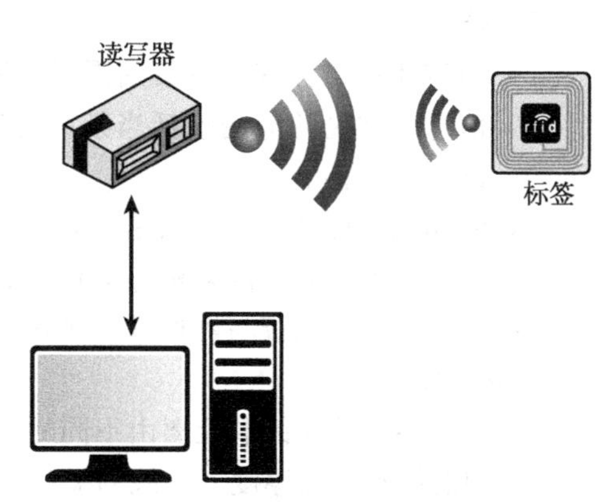


图 14-8　RFID 系统组成

图 14-9 展示了标签的两个关键组件。天线是标签中的一个金属电路，其布局取决于标签的大小和形状，以及天线的工作频率。与天线相连接的是一个简单的微型芯片，具有有限的处理能力和非易失存储。

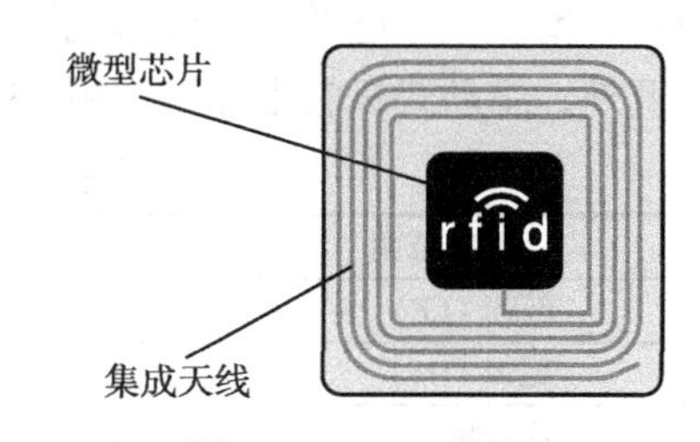


图 14-9　RFID 标签

RFID 标签可以划分为主动式、半被动式和被动式（见表 14-3）。主动式 RFID 标签利用电池产生自己的信号，而被动式 RFID 从标签接收到的 RF 信号获取能量。半被动式标签虽然也有电池，但其工作模式类似于被动式标签。

**表 14-3　标签类型**

| | 被动式 | 半被动式 | 主动式 |
|---|---|---|---|
| 电源 | 从 RF 获得 | 电池 | 电池 |
| 要求读写器到标签的信号强度 | 高 | 低 | 低 |
| 通信 | 只响应 | 只响应 | 响应或者发起 |
| 典型的最大被动读距离 | 10m | >100m | >100m |
| 相对费用 | 最便宜 | 比较昂贵 | 最昂贵 |
| 应用例子 | EPC、感应卡 | 电子通行收费、托盘跟踪 | 大型物质追踪、动物追踪 |

主动式标签在价格上要明显贵于被动式标签，且在物理体积上也比被动式标签大。主动式标签能够产生更加强的信号，因此具有更远的**读取范围**（read range）和更高的速率。主动式 RFID 是 IEEE 802.15.4f 标准所关注的焦点。

**读取范围** RFID 标签和读写器之间能够保持可靠通信的最大距离。

在自动 ID 和电子钥匙应用中，被动式标签也十分常见，它们能够被制造成如标签条那样薄，且价格十分低廉。被动式标签本质上是由读写器为其供电，随后将数据返回给读写器。

**读写器**

RFID 读写器通过 RF 信道与标签进行通信，可以获得简单的标识信息，或者获取更加复杂的参数集合。会话过程通常是简单的请求应答模式，但也可能包括更加复杂的多种信息交换。

根据功能和基本操作方式的不同，读写器包括多种不同的类型。一般而言，有以下三大类读写器。

389～390

- **固定式**：当标签经过其周围时，固定式读写器会创建相应的接口来自动读取标签的信息。常见的应用包括当某些对象进入房间、穿过仓库门，或者沿着传送带运动时读取其标签信息。
- **移动式**：移动式读写器是具有 RFID 天线和一定计算能力的手持式设备，它们主要用于在移动中人工读取标签信息，对于一些核查类的应用非常有用。
- **桌面式**：这类读写器通常连接在一台 PC 或者其他终端上，并为其提供简单的输入。

**运行频率**

物理标签的最大读取距离由不同的 RFID 读写器和天线功率、RFID 标签中使用的芯片、标签使用的材料及其厚度、天线的类型、标签所附着的材料等共同决定。标签和读写器使用的频率范围对于读取距离的影响比较有限。表 14-4 列举了一些标准频率及其对应的被动读取范围，增加频率能够提高读取范围以及数据传输能力。主动式标签同样也可以应用这些频率，此外，主动式标签也可以使用 433 MHz 和 2.4 GHz 频段达到数百米的读取距离。

表 14-4 常用 RFID 运行频率

| 频率范围 | 频率 | 被动读取距离 |
|---|---|---|
| 低频（LF） | 120 ～ 140KHz | 10 ～ 20 厘米 |
| 高频（HF） | 13.56MHz | 10 ～ 20 厘米 |
| 甚高频（UHF） | 868 ～ 928MHz | 3 米 |
| 微波 | 2.45 和 5.8GHz | 3 米 |
| 超宽带（UWB） | 3.1 ～ 10.6GHz | 10 米 |

**功能**

正如其名字所示，RFID 最基本的功能就是识别那些加了标签的对象。标签也可以提供许多与 RFID 技术和系统相兼容的其他功能。表 14-5 列举了由标准化组织 EPCglobal 所定义的 6 种常见类别。

表 14-5 标签功能类

| 类别 | 描述 |
|---|---|
| 0 | UHF 只读、预先编程的被动式标签 |
| 1 | UHF 或者 HF；一次写、多次读（WORM） |
| 2 | 被动式读写标签，可以在供应链中的任何点进行写入操作 |
| 3 | 支持读写操作，板上的传感器可以在其上记录诸如温度、压力和运动等信息；可以是半被动式或者主动式 |
| 4 | 支持读写操作、具有集成发射机的主动式标签；能够与其他标签和读写器进行通信 |
| 5 | 与类型 4 的标签相类似，但具有一些额外的功能；能够为其他标签提供电源，能够与读写器之外的设备进行通信 |

类型 0 标签提供最基本的识别功能，如产品码或者唯一的标识符等，在生产标签时已经固定写入这些标识符。这类标签功能比较简单，且价格低廉。类型 1 标签与类型 0 相类似，但提供了不预先固定标识信息，而由端用户在使用过程中设置标识信息的功能。类型 2 标签可以作为一个记录设备使用，被标签的对象利用它登录到某系统中，随后该标签即可按需提供身份信息。类型 3 标签提供了两个额外的功能：读写存储器和板上传感器。传感器标签可以在不需要读写器的帮助下记录并存储环境数据，许多传感器标签可以形成一个“传感器网络”来监测某个物理区域的环境状况，包括温度变化、方向变化、振动、生物或者化学试剂情况、光、声音等。由于它们在没有读写器存在的情况下运行，传感器标签必须是半被动式或者主动式的。

类型 4 标签有时也被称为尘埃或者智能尘埃，能够与对等实体之间发起通信和形成自组网络，这会为那些小的、具有有限通信范围的廉价设备带来大量的应用场景。这些尘埃可以植入或者播撒在一个区域内收集数据，并将这些数据从一个结点传递至另一个结点，最终交付给中心采集结点。例如，农场主、葡萄园主，或者生态学家可以在尘埃上增加检测温度、湿度等参数的传感器，使得每个尘埃成为一个微型气象站。将这些智能尘埃播撒到整个田地、葡萄园或者森林，即可利用它们监测局部小气候。这远远超过了基本 RFID 的功能，但 EPCglobal 将其作为一个功能性的扩展。类型 5 扩展了类型 4，增加了通过一个设备为其他标签供电以及在设备之间进行通信等功能，从而在实现上增加了更多的可能性。

391～392

## 14.4　重要术语

学完本章后，你应当能够定义下列术语。

准确度
执行器
应用处理器
专用处理器
深度嵌入式系统
电子产品码（EPC）
嵌入式系统
雾计算
信息技术（IT）
物联网（IoT）
微控制器
微处理器
操作技术（OT）
精度
射频识别（RFID）
RFID 读写器
读取距离
解析度
传感器
RFID 标签
收发器

## 14.5　参考文献

**KRAK09**: Krakowiak, S. *Middleware Architecture with Patterns and Frameworks*. 2009. http://sardes.inrialpes.fr/%7Ekrakowia/MW-Book/

**MCEW13**: McEwen, A., and Cassimally, H. *Designing the Internet of Things*. New York: Wiley, 2013.

**SCHE13**: Scherz, P., and Monk, S. *Practical Electronics for Inventors*. New York: McGraw-Hill, 2013.

**STAN14**: Stankovic, J. "Research Directions for the Internet of Things." *Internet of Things Journal*, Vol. 1, No. 1, 2014.

393

第 15 章

Foundations of Modern Networking: SDN, NFV, QoE, IoT, and Cloud

# 物联网：体系结构与实现

*每当我们开始使用逻辑思维过程时——也就是说，每当思想在一段时间内沿着可行的轨迹运行时——机器就有机会。*

*——《诚若所思》，范内瓦·布什，《大西洋月刊》，1945 年 7 月*

**本章目标**

**学完本章后，你应当能够：**

- 对比 ITU-T 和物联网世界论坛关于物联网参考模型的差异。
- 描述物联网的开源实现 IoTivity。
- 描述物联网的商业实现 ioBridge。

本章将结束关于物联网技术的讨论，其中首先描述两个重要的物联网参考模型，这两个参考模型有助于我们深入了解物联网的体系结构和功能，随后分析三个物联网的实现机制，包括一个开源实现和两个商业实现。

394

## 15.1 IoT 体系结构

鉴于物联网的复杂性，很有必要通过一个体系结构指定其主要元素及相互间的交互关系。物联网体系结构可以提供如下好处：

- 为 IT 或者网络管理员提供一个有用的列表，通过该列表可以评估厂商所提供内容的功能和完整性。
- 为开发者提供指导，指明哪些功能在物联网中是必需的，以及这些功能如何通过整体方式进行工作。
- 可以作为一个标准化的框架，为提高互操作性和降低实现成本提供支持。

在本节中，我们首先概述 ITU-T 所提出的物联网体系结构，随后分析物联网世界论坛提出的体系结构。后者是由一个工业论坛所提出，能够通过一个不一样的框架帮助我们理解物联网的范围和功能。

### 15.1.1 ITU-T IoT 参考模型

ITU-T 物联网参考模型定义于 Y.2060，《物联网概述》，2012 年 6 月。与本领域其他大多数物联网参考模型和体系结构模型不同，ITU-T 模型对物联网生态系统的实际物理组件进行了详细描述。这一处理模型非常有效，因为它使得物联网生态系统中必须互联、集成、管理以及为用户可用的组件变得可见。这一物联网生态系统的详细规范推动了对物联网能力的需求。

该模型所提出的一个重要见解就是，物联网本质上并不是物理物体的网络，而是与物理物体相交互的设备所组成的网络，在此基础上再加上与这些设备相交互的应用平台，如计算机、平板电脑和智能手机等。因此，在概述 ITU-T 模型的过程中，我们首先对设备进行讨论。

表 15-1 列举了 Y.2060 所使用的重要术语的定义。 395

表 15-1　Y.2060 物联网术语

| 术语 | 定义 |
|---|---|
| 通信网络 | 连接设备和应用的基础设施网络，如基于 IP 的网络或者互联网等 |
| 物 | 物理世界的一个对象（物理物体），或者信息世界的一个对象（虚拟物），能够被识别和集成到通信网络中 |
| 设备 | 一件必须具有通信能力的设备，可能还具有感知、执行、数据捕获、数据存储和数据处理等能力 |
| 数据携带设备 | 固定在一个物理物体上的设备，间接地将物理物体与通信网络互联，典型例子包括类型 3、4、5 的射频识别标签 |
| 数据捕获设备 | 具有与物理物体相交互功能的读 / 写设备。这里交互可以通过数据携带设备间接发生，也可以通过固定在物理物体上的数据携带器直接发生 |
| 数据携带器 | 固定在物理物体上的无电池数据携带对象，能够为合适的数据捕获设备提供信息，包括固定在物理物体上的条形码和二维码等 |
| 感知设备 | 检测和测量与周围环境相关的信息，并将其转化为数字电信号 |
| 执行设备 | 将来自信息网络的数字电信号转化为动作 |
| 通用设备 | 通用设备具有嵌入式处理和通信能力，并通过有线或者无线技术与通信网络进行通信。通用设备包括应用于不同 IoT 应用领域的设备，如工业机器、家用电器和智能手机等 |
| 网关 | IoT 中将设备与通信网络进行互联的单元。网关对通信网络中所使用的协议和设备所使用的协议进行必要的转换 |

**设备**

与其他网络系统相比，IoT 的一个独特方面在于存在大量并非用于计算与数据处理的物理物体和设备。图 15-1 来源于 Y.2060，展示了 ITU-T 模型中设备的类型，该模型将 IoT 视为与物紧密耦合的设备所组成的网络。传感器和执行器与环境中的物理事物相交互，数据捕获设备通过与数据携带设备或者以某种方式附着在物理对象上的数据携带器相交互，实现从物理事物中读取数据或者向物理事物写入数据。 396

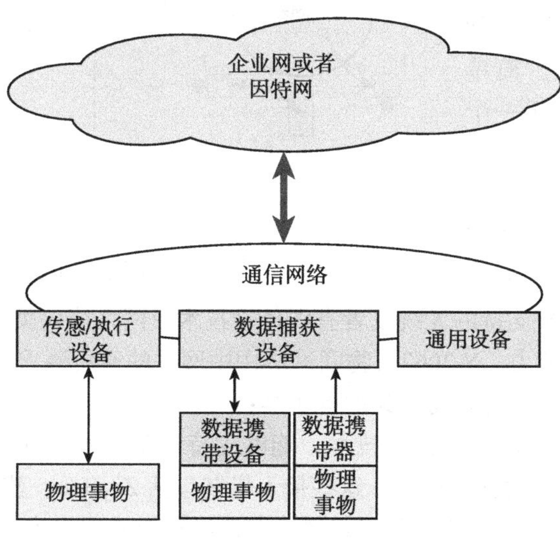


图 15-1　设备类型以及与物理事物间的关系

该模型对数据携带设备和数据携带器进行了区分，其中数据携带设备是 Y.2060 中定义的设备类型，该设备至少需要支持通信能力，并可能具有其他电子能力。典型的数据携带设备即 RFID 标签。另一方面，数据携带器是附着在一个物理事物上面的元素，用于在提供某些信息过程中进行身份标识。

Y.2060 指出，在数据捕获设备和数据携带设备 / 数据携带器之间交互用到的技术包括无线、红外、光和电流驱动技术等，每种技术的典型例子如下所示。

- **无线**：RFID 标签。
- **红外**：红外徽章广泛应用于军事、医院，以及其他需要追踪个体位置和移动情况的场所。例如军事上使用的红外反射片，以及能够发射标识信息的采用电池供电的徽章。后者具有一个按钮，在通过门禁系统时必须按下该按钮，从而可以将徽章作为门禁系统判断是否放行的手段。若徽章自动重复该信号，则可以作为追踪个体的一种方法。家庭和其他环境中用于控制电子设备的远程控制设备同样可以很容易地集成到 IoT 中。
- **光**：条形码和二维码是通过光的方式识别数据携带器的典型例子。
- **电流驱动**：一个典型例子就是使用身体的传导特性的植入式医疗设备 [FERG11]。在植入设备到身体表面的通信过程中，通过电流耦合技术将信号从植入设备发送至皮肤表面的电子记录设备。这一机制使用的能量非常小，从而降低了植入设备的大小和复杂性。

397

图 15-1 中展示的最后一种设备是通用设备。通用设备是那些具有处理和通信能力并可以集成到 IoT 中的设备。典型例子如智能家庭技术可以将家庭中的每台设备虚拟化地集成到一个网络中，从而可以进行集中式或者远程控制。

图 15-2 提供了对 IoT 中各种元素的概述。多种物理设备的互联方式如图左侧所示，这里假设存在一个或多个支持在设备间进行通信的网络。

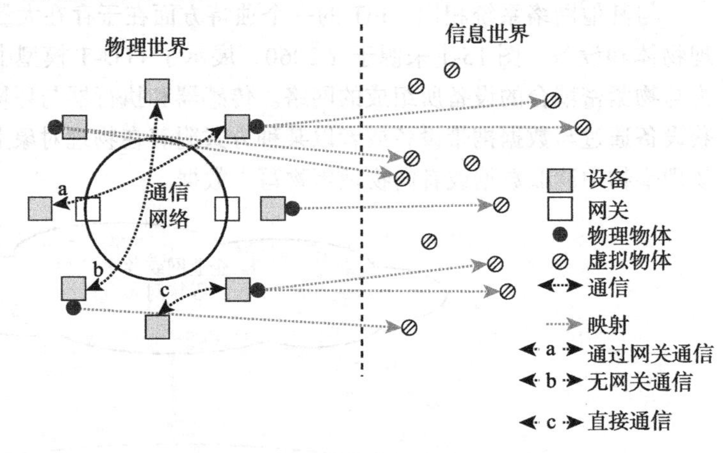


图 15-2　IoT 技术概述（Y.2060）

图 15-2 引入了另外一种 IoT 相关的设备：网关。简单来讲，网关的作用类似于一个协议转换器。网关解决了设计 IoT 过程中的一个最大挑战：连通性问题，包括设备间的连通性以及设备与因特网或者企业网的连通性。智能设备支持的无线或者有线传输技术及网络协议类型多种多样，且这些设备通常具有有限的处理能力。Y.2067《物联网应用中网关的通用要求和能力》（2014 年 6 月）指出了对 IoT 网关的要求，可以划分为如下 3 类：

- 网关需要支持大量的设备接入技术，能够支持设备间的相互通信以及通过因特网或者企业网与 IoT 应用进行通信。这些接入机制包括 ZigBee、蓝牙以及 Wi-Fi 等。
- 网关需要支持局域网和广域网的联网技术，包括局域网络中的以太网和 Wi-Fi 技术，以及因特网和广域企业网接入中的蜂窝、数字用户线（DSL）和电缆接入等。
- 网关需要支持与应用、网络管理和安全功能的交互。

前两个需求主要实现在不同网络技术和协议族之间的协议转换，第三个需求通常被称为**IoT 代理**功能。本质上，IoT 代理代表 IoT 设备提供了更高层面上的功能，如组织 / 汇总多个设备交付给 IoT 应用的数据，实现安全协议和功能，以及与网络管理系统相交互等。

需要指出的是，术语“通信网络”并非直接在 Y.206x 系列的 IoT 标准中所定义，通信网络支持设备间的通信，也可以直接支持应用平台。这可能是小 IoT 的一个扩展，如智能设备组成的家用网络。更一般的情况是，设备网络连接到企业网或者因特网中，以便与 IoT 相关的、承载各种应用的系统或者承载各种数据库的服务器相通信。

我们现在可以回到图 15-2 的左半部分，该部分展示了设备间通信的可能性。第一种可能性即设备通过网关进行通信，例如利用网关，一个具有蓝牙功能的传感器或者执行器可以与使用 Wi-Fi 技术的数据捕获设备或者通用设备进行通信。第二种可能性即无需网关在通信网络之内的通信，例如，在智能家庭网络中的所有设备可以使用蓝牙，并通过一个具有蓝牙功能的计算机、平板电脑或者智能手机进行管理。第三种可能性即设备相互间在一个独立的局域网络内直接进行通信，然后再通过局域网网关与通信网络进行通信（这一步未在图中显示）。采用第三种通信可能性的例子如下：大量的低电量传感器设备可以部署在诸如农场或者工厂等很大的区域中，它们相互间可以进行通信，以便将数据传递给连接到通信网络网关的设备。

398 ~ 399

图 15-2 的右边部分强调了每一个物理事物在 IoT 中可能通过一个或多个虚拟物来表示，但一个虚拟物也可能不存在对应的物理事物。物理事物映射到存储在数据库或其他数据结构中的虚拟物，而上层应用处理的是虚拟物。

**参考模型**

图 15-3 描述了 ITU-T IoT 参考模型，其中包括 4 个层次，以及应用到各层的管理功能和安全功能。到目前为止我们只考虑了设备层。就通信功能而言，设备层主要包括 OSI 的物理层和数据链路层。下面我们分析其他层次。

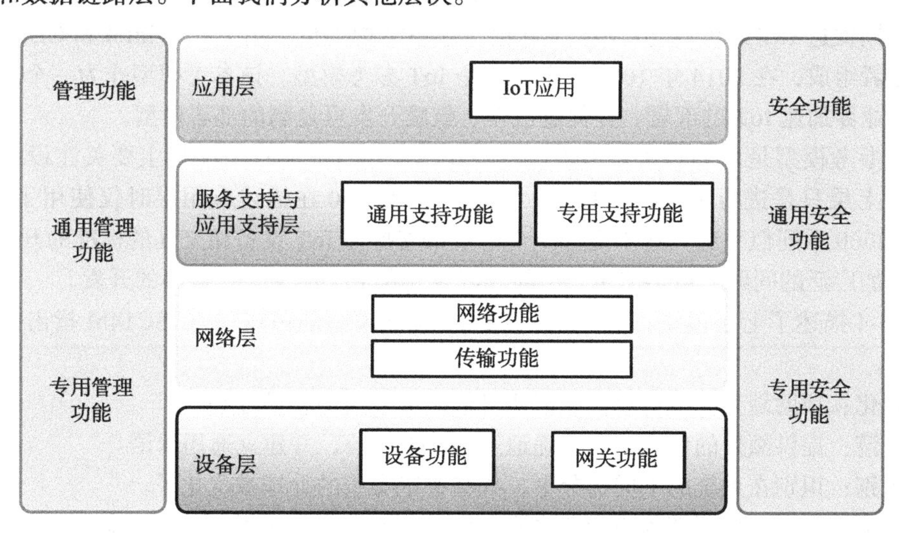


图 15-3　ITU-T Y.2060 IoT 参考模型

**网络层**实现两个基本功能。联网功能指设备与网关的互联，而传输功能指 IoT 服务和应用相关的信息以及 IoT 相关控制和管理信息的传输。粗略而言，这些对应于 OSI 的网络层和运输层。

**服务支持和应用支持层**提供了应用需要的功能。通用的应用支持功能可以供许多应用使用，如通用数据处理和数据库管理功能。专用的支持功能指那些为 IoT 应用特定子集的需求提供支持的功能。

400

**应用层**包括所有与 IoT 设备相交互的应用。

**管理功能层**涵盖传统的网络管理功能，包括故障管理、配置管理、计费管理和性能管理。Y.2060 列举了如下通用支持功能的例子。

- **设备管理**：包括设备发现、鉴别、远程设备激活和关闭、配置、诊断、固件 / 软件升级、设备工作状态管理等。
- **本地网络拓扑管理**：如网络配置管理。
- **流量和拥塞管理**：如针对时间紧急 / 生命周期紧急的数据流，进行网络过载条件的检测以及资源预留的实现等。

特定的管理功能需要按照特定类型的应用设计，一个典型例子就是智能电网传输线监测。

**安全功能层**包括与具体应用相独立的通用安全功能，Y.2060 列举了如下通用安全功能的例子。

- **应用层**：授权、鉴别、应用数据机密性和完整性保护、隐私保护、安全审计以及防病毒。
- **网络层**：授权、鉴别、用户数据和信令数据机密性以及信令完整性保护。
- **设备层**：鉴别、授权、设备完整性验证、访问控制、数据机密性和完整性保护。

特定安全功能与特定应用的需求相关，如移动支付安全需求等。

### 15.1.2　IoT 全球论坛参考模型

IoT 全球论坛（IWF）是一个由工业界发起的年度事件，聚集了商业、政府和学术界的代表，共同促进 IoT 的市场化。IoT 全球论坛体系结构委员会由 IBM、Intel 和 Cisco 等工业界的领导者组成，在 2014 年 10 月发布了一个 IoT 参考模型。该参考模型作为一个通用框架来帮助工业界加速 IoT 的部署，并促进协作、鼓励开发可复制的部署模型。

401

这一参考模型是对 ITU-T 参考模型的一个有益补充，ITU-T 文档主要关注设备和网关层面，对上层只是进行了宏观的描述。事实上，Y.2060 在描述应用层时仅使用了一句话。ITU-T Y.2060 系列似乎更关注于定义一个框架来支持与 IoT 设备相交互的标准的开发。IWF 关注于更加广泛的问题，包括应用、中间件以及企业 IoT 的支持功能等的开发。

图 15-4 描述了七层模型，由 Cisco 发起的 IWF 模型的白皮书 [CISC14b] 指出模型具有如下特征。

- **简化**：帮助划分复杂系统，以便使得每一部分更加容易理解。
- **澄清**：提供额外的信息以便准确地辨别 IoT 的层，并建立通用术语。
- **识别**：识别在系统的不同部分中，哪些特定类型的处理被优化了。
- **标准化**：在支持厂商创建能够协同工作的 IoT 产品方面迈开了第一步。
- **组织**：使得 IoT 真实可用，而非一个简单的概念。

**物理设备和控制器层**

第 1 层包括物理设备和能够控制多台设备的控制器。IWF 模型的第 1 层大体对应于 ITU-T 模型的设备层（见图 15-3）。与 ITU-T 模型类似，这一层中的元素并非物理事物，而是与物理事物相交互的设备，包括传感器和执行器等。这些设备的功能包括模数转换和数模转换、数据生成、远程查询控制功能等。

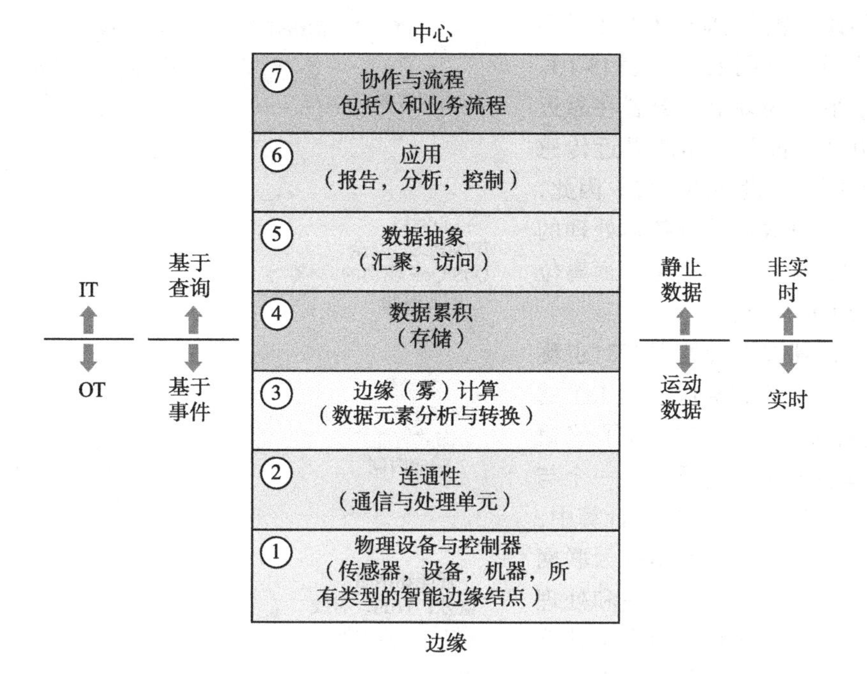


图 15-4　IoT 全球论坛参考模型

**连通性层**

从逻辑视图上来看，本层支持设备间的通信以及设备与第 3 层中底层处理之间的通信。从物理视图上看，本层包括路由器、交换机、网关、防火墙等用于构建本地和广域网络并提供因特网连通性的网络设备。本层支持设备相互间进行通信，通过上面的逻辑层次与计算机、远层控制设备和智能手机等应用平台通信。

IWF 模型的第 2 层大体上对应于 ITU-T 模型的网络层，但两者的主要区别在于 IWF 模型在第 2 层中包括网关，而 ITU-T 模型将网关放在第 1 层。由于网关是一个网络和连通性设备，将其放在第 2 层似乎更加合适。

**边缘计算层**

在许多 IoT 部署中，传感器的分布式网络可能会产生大量的数据。例如，海上石油平台和炼油厂每天可以产生以 TB 字节计的数据，而飞机每小时可能产生数十 TB 字节的数据。对于这样的大数据，通常需要在接近传感器的位置进行尽可能多的数据处理，而非将所有数据永久（或者长期）存储在一个所有 IoT 应用都能够访问的中心存储设备中。因此，边缘计算层的目的就是将网络数据流转换为适合存储和上层处理的信息。这一层的处理单元可能要处理海量的数据并进行数据转换操作，从而大大降低存储数据的规模。Cisco 关于 IWF 模型的白皮书 [CISC14b] 列举了如下边缘计算操作的例子。

402～403

- **评价**：按照一定的标准评价数据是否需要在高层进行处理。
- **格式化**：为进行一致性高层处理而重新格式化数据。
- **扩展／解码**：通过额外的环境信息（如数据来源等）处理那些复杂的数据。
- **摘要／压缩**：压缩／总结数据以便最小化数据和流量对物理和高层处理系统的影响。

- **评估**：判断数据是否达到某个阈值或者告警标准，可能包括将数据重定向到额外目的地的操作。

本层的处理单元对应于ITU-T模型中的通用设备（见图15-1和表15-1）。一般来说，它们物理上被部署在靠近IoT网络边缘的位置，亦即靠近传感器和其他数据产生设备的位置。因此，对所产生的海量数据进行基本处理的一些功能被放置在网络边缘，远离位于中心的IoT应用软件。

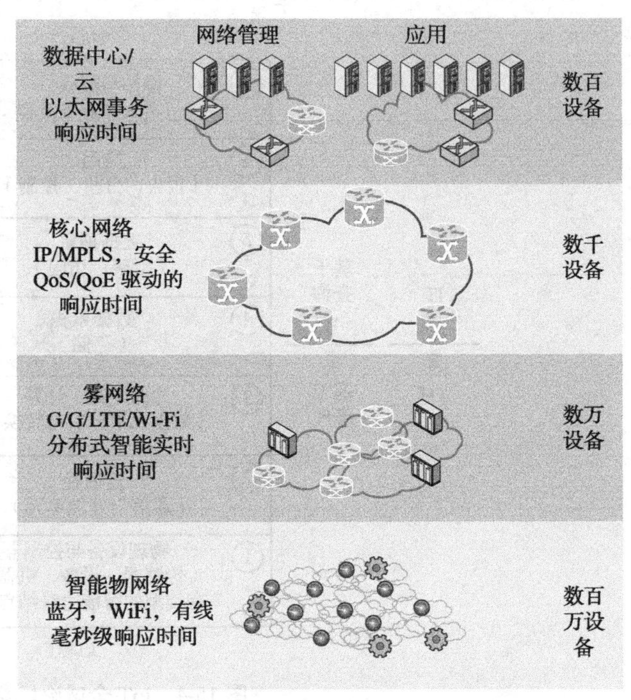

图15-5　雾计算

在边缘计算层进行处理有时也称为**雾计算**。雾计算和雾服务是IoT的一个典型特征，图15-5展示了该概念，雾计算表示在现代网络中一个与云计算相反的发展趋势。在云计算中，通过相对少数用户能够使用的云联网功能，将大量、中心化的存储和处理资源提供给分布式客户。而在雾计算中，大量独立的智能对象通过雾联网功能互联，并为IoT中靠近边缘的设备提供处理和存储资源。雾计算需要解决由于成千上万台智能设备所带来的挑战，包括安全、隐私、网络容量限制和时延需求等。术语雾计算来自于雾通常盘旋在接近地面的位置，而云通常位于天空中。

**雾计算**　在该场景中，大量异构、分布式的设备相互间进行通信，并与网络进行通信，从而在不需要第三方干预的情况下完成存储和处理任务。

表15-2来自于Vaquero和Rodero-Merino [VAQU14] 的一篇论文，其中将云计算和雾计算进行了对比。

表15-2　云和雾特征对比

| | 云 | 雾 |
|---|---|---|
| 处理/存储资源位置 | 中心 | 边缘 |
| 时延 | 高 | 低 |
| 访问 | 固定或无线 | 主要无线 |
| 移动支持 | 不可用 | 支持 |
| 控制 | 集中式/层次化（完全控制） | 分布式/层次化（部分控制） |
| 服务访问 | 通过核心 | 在边缘/手持式设备 |
| 可用性 | 99.99% | 高易失性/高冗余 |
| 用户/设备数量 | 数千万/数亿 | 数百亿 |
| 主要的内容生成者 | 人 | 设备/传感器 |
| 内容生成 | 中心位置 | 任何地方 |
| 内容消费 | 端设备 | 任何地方 |
| 软件虚拟化基础设施 | 中心企业服务器 | 用户设备 |

**数据聚集层**

本层负责将来自于大量设备并由边缘计算层所过滤和处理的数据放置在存储设备中，以便随后供高层使用。本层在设计问题、需求和处理方法等方面展现了底层（雾）计算和高层（云）计算的典型区别。

在网络中流动的数据称为*运动数据*，运动数据的速率和组织由产生该数据的设备所决定。数据产生是事件驱动的：周期性或者由环境中的一个事件所产生。为了捕获数据并按照一定的方式进行处理，需要实时做出响应。另一方面，大多数应用不需要按照网络传输速率处理数据。一个现实问题是，云网络和应用平台都无法实时处理大量 IoT 设备所产生的数据量。相反，应用处理的是*静止数据*，亦即处于可访问存储空间中的数据。应用可以通过非实时的方式按需访问这些数据。因此，上层以查询或者事务为基础进行操作，而下面三层以事件为基础进行操作。

Cisco 关于 IWF 模型的白皮书 [CISC14b] 列举了数据聚集层的如下操作：

1）将运动数据转化为静止数据

2）将数据格式从网络分组转化为数据库关系表

3）实现从基于事件到基于查询计算的转换

4）通过过滤和选择性存储显著地降低数据量

404～406

另一种关于数据聚集层的视图就是：该层标识了 IT 和 OT 的边界。

**信息技术（IT）** 信息处理中所有技术的通用术语，包括软件、硬件、通信技术和相关的服务。一般而言，IT 不包括那些不能为企业级应用产生数据的嵌入式技术。

**操作技术（OT）** 硬件和软件，能够通过对企业中的物理设备、进程和事件进行直接监测 / 控制来检测或者触发一个调整。

**数据抽象层**

数据聚集层汇聚了大量的数据并将其存储在存储设备中，它并不针对特定的应用或者应用集合进行定制。边缘计算层可能会上报大量来自于异构处理器、具有多种格式的不同类型数据进行存储，数据抽象层可以汇聚和格式化这些数据，使得应用访问这些数据时更加可管理和高效。具体工作包括如下内容：

1）组合来自于不同源的数据，这一操作包括一致化多种数据格式。

2）进行必需的转换，以便为不同源的数据提供一致性语义。

3）将格式化好的数据放置在合适的数据库中。例如，大量重复性的数据可能存储在诸如 Hadoop 等大数据系统中，而事件数据存储在关系型数据库管理系统中，以便提供更快的查询时间和为这类数据提供合适的查询接口。

4）通知高层应用数据已经完整或者已经积累到一个特定的阈值。

5）整合数据到一个位置（通过 ETL [ 提取、转换、加载 ]，ELT [ 提取、加载、转换 ]，或者数据复制），或者通过数据虚拟化技术提供到多个数据储存位置的访问。

6）通过合适的认证和授权机制保护数据。

7）规范化或者反规范化并索引数据，以提供快速应用访问。

**应用层**

本层包括使用 IoT 输入或者控制 IoT 设备的各种应用。一般来说，应用与第 5 层和数据进行非实时的交互，因此不必按照网络速率进行运作。为了支持应用跨越中间层而直接与第 3 层甚至第 2 层进行交互，需要提供相应的流水线操作措施。IWF 模型并不严格地定义应用，认为这超出了 IWT 模型的讨论范围。

**协作与处理层**

本层意识到为了使 IoT 有用，用户必须能够相互通信与协作。这可能包括多个应用，以及通过因特网或者企业网交换数据和控制信息。

**IoT 参考模型小结**

IWF 将 IoT 参考模型作为一个产业界可以接受的框架，目的在于标准化与 IoT 相关的概念和术语。更重要的是，IWF 模型列举了产业界在实现 IoT 价值之前必须要完成的功能和要解决的问题。无论对于开发模型中功能元素的供应商，还是开发需求及评价厂商产品的客户，这一模型都非常有用。

图 15-6 来自 Cisco 对 IWF 模型的描述［CISC14c］，该图整合了 IWF 模型的核心概念。

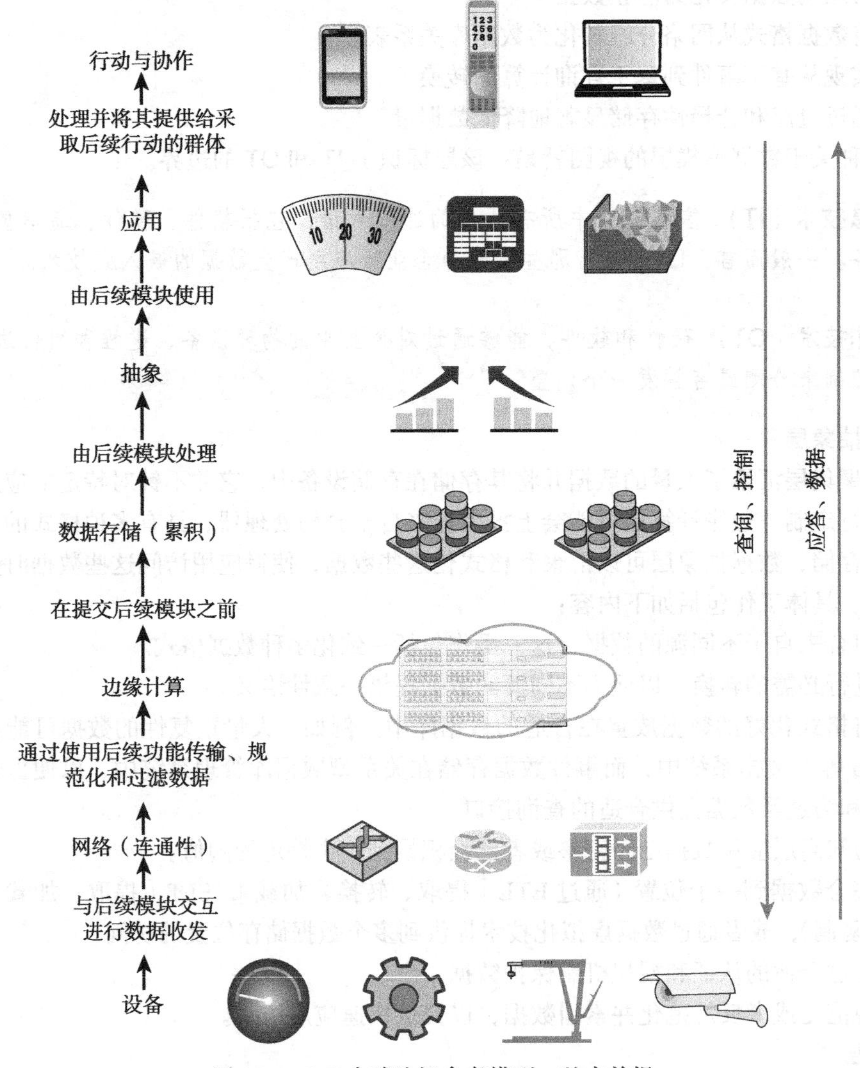


图 15-6　IoT 全球论坛参考模型：基本前提

## 15.2　IoT 实现

前述部分探讨了两种参考模型，对于 IoT 设计中所期望的功能给出了一个很好的概述。通过分析三个实现方面的努力，本节将关注部署 IoT 设备和软件时的实际问题。首先，我们讨论一种开源的软件计划，随后探讨两种商业实现。

### 15.2.1　IoTivity

IoTivity 是一个开源的软件计划，其目标是提供一个标准和开源的实现，从而使设备和服务能够不必关心来源即可在一起工作。

在 IoTivity 项目中有两个机构扮演着重要角色。项目由开放互连联盟（Open Interconnect Consortium, OIC）资助，OIC 是一个行业联盟，其目标在于推进一个开源的实现，以提升 IoT 中数以亿计的设备之间的互操作性。截至目前，OIC 仍致力于开发标准和总体框架，以建立一个能够覆盖多种垂直市场和用例互操作性的单一解决方案。IoTivity 项目的章程是，开发和维护一个与 OIC 最终规范相一致的开源实现，并能够通过 OIC 认证测试。

IoTivity 项目由 Linux 基金会所维护，该基金会是一个非营利性的联盟，致力于促进 Linux 的成长和协作开发。作为一个 Linux 基金会项目，IoTivity 受一个与 OIC 一起工作的独立指导小组监督。希望参与项目的开发者可以通过项目服务器访问基于 RESTful 的应用程序接口（API），并提交代码供同行评审。项目在众多编程语言、操作系统和硬件平台上可用。

尽管在本书写作时 OIC 尚未发布任何规范，IoTivity 已经开发了一个开源代码的初始的预览版本。初始版本包括在 Linux、Arduino 和 Tizen 中的构建及开始指导。该代码被设计为具有很好的可移植性，未来版本包括在其他操作系统中进行构建。

**协议体系结构**

IoTivity 软件提供了大量需要在 IoT 设备和应用平台中实现的通用目标的查询 / 响应函数。

IoTivity 对**受限设备**和非受限设备进行了区分。在 IoT 中的许多设备，尤其是那些小型的大量设备都是资源受限的。正如 Seghal 等人［SEGH12］的论文中所指出的那样，按照摩尔定律进行的技术提升能够使嵌入式设备更加便宜、小型化，以及更加节能，但未必能够更加功能强大。典型的嵌入式 IoT 设备通常采用拥有非常小 RAM 和存储能力的 8 位或者 16 位微控制器。资源受限设备通常配备 IEEE 802.15.4 射频，以便支持低功耗低数据率的无线个人区域网络（WPAN），其中数据传输速率在 20 ~ 250kbps 之间，而帧大小通常不超过 127 字节。

409

**受限设备**　在 IoT 中，具有有限挥发性和非挥发性存储器、有限处理能力，以及低数据收发速率的设备。

术语*非受限设备*主要指那些不存在严重资源约束的设备，这些设备可以运行通用目标的操作系统，如 iOS、Android、Linux 和 Windows 等。非受限设备包括具有较高处理能力和存储资源的 IoT 设备，以及 IoT 应用的应用平台。

为了适应受限设备，总体的协议体系结构（见图 15-7）需要能够同时在受限和非受限设备中实现。在运输层，软件依赖于用户数据报协议（UDP），该协议运行于 IP 协议之上，需要更少的处理能力和存储资源。在 UDP 协议之上是受限应用协议（CoAP），该协议是一个专门为受限设备设计的简单查询 / 响应协议，我们随后将对其进行描述。IoTivity 实现中使用了 libcoap，一个基于 C 语言实现的 CoAP，能够同时在受限设备和非受限设备中使用。

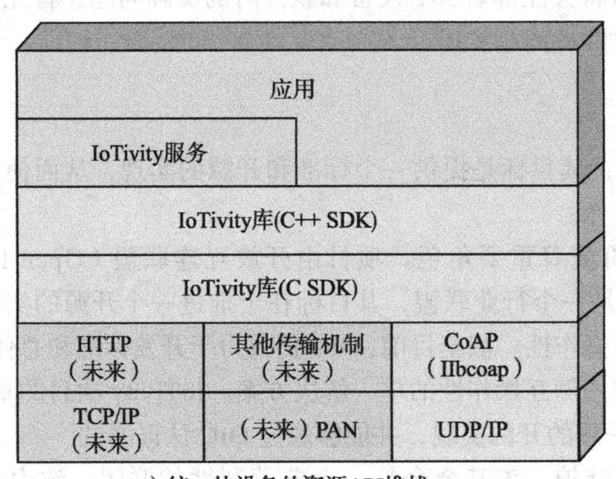


a）统一块设备的资源API堆栈
CoAP=受限应用协议
SDK=软件开发工具包
PAN=个人区域网络

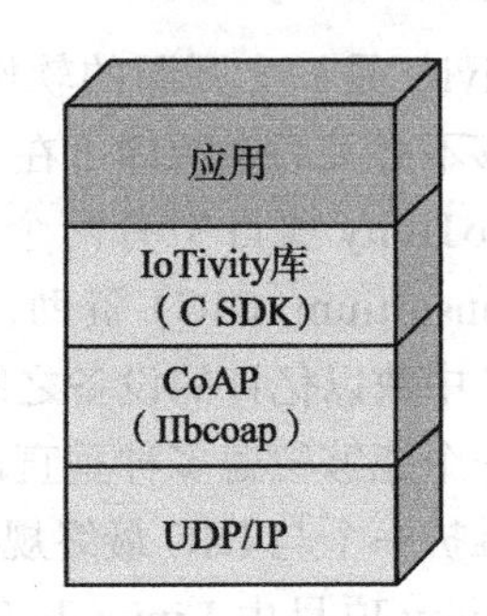


b）受限设备的资源API堆栈

图 15-7　IoTivity 协议栈模块

IoTivity 库是一组软件开发工具集，支持创建应用以实现在承载 IoT 应用的客户端和服务器之间进行通信，这些客户端和服务器都是 IoT 设备。该库通过 C 语言实现，并为非受限设备增加了一些基于 C++ 的额外工具。除了厂商开发的私有、增值应用之外，该软件是开发开源应用的基础，这些开源应用可以作为整个 IoTivity 包的一部分。

410

**受限应用协议**

CoAP 在 RFC7252《受限应用协议》（2014 年 6 月）中进行了定义，该 RFC 将 CoAP 描述为一个专用的 Web 传输协议，用于 IoT 中的受限结点和受限网络。协议为诸如智能能源和楼宇自动化等机器到机器应用（M2M）所设计。CoAP 提供了一个在应用端点之间的查询 / 响应交互模型，支持内在的服务和资源发现，并包括诸如 URI 和因特网媒体类型等关键概念。CoAP 被设计为很容易与 HTTP 互连，以便与 Web 相集成，同时满足受限环境中的多播支持、极低开销、简单化等特殊要求。

尽管 CoAP 被设计为在受限设备中流式使用，该协议本身却非常复杂，RFC 7252 有 112 页。这里我们只是给出一个简要描述。

一种有益的开始方式是描述协议的消息格式，如图 15-8 所示。包括三类消息：请求、响应和空消息，所有消息都使用同样的格式。所有消息都以一个 32 位的固定首部开始，其中包括如下字段：

- **版本**：当前是版本 1。
- **类型**：消息类型，包括以下四种消息类型。
  - **可确认**：这类消息要求一个 ACK 或者重置消息的确认。CoAP 通常运行在 UDP 之上（UDP 端口号为 5683），而 UDP 提供的是不可靠的服务。因此可确认消息类型在需要时可以提供可靠传输。

- ■ **不可确认**：不需要确认消息。主要用于应用所要求的经常性重复消息，如重复从传感器获取数据等。
- ■ **确认**：确认已经收到特定的可确认消息。
- ■ **重置**：意味着收到了一个特定的消息类型（可确认或者不可确认），但因为缺失一些信息而无法正确处理它。

- **令牌长度**：指明可变长度的令牌字段的长度（如果存在的话）。
- **代码**：由 3 位的类型字段和 5 位的详情字段组成。类型字段表明下述类型中的一种：请求、成功响应、客户端错误响应和服务器端错误响应。当类型字段为请求时，详情字段表示请求的方法，可以是 GET、POST、PUT 或者 DELETE。当类型字段为响应时，详情字段表示响应码（见表 15-3 和表 15-4）。
- **消息 ID**：用于检测消息重复，以及将确认 / 重置类型的消息和可确认 / 不可确认类型的消息进行匹配。
- **令牌**：用于在不依赖底层消息的情况下将响应与请求相匹配。需要注意的是，令牌是与消息 ID 完全不同的概念。消息 ID 工作于一个需要确认的独立消息的层次上，而令牌则用于区分并发请求的客户端本地标识符（见 5.3 节），它也被称作请求 ID。
- **选项**："类型 – 长度 – 数值"（TLV）格式的零个或多个 CoAP 选项的序列。

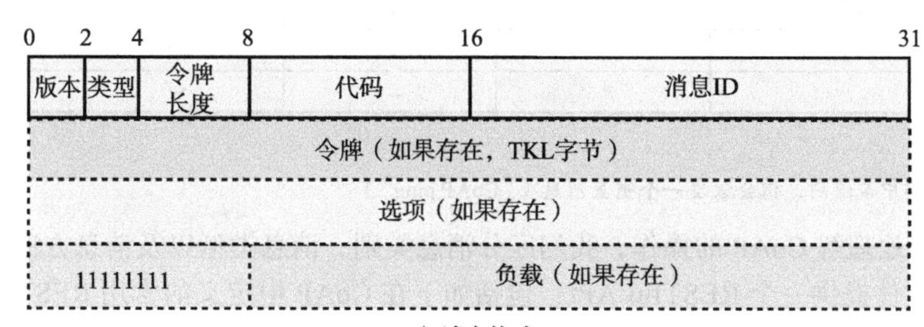

a）消息格式

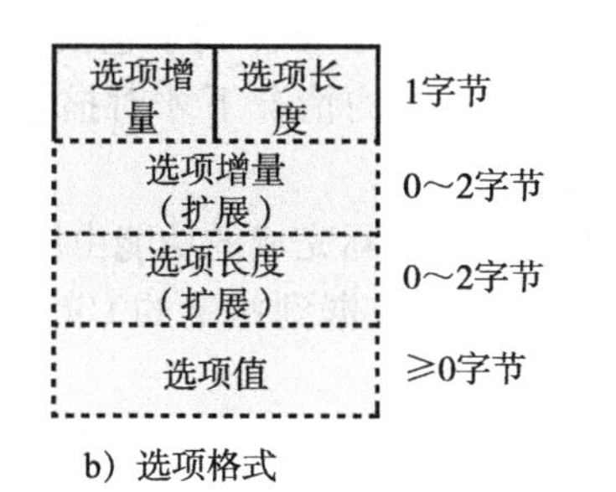

b）选项格式

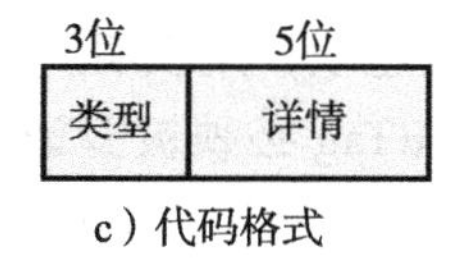

c）代码格式

411 ~ 412

图 15-8　CoAP 格式

**表 15-3　CoAP 消息：类别、类型及代码**

| 消息类别 | 应答消息代码 | |
|---|---|---|
| 请求 | 创建 | 前提条件不正确 |
| 成功响应 | 删除 | 请求实体太大 |
| 客户端错误响应 | 有效 | 不支持的内容格式 |
| 服务器端错误响应 | 改变 | 内部服务器错误 |
| 空 | 内容 | 未实现 |

（续）

| 消息类别 | 应答消息代码 | |
|---|---|---|
| 消息类型 | 非法请求 | 网关错误 |
| 可确认 | 未授权 | 服务不可用 |
| 不可确认 | 非法选项 | 网关超时 |
| 确认 | 禁止 | 代理不支持 |
| 重置 | 未发现 | |
| 请求消息方法代码 | 方法未允许 | |
| GET | 不接受 | |
| POST | | |
| PUT | | |
| DELETE | | |

表 15-4　CoAP 消息：每个消息类别使用的消息类型

| | 消息类型 | | | |
|---|---|---|---|---|
| 消息类别 | 可确认 | 不可确认 | 确认 | 重置 |
| 请求 | √ | √ | -- | -- |
| 成功响应 | √ | √ | √ | -- |
| 客户端错误响应 | √ | √ | √ | -- |
| 服务器端错误响应 | √ | √ | √ | -- |
| 空 | * | -- | √ | √ |

-- 未使用

* 在正常操作中未使用，但会激发一个重置消息（“CoAP ping”）

为了更好地理解 CoAP 的操作，我们区分消息类别、消息类型以及消息方法。消息方法用于为高层软件提供一个 RESTful API，包括如下在 CoAP 中定义的常用 REST 函数（参见 5.4 节）。

413

- GET：获取一个信息的描述，该信息对应于当前请求的 URI 所标识的资源。如果该请求包括一个接受选项，则表明所期望的响应内容格式。如果请求包括一个 ETag 选项，则 GET 要求 ETag 必须被验证，且仅当验证失败的情况下才对描述进行转换。当成功时，内容或者有效响应码应当加入到响应消息中。
- POST：要求封装在请求消息中的描述应当被处理。实际完成的功能由原始服务器所决定，并依赖于目标资源。本质上，POST 发送一些数据到指定的 URL，并根据上下文信息执行一些动作。
- PUT：要求根据所封装的描述，对由所请求 URI 标识的资源进行更新或者创建。本质上，PUT 放置一个页面到一个指定的 URL。如果该位置已经存在一个页面，则用新的页面进行完整替换。如果不存在，则创建一个新的页面。
- DELETE：要求删除由所请求 URI 标识的资源。

上述简单但功能强大的 API 使得上层软件可以读取和控制 IoT 设备，且无须关注信息传递协议的细节。四种消息方法中的每一种均在请求消息类别中传递，而应答消息（如果有的话）则采用三种消息类别中的一种进行传递。取决于请求的情况，请求和响应可能是可确认的或者不可确认的（见表 13-8b）。响应也可以携带在确认消息类型中（捎带响应）。

图 15-9 来自于 RFC77252，给出了 CoAP 消息交换的一个简单例子。该图展示了一个

基本的 GET 请求所引发的捎带响应。客户端向服务器发送一个可确认的 GET 请求，请求资源 coap://server/temperature，且消息 ID 为 0x7d34。该请求包括一个 Uri-Path 选项（偏移 0+11=11，长度 11，数值 "temperature"）；令牌设置为空。一个 2.05（内容）响应被封装在响应消息中返回，以确认刚才的可确认请求，作为对消息 ID 0x7d34 和空令牌的应答。响应包括一个载荷 "22.3 C"。

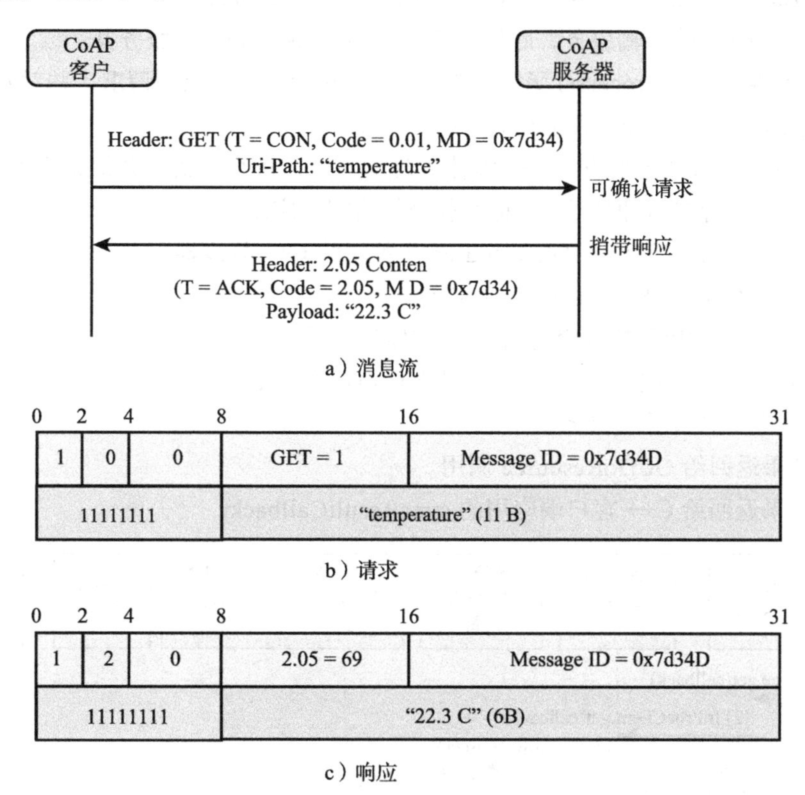


图 15-9 CoAP 例子

CoAP 还有一些其他方面的内容超出了本节的讨论范围，如安全、缓存和代理功能等。

**IoTivity 库服务**

IoTivity 库是一个运行在 CoAP API 之上的软件，为上层提供资源模型，包括客户端和服务器。服务器负责承载资源，包括两种类型：实体和实体处理器。实体对应于 IoT 中的物，可以是执行器或者传感器。实体处理器是一个相关的设备，如缓存来自于一个或多个传感器数据的设备，或者用于网关类型协议转换的代理等。IoTivity 库为高层提供了如下服务。

- **资源注册**：用于注册资源以便以后访问。
- **资源和设备发现**：该操作返回网络服务中某一类型的资源的标识信息。该操作通过多播发送给所有的服务。
- **资源查询（GET）**：从资源获取信息。
- **设置资源状态（PUT）**：本操作设置简单资源的值。
- **观察资源状态**：本操作注册为某个简单资源的观察者，并获取其值，随后根据应用定义的周期向客户端提供通知。

414
~
415

下述资源查询的例子来自于 IoTivity 的 Web 站点，该例子按照如下步骤从一个轻量级的源处获取状态（见图 15-10）：

1）客户端应用调用 resource.get(…) 以从资源处取得一个描述。

2）该调用被安排到栈中，并设置为在线运行或者离线运行（作为守护进程）。

3）调用 C API 来分发请求。该调用可能类似于下述形式：CDoResource(OC_REST_GET, "//192.168.1.11/light/1, 0, 0, OC_CONFIRMABLE, callback);

4）这里 CoAP 用作传输服务，底层栈将发送 GET 请求到目标服务器。

5）在服务器端，OCProcess() 函数（消息提取）从套接字接收到请求，并对其进行解析，然后基于请求的 URI 将其分发到正确的实体处理器。

6）在使用 C++ API 的地方，C++ 实体处理器对负载进行解析，并根据服务器栈是在线运行还是离线运行（作为守护进程），将负载交付给客户应用。

7）C++ SDK 将其传递给与 OCResource 相关联的 C++ 处理器。

8）处理器将结果代码和描述返回给 SDK。

9）SDK 将结果代码和描述交付给 C++ 实体处理器。

10）实体处理器将结果代码和描述返回给 CoAP 协议。

11）CoAP 协议将结果传递给客户端设备。

12）将结果返回给 OCDoResource 调用。

13）将结果返回给 C++ 客户端应用的 syncResultCallback。

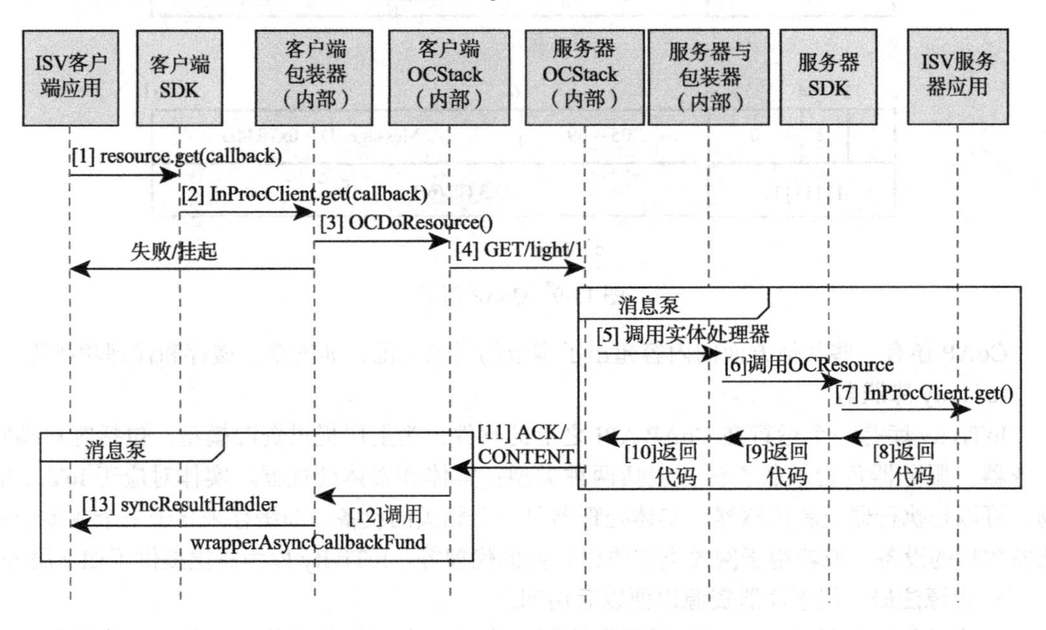


图 15-10　查询资源状态的时序图

### IoTivity 服务

IoTivity 库服务为前面列举的基本函数提供了一个 RESTful API。在此基础上，当前发布的版本包括四个被称为 IoTivity 服务的应用。IoTivity 服务为应用开发提供了通用的功能集合。这些原子服务被设计为提供对应用和资源的简单、可扩展的访问，并能够完全地自管理。这四种服务具体如下所示。

- **协议插件管理器**：通过插件协议转换器使 IoTivity 应用与非 IoTivity 设备进行通信。

它提供了许多参考协议插件和插件管理器 API 以便启动 / 停止插件。

- **软传感器管理器**：在 IoTivity 之上以一种健壮的方式为应用开发者提供有用的物理和虚拟传感器数据。它还在 IoTivity 之上为上层的虚拟传感器提供部署和执行环境。其功能包括如下几部分：收集物理传感器数据；基于其自身的组合算法，通过聚合来整合所收集的数据；将数据提供给应用；检测特定的事件和变化。
- **物体管理器**：创建组，在网络中寻找合适的成员物体，管理成员，以及简化组行为等。通过使应用能够通过命令 / 响应来处理一组物体，这一服务简化了应用的操作。
- **控制管理器**：提供框架和服务来实现控制器、被控制者和控制器的 TREST 框架。它同样为应用开发者提供了 API。

416 ~ 417

为了更好地理解 IoTivity，我们来分析控制管理器（CM）服务，具体如图 15-11 所示。CM 运行于客户端和服务器平台的 IoTivity 库之上，提供了软件开发包（SDK）API，用于发现受控设备和通过 RESTful 资源操作控制这些设备。CM 还提供了订阅 / 通知功能，用于监测设备运行或状态改变。

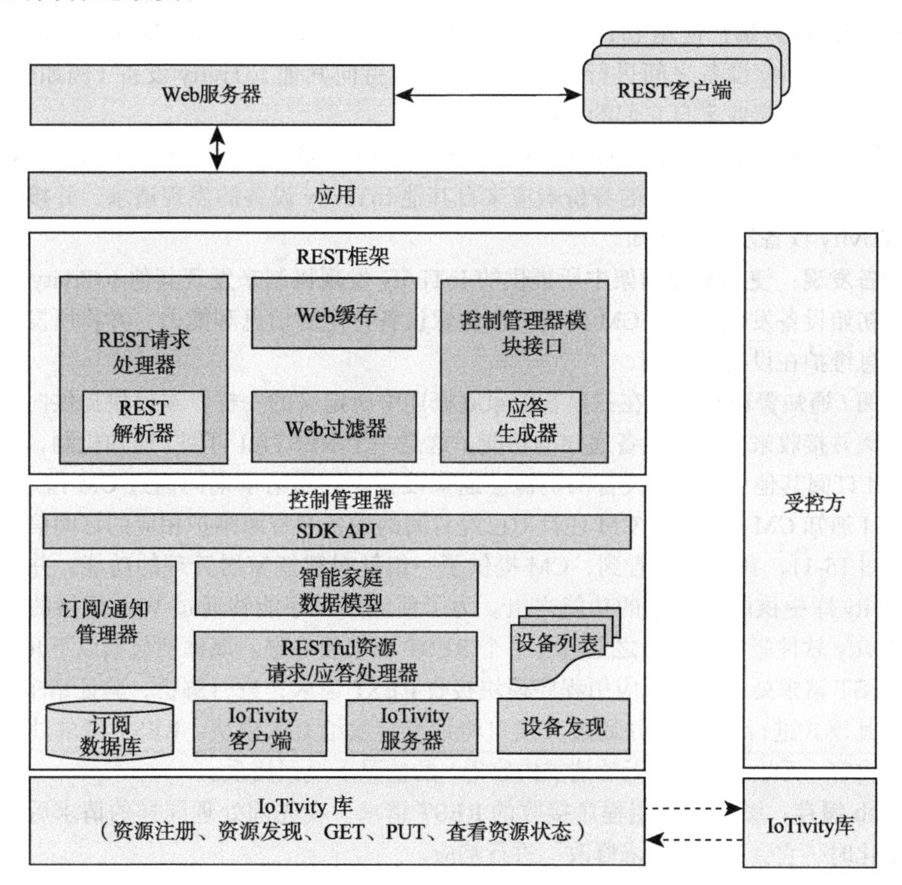


图 15-11　IoTivity 控制管理器体系结构

在当前发布版本中，CM 最适合于智能家庭应用。CM 使用了三星公司的智能家庭架构。三星在 2014 年早期提出了三星智能家庭的概念，该服务支持智能电视、家用电器以及智能手机等进行互联，并通过一个集成平台进行管理。其功能可以使用户通过连接到个人或者家用设备上（冰箱、洗衣机、智能电视、数码相机、智能手机甚至包括 GALAXY 可穿戴设

418 备），随后使用一个应用来控制和管理他们的家用设备。尽管三星智能家庭由三星公司所提出，并作为一个控制三星设备的平台，但该架构定义的功能同样可以在其他环境中使用，因此被 IoTivity 作为其 CM 应用的一种有效基础。

CM 包括下述几个组成部分。

- **SDK API**：一个 RESTful 的接口，用于 REST 框架，将在本章随后部分讨论。
- **智能家庭数据模型**：用于所有家用设备和电器的数据模式，该模式定义了一个层次化的资源模型和设备属性。通用资源集合提供了与设备能力、设备配置和所支持的资源等相关的信息。功能相关资源提供了与设备特定功能（如温度调节器、光、门等）相关的资源。通过数据模型，应用开发者能够很方便地编译设备信息、状态，并控制设备。
- **RESTful 资源请求 / 应答处理器**：通过将数据从数据模型序列化为消息格式，提供了从控制器向受控设备发送请求的功能。它将接收到的响应消息转换为智能家庭数据模型，以便随后交付给控制器。它使用客户端模块发送请求和接收响应。
- **IoTivity 客户端**：使用 IoTivity 基础框架为每个 IoTivity 协议实现客户端，以便在不同的 IoTivity 设备之间进行消息传递。它支持向其他 IoTivity 设备（例如受控设备）发送请求并接收来自它们的响应。
- **IoTivity 服务器**：使用 IoTivity 基础框架实现服务器，以响应来自其他 IoTivity 设备的请求。CM 以服务器的身份响应来自其他 IoTivity 设备的发现请求，并接收从其他 IoTivity 设备发送的通知。
- **设备发现**：使用基础框架中所提供的 IoTivity 发现机制来发现其他 IoTivity 设备。除了初始设备发现之外，CM 发现机制检索设备特定的信息和能力，并将所发现设备的信息维护在设备列表中。
- **订阅 / 通知管理器**：如在三星智能家庭概述中所定义的一样，本模块提供向其他设备订阅并接收来自其他设备通知的功能。这是一个 RESTful 订阅 / 通知机制，该机制中 CM 订阅其他 IoTivity 设备的资源。通知设备在订阅请求期间通过 CM 指定的 REST URI 通知 CM 服务器。CM 还针对已经订阅的设备和资源维护相应的订阅信息。419

参考图 15-11，我们可以看到，CM 提供了一组针对智能家居管理的功能，并将其构建在由 IoTivity 库提供的更原始的功能之上。为了使应用程序能够通过 Web 风格的界面访问 CM，IoTivity 软件版本在 CM 之上包含一个 REST 框架软件层。该框架包括以下几个模块。

- **REST 请求处理器**：从应用程序模块接收 REST 请求，进行解析，验证请求内容（仅对其模式进行验证），并通过其接口将请求转发给 CM 模块。REST 请求处理器在无效内容（无效的 URI / 无效请求内容等）的情况下返回错误。
- **Web 缓存**：缓存从应用程序接收的 REST 请求。在先前处理同样的请求后系统没有变化时，它会以“304 未修改”进行响应。
- **Web 过滤器**：解析请求 URI 中的过滤器参数。
- **CM 模块接口**：作为 REST 框架和 CM 之间的接口，主要负责将已处理的 REST 请求转发给 CM。它向 CM 创建和注册响应监听器，随后 CM 使用这些响应监听器进行异步响应。此外，这里还维护着一个 30 秒的超时时间，如果在这个时间内没有从 CM 接收到响应，则会向应用程序返回一个错误信息。

图 15-11 展示了另外 3 个元素。在执行模型中，客户端使用 HTTP 通过 Web 服务器的

Web 接口与 IoTivity 进行交互。该 Web 服务器提供了一个用户友好的界面，使用户能够管理智能家居设备。每个用户请求都被传递给应用程序模块，该模块解析 HTTP 请求以提取信息（方法、URI、请求主体等），并将其转发到 REST 框架的 REST 请求处理器。最后，响应以类似的方式通过响应生成器返回。

### 15.2.2 思科 IoT 系统

2015 年，思科推出了一套被称为思科 IoT 系统的集成和协同产品，指导该产品开发的理念主要基于以下的观察：思科估计到 2020 年将有 500 亿台设备和物体连接到因特网。然而今天物理世界中超过 99% 的物体仍未连接。为了利用这一数字化浪潮带来的前所未有的机遇，越来越多的公司和城市开始部署物联网解决方案。

然而，数字化本身是十分复杂的。客户常常以前所未有的规模连接设备和对象，或融合不相关的网络。此外，他们只能通过应用先进的数据分析来认识这些连接的价值，即便如此，客户仍然需要创建能够加速新业务模式或提高生产力的新一代智能应用。所有这一切都必须在不牺牲系统中任何一点安全性（从设备到数据中心和云端）的情况下实现。 420

思科 IoT 系统通过基础设施来解决数字化的复杂性，这一基础设施旨在管理由多样化的端结点和平台所组成的大型系统以及它们创建的海量数据。思科 IoT 系统由 6 个关键技术支柱组成，当将它们组合在一起形成一个架构时，有助于降低数字化的复杂性。思科还在 6 大支柱之中公布了若干物联网产品，并将继续推出新产品作为思科 IoT 系统的一部分。

图 15-12 展示了下面所描述的 6 大 IoT 系统支柱。

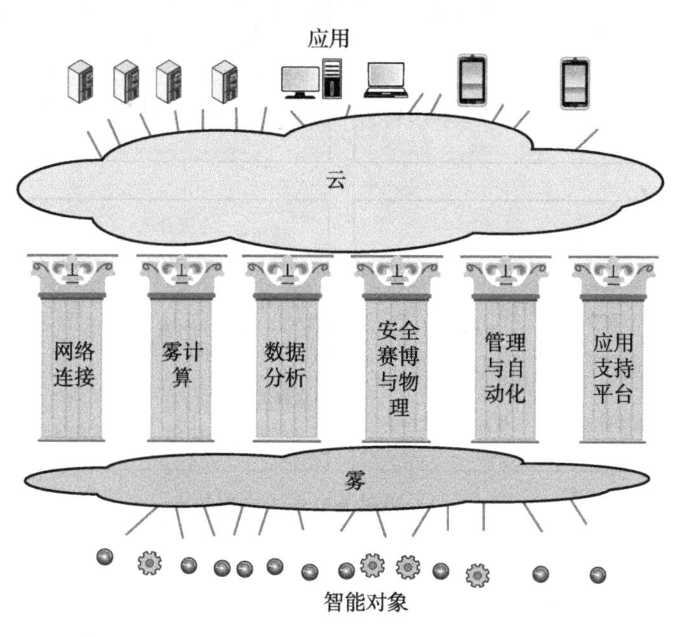


图 15-12 思科 IoT 系统

- **网络连接**：包括专用的路由、交换和无线产品，具有加固和非加固等各种形式。 421
- **雾计算**：提供思科的雾计算或者边缘数据处理平台，IOx。
- **数据分析**：一种优化的基础设施，可以用于实施分析，以及为思科连接分析产品组合和第三方分析软件提供可操作的数据。

- **安全**：统一赛博和物理安全，以实现运营效益，增加对物理和数字资产的保护。思科的 IP 监控产品组合以及 TrustSec 安全和云 / 赛博安全产品等网络产品支持用户监测、检测和响应组合的 IT 和操作技术（OT）攻击。
- **管理与自动化**：用于管理端结点和应用的工具。
- **应用支持平台**：一套为行业和企业、生态系统合作伙伴和第三方供应商所提供的 API，用于在物联网系统功能的基础上设计、开发和部署自己的应用程序。

本讨论的后续部分依次对每个支柱技术进行概述。基于思科 IoT 系统白皮书 [CISC15b] 中的图表，图 15-13 重点展示显示了每个支柱所涉及的关键要素。

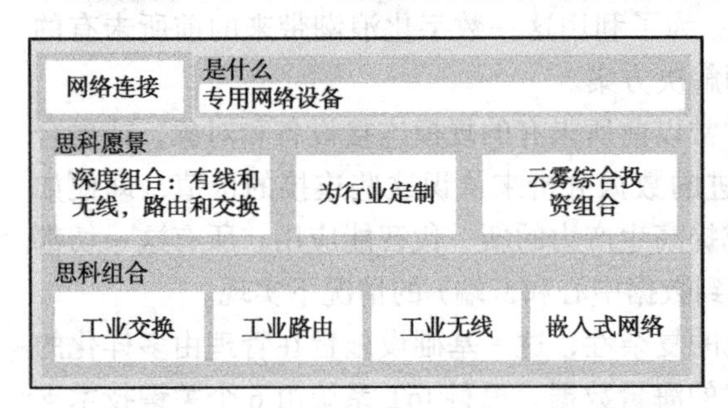


雾计算
是什么
用于运行接近物体的应用程序的雾基础设施
思科愿景
丰富的服务功能：API
生态系统合作伙伴
雾结点选项
思科组合
API:IOx
平台
生态系统合作伙伴

数据分析
是什么
数据分析的基础设施和工具
思科愿景
在雾中启用实时分析
数据隐私
数据虚拟化
思科组合
雾数据服务
IOx
思科连接流分析

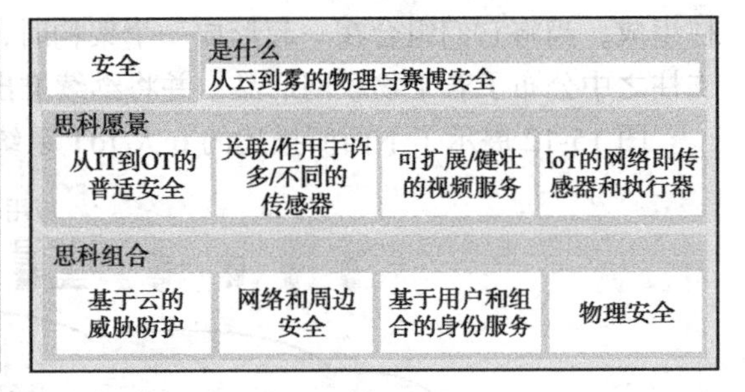


管理与自动化
是什么
IoT规模的自动化与管理
思科愿景
基于策略的动化
IT/OT融合
好的用户体验/适合市场/易用
思科组合
IoT领域网络
基本管理
视频监控管理器

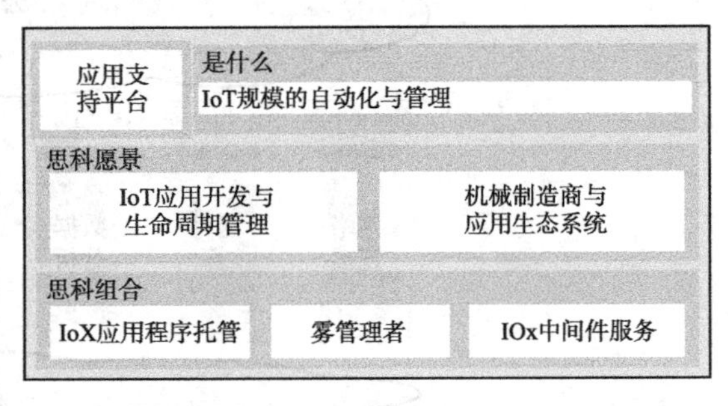


422

图 15-13　思科 IoT 支 3 支撑技术

**网络连接**

Cisco IoT 系统的网络连接组件是网络边缘中各种网络产品的集合，用于支持智能对象、网关和其他边缘计算设备之间的连通性。许多智能对象被部署在条件十分苛刻的环境中，例如工厂、农场和其他室外环境。通常这些设备通过有限的发射 / 接收范围进行无线通信。因此，边缘网络设备需要满足一些独特的要求，包括如下内容：

- 支持大量的端系统
- 在各种苛刻或者远程环境中运行
- 靠近所支持的物联网对象

网络连接组件将许多新旧产品汇集在一起，以更好地支持物联网。该产品线包括可靠、可扩展、高性能的网络解决方案，涵盖了路由、交换和无线产品等内容的广泛组合，可提供加固和非加固等形式，并可以将软件解决方案集成到第三方设备中。

具体的产品组合可以分为以下几个类别。

- **工业交换设备**：一系列简洁、坚固的以太网交换机，可处理工业网络中的安全、语音和视频流量。这些产品的一个关键特性是它们实现了思科专有的弹性以太网协议（REP）。REP 提供了生成树协议（STP）的一种替代方案。REP 提供了一种控制网络环路、处理链路故障并优化收敛时间的方法，它控制一组连接在同一个网段中的端口，确保该网段不创建任何桥接环路，并对网段内的链路故障做出响应。REP 为构建复杂网络提供了基础，并能够支持 VLAN 负载平衡。
- **工业路由设备**：这些产品经认证能满足恶劣环境标准的要求。它们支持各种通信接口，如以太网、串口、蜂窝、WiMAX 和 RF 网络等。
- **工业无线设备**：专为部署在各种苛刻环境中设计。这些产品提供无线接入点功能，并实现了思科的 VideoStream，它通过将多播报文封装在单播报文中的方式来改善多媒体应用。
- **嵌入式网络**：思科嵌入式业务交换机针对在苛刻环境中需要交换能力的移动和嵌入式网络进行了优化。主要产品是思科路由器家族中的嵌入式服务 2020 系列交换机产品。这些产品在硬件板卡上实现，可以集成到各种硬件设备上。同样在这个类别中，思科还提供了专为小型、低功耗 Linux 设备所设计的软件路由器应用程序。 423

**雾计算**

IoT 系统的雾计算组件由将 IoT 应用程序扩展到网络边缘的软件和硬件组成，在数据生成时即可对其进行高效分析和管理，从而减少延迟和带宽要求。

雾计算组件的目标是为在路由器、网关和其他 IoT 设备上部署的 IoT 相关应用程序提供一个平台。为了在雾结点上托管新的和现有的应用程序，思科提供了一个名为 IOx 的新软件平台，以及一个用于在 IOx 上部署应用程序的 API。IOx 平台结合了 Cisco IOS 操作系统和 Linux（参见图 15-14）。目前，IOx 已经在 Cisco 路由器上实现。

思科 IOS（最初称为互联网操作系统）是大多数思科系统的路由器和当前思科网络交换机上使用的软件。IOS 是一个集成到多任务操作系统中的路由、交换、网络互联和电信功能的软件包。不能将其与苹果在 iPhone 和 iPad 上运行的 iOS 操作系统混淆。

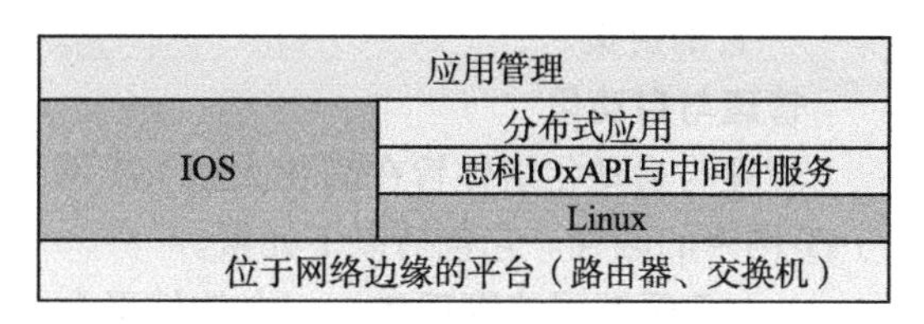


图 15-14 思科 IOx

以 IOS 为基础，IOx 将 IoT 所需的通信和计算资源整合到单个平台上，以便支持网络边缘的各种应用程序。如图 15-14 所示，IOx 平台（如路由器）使用多核处理器的多任务功能并行运行 IOS 和 Linux。Linux 作为支持 API 和中间件服务的基础，使合作伙伴公司能够在 IOx 平台上实现雾应用程序。

**数据分析**

IoT 系统的数据分析组件由分布式网络基础设施单元和 IoT 特定的 API 所组成，可在整个网络架构中（从云到雾）运行特定于具体业务的软件分析包，并允许客户将 IoT 数据智能地反馈至业务分析中。 424

思科 IoT 分析基础设施包括如下内容。

- **用于实时分析的基础设施**：在思科路由器、交换机、统一通信系统（UCS）服务器和 IP 摄像机上集成网络、存储和计算功能，以便使分析功能直接在雾结点上运行，达到在网络边缘进行实时收集、存储和分析的目的。
- **云到雾**：思科雾数据服务包括应用业务规则的 API，并控制哪些数据保持在雾中用于实时分析，以及哪些数据需要发送到云中以便长期存储和进行历史分析。
- **企业分析集成**：使用 IOx API，企业可以实时智能地在雾结点上运行分析。雾数据服务允许将物联网数据导出到云端。集成 IoT 数据可以提高运营效率、提高产品质量并降低成本。

**安全**

安全组件的目的是提供从云到雾的解决方案，以解决在攻击之前、之中和之后的攻击连续性。该组件包括基于云的威胁防护、网络和周边安全性、基于用户和组的身份服务、视频分析，以及安全物理访问。

安全组合包括如下元素。

- **基于云的威胁防护**：由思科的高级恶意软件防护（AMP）软件包所提供。这是一个应用面十分广泛的产品，可部署在各种思科和第三方平台上。AMP 产品使用大数据分析、遥测模型和全球威胁情报，以帮助实现连续恶意软件的检测和阻止、连续分析和追溯告警。
- **网络和周边安全**：产品包括防火墙和入侵防御系统。
- **基于用户和组的身份服务**：产品包括一个身份服务引擎，该引擎是一种安全策略管理平台，用于自动化和强化对网络资源的上下文感知安全访问。产品还包括思科 TrustSec 技术，它使用软件定义的分割机制来简化网络访问的配置、加速安全操作并确保安全策略能够在网络中的任何地方一致地执行。

425

- **物理安全**：思科的物理安全方法由硬件设备和安全管理软件组成。产品包括视频监控、IP 摄像机技术、电子访问控制和事件响应。思科物理安全解决方案可以与其他思科和合作伙伴技术相集成，并提供统一的接口，从而可以进行情境感知和快速明智的决策。

**管理与自动化**

管理与自动化组件旨在简化大型 IoT 网络的管理，支持多个孤岛功能，并实现 OT 数据与 IT 网络的融合。它包括以下元素。

- **IoT 领域网络管理者**：一个软件平台，能够提供各种管理路由器、交换机和端结点设备的工具。这些工具包括故障管理、配置管理、计费管理、性能管理、诊断和故障排除，以及用于行业特定应用程序的北向 API。
- **思科基本管理组合**：提供对家庭网络可见性的远程管理和配置解决方案。该软件包可以发现有关家庭中所有连接设备的详细信息，并进行远程管理。
- **思科视频监控管理器**：提供视频、分析和 IoT 传感器集成，用于支持物理安全管理。

**应用支持平台**

该组件提供了一个平台，用于基于云的应用程序开发，以及从云到雾进行简单和大规模的部署。该组件还提供了开放的 API 和应用开发环境供客户、合作伙伴和第三方使用。它具有以下元素。

- **思科 IOx 应用程序托管**：通过 IOx 功能，来自各行各业的客户和解决方案提供商将能够直接在思科工业网络设备上（包括加固路由器、交换机和 IP 摄像机）开发、管理和运行软件应用程序。
- **思科雾管理者**：允许对在边缘运行的多个应用程序进行中央管理。该管理平台使管理员能够控制应用程序设置和生命周期，从而可以更方便地访问和检查大型 IoT 的部署情况。

426

- **思科 IOx 中间件服务**：中间件是帮助程序和数据库（可能在不同平台上）协同工作的软件"黏合剂"，其最基本的功能是实现不同软件之间的通信。这一元素提供了 IoT 和云应用进行通信所需的工具。

### 15.2.3 ioBridge

IoBridge 提供软件、固件和 Web 服务，旨在简化和降低互联网相关设备与产品的成本，这些设备和产品可能来自于制造商、专业人员或者临时用户。通过提供所有必要的组件来支持 Web 功能，避免了 ioBridge 的客户与多个供应商的解决方案相结合时所面临的复杂性和成本。ioBridge 产品本质上是针对大量物联网用户的成熟解决方案。

**ioBridge 平台**

ioBridge 提供了一个完整的安全、私有和可扩展的端到端平台，适用于从自己动手做的（DIY）家庭项目到商业产品和专业应用程序。ioBridge 同时是硬件和云服务提供商，其 IoT 平台使用户能够使用可扩展的 Web 技术创建控制和监测应用程序。ioBridge 具有端到端安全性、到 Web 和移动应用程序的实时 I / O 流，以及产品易于安装和易于使用等特点。

图 15-15 展示了 ioBridge 技术的一些主要特性。嵌入式设备与云服务之间的紧密集成使得该图中显示的许多功能在传统 Web 服务器技术中是不可能实现的。需要注意的是，现有的 ioBridge 嵌入式模块还包括 Web 可编程控制或"规则和动作"，这使得 ioBridge 嵌入式模块即使在未连接到 ioBridge 云服务器的情况下也可以控制设备。

设备方面的主要产品是固件、Iota 模块和网关。在可能的地方向设备添加固件，以便增加与 ioBridge 服务通信的功能。Iota 是微型嵌入式固件或者是具有以太网或 Wi-Fi 网络连接的硬件模块。网关是一些小型设备，可以充当协议转换器或者作为 IoT 设备和 ioBridge 服务之间的桥接设备。

本质上，IoT 平台实现了嵌入式设备与 Web 服务的无缝组合。IoBridge 销售可安装在嵌入式设备中的硬件板、固件和软件，以及可在平台（如智能手机和平板电脑）上运行的应用程序和 Web 服务。

427

**ThingSpeak**

ThingSpeak 是由 ioBridge 所开发的开源 IoT 平台。ThingSpeak 可以创建传感器记录应用程序、位置跟踪应用程序，以及具有状态更新的社交物联网。它提供实时数据收集的功能，以图表的形式可视化收集的数据，并创建插件和应用以便与 Web 服务、社交网络和其他 API 相协作。

ThingSpeak 的基本元素是托管在 ThingSpeak 网站上的 ThingSpeak 通道。该通道负责存储发送到 ThingSpeak 的数据，由以下元素组成。

- **用于存储任何类型数据的 8 个字段**：这些字段可用于存储来自传感器或嵌入式设备的数据。

- **3 个位置字段**：可用于存储纬度、经度和高度。这些对于跟踪移动设备非常有用。
- **1 个状态字段**：描述存储在通道中的数据的短消息。

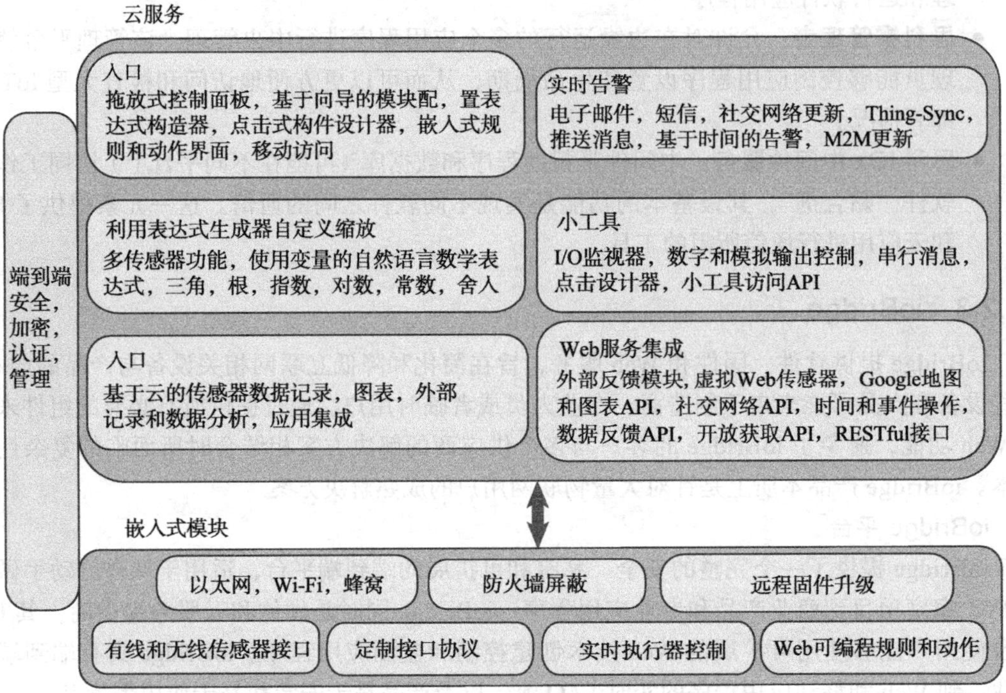

云服务

入口
拖放式控制面板，基于向导的模块配，置表达式构造器，点击式构件设计器，嵌入式规则和动作界面，移动访问

实时告警
电子邮件，短信，社交网络更新，Thing-Sync，推送消息，基于时间的告警，M2M更新

利用表达式生成器自定义缩放
多传感器功能，使用变量的自然语言数学表达式，三角，根，指数，对数，常数，舍入

小工具
I/O监视器，数字和模拟输出控制，串行消息，点击设计器，小工具访问API

入口
基于云的传感器数据记录，图表，外部记录和数据分析，应用集成

Web服务集成
外部反馈模块，虚拟Web传感器，Google地图和图表API，社交网络API，时间和事件操作，数据反馈API，开放获取API，RESTful接口

端到端安全，加密，认证，管理

嵌入式模块

以太网，Wi-Fi，蜂窝
防火墙屏蔽
远程固件升级
有线和无线传感器接口
定制接口协议
实时执行器控制
Web可编程规则和动作

图 15-15　ioBridge 物联网平台

具有 ioBridge 应用的 ioBridge 设备和平台可以通过通道进行通信。ThingSpeak 通道也可以与 Twitter 连接，以便通过推文描述传感器更新和其他数据。需要注意的是，ThingSpeak 并不仅限于 ioBridge 设备，它还可以与任何具有需要通过 ThingSpeak 通道进行通信的软件的设备配合使用。

428

用户首先在 ThingSpeak 网站上定义一个通道。这是一个包括以下步骤的简单交互过程：

1）创建具有唯一 ID 的新通道。

2）指定该通道是否公开（任何人可以打开查看）或私有。

3）创建 1 ～ 8 个字段，可以容纳任何类型的数据，并给每个字段一个名字。

4）创建 API 密钥。每个通道具有唯一的写入 API 密钥，传送到通道的任何数据只有通过 API 密钥才能被写入一个或多个字段。每个通道可能有多个读取 API 密钥。如果通道是私有的，则只能通过提供 API 密钥来读取数据。用户可以为应用程序指定相应的 API 密钥，以使其能够执行某种数据处理或指令。

ThingSpeak 提供的应用程序可以更轻松地与 Web 服务、社交网络和其他 API 集成，其中一些典型的应用程序如下。

- ThingTweet：允许用户通过 ThingSpeak 将信息发布到 twitter。事实上，这是一个将发帖重定向到 Twitter 的 TwitterProxy。
- ThingHTTP：允许用户连接到 Web 服务，并支持 HTTP 的 GET、PUT、POST 和 DELETE 方法。
- TweetControl：允许用户监测具有特定关键字的 Twitter 订阅，然后对请求进行相应处理。一旦在 Twitter 订阅中找到了特定关键字，用户就可以使用 ThingHTTP 连接到不同的 Web 服务或执行特定的操作。

- 反应：当通道满足特定条件时，发送推文或触发 ThingHTTP 请求。
- TalkBack：对命令进行排队，然后允许设备按照这些排队的命令执行动作。
- TimeControl：可以在将来的指定时间执行 ThingTweet、ThingHTTP 或 TalkBack，也可以用于在整个星期的特定时间段周期性地执行这些动作。

除了列出的上述应用程序之外，ThingSpeak 还允许用户使用 HTML、CSS 和 JavaScript 来创建 ThingSpeak 应用程序作为插件，并可以随后将其嵌入到网站中或 ThingSpeak 的通道内。 429

RealTime.io

ioBridge 的另一个产品是 RealTime.io，这种技术与 ThingSpeak 相似，但相对而言更加强大和更加复杂。RealTime.io 是一个云平台，可以让任何设备连接到云服务和手机中进行控制、告警、数据分析、消费者需求分析、远程维护，以及功能选择。其基本意图是使得利用 ioBridge 技术的产品制造商能够快速、安全地将新的联网家庭产品推向市场，并同时削减其设备的连接成本。

RealTime.io 应用构建器允许用户直接在 RealTime.io 云平台上构建 Web 应用程序。用户可以基于 HTML5、CSS 和 JavaScript 编写 Web 应用程序，并创建与设备、社交网络、外部 API 和 ioBridge Web 服务之间的交互。RealTime.io 包括内嵌于浏览器的代码编辑器、JavaScript 库、应用程序更新跟踪、设备管理器，并可以使用现有的 ioBridge 用户账户进行单点登录。RealTime.io 与 ioBridge 中基于 Iota 的设备和固件自然兼容。

RealTime.io 内置了模板应用或定制应用，其中模板应用程序是预先构建的应用程序，用户可以以这些应用程序为基础进行自定义。自定义应用程序允许用户上传自己的文件和图像，而不需要以任何模板为基础。

图 15-16 显示了 ioBridge 的整体环境。

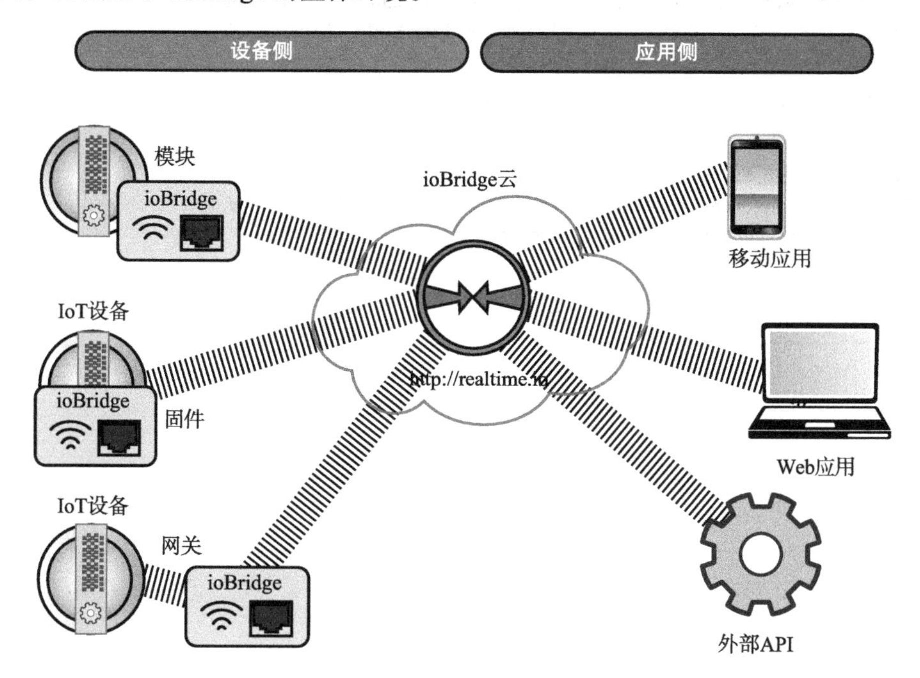


图 15-16 ioBridge 环境 430

## 15.3 重要术语

学完本章后，你应当能够定义下列术语。

| | |
|---|---|
| 准确度 | 微控制器 |
| 执行器 | 微处理器 |
| 应用程序处理器 | 操作技术（OT） |
| 受限应用协议（CoAP） | 精度 |
| 受限设备 | 射频识别（RFID） |
| 专用处理器 | RFID 读写器 |
| 深度嵌入式系统 | 读取距离 |
| 电子产品码（EPC） | 解析度 |
| 嵌入式系统 | 非受限设备 |
| 雾计算 | 传感器 |
| 信息技术（IT） | RFID 标签 |
| 物联网（IoT） | 收发器 |

## 15.4 参考文献

**CISC14b:** Cisco Systems. *The Internet of Things Reference Model.* White paper, 2014. http://www.iotwf.com/.

**CISC14c:** Cisco Systems. *Building the Internet of Things.* Presentation, 2014. http://www.iotwf.com/.

**CISC15b:** Cisco Systems. *Cisco IoT System: Deploy, Accelerate, Innovate.* Cisco white paper, 2015.

**FERG11:** Ferguson, J., and Redish, A. "Wireless Communication with Implanted Medical Devices Using the Conductive Properties of the Body." *Expert Review of Medical Devices*, Vol. 6, No. 4, 2011. http://www.expert-reviews.com.

**SEGH12:** Seghal, A., et al. "Management of Resource Constrained Devices in the Internet of Things." *IEEE Communications Magazine*, December 2012.

**VAQU14:** Vaquero, L., and Rodero-Merino, L. "Finding Your Way in the Fog: Towards a Comprehensive Definition of Fog Computing." *ACM SIGCOMM Computer Communication Review*, October 2014.

431

# 第六部分

Foundations of Modern Networking: SDN, NFV, QoE, IoT, and Cloud

# 相关主题

坚持阅读本书到现在的读者应当认识到已经解决的难题、遇到的危险、犯过的错误，以及已经完成的工作。

——《世界危机》，温斯顿·丘吉尔



第 16 章对现代网络演化过程中遇到的安全问题进行了概述，并分别在不同的部分讨论软件定义网络（SDN）、网络功能虚拟化（NFV）、云和 IoT 的安全问题。第 17 章通过对网络专业人员职业生涯的一些观察和建议总结全书。

# 第 16 章



# 安　　全

预防陌生人所带来的致命性危害是原始人们戒慎的基本原则。因此，在允许陌生的外地人进入本地区之前，或至少允许他们与本地居民自由交往之前，当地人通常举行一些仪式来解除陌生人所具有的魔法力量，或者说是对其周围被污染过的空气进行净化。

——《金枝集》，弗雷泽爵士

**本章目标**

**学完本章后，你应当能够：**

- 描述关键的安全需求：机密性、完整性、可用性、真实性，以及可审计性。
- 给出 SDN 安全的概述。
- 给出 NFV 安全的概述。
- 给出云安全的概述。
- 给出 IoT 安全的概述。

本章介绍与本书中所讨论的主要网络技术相关的安全问题，首先简要概述与任何网络或计算机环境都相关的通用安全需求，随后 4 节分别讨论软件定义网络、网络功能虚拟化、云和物联网的安全问题。

434

## 16.1 安全需求

在开始讨论之前，列出保护计算机和网络数据及服务所需要的通用安全功能对于本章后面的讨论将非常有帮助。目前广泛接受的、在大多数环境下所需要的 5 个基本安全功能如下所述（见图 16-1）。

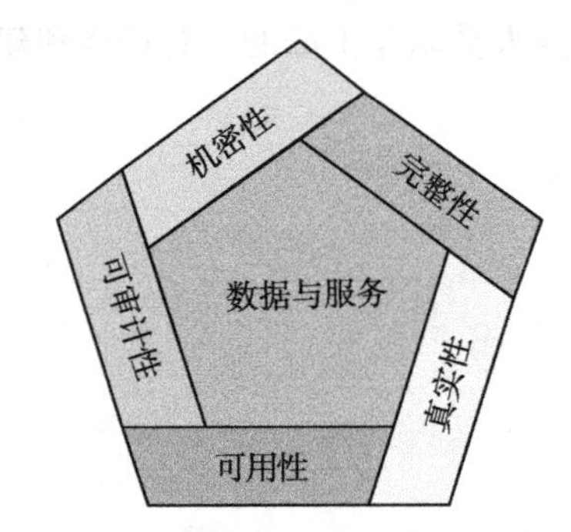


图 16-1　网络和计算机关键安全需求

- **机密性**：这一术语涵盖了以下两个相关概念。
  - ■ **数据的机密性**：确保私有或者机密信息不为未授权的个体可用或者可见。
  - ■ **隐私**：确保个体能够控制或者影响哪些与他们相关的信息能够被收集和存储，以及这些信息可以为哪些人可见。
- **完整性**：这一术语涵盖了以下两个相关概念。
  - ■ **数据完整性**：确保信息（无论是存储的信息还是传输过程中的分组）和程序只能够以特定和授权的方式修改。
  - ■ **系统完整性**：确保系统以未受损的方式执行其预设功能，不会受到有意或者无意的未授权修改。

- **可用性**：确保系统工作正常，不会拒绝授权用户的服务请求。
- **真实性**：真实、可验证以及可信的属性；信任一个传输、一条消息，或者消息源的合法性。这意味着验证用户身份与他们所声称的相一致并且系统中的每个输入均来自于可信源。 435
- **可审计性**：这一安全目标要求实体的行为可以唯一地映射到该实体，从而可以支持不可否认性、威慑、故障隔离、入侵检测和防护，以及行动后的恢复及合法行动。由于绝对安全的系统目前仍是不可达目标，因此必须要能够将破坏安全性的行为追踪到一个需要负责的实体。系统必须记录它们的行为，从而允许随后通过分析来追踪安全破坏行为或者为处理交易争端提供帮助。

在讨论 SDN、NFV、云和 IoT 的特定安全需求时，有必要在脑海中要记住这些概念。若需要关于网络安全更加深入的讨论，请参考作者的另一本书——《密码学与网络安全》[STAL 15b]。

## 16.2　SDN 安全

本节从两个方面讨论 SDN 安全问题：SDN 面临的安全威胁，以及利用 SDN 增强网络安全性。

### 16.2.1　SDN 安全威胁

SDN 与传统的网络体系结构有很大的不同，因此可能无法很好地与现有网络安全方法相匹配。SDN 包括一个三层体系结构（应用层、控制层、数据层），并采用新的技术进行网络控制。所有这些均带来了新的潜在攻击目标。

图 16-2 来自于《网络世界》2014 年的一篇文章 [HOGG14]，该图展示了 SDN 体系结构中安全威胁的潜在位置。威胁可能存在于三层中的任何位置，以及存在于不同层之间的通信中。如该图所示，每一层的软硬件平台均是恶意软件或者入侵者的潜在目标。此外，SDN 相关的协议和应用编程接口（API）为安全攻击提供了新的目标。本节主要讨论 SDN 特有的安全威胁。 436

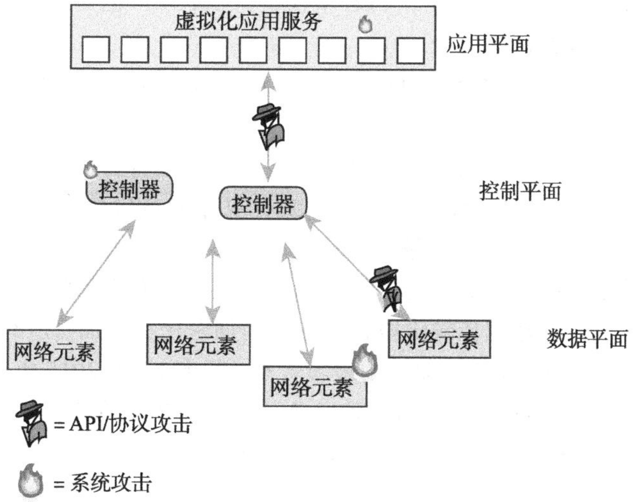

图 16-2　SDN 安全攻击表面

**数据平面**

数据平面最关键的风险区域是南向API，如OpenFlow、Open vSwitch数据库管理协议（OVSDB）。这一API是管理数据平面网络元素的强大工具。该API的引入使得安全不再仅仅限制在网络设备供应商，从而显著增加了网络基础设施的**攻击表面**（attack surface）。网络的安全性可能会被不安全的南向协议实现所破坏，可能会使攻击者具有在流表中增加他们自己的流、进行流量欺骗等并不被允许的能力。例如，攻击者可能能够定义绕过防火墙的流，从而引入非期望的流量或者提供一种窃听手段等。更一般的情况是，破坏南向API将能够使攻击者直接控制整个网络元素。

**攻击表面** 系统中可达和可利用的漏洞。

增强安全性的一种手段就是使用传输层安全技术（TLS），该技术从早期的安全套接字层（SSL）演化而来。图16-3展示了TLS在TCP/IP体系结构中的位置。在讨论这一体系结构之前，需要定义术语套接字（socket）。本质上，套接字是一种在基于IP的网络中将数据与适当的应用相关联的方法。主机的IP地址与TCP或者UDP端口号的组合形成套接字地址。从应用的角度而言，套接字接口就是一个API。套接字接口是一个在UNIX和其他许多系统中实现的通用通信编程接口。两个应用可以通过TCP套接字进行通信，其中一个应用通过套接字地址连接到TCP，并通过远端应用的套接字地址告诉TCP它希望通信的远端应用信息。

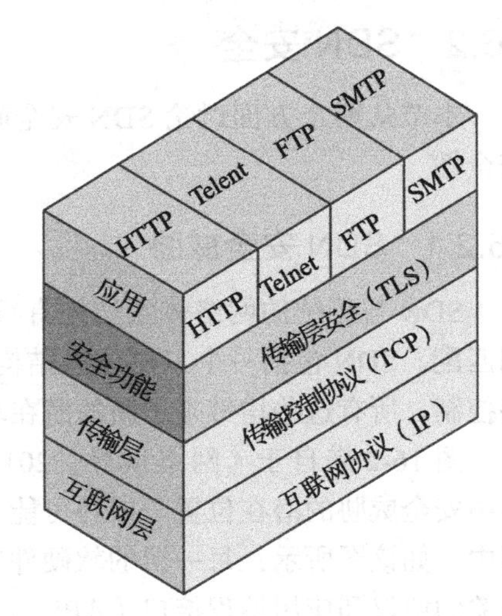


图16-3 TLS在TCP/IP体系结构中的角色

当使用TLS时，应用系统具有一个TLS套接字地址，并与远程应用系统的TLS套接字进行通信。TLS所提供的安全功能对应用系统和TCP均完全透明，因此TCP和应用系统均不需要为使用TLS的安全特性而进行修改。如图16-3所示，TLS不仅支持HTTP，也支持所有使用TCP的应用。

TLS提供了以下三种类别的安全。

- **机密性**：两个应用（如两个HTTP模块）之间交互的所有数据均进行了加密，因此无法被窃听。
- **消息完整性**：TLS能够确保传递的消息不会被修改或者替换。
- **鉴别**：TLS可以通过公钥证书验证一方或者双方的身份信息，这有助于阻止欺骗性的控制器或者攻击者试图在网络设备中发起欺骗性的流。

437~438 TLS包括两个阶段：握手与数据传输。在握手阶段，双方完成鉴别功能，并协商一个加密密钥供数据传输使用。在数据传输阶段，双方使用加密密钥来加密所有传输数据。

在写作本书时OpenFlow交换机规范的最新版本（版本1.5.1，2015年3月26日）中指出：“在数据路径与OpenFlow信道之间，接口是与具体实现相关的，但所有的OpenFlow信道消息必须按照OpenFlow交换机协议进行格式化。OpenFlow信道通常采用TLS进行加密，但也可以直接在TCP上运行。”

然而，由于无法在未保证南向通信信道（位于控制平面与数据平面之间）安全的情况下保证数据平面的安全，仍然需要 TLS 或者其他类似功能的组件。

**控制平面**

在 SDN 中，所有的管理、编排、路由和网络流量的其他方面均集中于单个控制器或者少数几个分布式的控制器。如果攻击者能够成功地渗透到控制器中，他就可以获取对全网的一个非常大的控制能力。因此，SDN 控制器是一个重要目标，它需要高等级的保护。

对控制器的保护涉及常见的计算机安全技术，包括如下内容：

- 对分布式拒绝服务攻击（DDoS）的防护 / 保护。一个高可用的控制器体系结构可以在某种程度上降低 DDoS 攻击的影响，而实现这一目标的主要手段是使用冗余控制器来补偿其他控制器的失效。
- 访问控制。可以使用许多标准化的访问控制技术，包括基于角色的访问控制（RBAC）、基于属性的访问控制（ABAC）等。
- 防病毒 / 防蠕虫技术。
- 防火墙、入侵检测系统（IDS）和入侵防护系统（IPS）。

**应用平面**

北向 API 和协议为攻击者提供了一个可能的目标。这里一次成功的攻击可能会使攻击者获得对网络基础设施的控制权。因此，本区域的 SDN 安全关注于阻止未授权的用户和应用使用控制器。此外，应用本身也是一个漏洞。如果攻击者能够获取对应用的控制权，且该应用随后通过了控制平面的鉴别，则攻击者可以造成的破坏程度将非常可观，因为一个通过鉴别、具有广泛权限的应用系统可以执行许多控制指令来配置和操作网络。

439

可以通过两方面的工作来反击上述威胁：通过一些机制来鉴别应用系统对控制平面的访问权限，以及防止通过鉴别的应用系统被黑客攻陷。鉴别过程包括应用系统和控制器之间的通信，为了对抗这一鉴别过程中的威胁，需要通过 TLS 或者类似的功能确保通信的安全性。为了保护应用系统，需要对其进行安全编程，并防止应用平台被黑客攻击。

### 16.2.2 软件定义安全

尽管 SDN 为网络设计者和管理员带来了新的安全挑战，它同样提供了一个平台，用于为网络实现一致、集中控制的安全策略和机制。SDN 支持开发能够提供和编排安全服务与机制的 SDN 安全控制器和 SDN 安全应用。

对安全管理而言，安全控制器需要为相关应用提供一个安全 API。例如，当应用创建虚拟机（VM）和配置流量路径时，它需要能够将这些虚拟组件与适当的安全功能相关联，如 IDS、IPS，以及安全信息和事件管理（SIEM）。

事实上，安全需求可能会成为部署 SDN 时的一个关键推动因素。一方面，一些新的关键网络发展趋势为系统和网络管理员带来了不断增加的负担，包括如下内容：

- 网络流量规模的增加
- 虚拟机在服务器、存储设备和网络设备中的应用
- 云计算
- 数据中心在规模和复杂性方面的增加
- IoT 应用的增加

另一方面，恶意软件的敏捷性和复杂性都在不断增加，导致 IT 人力资源成为一个主要的安全瓶颈。相对于事故和告警，安全管理员总是慢半拍，以及因此所需要的细粒度安全控

制。SDN 使安全管理员能够通过智能事故检测和自动化响应机制解决上述问题。

使用具有 SDN 功能的自动化工具本身就具有一些优点，且该优点又通过 SDN 具有的细粒度响应能力得到了放大，包括逐流、逐应用和逐用户。大量的安全应用已经开发出来，另有更多的安全应用还在开发过程中。第 6 章所描述的 OpenDaylight DDoS 应用就是一个典型代表。

440

## 16.3 NFV 安全

NFV 极大地改变了网络的设计、构建和管理的方法。NFV 将网络功能和网络相关的功能从专用的硬件设备中移植出来，并将其以虚拟机的形式放置在可以在物理网络环境中按需部署的通用服务器中。NFV 面临的安全挑战在于它增加了攻击表面和安全防护的复杂性。

### 16.3.1 攻击表面

为了理解这一挑战，请考虑图 16-4。在图 7-8 的基础上，该图标注了 Nakina 系统的一份白皮书中所提及的潜在攻击表面 [NAKI15]。与传统基于硬件设备的网络不同，NFV 模糊了不同物理网络功能之间的明确界限，从而使得定义和管理安全角色、职责以及权限等级变得更加复杂。

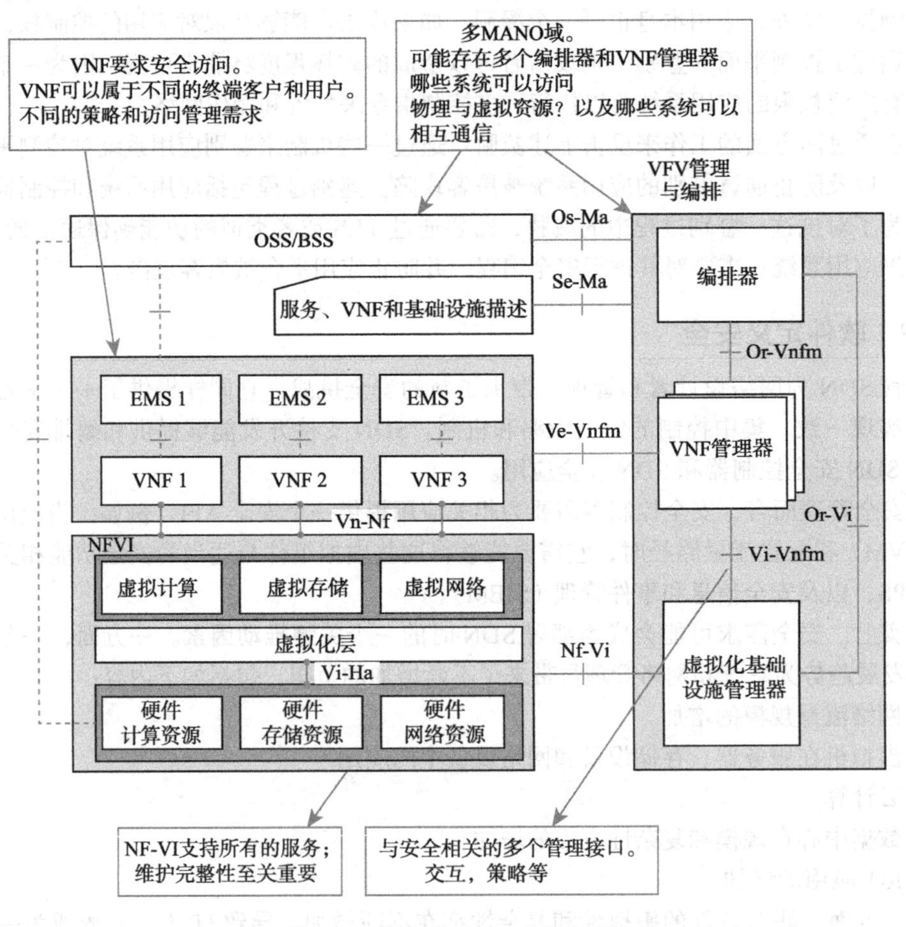


图 16-4　潜在的 NFV 攻击表面

安全防护需要解决多个层面、多个域以及它们之间的交互问题，包括如下内容。

- **NFV 基础设施**（NFVI）：这是由底层网络、计算和存储系统所组成的域，支持虚拟化计算和存储及虚拟网络。
- **虚拟网络功能**（VNF）：在 NFVI 虚拟机上运行的网络功能。
- **MANO 与 OSS/BSS**：用户使用 NFV 管理和编排（MANO）功能以及 OSS/BSS 功能来管理网络、编排资源。
- **管理接口**：在一个 NFV 部署方案中主要域之间的重要接口。

系统管理中一个主要的安全考虑就是控制哪些用户或系统能够观察、设置或改变配置参数及实施网络策略。鉴于 NFVI 和 VNF 之间的相互依赖，以及整体的服务性能和可用性要求，上述安全性考虑尤为重要。此外，当多个自动化的软件系统访问同一个网络资源共享池时，确保安全许可与策略不相互冲突也非常重要。软件化的配置过程会导致编排漏洞，包括网络配置滥用和恶意配置。

图 16-4 从逻辑视图描述了潜在的 NFV 攻击表面，除此之外，也可以从物理视图和软件视图的角度进行描述。我们尤其关注软硬件的不同等级，以及哪些实体处于控制中并负责不同等级中的不同元素。表 16-1 重复了第 7 章中的表 7-4，并总结了不同的部署场景，包括物理位置（建筑物）、服务器硬件、虚拟化软件和 VNF 等。图 16-5 描述了这些关键元素。

**表 16-1 NFV 部署场景**

| 部署场景 | 建筑物 | 主机硬件 | 虚拟机管理程序 | 客户 VNF |
|---|---|---|---|---|
| 整体运营商 | N | N | N | N |
| 托管虚拟网络运营商的网络运营商 | N | N | N | N，N1，N2 |
| 托管的网络运营商 | H | H | H | N |
| 托管的通信提供商 | H | H | H | N1，N2，N3 |
| 托管的通信和应用提供商 | H | H | H | N1，N2，N3，P |
| 位于用户场所中的托管网络服务 | C | N | N | N |
| 位于用户设备上的托管网络服务 | C | C | N | N |

说明：不同的字母代表不同的公司或者组织，并用来描述不同的角色（例如，H＝托管服务提供商，N＝网络运营商，P＝公共，C＝客户）。带编号的网络运营商（N1、N2 等）代表多个不同的被托管网络运营商。

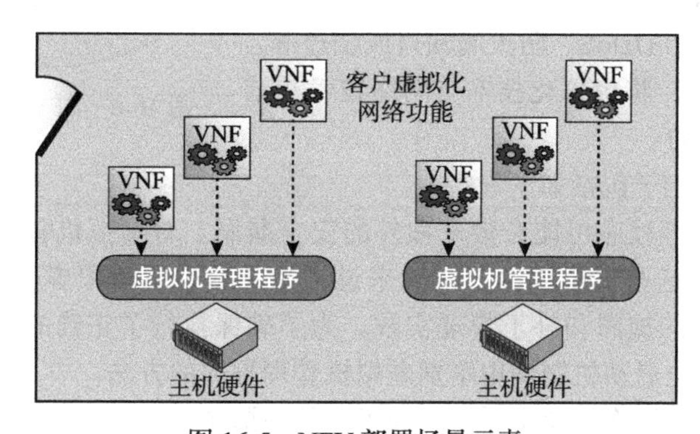


图 16-5 NFV 部署场景元素

图 16-5 中所描述的每一层次（外部建筑物、主机硬件、虚拟机管理程序、VNF）均是一个潜在的攻击表面。但设计足够完善的安全机制和策略的复杂性在于不同的组织可能会在多个层次运行，因此，安全需求需要将此考虑在内。进一步来说，如果多方共享使用底层资

441～443

源，则需要设计合适的保护测量机制。例如，来自于不同用户的多个 VNF 在同一个物理服务器上运行，并使用同一个虚拟机管理程序，则在设计时需要考虑将分配给不同用户的资源（如主存储空间、辅助存储空间、I/O 端口等）进行隔离。

### 16.3.2 ETSI 安全视角

欧洲电信标准化组织（ETSI）是设计 NFV 标准的领导组织，他们发布了 4 个安全相关的文档，作为其标准系列的一部分。ETSI 定义的每一个文档的应用范围和领域如下所述。

- **NFV 安全；问题描述（NFV-SEC 001）**：定义 NFV 以理解其安全影响。提供一个部署场景的参考列表。识别 NFV 所导致的新的安全漏洞。
- **NFV 安全；对 NFV 相关管理软件的安全特征进行分类（NFV-SEC 002）**：目标在于对 NFV 相关的管理软件的安全特征进行分类，并将 OpenStack 作为一个例子进行讨论。初始的交付成果是对 OpenStack 中提供安全服务（如鉴别、授权、机密性、完整性保护、日志和审计等）的模块进行的分类，并通过图形描述它们对底层实现密码协议与算法模块的对应依赖性。一旦建立相应的依赖关系图，就可以给出适合 NFV 部署的推荐选项。
- **NFV 安全；安全和可信指导（NFV-SEC 003）**：定义特定的研究领域，在其中安全和可信技术、实践及过程均与非 NFV 系统和操作具有完全不同的需求。为设计支持和互联 NFV 系统的环境提供指导，但避免重新定义任何非 NFV 特有的安全考虑。
- **NFV 安全；隐私与法规；关于合法侦听（Lawful Interception, LI）启示的报告（NFV-SEC 004）**：识别那些必须提供的能力以支持 LI，并给出在 NFV 中提供 LI 所面临的挑战。

444 ETSI 文档对包含 VNF 的网络所面临的全部安全威胁集合进行了分类，图 16-6 给出了分类的详细情况，随后我们将对其进行讨论。

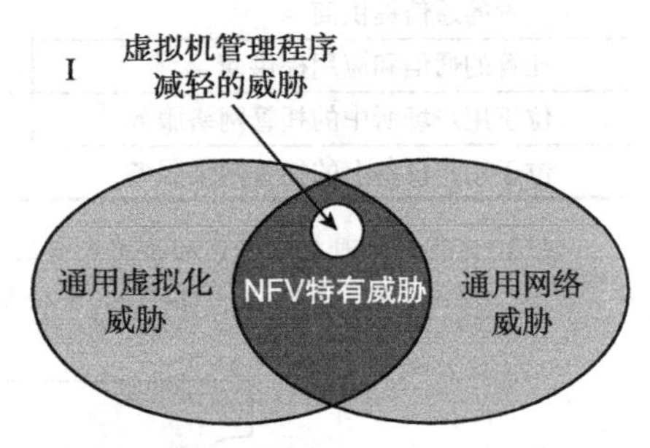

图 16-6　NFV 网络环境中威胁的分类

- **通用虚拟化威胁**：任何虚拟化实现均面临的威胁，如隔离用户失败。
- **通用网络威胁**：与虚拟化之前的物理网络功能相关的威胁，如 DDoS、防火墙缺口或绕过等。
- **NFV 特有威胁**：将虚拟化技术与网络技术相结合所带来的威胁。

NFV 特有威胁的例子包括如下一些：

- 使用虚拟机管理程序可能会带来额外的安全漏洞。对虚拟机管理程序的第三方认证能够帮助揭示这些安全属性。一般来说，为了减少所使用虚拟机管理程序的漏洞，需要遵循最好的加固和补丁管理实践。为了确保执行了正确的虚拟机管理程序，在启动时通过安全启动机制调用鉴别虚拟机管理程序的方法。
- 共享存储和共享网络的使用同样增加了额外的漏洞。
- 不同 NFV 端到端体系结构组件（例如硬件资源、VNF 和管理系统）的互联暴露了新的接口，若未能将这些接口保护起来，将会带来新的安全威胁。
- 多种 VNF 在 NFV 基础设施上执行同样带来了额外的安全问题，尤其是在 VNF 未能 445 正确相互隔离的情况下。

ETSI同样观察到，通过使用**虚拟机管理程序内省**（hypervisor introspection）和其他一些机制，虚拟化可以消除或缓解那些非虚拟化网络功能中固有的威胁。虚拟机管理程序内省已经成为虚拟化环境中的通用安全技术，虚拟机管理程序内省可以帮助检测对虚拟机和客户操作系统的攻击，甚至在客户操作系统被篡改的情况下也能够完成上述功能。内省是通过监测内存、程序执行、对数据文件的访问以及网络流量等实现。特别的是，该机制还能够阻止内核级的rootkit（KLR）。

**虚拟机管理程序内省** 为了安全起见，虚拟机管理程序管理程序能够监视每个正在运行的客户机操作系统和虚拟机。

### 16.3.3 安全技术

Hawilo在一篇论文中对NFV安全问题给出了不同的看法[HAWI14]，分析该看法有助于我们进一步理解这一问题。该论文将NFV环境划分为三个功能域，并具体说明每个功能域面临的安全威胁及可能解决方案，具体如表16-2所示。

表16-2 NFV安全风险

| 功能域 | 安全风险 | 解决方案和要求 |
|---|---|---|
| 虚拟化环境域虚拟机管理程序 | 未授权访问、数据泄露 | 隔离VM空间，只对通过鉴别的控件提供访问 |
| 计算域 | 共享的计算资源（CPU、内存等） | 安全线程。<br>私有和共享的内存分配在重新分配之前需要进行数据清除。<br>数据应当以加密的方式使用和存储，只为VNF提供专有访问 |
| 基础设施域 | 共享的逻辑网络层（vSwitch）<br>共享的物理网卡（NIC） | 使用安全网络技术（TLS、IPsec和SSH） |

## 16.4 云安全

目前有大量关于云安全的讨论，以及大量提供云安全测量的方法。关于云安全涉及的内容和问题范围可以参考NIST云安全指导原则，该原则在SP-800-144（《公有云计算中的安全和隐私指导原则》（2011年12月））中进行明确，表16-3对其进行了列举。因此对云安全进行完整的讨论超出了本章的范围，本节只讨论与本书的目标相关的一些重要的云安全话题。

446

表16-3 NIST云安全和隐私问题及推荐指导原则

| 云安全特征 | 指导原则 |
|---|---|
| 治理 | 扩展用于在云中进行应用开发和服务提供有关的政策、流程和标准的组织实践，以及对部署和约定的服务进行设计、实现、测试、使用和监测。<br>实施审计机制和工具来确保在整个系统的生命周期中均遵循组织实践 |
| 合规 | 了解各种类型的法律、法规，安全和隐私的义务强加于云计算计划组织和潜在的影响，特别是那些涉及数据位置、隐私和安全控制、记录管理和电子发现需求的部分。<br>审查和评估云提供商的产品对组织需求的满足情况，并确保合同条款能够充分满足要求。<br>确保云提供商的电子发现功能和流程不违背数据和应用程序的隐私和安全要求 |
| 信任 | 确保服务安排有足够的手段，让可视性进入云提供商的安全和隐私控制与过程，以及他们的性能随着时间的推移情况。<br>对数据建立明确、专有的所有权 |

（续）

| 云安全特征 | 指导原则 |
|---|---|
| 信任 | 建立一个风险管理程序，它具有足够的灵活性，以适应在系统的生命周期中不断演化和改变的风险状况。<br>持续监控信息系统的安全状态，以支持正在进行的风险管理决策 |
| 体系结构 | 理解云服务商用来提供服务的底层技术，包括在整个系统的生命周期和所有系统组件中，所涉及的技术控制对系统安全性和隐私的影响 |
| 身份和访问控制 | 确保具有足够的保障措施，以保证身份鉴别、授权和其他身份与访问管理功能的安全性，并这些保障措施能够适合该组织 |
| 软件隔离 | 理解云服务商在其多租户软件体系结构中采用的虚拟化和其他逻辑隔离技术，并评估对组织带来的风险 |
| 数据保护 | 评估云服务商为组织感兴趣的数据所提供的数据管理解决方案的适宜性，以及控制数据访问，增强静止、传输和使用中数据的安全性和净化数据的能力。<br>考虑在与其他高威胁性或者数据具有显著集中值的机构协作进行整理组织数据时所带来的风险。<br>充分理解和权衡加密密钥管理所涉及的风险，这一过程中用到了云环境中提供的基础设施和云提供商建立的基本过程 |
| 可用性 | 理解可用性、数据备份和恢复，以及灾难恢复相关的合同条款和程序，并确保它们符合组织的不间断性和应急计划要求。<br>确保在发生短暂或长期中断或严重灾难时，关键操作可以立即恢复，并且所有的操作都可以通过及时和有组织的方式最终恢复 |
| 事故响应 | 理解事故响应的合同规定和程序，确保它们满足组织的要求。<br>确保云服务提供商有透明的响应过程，并有足够的机制在事故中和事故后共享信息。<br>确保组织可以与云服务提供商根据他们在计算环境中各自的角色和责任，以相互协调的方式对事故进行响应 |

447～448

本节首先概述云安全的主要问题和关注点，然后讨论特定的云安全风险以及相应的处理方法，在随后的话题中处理一个非常重要的云安全问题：保护存储在云中的数据。之后再次介绍云安全即服务的概念，最后一小节分析与云安全相关的技术、操作以及管理控制功能等。

### 16.4.1　安全问题和关注点

安全对于任何计算基础设施都至关重要。公司竭尽全力来确保本地计算系统的安全性，因此当通过云服务扩充或者替代本地系统时，将安全性作为一个主要的关注点并不奇怪。缓解安全问题经常被作为迁移一个组织的部分或者全部计算体系结构到云中的先决条件。可用性是另一个主要关注点："当我们无法访问因特网时将如何操作？如果我们的客户无法访问云来下订单怎么办？"都是些常见问题。

一般而言，仅当企业打算将核心业务处理过程（如企业资源规划系统 ERP）或者其他主要的应用迁移到云上时才会提出这些问题。对于迁移一些诸如电子邮件和工资系统等高维护性的应用到云服务提供商时，尽管这些应用也有很多敏感信息，但企业通常并不特别关心安全性问题。

对于很多组织而言，可审计性是另一个关注点，尤其是那些必须遵从萨班斯法案或卫生和人类服务健康保险便携性与责任法案（HIPAA）条例的组织。无论是存储在本地或者云端，他们的数据的可审计性都必须得到保证。

在将关键基础设施迁移到云端之前，企业应从云内部和外部两方面进行安全威胁调查。

许多与保护云免受外部威胁相关的安全问题与传统的集中式数据中心所面临的问题非常类似。然而在云中，确保足够的安全性的责任通常在多方之间共享，包括用户、厂商以及用户在安全敏感软件和配置中所依赖的第三方公司等。云用户负责应用层安全，云厂商负责物理安全和确保外部防火墙策略等一些软件安全，而软件栈的中间层次安全则由用户和厂商所共享。

对于一个公司而言，在将服务迁移到云设施的过程中一个容易忽视的安全风险就来自于与其他云用户共享云提供商的资源。云提供商必须确保能够抵御来自于其他用户的数据窃取和拒绝服务攻击等行为，且需要保证用户之间的相互隔离。虚拟化是解决上述风险的一个有效机制，它可以抵御用户对其他用户或者基础设施的大多数攻击行为。然而，并非所有的资源都被虚拟化了，而且并非所有的虚拟化环境都是无漏洞的。错误的虚拟化机制可能允许用户代码访问提供商基础设施的敏感部分或者访问其他用户的资源。必须要强调的是，这些安全问题并非云计算所独有，而是与在管理其他非云计算环境的数据中心过程中所面临的问题非常类似。在那些场景中，同样需要将不同的应用进行隔离保护。

449

云企业需要考虑的另一个安全关注点就是客户被提供商所保护的程度，尤其是在意外数据丢失等特殊场景下的情况。例如，当提供商升级其基础设施时，那些被替换掉的硬件是如何处理的？显然，如果不能够正确地擦除客户的数据，将会直接导致用户数据的泄漏。同样，许可策略的漏洞也会导致客户的数据被那些非授权的用户所访问。对客户而言，用户层面的加密是一个主要的自保机制，但云企业同样需要确保有其他保护机制来避免出现意外的数据丢失。

### 16.4.2 云安全风险和对策

一般而言，云计算中的安全控制类似于其他任何 IT 环境中的安全控制。然而，由于在构建云服务中所使用的操作模型和技术，云计算可能会形成一些云环境所特有的风险。一个关键概念就是企业丧失了对资源、服务以及应用的大部分控制，但同时还需要为安全和隐私策略维护可审计性。

在 2013 年的一个报告中（《著名的九大云计算顶级威胁》），云安全联盟 [CSA13] 列举了如下一些云计算所特有的顶级安全威胁。

- **云计算的滥用和恶意使用：**对于大多数云提供商（CP）而言，注册和使用其所提供的云服务都非常简单，有些云提供商甚至提供免费的有限试用期。这使得攻击者可以进入云内部来实施多种攻击，如垃圾邮件、恶意代码攻击、拒绝服务攻击等。传统情况下，平台即服务（PaaS）的提供商遭受这类攻击行为最为普遍，然而近年来的证据显示黑客同样将基础设施即服务（IaaS）提供商作为其攻击目标。防护这些攻击的责任主要在于云提供商，但云服务的客户方同样需要监测与他们的数据和资源相关的行为，以便检测出那些恶意行为。

  对策包括：（1）严格的初始化注册和验证过程；（2）强化信用卡诈骗行为的监测和协调；（3）对客户的网络流量进行深入的检查；（4）为自己的网络地址块监测公共黑名单。

- **不安全的接口和 API：**CP 为用户提供一组软件接口和 API，以方便他们对云服务进行管理和交互。云服务的安全性和可用性取决于这些基础 API 的安全性。从鉴别、访问控制、直至加密和行为监控，这些接口必须能够防护那些企图绕过安全策略的

450 偶然或者恶意行为。

对策包括：（1）分析 CP 接口的安全模型；（2）确保在实现加密传输的同时，还实现了强鉴别和访问控制机制；（3）理解这些 API 之间的依赖链。

- **恶意的内部人员**：在云计算模式下，机构交出了许多安全方面的直接控制权，并赋予 CP 前所未有的信任度。在此情况下，一个重要的关注点就是恶意内部人员行为所带来的安全威胁。云体系结构使得特定的角色具有很高的安全风险，如 CP 系统管理员、受控安全服务提供商等。

  对策：强化严格的供应链管理，进行全面的供应商评估；（2）将对人力资源的要求作为法律合同的一部分；（3）要求整体信息安全和管理实践过程中的透明性（并提供遵循性报告）；（4）建立安全漏洞通知流程。

- **共享技术问题**：通过共享基础设施，IaaS 提供商以可扩展的方式分发其服务。通常，组成这一基础设施的底层组件（CPU 缓存、GPU 等）并不具有为多租户体系结构所特殊设计的强隔离性等属性。CP 通常通过为不同的客户提供相互隔离的虚拟机来化解这一安全威胁。然而，无论对于外部威胁或者内部威胁，这一方法均存在着脆弱性，因此只能作为整个安全策略解决方案的一部分。

  对策：（1）为安装 / 配置建立最佳安全实践；（2）为非授权的改变 / 行为提供环境监测能力；（3）针对管理性的访问和操作升级强审计和访问控制机制；（4）为打补丁和脆弱性修复强化服务等级约定（SLA）；（5）进行脆弱性扫描和配置审计。

- **数据丢失或泄漏**：对于许多客户而言，安全漏洞所带来的最具破坏性的影响就是数据的丢失或者泄漏。我们将在下一节解决这一问题。

  对策包括：（1）实现强 API 访问控制；（2）加密和保护传输中及静止状态数据的完整性；（3）在设计和运行时分析数据保护效果；（4）实现强密钥生成、存储和管理，以及销毁操作等。

- **账号或者服务劫持**：账号和服务劫持通常发生在证书被盗时，是一个非常严重的威胁。通过使用盗用的证书，攻击者通常能够访问所部署云计算服务的关键区域，允许他们破坏这些服务的机密性、完整性和可用性。 451

  对策：（1）阻止账号证书在不同用户和服务间共享；（2）在可能的情况下使用强的两因素认证技术；（3）通过主动监测来检测非授权的行为：（4）理解 CP 的安全策略和 SLA。

- **未知风险**：在使用云基础设施过程中，客户需要将许多可能影响安全性问题的控制权交给云提供商，因此客户必须关注和明确定义风险管理过程中的角色和职责。例如，雇员可能在未遵守正常的隐私、安全和监督策略和规章的情况下在 CP 部署应用和数据资源。

  对策：（1）公开适当的日志和数据；（2）部分 / 完全公开基础设施的细节（如补丁层次和防火墙等）；（3）对特定的信息进行监测和告警。

针对云计算的安全性问题，欧洲网络与信息安全局以及 NIST 都给出了相似的条目。

### 16.4.3　云中的数据保护

破坏数据的方式多种多样，其中一个典型的例子就是在没有对原始内容进行备份的情况下删除或者更改一条记录。断开一条记录与某个语境的连接将使其变得不可恢复，当采用不可靠存储介质时这种情况就有可能发生。编码密钥的丢失可能会导致数据不再有效。最后，必须阻止非授权方获取对敏感数据的访问。

由于大量的安全风险和挑战，在云计算环境中数据破坏的威胁程度变得更加严重。鉴于云计算环境的体系结构和操作特性，这些风险和挑战有的为云计算环境所独有，另一些则在云计算环境中更加危险。

云计算中使用的数据库环境具有非常大的差异性。一些提供商支持**多实例模型**，该模型在每个云用户的虚拟机上运行一个独立的DBMS，从而使得用户可以完全控制角色定义、用户授权以及其他安全性相关的管理任务。其他一些提供商支持**多租户模型**，该模型为云用户提供一个预先定义的环境，且与其他租户共享，通常利用客户的标识为数据打标签来区分不同用户的数据。标签机制能够支持相应实例的排他性使用，但这一目标取决于云提供商建立和维护一个有效的安全数据库环境。 452

数据必须在存储、传输和使用过程中得到保护，并且必须控制对数据的访问。客户端可以采用加密的方式来保护传输中的数据，尽管这一方式涉及CP的密钥管理责任。客户端可以强制采用访问控制技术，但根据所采用的服务模型，同样又需要CP不同程度的参与。

对于存储中的数据，理想的安全手段就是客户端加密数据库，并且只在云中存储加密过的数据，且CP无法接触数据的加密密钥。只要保证密钥的安全性，CP就无法破译数据，但这种情况下还可能存在诸如数据破坏以及拒绝服务攻击等安全风险。

实现加密机制的方式多种多样，其中一个非常简单的方式如下所示。对数据库中不同的表项分别进行加密操作，且加密过程中使用相同的加密密钥。加密后的数据库存储在服务器中，但服务器并不具有相应的密钥，因此位于服务器中的数据是安全的。即使一些人能够入侵到服务器系统中，他所看到的也都是加密后的数据。客户端系统具有加密密钥的一个副本，客户端的用户可以通过如下方式从数据库中检索一条记录：

1）用户根据特定的主键值对一条或者多条记录中的字段发起SQL查询。

2）客户端的查询处理器对主键进行加密，随后修改SQL查询语句，并将修改后的查询语句发送至服务器。

3）服务器使用加密后的主键值进行数据库查询操作，并将相应的结果返回给客户端。

4）客户端的查询处理器解密数据，随后返回结果。

基于上述理念，目前已经实现了一些更加高效和灵活的系统，感兴趣的读者可以参考作者的另一本书《计算机安全：原理与实践》[STAL15a]。

### 16.4.4 云安全即服务

词汇*安全即服务*通常的含义是服务提供商所提供的一个安全服务包，该安全服务包将大部分的安全责任由企业转嫁给了安全服务提供商。在这些提供的服务中，常见的服务包括鉴别、防病毒、防恶意软件/间谍软件、入侵检测，以及安全事件管理等。在云计算场景下，云安全即服务（简称SecaaS）特指由CP所提供的SaaS。

云安全联盟将SecaaS定义为通过云提供安全应用和服务，包括或者是从基于云的基础设施到软件，或者是从云到客户的内部部署系统[CSA11]。云安全联盟已经确定了以下几种SecaaS服务类别： 453

- 身份和访问管理
- 数据丢失防护

- Web 安全
- 电子邮件安全
- 安全评估
- 入侵管理
- 安全信息和事件管理
- 加密
- 业务连续性和灾难恢复
- 网络安全

本节内容将涵盖上述类别，并主要关注基于云的基础设施和服务的安全性（参见图 16-7）。

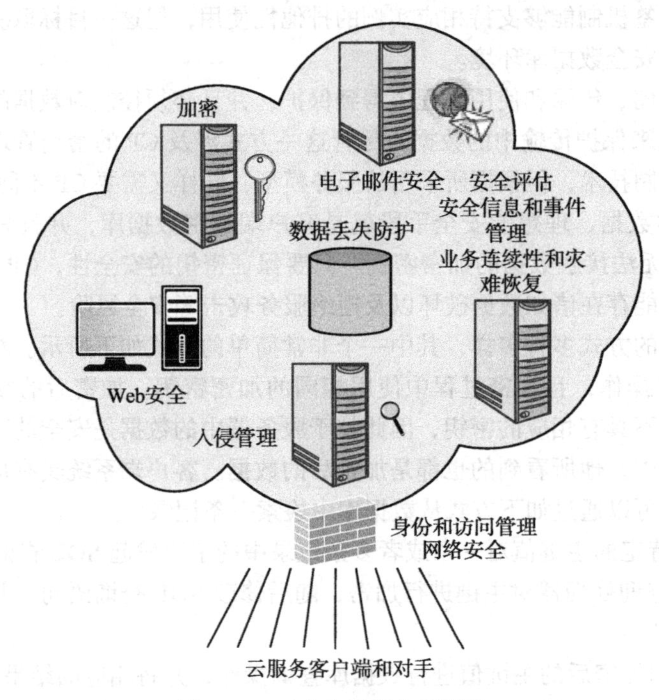


454

图 16-7　云安全即服务的要素

- **身份和访问管理**（IAM）包括用于管理访问企业资源的人员、进程和系统，确保实体的身份能够被正确被验证，然后基于此验证过的身份为其授予正确的访问级别。身份管理的一个方面是身份配置，包括为授权用户提供访问支持，以及当客户端企业将这些用户指定为不再能够访问云中的企业资源时，阻止用户对特定资源的访问。身份管理的另一个方面是让云端参与客户企业使用的联合身份管理方案。除其他要求外，云服务提供商（CSP）必须能够与企业所选择的身份提供者交换身份属性。

  IAM 的访问管理部分涉及身份认证和访问控制服务。例如，CSP 必须能够以可信的方式对用户进行身份认证。SPI 环境中的访问控制要求包括建立可信用户档案和策略信息，使用它来控制云服务中的访问，并以可审计的方式执行此操作。
- **数据丢失防护**（DLP）是监测、保护和验证在存储、运动和使用中的数据的安全性。正如在随后将讨论的，大多数 DLP 可以由云客户端实现。CSP 也可以提供 DLP 服务，例如实现在各种上下文中对数据分别可以执行什么功能的规则。
- **Web 安全**是一种实时保护机制，它可以通过软件 / 设备安装在内部实现，或者通过将Web流量代理或重定向到CP以在云中实现。这在防病毒等安全行为的基础上提供了一个额外的保护层，可以防止恶意软件通过诸如网页浏览等活动进入企业内部。除了防范恶意软件外，基于云的Web安全服务还可能包括应用策略强化、数据备份、流量控制和Web访问控制等。

- CSP可能提供基于Web的电子邮件服务，对此同样需要相应的安全措施。**电子邮件安全**提供对入站和出站电子邮件的控制，保护组织免受网络钓鱼、恶意附件等安全威胁，并确保执行诸如可用性、垃圾邮件防护等公司的安全策略。CSP还可以在所有的电子邮件客户端上使用数字签名，并提供可选的电子邮件加密。
- **安全评估**是对云服务的第三方审计。虽然这项服务在CSP的功能之外，CSP可以提供工具和接入点，以方便各种评估活动。 455
- **入侵管理**包括入侵检测、防和响应。该服务的核心是在云的接入点和云端服务器上部署入侵检测系统（IDS）和入侵防御系统（IPS）。IDS是一组自动化工具，旨在检测对主机系统的未经授权的访问。IPS集成了IDS功能，同时还包括阻止入侵者流量的功能。
- **安全信息和事件管理（SIEM）**通过推或拉机制聚合各种日志和事件数据，这些数据可能来自不同的虚拟和实际网络，以及不同的应用程序和系统等。随后，将这些信息进行关联和分析，以针对那些可能需要干预或其他类型的响应的信息/事件提供实时的报告和告警。CSP通常提供一个集成的服务，可以将来自云端和客户端企业网络内的各种信息收集在一起。
- **加密**是一种普适的服务，可以提供给云中存储的数据、电子邮件流量、客户端相关的网络管理信息，以及身份信息等。CSP提供的加密服务包括许多复杂的内容，如密钥管理、如何在云中实现虚拟专用网（VPN）、应用加密，以及数据内容访问等。
- **业务连续性和灾难恢复**包括相应的措施和机制，以确保任何服务中断事件发生时的运行弹性。这是CSP因为规模效应而能为云服务客户带来明显收益的领域。CSP可以在多个位置提供备份，从而具有可靠的故障转移和灾难恢复功能。该服务必须包括灵活的基础设施、功能和硬件的冗余、对运行状态的监控、地理上分布的数据中心和网络的可生存能力。
- **网络安全**包括一系列安全服务，能够对底层的资源服务进行访问分配、分发、监视和保护。这里底层的资源服务包括边界防火墙和服务器防火墙，以及拒绝服务攻击防护手段等。本节所列举的许多其他服务，包括入侵管理、身份和访问管理、数据丢失保护，以及Web安全等，也都对网络安全服务有帮助。

### 16.4.5 解决云计算的安全问题

人们已经提出了许多文件来指导对与云计算相关的安全问题进行商业思考。除了SP-800-144（该文件提出了一个总体指导）之外，NIST还在2012年5月发布了SP-800-146《云计算简介及建议》。NIST的建议系统地考虑了商业实体使用的每一个主要的云服务类型，包括软件即服务（SaaS）、基础设施即服务（IaaS），以及平台即服务（PaaS）。根据云服务类型的不同，安全问题也有所不同，但是多个NIST的建议与服务类型无关。毫不奇怪，NIST建议选择具有下述特征的云提供商：支持强加密、具有适当的冗余机制，使用身份认证机制，并使用户充分了解所采用的保护特定用户免受其他用户和提供商威胁的机制。如 456

表 16-4 所示，SP-800-146 还列出了云计算环境中相关的整体安全控制，这些安全控制机制必须分配给不同的云计算参与者。

表 16-4　控制功能和类别

| 技术 | 操作 | 管理 |
|---|---|---|
| 访问控制 | 意识与培训 | 认证、认可及安全评估 |
| 审计问责 | 配置与管理 | 规划风险评估 |
| 识别和认证 | 应急计划 | 系统与服务获取 |
| 系统和通信保护 | 事件响应 | |
| | 维护 | |
| | 媒体保护 | |
| | 物理和环境保护 | |
| | 人员安全 | |
| | 系统和信息完整性 | |

随着越来越多的企业将云服务纳入其企业网络基础设施，云计算安全性逐渐成为一个重要的问题。云计算安全失败的例子有可能降低用户对云服务的商业兴趣，这种危机将促使服务提供商认真考虑提供相应的安全机制，以便消除潜在用户的不安。一些服务提供商已将其业务转移到第 4 层数据中心，以解决用户对可用性和冗余度的担忧。由于许多企业仍然不愿意大量采用云计算技术，云服务提供商将不得不继续努力，向潜在客户保证其核心业务流程和关键业务应用可以安全稳妥地迁移到云端。

457

## 16.5　IoT 安全

IoT 可能是网络安全领域中最复杂和未充分研究的领域。图 16-8 可以帮助我们理解这一点，其中展示了 IoT 安全的关键要素。在网络中心位置是应用平台、数据存储服务器、网络和安全管理系统。这些中心系统从传感器收集数据，将控制信号发送到执行器，并负责管理物联网设备及其通信网络。在网络的边缘是具有 IoT 功能的设备，其中一些是非常简单的功能受限设备，而另一些则是更加智能的非受限设备。同样，网关可以代表 IoT 设备完成协议转换和其他网络服务。

图 16-8 展示了一些典型的互连场景以及所包含的安全特性。

图 16-8 的阴影部分表示系统至少支持这些功能中的一部分。通常，网关会实现诸如 TLS 和 IPsec 等安全功能。非受限设备可能会实现一些安全功能，而受限设备通常具有十分有限的安全功能，甚至不具有安全功能。正如图中所示，网关设备可以为网关和位于网络中心的设备之间提供安全通信功能，如应用平台和管理平台等。然而，连接到网关的任何受限或非受限设备都位于网关和中心系统之间建立的安全区之外。该图还显示，非受限设备可以直接与中心进行通信，并支持一些安全功

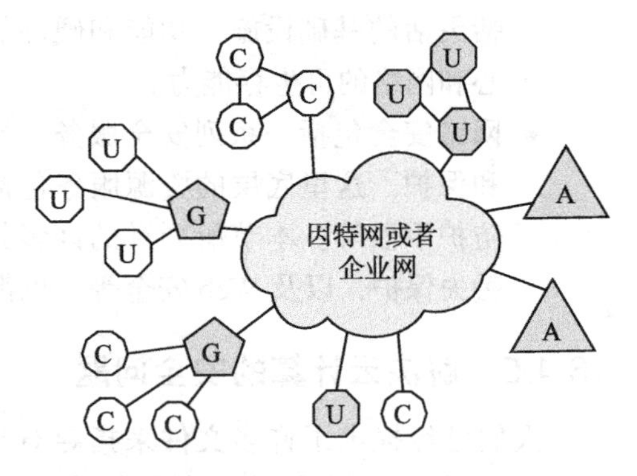


图 16-8　IoT 安全：感兴趣的元素

能。但未连接到网关的受限设备无法与中心设备进行安全通信。

### 16.5.1 漏洞修复

在一篇经常引用的2014年的文章中，安全专家Bruce Schneier表示，我们正处于嵌入式系统（包括IoT设备）的安全性危机点[SCHN14]。嵌入式设备中存在着大量的漏洞，而目前没有什么好办法来修复这些漏洞。芯片制造商有强大的动力来尽可能快速和便宜地生产其固件和软件产品。设备制造商根据价格和功能选择芯片，并且对芯片软件和固件本身所做的工作非常少。相反，他们的关注点在于设备自身的功能。最终用户可能并没有修复系统的方法；或者即使有相应的修复手段，他们也缺乏相应的信息来确定何时修复以及如何修复。最终导致的结果就是物联网中数以亿计的网络设备容易受到攻击。对传感器而言，如果攻击者能够通过其将错误的数据注入到网络中，显然存在严重的安全性问题。而对执行器而言，如果攻击者能够通过其影响机械和其他设备的运行，显然会带来更加严重的安全威胁。

### 16.5.2 ITU-T定义的IoT安全和隐私需求

ITU-T Y.2066建议书《物联网的通用要求》（2014年6月发布）包含了一个描述IoT安全要求的列表，该列表有助于了解在部署IoT的过程中所需实现的安全功能。这些要求被定义为在捕获、存储、传输、聚合和处理各种事物数据时的功能要求，以及提供涉及各种事物的服务，且这些需求与所有IoT执行器均相关，具体定义如下。

- **通信安全**：系统必须具有安全、可信和支持隐私保护的通信功能，从而可以禁止对数据内容的未经授权的访问，可以保证数据的完整性，并在数据传输或转换过程中保护数据的隐私相关内容。
- **数据管理安全**：系统必须具有安全、可信和支持隐私保护的数据管理功能，从而可以禁止对数据内容的未经授权的访问，可以保证数据的完整性，并且在物联网中存储或处理数据时可以保护数据的隐私相关内容。
- **服务提供安全**：系统必须具有安全、可信和支持隐私保护的服务提供功能，从而可以禁止未经授权的服务访问和欺诈性的服务提供等行为，并且可以保护与IoT用户相关的隐私信息。
- **安全策略和技术的集成**：系统必须具有集成不同安全策略和技术的能力，以确保对物联网中各种设备和用户网络进行一致性的安全控制。
- **双向认证和授权**：在设备（或者IoT用户）能够访问IoT之前，需要根据预先定义的安全策略来执行设备（或者IoT用户）和IoT之间的双向认证及授权。
- **安全审计**：IoT必须能够支持安全审计，其中任何的数据访问或者试图访问IoT应用程序的行为都需要根据适当的法律法规完全透明、可追溯和可重现。特别地，IoT需要支持数据传输、存储、处理和应用程序访问的安全审计。

458～459

网关是提供IoT部署中安全性的关键要素。2014年6月发布的Y.2067《物联网网关的通用要求和能力》详细介绍了网关需要实现的具体安全功能，其中一些如图16-9所示，具体包括如下内容：

- 能够识别接入设备的每次访问。
- 支持设备认证。基于应用程序的需求和设备的功能，需要支持与设备的双向或者单向认证。在单向认证中，设备向网关进行认证或者网关向设备进行认证，但不能同时进行两者之间的相互认证。

- 支持与应用的双向认证。
- 支持数据的安全性，无论这些数据是存储在设备和网关中还是在网关和设备之间进行传输，或者是在网关与应用之间进行传输。
- 支持保护设备和网关隐私的机制。
- 支持自诊断、自修复以及远程维护。
- 支持固件和软件的升级。
- 支持自动配置或者通过程序进行配置。网关需要支持多种配置模式，例如远程和本地配置，自动和手动配置，以及基于策略的动态配置。

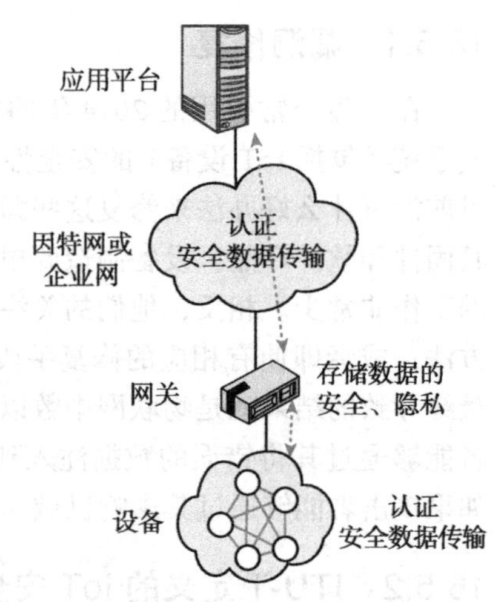

图 16-9　IoT 网关安全功能

当涉及为受限设备提供安全服务时，上述要求中的一些可能难以实现。例如，网关需要支持在设备中存储的数据的安全性，但如果在受限设备上没有加密功能，上述目标是不可能实现的。

需要注意的是，Y.2067 要求中多次提到了隐私要求。随着具有 IoT 功能的设备在家庭、零售店、车辆和人类中的广泛部署，隐私获得了越来越多的关注。随着越来越多的物体进行互连，政府和民营企业将收集有关个人的大量数据，包括医疗信息、位置和移动信息，以及应用程序使用等。

460～461

### 16.5.3　IoT 安全框架

作为在物联网世界论坛参考模型（IoT World Forum Reference Model）（见图 15-4）的发展中发挥主导作用的思科公司，目前已经开发了一个物联网安全框架 [FRAH15]，作为对世界论坛参考模型的一个有益补充。

图 16-10 展示了与 IoT 的逻辑结构相关的安全环境。IoT 模型是物联网世界论坛参考模型的一个简化版本，包括如下几个层次。

- **智能对象 / 嵌入式系统**：包括传感器、执行器和网络边缘的其他嵌入式系统，这是物联网中最有价值的部分。这些设备可能不在物理上安全的环境中，并且可能需要运行多年。可用性无疑是一个重要问题。并且，网络管理员需要关心传感器所生成数据的真实性和完整性，以及需要关心保护执行器和其他智能设备不会出现未经授权的使用。保护隐私免受窃听也可能是安全要求之一。
- **雾 / 边缘网络**：该层次通过有线或者无线技术实现 IoT 设备的互连。此外，在这一层次还可以进行一定量的数据处理和整合。本层次需要关注的一个关键问题是大量 IoT 设备使用的各种不同的网络技术和协议，以及需要开发和实施一套统一的安全策略。
- **核心网络**：核心网络层次提供网络中心平台和 IoT 设备之间的数据路径。这里的安全问题与传统的核心网络所面临的安全问题相类似，然而，需要与大量的端点进行交互并对其进行管理，从而带来了很大的安全负担。
- **数据中心 / 云**：这一层次包括应用、数据存储，以及网络管理平台。除了需要处理海量的独立端结点之外，IoT 在这一层次并未引入任何新的安全问题。

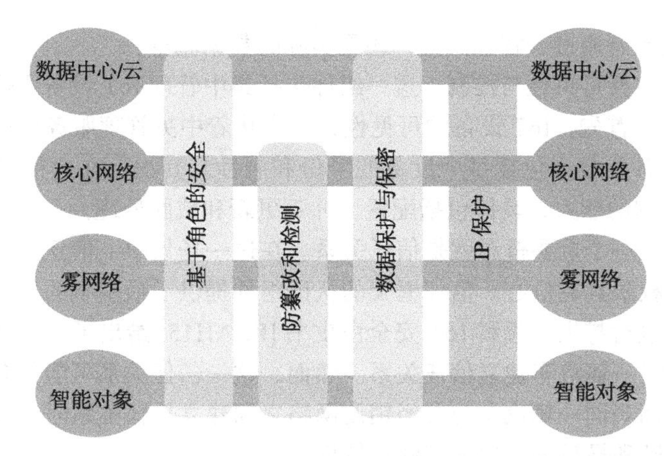


图 16-10 IoT 安全环境

在这种四层体系结构中，思科模型定义了四种跨越多层次的通用安全功能。

- **基于角色的安全**：RBAC（role-based security）系统为角色而不是单个用户分配访问权限，相应地，根据职责的不同，用户被静态或动态地赋予不同的角色。RBAC 是一个在云和企业安全方面具有广泛商业用途的工具，得到了深入的研究，可用于管理对物联网设备及其所产生数据的访问。
- **防篡改和检测**：这一功能在设备和雾网络层次特别重要，但其应用也延伸到核心网络的层次。所有这些层次均可能包括一些在物理上超出企业区域之外的组件，从而无法受到物理安全措施的保护。
- **数据保护与保密**：这些功能贯穿体系结构的所有层次。
- **因特网协议保护**：对所有层次而言，保护数据在传输过程中不被窃听均至关重要。

基于角色的访问控制

根据用户在系统中的角色以及为每个角色的用户所分配的访问权限进行访问控制。

图 16-10 将相应的安全功能区域在 IoT 的四层模型中进行了映射。思科 2015 年的一份 IoT 安全方面的白皮书 [FRAH15] 同样提出了一个安全的 IoT 框架，该框架定义了能够应用于 IoT 所有层次的安全设施所包含的组件。图 16-11 给出了该框架的基本描述，具体如下所述。

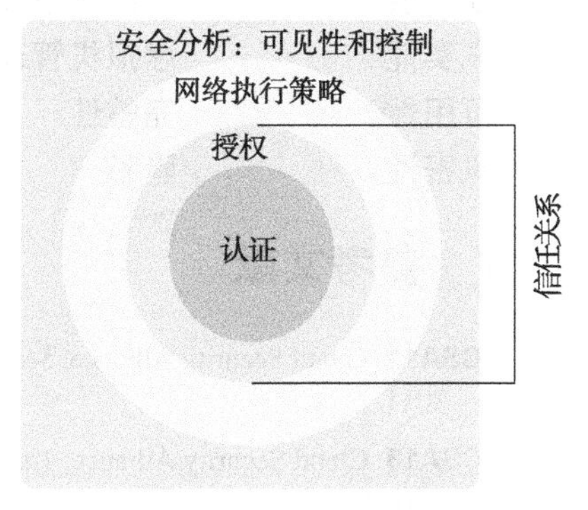


图 16-11 安全 IoT 框架

- **认证**：包括那些能够通过识别 IoT 设备来决定进行相应访问控制的组件。传统的企业网设备可以通过人类凭据来识别（如用户名和密码或者令牌等），但与之相反，IoT 结点必须通过不需要人为交互的方式进行识别。这些标识包括 RFID、X.509 证书，或者结点的 MAC 地址等。
- **授权**：用于控制设备在整个网络结构中的访问能力。这一组件包括访问控制机制。通过与认证层次相结合，它可以建立必要的参数，以支持设备之间以及设备和应用平台之间的信息交换，并支持与 IoT 相关的服务得到执行。
- **网络执行策略**：包括通过基础设施安全地路由和传输端结点流量的所有组件，无论这些流量是控制流量、管理流量，还是实际的数据流量。

- **安全分析，包括可见性与控制**：这一组件包括集中管理 IoT 设备所需的全部功能，具体内容包括：首先，IoT 设备的可见性，这意味着中央管理服务可以安全地了解分布式的 IoT 设备集合，包括每个设备的身份和属性。其次，在这种可见性之上是能够对其进行控制的能力，具体包括配置、补丁更新和威胁处理。

与此框架相关的一个重要概念就是信任关系。在这一场景中，信任关系是指通信双方对彼此的身份和访问权限具有信心。信任框架的认证组件提供了最基本的信任级别，并进一步通过授权组件对其进行扩展。思科 IoT 安全白皮书 [FRAH15] 给出了一个例子：一辆汽车可以与同一个厂商的另一辆汽车建立信任关系。然而，这一信任关系可能仅允许它们相互交换基本的安全功能。而当同一辆汽车与其经销商网络之间建立信任关系时，可能就会允许汽车共享诸如里程表读数和最后维护记录等额外信息。

462~464

### 16.5.4　结束语

计算机和网络安全协议、技术及策略在过去几十年中逐步发展和成熟，以不断适应企业、政府和其他用户的需求。尽管在攻击者和防护者之间正在进行军备竞赛，但是还是可以为传统网络和 SDN / NFV 网络建立强大的安全设施。具有数百万到数十亿台设备的 IoT 网络的突然出现给网络安全带来了前所未有的挑战。诸如图 16-10 和图 16-11 所描述的模型和框架可以作为设计与实现物联网安全设施的基础。

## 16.6　重要术语

学完本章后，你应当能够给出下列术语的定义。

| | | |
|---|---|---|
| 可审计性 | 数据机密性 | 基于角色的访问控制（RBAC） |
| 攻击表面 | 数据完整性 | 安全即服务（SecaaS） |
| 真实性 | 虚拟机管理程序内省 | 系统完整性 |
| 可用性 | 完整性 | 传输层安全（TLS） |
| 机密性 | 隐私 | |

## 16.7　参考文献

**CSA11:** Cloud Security Alliance. *Security as a Service (SecaaS).* CSA Report, 2011.

**CSA13**: Cloud Security Alliance. *The Notorious Nine Cloud Computing Top Threats in 2013.* CSA Report, February 2013.

**HAWI14**: Hawilo, H., et al. "NFV: State of the Art, Challenges, and Implementation in Next Generation Mobile Networks." *IEEE Network*, November/December 2014.

**HOGG14**: Hogg, S. "SDN Security Attack Vectors and SDN Hardening." *Network World*, Oct 28, 2014.

**NAKI15**: Nakina Systems. *Achieving Security Integrity in Service Provider NFV Environments.* Nakina Systems white paper, 2015.

**STAL15:** Stallings, W., and Brown, L. *Computer Security: Principles and Practice.* Englewood Cliffs, NJ: Pearson, 2015.

465

# 新的网络技术对 IT 职业的影响

你不明白！我应该是个有身份的人。我应该是个强者。我本可以成为大人物，而不应该像现在一样只是一个流浪汉。

——Marlon Brando，《码头风云》，1954

**本章目标**

**学完本章后，你应当能够：**

- 讨论网络专家不断变化的职责，以及对工作职位的影响。
- 给出 DevOps 的概述。
- 理解 DevOps 在实现网络系统中的角色。
- 理解培训和认证程序的相关性。

网络前景在技术和方向上都在发生快速的变化。为了提升自己的职业能力，网络专家不仅需要掌握新技术，还需要在网络技术、管理和部署等多个方面扩大他们的视野。本章的目标在于提供一些指导和信息，帮助大家在新的网络前景中保护和增强职业竞争力。

本章首先给出一些关于网络专家角色变化的整体思考，随后关注于一个在发展你的职业技能时可能被忽视的领域：DevOps，之后再对培训和认证进行讨论。最后本章以对在线资源的讨论结束，这些在线资源可以作为持续的信息和支持源。

466

## 17.1 网络专业人员的角色变化

新兴的网络时代有很多内容需要网络专业人员进行认真的思考，其中一些典型例子如下：

- 网络基础设施不再可能源于同一个厂商。基础设施具有多个层次，预先定义的接口（水平接口和垂直接口）、抽象性依赖，以及本地和基于云 / 雾的要素组合等。
- 应用负载在种类和速度上都在不断变化。管理、使用，甚至定义网络基础设施的软件模块需要与网络软件环境相协调。
- 网络专业人员可用的工具集在快速增加，包括语言、脚本工具，以及能够帮助进行网络设计、部署、运维、管理和安全的多种产品包。IT 执行部门知道这些工具的存在，并希望他们的网络团队能够使用这些工具。
- 网络功能在不断地通过软件技术定义、实现和管理，如软件定义网络技术（SDN）和网络功能虚拟化技术（NFV），网络的这一“软”特征迫使 IT 管理和网络开发及运维不断协作。

网络领域的从业者不能奢望仅依靠在学校或者培训机构学习的知识来应对新的挑战。SDN 和 NFV 为更多的参与者开放了网络生态系统，这样来自不同背景的人们都可以进入复杂的网络世界。网络领域的人员角色和职位将更加具有流动性，将会不断有新的职位出现和旧的职位消失。为了保持他们的竞争力，网络领域的从业者需要尽可能地抓住内部和第三方培训的机会。

### 17.1.1　不断变化的职责

在 Metzler 发表的一篇论文 [METZ14b] 中，具体列举了网络和 IT 基础设施专家的新角色所具有的下述关键特征。

- **更加强调编程**：作为 SDN 和 NFV 网络结构一部分的应用程序接口（API）要求高级 IT 专家需要对编程具有一定的了解，以便更好地与企业软件开发部分交互。机构也可能要求网络专业人员利用新的可用 API 写程序，从而利用这些新 API 的功能，我们将在 17.2 节详细讨论。

467

- **在 IT 学科方面不断增加的知识**：IT 将越来越不再通过特定的领域进行分割（如存储、网络、虚拟化、安全等），而是多个团队相互协作形成功能交叉。对协作的强调和 DevOps（在下一节讨论）要求具有综合性的技能，从 IT 安全到数据库设计、到应用程序体系结构，以及这中间的所有事情。尽管团队中每个个体各有所长，但都需要了解其他领域的一些知识。
- **对安全重点强调**：随着数据在内部、在云中以及在用户设备上进行安全保障，安全领域变得更加重要。数据是任何一个公司的生命线，因此一件非常重要的事情就是，确定和强化能够保证事物安全的策略，但同时又不影响用户完成工作的能力。
- **更加关注设置策略**：相较于以前，SDN 和 NFV 使得 IT 机构能够以更加动态和细粒度的方式实现策略驱动的基础设施。
- **对业务具有更多的知识**：SDN、NFV 和 QoE 提供了技术基础，能够根据业务需求和用户的要求，提供更加敏捷的响应。当新的应用软件被部署在网络上时，虚拟化的网络组件能够被快速修改和重新部署在网络中以适应企业和用户的需求。这一场景要求网络专业人员必须理解网络是如何管理和配置的，从而能够支持这一动态环境。另一个考虑是 IT 机构有能力证明在 IT 方面的一个投资与该机构的功能相关联，并能够展示该投资的商业价值。
- **对应用更深入的理解**：云计算和 IoT 开放了网络需要支持的应用的范围。这些应用的体系结构同样也得到了扩展，从简单的客户端 / 服务器模型进行垂直扩展（多级）和水平扩展（对等方协同）。诸如客户关系管理（CRM）等复杂的应用通常包括许多模块，具有多种网络需求。IT 基础设施和网络专业人员需要更好地理解这些新的体系结构和复杂的应用，以便确保能够正确地设计新技术。

在 Pretz [PRET14] 的一篇文章中指出了在新的网络环境下取得成功需要哪些能力，列举了网络专业人员需要的下述 5 条技能：

468

- 知道如何结合 IT 领域和网络领域的能力，这两个领域在过去几年里曾经相互独立发展，但目前两者已经开始融合。
- 对应用数学的一个分支——工业数学的理解。具有这些知识的人能够更好地理解技术问题，建立准确和精密的数学模型，并使用最新的计算机技术实现解决方案。对这一领域的理解能够帮助应用机器学习和认知算法来开发系统，而这些算法被认为是降低 SDN 复杂性和动态性特征的有效方法。
- 精通软件体系结构和开源软件，这些是开发 SDN 工具和应用的必要手段。掌握软件验证和证明过程同样非常有帮助，它们能够确保软件满足规范和最初的设计目标。

一些工程师认为他们需要编程技能，但这并非必需，因为已经有来自第三方的软件应用可供使用。

- 需要大数据分析的背景以便理解如何处理来自 SDN 的海量数据。具有大数据分析技能的人不仅能够管理更多的数据，还能够知道在发生异常时需要问什么样的问题来帮助处理异常。这一分析技能还可以帮助工程师做出智能、数据驱动的决策。
- 赛博安全方面的专门技能，因为安全必须出现在 SDN 的所有地方。需要将安全内嵌到体系结构中，并作为一个服务来提供，从而保护接入的资源和信息的可用性、完整性和隐私。

### 17.1.2 对职位的影响

在全球知识白皮书中，Hales [HALE14] 列举了 SDN 和 NFV 对不同职位的如下可能影响。

- **网络管理员：**具有设计和管理软件主导网络的技能，以及能够规划从现有环境到新环境迁移策略的人员将具有大量的需求。
- **虚拟化管理员：**将需要具有更多高级技能的管理员，以便解决如何实现云系统并使它们与现有的基础设施相结合。虚拟化管理员的工作需要与存储、网络、安全以及应用团队更紧密地结合，以便能够无缝地工作在一起。
- **应用管理员：**应用管理员需要清楚 SDN 和 NFV API 对应用的多种含义，包括应用可以要求网络为它们提供能够保证应用正常工作的带宽和时延。管理员需要知道这些需求是什么，并与其他应用管理员一起确保所有应用的需求都得到满足。安全需求同样会以非预期的方式进行变化，因此应用管理员需要对安全服务和机制有更好的理解。 469
- **安全管理员：**安全管理员需要与其他类型的管理员更加紧密地在一起工作，保证合适的策略和规则得到设计、实施和审计。随着公司迁移到云中，并鼓励用户使用携带自己设备（BYOD）的方式，对这类管理员的需求会不断增加。
- **开发者：**开发者可能需要集成功能到 SDN 和 NFV 控制器提供的 API 中，或者编写能够向网络发起请求的应用。这都需要额外的通用网络知识和在解决具体问题时所需要的特定 API 知识。开发者需要详细考虑安全性问题，并将安全性需求交付至安全、应用、虚拟化或网络团队，以确保这些需求能够得到满足，并在需要的时候对应用进行修改。
- **IT 管理者：**IT 管理者必须变得更加知识渊博，需要能够理解新的网络功能、新环境的安全性需求，以及将应用开发与网络开发相集成的需求。机构中的所有人都需要培养如 DevOps（在 17.2 节进行讨论）中所要求的协作式思维模式。

### 17.1.3 必须面对的现实底线

无论在新的网络基础设施中增加多少自动化工具，对高素质网络专业人员的需求都不会消失。但是在新的网络环境中取得成功所需要的角色、职责和技能却在不断发生变化。

## 17.2 DevOps

通过对 SDN、NFV、云以及物联网（IoT）技术和管理方面的文献进行综述可以发现，大部分文献都提到了新的人才需求，要求他们能够理解和使用 DevOps 方法来设计、安装并管理这些新型网络技术。本节首先概述了 DevOps 的概念，随后探讨如何将其应用到现代网络技术中。

470

### 17.2.1　DevOps 基础

最近几年，DevOps 从一个时髦词汇变成了软件开发和部署领域的一个广泛接受的方法。无论规模大小，企业均试图理解什么是 DevOps、对他们公司会带来什么样的影响。这种关注度不仅来自于 IT 执行官或者 CIO，还来自于开始认识到 DevOps 具有能够使其业务单元变得更加高效、交付更高质量的产品，以及更加敏捷和具有创新性潜能的业务管理者。大的软件机构，包括 IBM 和微软，都开始快速扩展他们的 DevOps 供给。

**DevOps（development operation，开发运维）** 应用开发者与测试和部署部门的紧密整合。DevOps 是软件工程、质量保证和运维的交集。

DevOps 的关注点在于应用软件和支持软件的开发。DevOps 理念的核心要义是：在创建一个产品或者系统时，所有的参与者（包括业务单元管理者、开发者、运维人员、安全人员和端用户组等）应当从一开始就相互协作。

为了理解 DevOps 方法，我们需要简要地列举开发和部署应用的典型阶段。如在《为普通人的应用发布和部署》中所描述的一样，许多应用厂商和内部应用开发者都遵守一个类似于下面这样的生命周期 [MINI14]。

- **开发（DEV）**：开发者在测试环境中构建和部署代码，开发团队以最基本的层次测试应用。当应用满足特定的标准后，将其移至 SIT 阶段。
- **系统集成测试（SIT）**：对应用进行测试以确保它能够与现有的应用和系统协调工作。当应用满足这一环境的标准后，将其部署到 UAT 中。
- **用户接收测试（UAT）**：测试应用以确保它能够为端用户提供需要的特性。这一环境通常已经非常类似产品阶段。当应用通过这些测试后，将其移至产品阶段。
- **产品（PROD）**：将应用提供给端用户，并通过监测应用的可用性和功能获取反馈。随后的任何更新和补丁都将经历从 DEV 环境到当前阶段的相同循环。

传统上，信息系统开发工程需要顺序地经历上述阶段，不能在中间阶段交付部分产品，也无法阶段性地获得客户的反馈。整个过程被称为**瀑布开发**。在大型项目中，一旦某个阶段已经完成，就无法轻易地进行回退，就像很难在瀑布中向上移动一样。从 2000 年左右开始，**敏捷软件开发**开始逐渐获得大家的青睐。敏捷方法强调团队工作、客户参与，以及最重要的一点是，创建整个系统的小的或者部分产品并在用户环境中测试。例如，一个具有 25 个功能的应用可能首先只实现一个包括 5~6 个功能的原型系统。敏捷开发被证明可以非常高效地处理开发阶段的需求变化，而这种变化是非常普遍的。

471

敏捷开发的典型特征就是以迭代循环的方式进行频繁发布，并具有一些特定的自动化工具支持协作。DevOps 进一步扩展了这一思想，它的典型特征包括：快速发布、内嵌到整个过程中的反馈环，以及自动化 DevOps 过程的完整的工具集和实践文档。

图 17-1 来自于《普通人的 DevOps》，给出了 DevOps 过程的一个概述 [SHAR15]。

DevOps 可以看作是以下四种主要行为的不断重复循环。

- **计划与测量**：关注于业务单元及其规划过程。计划过程将业务需求与开发过程的输出相联系。这一行为可以以整个计划中一些小的、有限部分作为开始，确定待开发的软件所需要的输出和资源。计划必须包括开发测量，以便评价软件、持续地进行相应调整、适配客户需求，以及持续地更新开发计划和测量计划。测量功能本身也可以应用到 DevOps 过程中，以确保使用了合适的自动化工具，以及正在开展有效的协作等。

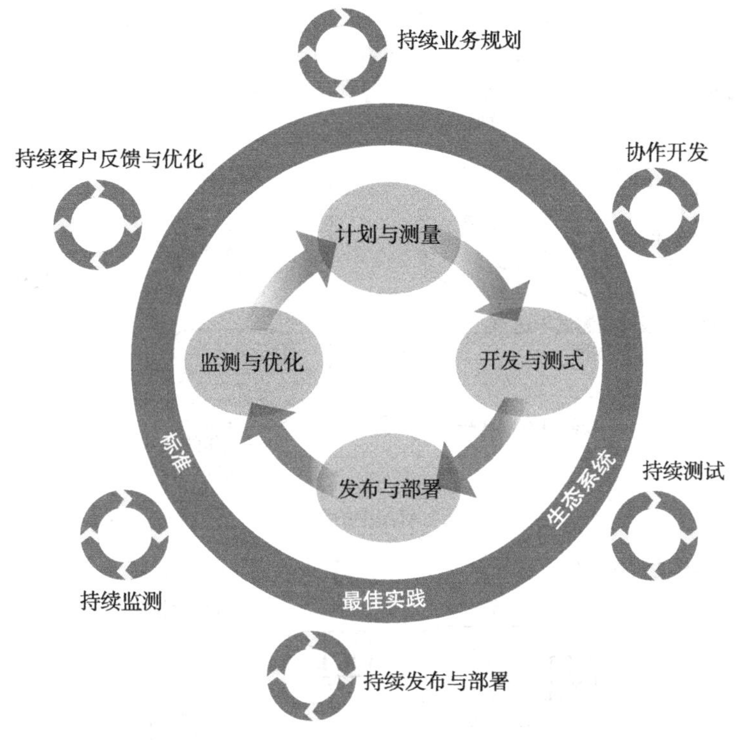


图 17-1　DevOps 参考体系结构

- **开发与测试**：关注于协作开发、持续集成新代码和持续测试。关注流水线化开发和测试团队的能力。有用的工具包括对测量到的输出进行自动化追踪测试，以及支持在隔离但真实的环境中进行测试的虚拟化测试床。
- **发布与部署**：提供自动化部署到测试和产品环境中的持续性交付流水线。交付是在一个利用自动化技术的协作环境中集中管理。部署和中间件配置也是自动化进行的，并最终形成一个自服务模型，为独立的开发者、团队、测试者和部署管理员提供持续构建、供应、部署、测试和升级的能力。类似于应用部署，基础设施和中间件供应能力也从自动化模式演化到自服务模式。运维工程师不再人工调整环境，而是关注于优化自动化过程。
- **监测与优化**：包括持续监测、客户反馈、优化以对发布后的应用的行为进行监测、允许业务按需调整它们的需求等行为。通过监测客户体验来优化业务系统内的体验。对反映业务价值的客户核心性能指标的优化是项目持续提升计划的一个重要部分。

图 17-2 源于微软白皮书《企业 DevOps》[MICR15]，它给出了 DevOps 的另一个重要的特征。DevOps 的目标在于提升对应用进行全生命周期管理过程的效率和效能。引入敏捷软件开发之后，一些机构开发了**应用生命周期管理**（ALM）实践，以便将业务、开发、QA 和运维功能等集成到一个有效的循环中，从而实现在交付持续性价值方面更大的敏捷性。

472~473

**应用生命周期管理**　对一个应用从开始到终止的管理和控制。包含需求管理、系统设计、软件开发和配置管理，并且包含一套开发和控制项目的集成工具集。

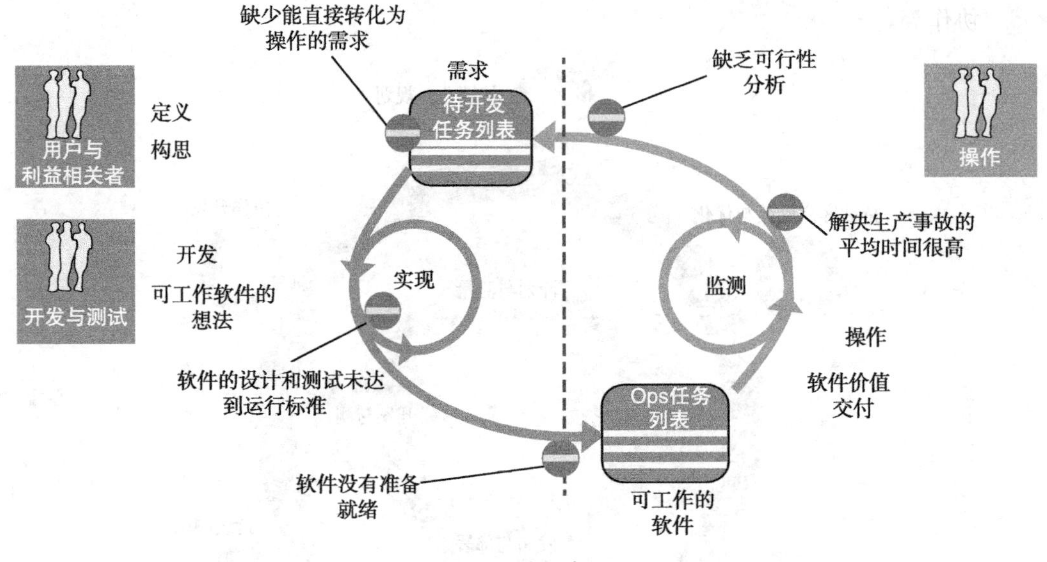


a）ALM中的障碍

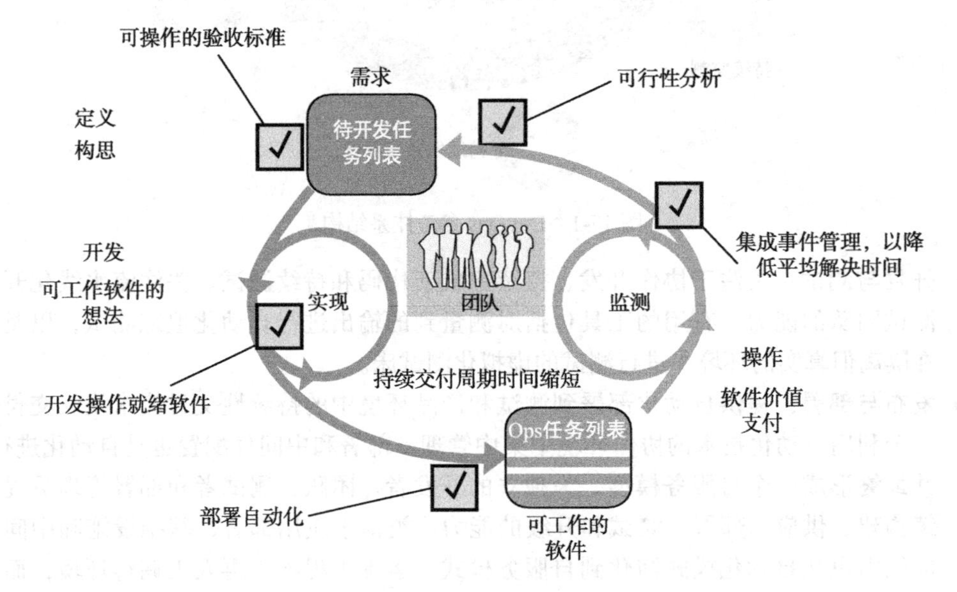


b）DevOps工作流

图 17-2　现代应用生命周期管理

如图 17-2a 所示，ALM 实践在敏捷和有效交付最终产品方面遇到了一些障碍，而出现这些问题的关键原因在于开发和运营功能之间存在的传统鸿沟。这里所示的一个关键问题就是运营需求被弱化以适应功能需求所带来的危险。如图 17-2b 所示，DevOps 试图解决这些障碍。

从根本上来说，DevOps 依赖于两个关键的基础：协作和自动化。协作通过相应的管理474策略来鼓励和要求软件开发及部署过程中的各种行为者之间共同合作，而自动化则由支持协作的工具组成，并被设计为在图 17-1 和图 17-2 所示的循环过程中实现尽可能多的自动化操作。

许多公司现在已经在提供 DevOps 自动化工具。例如，微软 2014 年推出了许多工具作为其 Visual Studio 产品的一部分。Visual Studio 是一组能够帮助用户在 Microsoft 平台和云端创建应用程序的开发人员工具和服务。在这些新推出的工具中，其中一个就是发布管理软件，能够自动完成软件程序从开发到产品化过程中所需的许多工作，例如向相应的管理员告警，以及准备相应的产品服务器来运行软件等。Microsoft 为 Visual Studio 引入的另一个 DevOps 功能称为云部署项目，它允许机构在新应用程序中捕获和重用配置设置信息，以加快部署时间。配置设置信息（或蓝图）可以在虚拟机（VM）中捕获，然后虚拟机就可以在 Microsoft Azure 云端部署应用程序。微软还推出了其 Application Insights 软件，该软件提供了一种对应用程序进行测试的方法，以便开发人员可以确定它是否正常工作，以及用户是如何使用该软件程序的。这可以帮助开发人员精确定位错误，以及尽早发现诸如因重新设计而导致的软件功能突然失效等问题。

### 17.2.2 DevOps 需求

IT 部门越来越依赖 DevOps。例如，最近在工作列表网站 Dice 上的报告 [DICE15] 表示，“具有 DevOps 和工程背景的高级系统管理员正处在他们职业生涯的最好时期。在像硅谷这样的市场，如何才能够招聘到 DevOps 人才是一个令人头疼的问题。DevOps 经验带来多份工作机会、竞争性待遇以及不断上涨的薪水等情况并不罕见。”表 17-1 显示了在美国 6 个城市的 100 英里[⊖]半径范围内对 DevOps 工程师、经理、架构师等人才的需求数量，显然 DevOps 已经“成为”技术雇主正在寻求的技能。

**表 17-1 Dice 上按照区域排列的 DevOps 职位列表（2015 年 5 月）**

| 城市 | 职位数 |
|---|---|
| 波士顿 | 106 |
| 纽约 | 183 |
| 华盛顿 D.C. | 109 |
| 芝加哥 | 53 |
| 旧金山 | 319 |
| 达拉斯 | 85 |

475

### 17.2.3 用于网络的 DevOps

尽管 DevOps 创建和发展的初衷是支持应用程序的开发和部署，但它也可以在网络环境中应用，这是因为网络基础设施越来越多地被软件定义和软件驱动。

- **软件定义网络（SDN）**：SDN 在软件中定义网络行为。在控制平面和数据平面分离的基础上，位于控制和应用层的应用程序建立其基本功能。网络设计人员和网络管理员需要能够快速响应不断变化的网络条件和要求，以及新的客户驱动应用程序的需求。
- **网络功能虚拟化（NFV）**：NFV 通过部署虚拟计算、存储和网络功能来以软件的方式定义网络的结构和功能。NFV 软件环境很复杂，涉及某个主机上的虚拟化网络功能（VNF）与管理和操作软件的交互等问题。这是一个需要对不断变化的条件和需求进行快速响应的环境。
- **QoS/QoE**：服务质量（QoS），尤其是体验质量（QoE）的需求规定了一个由最终用户

⊖ 1 英里 =1609.344 米。——编辑注

的分析状况所驱动的过程，而最佳服务效果则是建立快速的开发和部署周期，以确保网络能够对最终用户的需求快速做出响应。

- **云**：无论是 IaaS、PaaS，还是 SaaS，以及无论是公共云还是私有云，云管理员和提供商都需要持续不断地修改和增强云产品。为了满足用户的期望，这些修改过程必须以敏捷的方式进行。
- **物联网（IoT）**：虽然物联网中涉及大量物理世界中的“物”，但从雾计算边缘到中心应用平台的整个体系结构，一方面需要快速响应不断变化的外界条件以提供预期的性能，另一方面也需要不断升级和修改网络来处理快速变化的 IoT 设备组合。

简而言之，DevOps 方法不仅适用于应用程序、Web 服务器软件等类似系统开发过程，同样也可以应用于网络基础设施。对于那些正在设计和部署网络基础设施软件，以及正在根据需要修改网络基础设施的网络管理员和网络工程师而言，DevOps 方法可应用到很多方面，包括以下内容：

476

- 加强与网络运营人员的合作，以期预测网络变化对日常运营有哪些影响，制定测量变更影响的测度，以及制定在开发与运营之间进行反复试验的过程。
- 检查软件和网络基础设施的部署流程，尤其重点关注管理这一流程的过程，以确定如何提高效率和消除障碍。
- 采用自动化工具消除重复性任务。

所有在本书中讨论的网络技术都适用于 DevOps 方法，但也许最突出的领域是云计算 / 云网络，该领域的提供商似乎已经走在了应用 DevOps 技术的前沿。正如《为什么 DevOps 是云计算应用的 CPR》[DICE13] 这份 Dice 报告中所指出的那样，“云自然就适用于 DevOps，因为它主要采用基于 API 和框架驱动的模式，可以轻松地加入到自动化的 DevOps 过程中。这是由 API 驱动的自助服务，云计算之所以能够称为云，其关键要义在于 API 驱动和自适应服务配置等特征，因此 DevOps 天然适用于云计算。这也就意味着在云中取得成功或获取一个职位的最好方法就是增强脚本和 API 编程应用技能。此外，在公共云提供商 API 或私有云管理框架方面的工作经验将大大有助于构建相关的云技术组合，从而使你对潜在（和当前）的雇主更具吸引力。”

《信息周刊》上的一篇文章 [MACV15] 指出，随着 DevOps 战鼓的声音日渐强烈，网络工程师的一个共同关注点就是可编程性。特别是，工程师可能也需要编写代码（可能会有一些新的短语，如基础设施即代码等）。他们需要关心他们目前可能没有的某些技能和技能集合。有两件事情需要说明。首先，这里用到的编程语言是一些脚本语言，而不是诸如 C、C++、Java 等其他大型软件开发语言，网络工程师可以使用 Python、Perl、Bash 和 Curl 等脚本语言工具来编写能够运行于各种设备上的常见任务。为了将这种脚本方法移植到 DevOps 领域，网络工程师还需要学习一些与网络 DevOps 环境关系密切的工具。

一个典型工具就是版本控制系统，例如 Git。除了作为软件源代码的存储库之外，版本控制系统还可以存储路由器、防火墙、交换机和 Apache Web 服务器等基础设施的配置数据。在版本控制系统中维护配置数据为进行变更控制奠定了基础，它允许我们跟踪诸网络中的时间，包括何时引入防火墙规则，何时添加 Apache vhost 等。为设备任务所编写的脚本（例如，在 Python 中）也可以存储在 Git 中，并由其进行版本管理和控制。进一步，在 Git 中，也可以使用脚本来自动化地完成填充版本控制数据的大部分任务。此外，还可以通过配置管理工具（如 Puppet 或 Chef）来生成存储在 Git 中的模板。

477

另一方面就是，在网络的 DevOps 中，脚本语言可以完成许多工作，例如与相关人员合作来优化流程，以协作的方式管理基础设施（综合考虑开发、运营和用户需求等内容）。但网络的 DevOps 不仅仅包括这些内容，另一个正在进行的任务就是确定需要测量什么（以及如何测量）以满足业务优先级的需求，而这也是引入 DevOps 的关键原因：加快产品上市时间、降低风险和成本。

即便如此，熟练掌握使用特定软件工具和软件包的技能仍是成功构建 DevOps 的好方法。Dice 报告《DevOps 工程师的关键技能》[DICE14] 中列出了为胜任 DevOps 角色需要掌握的以下四个主要方面的技能和工具集。

- **Puppet, Chef, Vagrant, CFEngine, 以及 Bcfg2**：保持持续性的系统性能至关重要，而这意味着系统需要能够正常运行和可用，并能够快速可靠地提供响应。使用这些配置管理工具的经验有助于你通过可重复和可预测的方式管理软件和系统中的变化。
- **Jenkins, Maven, Ant, CruiseControl, 以及 Hudson**：工作中的一个关键任务就是能够更快更容易地创建和部署软件。使用这些工具的经验将有助于确保你拥有玩转职场所需要的资源。
- **Git，SVN，CVS，Visual Studio 在线，以及 Perforce**：为了保证开发人员之间不会相互影响，版本控制对于 DevOps 至关重要。使用这些源代码控制系统能够相互协作进行软件项目开发，并可以轻松管理更改和更新。
- **Nagios，Munin，Zabbix，Sensu，LogStash，CloudWatch，Splunk，以及 NewRelic**：作为 DevOps 专业人员，必须始终关注性能。尽管每个工具的具体细节并不相同，但你应该了解每个工具背后的基本理念和原则，以便能够高效地实现它们。

针对上述不同方面的技能，如果对其中某一类技术具有丰富经验，那么通常只需几周的培训就可以很好地掌握其他几类技术，并且由于这些工具中的许多都相对较新，因此你必须具有相关意愿并能够根据需要将现有知识应用于新的角色所需要的工具中。

### 17.2.4 DevOps 网络产品

从 SDxCentral 所发布的最新年度 NFV 报告《SDxCentral 网络功能虚拟化报告，2015 版》中可以看出，越来越多的公司认识到现代网络提供商对 DevOps 的需求。以下公司已经开始提供 DevOps 相关产品。

478

- **博科移动分析**：提供完整的移动网络可见性功能堆栈。其模块化的产品架构能够适用于 DevOps 模型，从而支持快速部署那些完全满足移动运营商独特需求的自定义解决方案。
- **Red Hat 企业 Linux 原子主机**：一种 NFV 软件平台，包括一组工具以支持 IT 机构快速发挥 DevOps 实践所带来的好处。具体而言，这些工具包括功能的快速交付和持续改进。
- **超级云**：一种供应商中立的 NFV 服务编排平台。支持数据中心和云服务提供商部署和管理 VNF 和 SDN 应用程序，基于 DevOps 和服务自动化的思维进行设计，以满足网络管理员支持 IT 应用程序开发人员的需求。
- **CloudShell**：面向 DevOps 的云管理平台，提供对由裸机和虚拟化组件所组成的复杂网络环境进行自助式访问的服务。CloudShell 用于支持 DevOps 实验室和数据中心在开发、测试、培训、支持、概念证明和开放社区等方面的自动化。CloudShell 将其本身定位为网络 DevOps 的领先自动化平台。

在未来几年内，能够提供反映或支持 DevOps 产品的 NFV 和 SDN 相关供应商的数量可能会急剧增长。

### 17.2.5　思科 DevNet

2015 年，思科宣布了一种名为 DevNet 的新方法，用来帮助思科客户和合作伙伴采用 DevOps。DevNet 旨在成为一个企业网络开发人员的社区，负责开发能够支持未来可编程网络的软件应用程序，而这些开发人员可能来自其客户、独立的软件供应商、独立的系统集成商，以及思科合作伙伴等。

思科 DevNet 通过其合作伙伴 Muleoft 提供软件开发工具包（SDK）、可视化建模工具、即用型代码示例，以及更易于访问的基于 REST 的 API。并且，DevNet 是一个社区，成员之间可以相互依赖以共享经验和寻求支持。此外，DevNet 还将作为思科 SDN 方法（亦即其应用中心基础设施，Application Centric Infrastructurp）的教育和交付工具。

### 17.2.6　有关 DevOps 当前状态的小结

本章利用相当大的篇幅来描述 DevOps 的原因主要有以下两个。首先，在管理通过诸如 NFV 和 SDN 等技术所部署的复杂网络方面而言，DevOps 变得越来越重要。其次，对于大部分有强烈事业心的人而言，目前其关注焦点仍在于 SDN、NFV、QoE 等技术，对于深入了解掌握 DevOps 技术的重要性并不十分明确。事实上，那些具有 DevOps 技能的员工或求职者将在个人发展方面更加具有竞争优势。 479

## 17.3　培训与认证

本书中所讨论的技术正在迅速成为网络行业以及私营部门和政府用户的主导者。坚持阅读本书至此的网络专业人员现在应该明白需要学习这些技术来不断提升他们的竞争力。随着技术的更新换代，相关专家警告网络从业者：除非他们能够不断学习新技能，否则将被时代所抛弃。培训和认证是进行技能学习的理想工具。2013 年的一项针对 700 名网络专业人员的调查 [BORT13] 显示，有 60% 的受访者表示认证证书带来了新的工作；50% 的人表示他们获得了更多的工资，其中有 40% 的人表示自己的薪水由于认证证书而直接上涨了 10% 以上；而有 29% 的受访者表示认证证书为他们带来了职位的提升。

幸运的是，有越来越多的机会来学习如何通过认证计划掌握并使用新的网络技术。

### 17.3.1　认证计划

表 17-2~ 表 17-4 展示了一些与 SDN、网络虚拟化以及云等内容相关的认证计划，其中许多都着重突出提供培训和认证公司的产品，因此网络专业人员可以选择那些能够提高他们现有职位的技能的认证计划，或者那些能够提高他们想要寻求的职位所需要技能的认证计划。对于物联网，传统来源的认证项目很少，最近推出的一个认证项目是思科工业网络专家证书。该培训和认证计划主要面向制造、过程控制和油气行业等领域的信息技术（IT）和运营技术（OT）专业人员，他们将参与网络工业产品和解决方案的实施、运营和支持。我们可以期待以后将看到更多这样的认证项目。

480 表 17-5 列举了网络相关领域的其他认证项目。

表 17-2　SDN 认证计划

| 认证计划 | 描述 |
|---|---|
| 开放网络基金会（ONF）认证 SDN 助理 | 该认证的目的是验证 SDN 中基础概念相关的知识 |
| ONF 认证 SDN 工程师 | 针对那些积极从事 SDN 生态系统中更多技术性工作的 SDN 专业人员。在这种情况下，ONF 认证 SDN 工程师证书（OCSE）将验证在 SDN 生态系统中工作的技术人员的技能、知识和能力 |
| HP ASE - SDN 应用开发人员 | 认证对 SDN 环境和 SDN 应用程序用例的理解，以及编写、测试和调试 SDN 应用程序的能力 |
| VMware 认证专家——网络虚拟化（VCP-NV） | 验证是否能够安装、配置和管理 NSX 虚拟网络实现，无论底层的物理架构如何 |
| 博科 NFV 认证 | 专为 IT 专业人员设计，通过获得更深入的 NFV 专业知识，扩展他们的技能和对公司的贡献 |

表 17-3　网络虚拟化认证计划

| 认证计划 | 描述 |
|---|---|
| 思科业务应用工程师专家 | 目标群体是那些设计、开发和构建业务应用程序且正在寻求利用新开放网络环境的可编程能力的应用工程师 |
| 思科网络可编程开发专家 | 目标群体是那些专注于网络应用层开发，以及为服务提供商、校园和数据中心提供用例的软件程序员，该认证和课程能够培养在可编程环境中开发网络应用所需的基础技能 |
| 思科网络可编程设计专家 | 目标群体是那些具有体系结构和应用程序开发专业知识的工程师。通过本课程将学习如何更好地收集客户需求，并将此信息与应用知识相结合来更好地利用基础设施，以及将需求转化到一种推荐的开放式基础设施之上 |
| 思科网络可编程工程专家 | 目标群体是那些将网络应用程序部署到可编程环境并使其运行的工程师。该认证涵盖的关键技能包括实现由网络设计师和架构师设计的开放网络基础设施并对其进行故障排除 |

481

表 17-4　云计算认证计划

| 认证计划 | 描述 |
|---|---|
| 亚马逊 Web 服务（AWS）认证解决方案架构师—助理 | 专为那些拥有在 AWS 平台上进行分布式应用程序和系统设计经验的 IT 专业人员而设计 |
| AWS 认证解决方案架构师—专家 | 该认证的理想候选人是在 AWS 平台上设计分布式应用程序和系统方面具有先进技能和经验的专业人员 |
| AWS 认证开发人员—助理 | 针对那些在开发和维护 AWS 应用方面具有技术和知识的人员 |
| AWS 认证 SysOps 管理员—助理 | 确认那些在 AWS 平台上部署、管理和运营方面具有技术专长的专业人员 |
| AWS 认证 DevOps 工程师—专家 | 专为那些在 AWS 上配置、运行和管理分布式应用系统方面具有专长的人员而设计 |
| IBM 认证解决方案顾问—云计算架构 V4 | 目标群体是那些希望在云计算方面的技能和经验得到认可的 IT 专业人员。它传授的知识包括云计算的概念和优势、云计算设计原则、IBM 云计算架构和 IBM 云计算解决方案 |
| IBM 认证解决方案架构师—云计算基础设施 V1 | 确认那些在 IBM 云计算基础设施的设计、规划、架构和管理原则方面具有丰富知识的人员 |
| 微软认证解决方案专家：私有云 | 目标群体是那些对微软的领先技术感兴趣并希望改进和证明自己的知识与技能的人，该认证提供了在 Windows Server 和 System Center 的帮助下构建私有云解决方案的技能 |
| 微软 Azure 中的微软专家认证 | 对于那些具有以前使用 Azure 技术的开发人员和 IT 专业人士，微软提供三项专业认证，以扩展他们的技能，使他们能够着眼于未来的业务需求 |

（续）

| 认证计划 | 描述 |
| --- | --- |
| Salesforce 管理员 | 目标群体是那些具有 Salesforce 管理员经验的人员 |
| Salesforce 实施专家 | 目标群体是那些具有在面向顾客的角色中应用销售云解决方案经验的人员 |
| Salesforce Pardot 顾问 | 专为那些具有 Pardot 营销自动化技术应用经验的 IT 专家设计，他们应当在下述领域具有深入的知识：对用户和潜在客户的了解、自动化和分段工具，以及利用面向客户的角色建立电子邮件、表单和登录页面 |
| Salesforce 开发人员 | 针对那些有云开发经验并希望展示他们在利用 Force.com 平台创建定制的应用程序和分析解决方案方面的知识、技能和能力的人 |
| Salesforce 技术架构师 | 目标群体为那些具有测量客户架构，以及在 Force.com 平台上设计安全、高性能技术解决方案经验的人 |
| Google 认证开发者 | 要获得 Google 认证开发者的认证，相应候选人必须至少通过以下考试之一：App Engine、云存储、Cloud SQL、BigQuery：计算引擎 |
| Google 认证云平台开发者 | 要获得 Google 认证云平台开发者的认证，相应候选人必须通过 Google 认证开发者中的全部 5 项考试 |

482

**表 17-5 其他网络相关的认证计划**

| 认证类型 | 认证 | 描述 |
| --- | --- | --- |
| 虚拟化认证 | VMware 认证助理–数据中心虚拟化（VCA-DCV） | 使 IT 专业人员在讨论数据中心虚拟化以及如何使用 vSphere 虚拟化数据中心时具有更高的可信度 |
| | VMware 认证专业人员 5- 数据中心虚拟化（VCP5-DCV） | 旨在使 IT 专业人员能够有效地安装、部署、扩展和管理 VMware vSphere 环境，并提供至少 6 个月的 VMware 基础设施技术经验技能训练。候选人必须完成 VMware 授权的培训课程和 VMware 技术的实践训练 |
| | VMware 认证高级专业人员 5- 数据中心管理（VCAP5-DCA） | 要获得此项认证，IT 专业人员必须完成 VMware 授权的培训课程，并利用 VMware 技术进行实际操作。候选人将能够获得高效安装、部署、扩展和管理 VMware vSphere 环境所需的知识，以及至少 6 个月的 VMware 基础架构技术实践经验技能 |
| | VMware 认证高级专业人员 5- 数据中心设计（VCAP5-DCD） | 要求候选人通过一个在实验室内组织的考试，在该考试中利用实际设备完成预设的任务，以验证相关人员在安装、配置和管理大型复杂虚拟化环境方面的技能。通过此项考试的 IT 专业人员将获得一个高级认证，表明他们在 VMware vSphere 5 方面拥有的专业知识，以及使用自动化工具和构建虚拟化环境的能力 |
| | VMWare 认证设计专家 5- 数据中心虚拟化（VCDX5-DCV） | 目标群体是那些在 VMware 企业部署方面具有高度熟练技能的顶尖设计架构师。此项认证计划专为想要验证和展示其在 VMware 技术方面的专业知识的高级专业人员而设计。该认证通过“设计–答辩”过程完成，所有候选人必须在其他资深 VCDX-DCV 专家所组成的委员会面前提交并有效保护一个可随时投产的 VMware 解决方案 |
| | Citrix 认证助理–虚拟化（CCA-V） | 验证 IT 操作人员和管理员在针对 XenDesktop 7 解决方案进行管理、维护、监测和故障诊断方面的技能和知识 |
| | Citrix 认证专业人员–虚拟化（CCP-V） | 验证经验丰富的 IT 解决方案构建者（如工程师和顾问）在安装、配置和推出常见的 XenDesktop 7 解决方案方面的技能和知识 |
| | Citrix 认证专家–虚拟化（CCP-V） | 确认经验丰富的 IT 解决方案设计师（如架构师、工程师和顾问）在评估和设计综合性 XenDesktop 7 解决方案方面的技能和知识 |

483

（续）

| 认证类型 | 认证 | 描述 |
|---|---|---|
| 网络认证 | 思科入门级认证 | 专为那些对网络感兴趣并希望在这一领域开始职业生涯的人而设计，该认证可以作为一块敲门砖 |
| | 思科助理级认证 | 专为那些已经具有入门级认证或者已经具有一定的网络经验（如故障诊断或网络设计等）的候选人所设计。这些认证是网络领域从业者的重要基石 |
| | 思科专业级认证 | 目标群体是那些在网络领域已经具有重要经验和技能并准备好进入下一个层次的网络专业人员。这些认证对于那些想要在网络中探索新内容、尝试不同的角色和职责的候选人而言是理想的选择 |
| | 思科专家级认证 | 目标群体是那些具有专业级网络工程技能和熟练掌握思科产品及解决方案的网络专家。这些认证是为那些想要深化其网络专业知识和挑战性任务的人员所设计 |
| | 思科架构师认证 | 确认其深厚的技术专长，这些认证是思科所提供的最高级别的认证 |
| | 瞻博服务提供商路由和交换 | 该认证专为那些具有在瞻博网络路由 / 交换端到端环境中的基础设施或接入产品方面的使用经验的用户而设计，主要用在电信领域或财富 100 强企业环境中 |
| | 瞻博企业路由和交换 | 专为那些在小型和大型企业环境中工作的人员所设计，这些企业的网络环境基于瞻博的 LAN 和 WAN 路由器及交换机所构建 |
| | 瞻博 Junos 安全 | 该认证主要面向设计和实现瞻博安全网络的人员 |
| 项目管理认证 | 项目管理认证助理（CAPM） | 项目管理协会（PMI）的此项认证专门针对那些经验不足的项目实习者所设计，这些人希望展示其对项目管理的投入，并希望提高管理大型项目的能力以及承担额外的责任 |
| | PMI 敏捷认证执业者（PMI-ACP） | 专为那些在机构中积极使用敏捷实践的用户以及正在采用敏捷方法的人员所设计，在展示对这种快速增长的项目管理方式的投入方面，这一认证是一个理想的选择 |
| | 项目管理专业人员（PMP） | 专为那些想要在领导和指导项目团队方面展示其能力的人所设计。该认证的理想候选人是经验丰富的项目经理，且希望强化其技能、在雇主面前脱颖而出并最大化他们的收益预期 |
| | 投资组合管理专业人员（PfMP） | 持有这一认证的人主要是投资组合经理，希望能够证明他们在管理和排列一系列项目和计划，进而实现组织战略和目标方面的能力 |
| | PMI 业务分析专业人员（PMI-PBA） | 专为那些从事工程和项目的业务分析师以及那些将业务分析作为其工作中一部分的工程和项目经理而设计 |
| | 项目管理专业人员（PgMP） | 该认证的候选人通常已经是项目经理，希望能够验证他们管理多个复杂项目并根据组织目标安排结果的能力。专业人员可以使用此认证来增加知名度并交流宝贵的技能 |
| 系统工程师认证 | 微软 MCSE：企业设备和应用程序 | 专为那些具有在自主设备（BYOD）企业内进行设备管理技能的候选人而设计。具有此认证的候选人可以像传统的桌面支持技术人员一样进行 BYOD 设备和应用程序的企业管理 |
| | 微软 MCSE：消息传递 | 目标群体为那些对基于云的服务（如 Microsoft Office 365）感兴趣的 IT 专业人员，该认证能够使候选人胜任网络和计算机系统管理方面的职位 |
| | 微软 MCSE：通信 | 专为那些希望在工作场所创建一致性通信体验的人而设计。该认证能够使候选人胜任网络和计算机系统管理方面的职位 |
| | Red Hat 认证系统管理员（RHCSA） | 专为那些希望验证他们的技能和知识、具有丰富经验的系统管理员所设计。对于那些已经参加过 Red Hat 系统管理 Ⅰ 和 Ⅱ 并希望获得 RHCSA 认证的学生，这也是有帮助的 |

484 485 486

（续）

| 认证类型 | 认证 | 描述 |
|---|---|---|
| 系统工程师认证 | Red Hat 认证工程师（RHCE） | 对于已经通过 RHCSA 认证，并希望获得更高级别的认证的 IT 专业人员所设计。尚未获得认证的有经验的高级系统管理员可能也会对此认证感兴趣 |
| IT 安全认证 | 全球信息保证认证（GIAC）安全要素（GSEC） | 专为那些希望了解 IT 系统在安全任务方面的实际操作技能的专业人士所设计。此认证的理想候选人需要对信息安全的理解不仅仅停留在简单的术语和概念之上 |
| | 国际信息系统安全认证联盟 $(ISC)^2$ 认证信息系统安全专业人员（CISSP） | 这一认证的理想候选人是信息保障专家，他们知道如何定义信息系统的架构、设计、管理和控制，以确保业务环境的安全 |
| | $(ISC)^2$ 系统安全认证执业者（SSCP） | 目标群体是那些在 IT 实践操作方面具有熟练技术和实际安全知识的人员。SSCP 能够确认执业者具有下述能力：根据信息安全策略和规则来实现、监测并管理 IT 基础设施，以确保数据的机密性、完整性和可用性 |
| | ISACA 认证信息安全经理（CISM） | 本认证的目标群体为那些倾向于组织安全并希望展示在信息安全计划与更广泛的业务目标之间建立关系的能力的候选人。该认证确保信息安全，以及信息安全计划的开发和管理等方面的知识 |

487

### 17.3.2 IT 技能

在 TechPro Research 发起的一项全球调查中 [TECH14]，对 1156 位受访者的调查显示，许多人担心他们目前的 IT 技能会过时。为了避免过时，许多受访者正在计划获得额外的 IT 认证或学位，其中 57% 的人计划参加一个在目前的工作岗位之内或者之外的 IT 认证计划。网络专业人员有很大的机会获得这些认证，并利用他们所获得的教育来保证工作职位的充分安全性。

在考虑可能需要掌握什么样的技能时，Dice 网站的技能需求排名是一个非常有用的工具。其中一些与网络职位没有直接关系，但鉴于新的网络环境所具有的协作性特征，这些技能可以帮助美化网络专业人员的简历。表 17-6 显示了最新 Dice 收入调查中具有最高工资的技能，而表 17-7 则显示了需求增长最快的技能。

表 17-6 高收入技能

| 技能 | 描述 | 平均工资（美元） |
|---|---|---|
| PaaS | 平台即服务 | 130 081 |
| Cassandra | Facebook 开发的一套数据库管理系统 | 128 646 |
| MapReduce | Google 提出的编程模型，用于在大型服务器群集上处理庞大的数据集。它包括分布、并行和容错功能 | 127 315 |
| Cloudera Impala | 开源的 MPP SQL 查询引擎，用于挖掘存储在 Apache Hadoop 集群中的数据 | 126 816 |
| Hbase | 一个开源、非关系型、分布式的数据库，参考 Google 的 BigTable 模型实现，采用 Java 编程语言编写 | 126396 |
| Pig | 在 Hadoop 中使用的 MapReduce 编程工具 | 124 563 |
| ABAP | 高级业务应用程序设计。一种类似于 COBOL 的高级编程语言，用于开发 SAP 应用程序 | 124 262 |
| Chef | 一个开源的配置管理工具 | 123 458 |
| Flume | 一个用于收集、汇聚并移动大量日志数据的服务 | 123 816 |
| Hadoop | Apache 软件基金会的一个开源项目，它提供了一个软件框架来将应用分布在服务器集群上。旨在处理大量的数据，实现过程中受到了 Google MapReduce 的编程模型和文件系统的启发 | 121 313 |

488

来源：2015 年 Dice Tech 薪水调查。

表 17-7　增长最快的热门技能

| 技能 | 描述 | 平均工资（美元） |
|---|---|---|
| Cloudera Impala | 一个开源的 MPP SQL 查询引擎，用于挖掘存储在 Apache Hadoop 集群中的数据 | 139 784 |
| Adobe 体验经理 | 专为组织和管理创意资产而设计，在营销人员、广告代理、创意专业人员以及进行内容制作的其他人员中颇受欢迎 | 123 599 |
| Ansible | 系统管理员依靠这个开源工具来帮助他们配置和管理个人电脑 | 124 860 |
| Xamarin | 想要快速构建 iOS 和 Android 应用程序的开发人员可以使用此工具以 C# 进行跨平台开发 | 101 707 |
| OnCue | 一种基于 Web 的视频流服务 | 125 067 |
| Laravel | 一种开源的 PHP Web 应用框架 | 96 219 |
| RStudio | 这种 R 语言（一种统计编程语言，已经证明对于熟练开发人员而言非常有价值）的集成开发环境允许团队共享工作空间 | 117 257 |
| 统一功能测试 | 使技术人员能够全面测试软件平台和生态系统 | 102 419 |
| Pascal | 尽管 Pascal 已经出现了 45 年，它仍在许多地方使用 | 77 907 |
| Apache Kafka | 一种由 Apache 软件基金会所开发、用于维护实时数据源的开源工具，它能够处理数千个客户端每秒数百兆字节的读写操作 | 134 950 |

说明：按照流行度降序排列。这些不是目前最需要的技能，而是最近需求增长最快的技能。
来源：Dice，2015 年 4 月。

## 17.4　在线资源

有许多在线资源可以帮助你保持和提升职业，简单列举如下。

- **ACM 职业资源**：ACM 是 CS 职业信息的一个优秀来源，其资源包括以下内容：
  - **毕业生在线资源**，它具有一个有用的职业网站链接列表（http://www.acm.org/membership/mem bership/student/resources-for-grads）
  - **ACM 职业和就业中心（http://jobs.acm.org/）**是计算机行业求职者和雇主互相联系的地方。
  - **计算机职业网站（http://computingcareers.acm.org/）**为计算机科学相关的职业准备提供了相应的指导和资源。

489

- **IEEE 简历实验室**：一种在线服务，允许 IEEE 成员使用针对求职过程中每个步骤所量身定制的专门工具来设计简历。优秀的资源（https://ieee.optimalresume.com/index.php）。
- **IEEE 计算机学会建立您的职业生涯（http://www.computer.org/web/careers）**：职业信息的另一个优秀来源。
- **IEEE 工作站点网站**：另一个优秀的职业信息来源，以及一些具体的工作线索（http://careers.ieee.org/）。
- **ComputerWorld IT 专题中心（http://careers.ieee.org/）**：内容包罗万象，包括新闻、白皮书、职业中心、深入报道等。
- **计算机就业（http://computerjobs.com/us/en/IT-Jobs/）**：列出了数千个可搜索的就业机会，按照大城市市场和技能集进行分类。
- **职业概览（http://www.careeroverview.com/）**：包括工作、求职网站和就业资源，以便专业人员寻找计算机、信息技术以及其他高科技领域的就业机会，是一个非常好的链接来源。

- DICE（http://www.dice.com/）：经常被评为全球信息技术行业最佳就业网站。网站还包括每月关于时事主题的文章、薪资调查和需求技能的讨论等。

你可能会发现另一个有用的资源是我在 http://www.computersciencestudent.com 上维护的“计算机科学学生资源”（Computer Science Student Resources）网站，这个网站的目标群体是专业人员和学生。该网站的目的是为计算机科学的学生和专业人员提供文档、信息和链接。其中链接和文档分为下述几个类别。

- **数学：**包括基础数学复习、排队分析入门、数字系统入门，以及到许多数学站点的链接。
- **操作方法：**有关文献检索、家庭作业问题求解、技术报告撰写，以及技术演示报告准备等方面内容的建议和指导。
- **研究资源：**到一些重要论文、技术报告和参考书目的链接。
- **写作：**一些能够帮助提高写作技巧的有用的网站和文档。
- **其他有用资源：**大量其他方面的有用文档和链接。
- **职业：**一些与职业建设有关的链接和文档。此页面包括到本章前面列出的所有网站的链接，此外还有其他一些更多的内容。

## 17.5 参考文献


**BORT13:** Bort, J. “Will IT certs get you jobs and raises? Survey says yes.” *Network World*, November 14, 2011.

**DICE13**: Dice. “Why DevOps Is CPR for Cloud Applications.” *Dice Special Report*, November 2013.

**DICE14**: Dice. “Critical Skills for DevOps Engineers.” *Dice Special Report*, August 2014.

**DICE15**: Dice. “Spotlight on DevOps.” *Dice Special Report*, 2015.

**HALE14**: Hales, J. *SDN: How It Will Affect You and Why You Should Care.* Global Knowledge white paper, 2014.

**MACV15**: MacVitie, L. “Network Engineers: Don’t Fear the Code.” *Information Week*, March 2, 2015.

**METZ14b**: Metzler, J. *The Changing Role of the IT & Network Professional.* Webtorials, July 2014.

**MICR15**: Microsoft. *Enterprise DevOps.* Microsoft white paper, 2015.

**MINI14**: Minick, E., Rezabek, J., and Ring, C. *Application Release and Deployment for Dummies.* New York: Wiley, 2014.

**PRET14**: Pretz, K. “Five Skills for Managing Software-Defined Networks.” *IEEE The Institute*, December 2014.

**SHAR15**: Sharma, S., and Coyne. B. *DevOps for Dummies.* Hoboken, NJ: Wiley, 2015.

**TECH14:** TechPro Research. *The Future of IT Jobs: Critical Skills and Obsolescent Roles.* TechPro Research Report, August 2014.

# 参考文献

在这类事情上，每个人都觉得自己写作时脑海中浮现的首个想法是合理的，并觉得他的观点就像二加二得四一样是公理。如果批评家们能够像我一样多年不辞劳苦地思考这一问题，并将每个结论与真正的战争历史相对比，在下笔之前他们无疑将会更加小心。

——《战争论》，卡尔·冯·克劳塞维茨

## 缩略语

- ACM：美国计算机学会
- IEEE：电子电气工程师学会
- ITU-T：国际电信联盟 – 电信标准部
- NIST：美国国家标准与技术研究院
- RFC：请求评论

## 参考文献


**AKAM15:** Akamai Technologies. *Akamai's State of the Internet.* Akamai Report, Q4|2014. 2015.

**BARI13:** Bari, M. "PolicyCop: An Autonomic QoS Policy Enforcement Framework for Software Defined Networks," Proc. of IEEE SDN4FNS'13, Trento, Italy, Nov. 2013.

**BENS11:** Benson, T., et al. "CloudNaaS: A Cloud Networking Platform for Enterprise Applications." *Proceedings, SOCC'11*, October 2011.

**BORT13:** Bort, J. "Will IT certs get you jobs and raises? Survey says yes." *Network World,* November 14, 2011.

**CISC14a:** Cisco Systems. *Cisco Visual Networking Index: Forecast and Methodology, 2013–2018.* White Paper, 2014.

**CISC14b:** Cisco Systems. *The Internet of Things Reference Model.* White paper, 2014. http://www.iotwf.com/.

**CISC14c:** Cisco Systems. *Building the Internet of Things.* Presentation, 2014. http://www.iotwf.com/.

**CISC15:** Cisco Systems. *Internetworking Technology Handbook*. July 2015. http://docwiki.cisco.com/wiki/Internetworking_Technology_Handbook.

**CISC15a:** Cisco Systems. *Internetworking Technology Handbook*. July 2015. http://docwiki.cisco.com/wiki/Internetworking_Technology_Handbook.

**CISC15b:** Cisco Systems. *Cisco IoT System: Deploy, Accelerate, Innovate.* Cisco white paper, 2015.

**CLAR98:** Clark, D., and Fang, W. "Explicit Allocation of Best-Effort Packet Delivery Service." *IEEE/ACM Transactions on Networking*, August 1998.

**COGE13:** Cogent Communications. *Network Services SLA Global.* October 2013. http://www.cogentco.com.

**CSA11:** Cloud Security Alliance. *Security as a Service (SecaaS).* CSA Report, 2011.

**CSA13**: Cloud Security Alliance. *The Notorious Nine Cloud Computing Top Threats in 2013.* CSA Report, February 2013.

**DICE13**: Dice. "Why DevOps Is CPR for Cloud Applications." *Dice Special Report,* November 2013.

**DICE14**: Dice. "Critical Skills for DevOps Engineers." *Dice Special Report,* August 2014.

**DICE15**: Dice. "Spotlight on DevOps." *Dice Special Report,* 2015.

**ETSI14:** ETSI TS 103 294 V1.1.1 Speech and Multimedia Transmission Quality (STQ); Quality of Experience; A Monitoring Architecture (2014-12).

**FERG11:** Ferguson, J., and Redish, A. "Wireless Communication with Implanted Medical Devices Using the Conductive Properties of the Body." *Expert Review of Medical Devices,* Vol. 6, No. 4, 2011. http://www.expert-reviews.com.

**FOST13:** Foster, N. "Languages for Software-Defined Networks." *IEEE Communications Magazine,* February 2013.

**FRAH15:** Frahim, J., et al. *Securing the Internet of Things: A Proposed Framework.* Cisco white paper, March 2015.

**GUPT14:** Gupta, D., and Jahan, R. *Securing the Internet of Things: A Proposed Framework.* Tata Consultancy Services White Paper, 2014. http://www.tcs.com.

**HALE14**: Hales, J. *SDN: How It Will Affect You and Why You Should Care.* Global Knowledge white paper, 2014.

**HAWI14**: Hawilo, H., et al. "NFV: State of the Art, Challenges, and Implementation in Next Generation Mobile Networks." *IEEE Network,* November/December 2014.

**HOGG14**: Hogg, S. "SDN Security Attack Vectors and SDN Hardening." *Network World,* Oct 28, 2014.

**HOSS13:** Hossfeld, T., et al. " Internet Video Delivery in YouTube: From Traffic Measurements to Quality of Experience." Book chapter in *Data Traffic Monitoring and Analysis: From Measurement, Classification, and Anomaly Detection to Quality of Experience,* Lecture Notes in Computer Science, Volume 7754, 2013.

**IBM11:** IBM Study, "Every Day We Create 2.5 Quintillion Bytes of Data." Storage Newsletter, October 21, 2011. http://www.storagenewsletter.com/rubriques/market-reportsresearch/ibm-cmo-study/.

**ISGN12:** ISG NFV. *Network Functions Virtualization: An Introduction, Benefits, Enablers, Challenges & Call for Action.* ISG NFV white paper, October 2012.

**ITUT12:** ITU-T. Focus Group on Cloud Computing Technical Report Part 3: Requirements and Framework Architecture of Cloud Infrastructure. FG Cloud TR, February 2012.

**KAND12:** Kandula, A., Sengupta, S., and Patel, P. "The Nature of Data Center Traffic: Measurements and Analysis." ACM SIGCOMM Internet Measurement Conference, November 2009.

**KETY10:** Ketyko, I., De Moor, K., Joseph, W., and Martens, L. "Performing QoE-Measurements in an Actual 3G Network," IEEE International Symposium on Broadband Multimedia Systems and Broadcasting, March 2010.

**KHAN09:** Khan, A., Sun, L., and Ifeachor, E. "Content Clustering Based Video Quality Prediction Model for MPEG4 Video Streaming over Wireless Networks," *IEEE International Conference on Communications,* 2009.

**KHAN15:** Khan, F. *A Beginner's Guide to NFV Management & Orchestration (MANO).* Telecom Lighthouse. April 9, 2015. http://www.telecomlighthouse.com.

**KIM14:** Kim, H., and Choi, S. "QoE Assessment Model for Multimedia Streaming Services Using QoS Parameters," *Multimedia Tools and Applications*, October 2014.

**KRAK09:** Krakowiak, S. *Middleware Architecture with Patterns and Frameworks.* 2009. http://sardes.inrialpes.fr/%7Ekrakowia/MW-Book/.

**KREU15:** Kreutz, D., et al. "Software-Defined Networking: A Comprehensive Survey." *Proceedings of the IEEE*, January 2015.

**KUIP10:** Kuipers, F. et al. "Techniques for Measuring Quality of Experience," 8th International Conference on Wired/Wireless Internet Communications, 2010.

**KUMA13:** Kumar, R. Software Defined Networking—a Definitive Guide. Smashwords.com, 2013.

**MA14:** Ma, H., Seo, B., and Zimmermann, R. "Dynamic Scheduling on Video Transcoding for MPEG DASH in the Cloud Environment," Proceedings of the 5th ACM Multimedia Systems Conference, March 2014.

**MACV15**: MacVitie, L. "Network Engineers: Don't Fear the Code." *Information Week*, March 2, 2015.

**MARS06:** Marsh, I., Grönvall, B., and Hammer, F. "The Design and Implementation of a Quality-Based Handover Trigger," 5th International IFIP-TC6 Networking Conference, Coimbra, Portugal.

**MCEW13:** McEwen, A., and Cassimally, H. *Designing the Internet of Things.* New York: Wiley, 2013.

**MCMU14:** McMullin, M. "SDN is from Mars, NFV is from Venus." *Kemp Technologies Blog*, November 20, 2014. http://kemptechnologies.com/blog/sdn-mars-nfv-venus.

**METZ14a:** Metzler, J. *The 2015 Guide to SDN and NFV.* Webtorials, December 2014.

**METZ14b**: Metzler, J. *The Changing Role of the IT & Network Professional.* Webtorials, July 2014.

**MICR15**: Microsoft. *Enterprise DevOps.* Microsoft white paper, 2015.

**MINI14**: Minick, E., Rezabek, J., and Ring, C. *Application Release and Deployment for Dummies.* New York: Wiley, 2014.

**MOLL12:** Moller, S., Callet, P., and Perkis, A. "Qualinet White Paper on Definitions on Quality of Experienced," European Network on Quality of Experience in Multimedia Systems and Services (COST Action IC 1003) (2012).

**MURP07:** Murphy, L. et al. "An Application-Quality-Based Mobility Management Scheme," Proceedings of 9th IFIP/IEEE International Conference on Mobile and Wireless Communications Networks, 2007.

**NAKI15**: Nakina Systems. *Achieving Security Integrity in Service Provider NFV Environments.* Nakina Systems white paper, 2015.

**NETW14**: Network World. Survival Tips for Big Data's Impact on Network Performance. White paper. April 2014.

**NGUY13:** Nguyen, X., et al. "Efficient Caching in Content-Centric Networks using OpenFlow," 2013 IEEE Conference on Computer Communications Workshops (INFOCOM WKSHPS), 2013.

**NGUY14:** Nguyen, X., Saucez, D,, and Thierry, T. "Providing CCN Functionalities over OpenFlow Switches," hal-00920554, 2013. https://hal.inria.fr/hal-00920554/.

**ODCA14:** Open Data Center Alliance. Open Data Center Alliance Master Usage Model: Software-Defined Networking Rev. 2.0. White Paper. 2014.

**ONF12:** Open Networking Foundation. *Software-Defined Networking: The New Norm for Networks.* ONF White Paper, April 13, 2012.

**ONF14:** Open Networking Foundation. *OpenFlow-Enabled SDN and Network Functions Virtualization.* ONF white paper, February 17, 2014.

**POTT14:** Pott, T. "SDI Wars: WTF Is Software Defined Center Infrastructure?" *The Register*, October 17, 2014. http://www.theregister.co.uk/2014/10/17/sdi_wars_what_is_software_defined_infrastructure/.

**PRET14**: Pretz, K. "Five Skills for Managing Software-Defined Networks." *IEEE The Institute*, December 2014.

**QUIN12:** M.R.Quintero, M., and Raake, A. "Is Taking into Account the Subjects' Degree of Knowledge and Expertise Enough When Rating Quality?" Fourth International Workshop on Quality of Multimedia Experience (QoMEX), pp.194,199, 5–7 July 2012.

**SCHE13:** Scherz, P., and Monk, S. *Practical Electronics for Inventors*. New York: McGraw-Hill, 2013.

**SCHN14:** Schneier, B. "The Internet of Things is Wildly Insecure—and Often Unpatchable." *Wired*, January 6, 2014.

**SDNC14:** SDNCentral. SDNCentral Network Virtualization Report, 2014 Edition, 2014.

**SEGH12:** Seghal, A., et al. "Management of Resource Constrained Devices in the Internet of Things." *IEEE Communications Magazine*, December 2012.

**SHAR15**: Sharma, S., and Coyne. B. *DevOps for Dummies*. Hoboken, NJ: Wiley, 2015.

**SHEN11**: Schenker, S. "The Future of Networking, and the Past of Protocols," October 2011.Video: http://www.youtube.com/watch?v=YHeyuD89n1Y; Slides: http://www.slideshare.net/martin_casado/sdn-abstractions.

**STAL15a:** Stallings, W., and Brown, L. *Computer Security: Principles and Practice*. Englewood Cliffs, NJ: Pearson, 2015.

**STAL15b:** Stallings, W. *Cryptography and Network Security*. Englewood Cliffs, NJ: Pearson, 2015.

**STAN14:** Stankovic, J. "Research Directions for the Internet of Things." *Internet of Things Journal*, Vol. 1, No. 1, 2014.

**SZIG14:** Szigeti, T., Hattingh, C., Barton, R., and Briley, K. *End-to-End QoS Network Design: Quality of Service for Rich-Media & Cloud Networks*. Englewood Cliffs, NJ: Pearson. 2014.

**TECH14:** TechPro Research. *The Future of IT Jobs: Critical Skills and Obsolescent Roles*. TechPro Research Report, August 2014.

**VAQU14:** Vaquero, L., and Rodero-Merino, L. "Finding Your Way in the Fog: Towards a Comprehensive Definition of Fog Computing." *ACM SIGCOMM Computer Communication Review*, October 2014.

**WANG12:** Wang, G.; Ng, E.; and Shikh, A. "Programming Your Network at Run-Time for Big Data Applications." *Proceedings, HotSDN'12*. August 13, 2012.

**XI11:** Xi, H. "Bandwidth Needs in Core and Aggregation Nodes in the Optical Transport Network." IEEE 802.3 Industry Connections Ethernet Bandwidth Assessment Meeting, November 8, 2011. http://www.ieee802.org/3/ad_hoc/bwa/public/nov11/index_1108.html.

# 索　　引

索引中标注的页码为英文原书页码，与书中边栏的页码一致。

## 符号



## A

## B

E

F

## G

## J-K



## L

O

P

## S

## U



## V

# 推荐阅读

## 计算机网络：自顶向下方法（原书第8版）

作者：[美] 詹姆斯·F. 库罗斯（James F. Kurose）基思·W. 罗斯（Keith W. Ross）
译者:陈鸣 ISBN：978-7-111-71236-7 定价：129.00元

自从本书第1版出版以来，已经被全世界数百所大学和学院采用，被译为14种语言，并被世界上几十万的学生和从业人员使用。本书采用作者独创的自顶向下方法讲授计算机网络的原理及其协议，即从应用层协议开始沿协议栈向下逐层讲解，让读者从实现、应用的角度明白各层的意义，进而理解计算机网络的工作原理和机制。本书强调应用层范例和应用编程接口，使读者尽快进入每天使用的应用程序环境之中进行学习和“创造”。

## 计算机网络：系统方法（原书第6版）

作者：[美] 拉里 L. 彼得森（Larry L. Peterson）布鲁斯 S. 戴维（Bruce S. Davie）
译者:王勇 薛静锋 王李乐等 ISBN：978-7-111-70567-3 定价：169.00元

本书是计算机网络方面的经典教科书，凝聚了两位顶尖网络专家几十年的理论研究、实践经验和大量第一手资料，自出版以来已经被哈佛大学、斯坦福大学、卡内基-梅隆大学、康奈尔大学、普林斯顿大学等众多名校采用。

本书采用“系统方法”来探讨计算机网络，把网络看作一个由相互关联的构造模块组成的系统，通过实际应用中的网络和协议设计实例，特别是因特网实例，讲解计算机网络的基本概念、协议和关键技术，为学生和专业人士理解现行的网络技术以及即将出现的新技术奠定了良好的理论基础。无论站在什么视角，无论是应用开发者、网络管理员还是网络设备或协议设计者，你都会对如何构建现代网络及其应用有“全景式”的理解。

# 推荐阅读

## TCP/IP详解 卷1：协议（原书第2版）

作者：Kevin R. Fall, W. Richard Stevens 译者：吴英 吴功宜

ISBN：978-7-111-45383-3 定价：129.00元

## TCP/IP详解 卷1：协议（英文版·第2版）

ISBN：978-7-111-38228-7 定价：129.00元

我认为本书之所以领先群伦、独一无二，是源于其对细节的注重和对历史的关注。书中介绍了计算机网络的背景知识，并提供了解决不断演变的网络问题的各种方法。本书一直在不懈努力，以获得精确的答案和探索剩余的问题域。对于致力于完善和保护互联网运营或探究长期存在的问题的可选解决方案的工程师，本书提供的见解将是无价的。作者对当今互联网技术的全面阐述和透彻分析是值得称赞的。

——Vint Cerf，互联网发明人之一，图灵奖获得者

《TCP/IP详解》是已故网络专家、著名技术作家W.Richard Stevens的传世之作，内容详尽且极具权威性，被誉为TCP/IP领域的不朽名著。本书是《TCP/IP详解》第1卷的第2版，主要讲述TCP/IP协议，结合大量实例介绍了TCP/IP协议族的定义原因，以及在各种不同的操作系统中的应用及工作方式。第2版在保留Stevens卓越的知识体系和写作风格的基础上，新加入的作者Kevin R.Fall结合其作为TCP/IP协议研究领域领导者的尖端经验来更新本书，反映了最新的协议和最佳的实践方法。